配位空間の化学
－最新技術と応用－
Chemistry and Application of Coordination Space

監修：京都大学教授　北川　進
Supervisor：Susumu Kitagawa

シーエムシー出版

はじめに

　歴史をひもとくまでもなく概念的に新しい化合物や物質の創造が科学の急激な発展に寄与してきたことは明白である。化学が対象とする分子の実体は，「原子から組まれた骨格」である。さらに前世紀末から興隆した超分子化学は，原子の代わりに「分子を構成要素とした骨格」を対象として大きく発展し，現在のナノサイエンスの鍵物質として注目されている。本「配位空間の化学」では，視点を180度変えて，骨格ではなく原子や分子が囲むまたは仕切る「空間」に注目して研究を進めうることを強調している。まず，空間構造の形成及び機能の発現において配位結合が主要な役割を演ずる空間を「配位空間」と定義し，その空間が開放されているか閉じられているかにかかわらず，ナノサイズの空間（ナノ空間）を分子レベルで精密制御する化学の展開が可能である。このユニークな視点にもとづいて，2004年から2007年に渡って，文部科学省科学研究費特定領域研究費の支援を受けて研究が行われた。この研究組織では，①空間内におこる未知の分子凝集，分子ストレス，分子活性化の諸現象に注目して研究を展開し，新規「ナノスペース物質」を創製するとともに，ナノ空間における分子変換，物性変換，電子移動の自在操作を目指して，②ポテンシャルを分子レベルで精密制御する手法を開拓し，③化学的刺激・外場に応答する柔軟空間や，④分子・イオン・電子の協奏によるエネルギー変換空間の開拓が行われた。研究期間を通して「配位空間における新現象」を世界に先駆けて発見し，この空間に特有の法則を見出し，新しい空間の学問領域を築くことができたと自負している。

　新しい科学の展開には，合成，計測，評価を担当する化学者同士の交流，討論，共同研究が必要である。本特定研究は，錯体化学，有機化学，生物無機化学，触媒化学，電気化学，物性物理の研究グループを集め，個々の研究および共同研究として，これまでの化学と物理の分野にはない新しい視点（空間）からの研究を展開した。これらの成果は，インパクトの高い国際誌への掲載はもちろん，国際会議の開催，日英（2006），日米（2007）2カ国間会議を開催して情報の発信と収集を有効に行い世界的な認知を得た。そして，代表的な成果は，国際的に評価の高いCoordination Chemistry Review誌の特集号（タイトルはChemistry of Coordination Space）に総説として2007年に刊行されている。

　本特定領域により生み出されたものは，科学的知見のみならず，研究者間の緊密な人間関係の構築があります。今後研究を大きく発展させる上でこれらはきわめて有意義な財産でこれからも大切にしていきたいと考えています。また，得られた成果を単行本の形で世に出したいと考えていたところ，シーエムシー出版編集部　江幡雅之氏からこの機会を与えていただき，今般世に出すことと成りました。

　最後に，本研究の推進，およびこの単行本の出版に尽力いただきました皆様方に心から御礼申し上げます。

2009年7月

北川　進

執筆者一覧（執筆順）

北川　進	京都大学　物質―細胞統合システム拠点　副拠点長，工学研究科　合成・生物化学専攻　教授
有賀克彦	㈱物質・材料研究機構　WPI センター国際ナノアーキテクトニクス研究拠点　主任研究員
Ajayan Vinu	㈱物質・材料研究機構　WPI センター国際ナノアーキテクトニクス研究拠点　MANA 独立研究者
野呂真一郎	北海道大学　電子科学研究所　有機電子材料研究分野　助教
内田さやか	東京大学　大学院工学系研究科　応用化学専攻　助教
水野哲孝	東京大学　大学院工学系研究科　応用化学専攻　教授
高田昌樹	㈱理化学研究所　播磨研究所　放射光科学総合研究センター　高田構造科学研究室　主任研究員
河野正規	Pohang University of Science and Technology Professor
澤　博	名古屋大学　大学院工学研究科　マテリアル理工学専攻　応用物理学分野　構造物性物理学講座　教授
齋藤一弥	筑波大学　大学院数理物質科学研究科　教授
太田雄介	名古屋大学　大学院情報科学研究科　博士後期課程 3 年
長岡正隆	名古屋大学　大学院情報科学研究科　教授
杉本　学	熊本大学　大学院自然科学研究科　准教授
長谷川淳也	京都大学　工学研究科　合成・生物化学専攻　講師
近藤　篤	信州大学　ナノテク高機能ファイバーイノベーション連携センター　特任助教
加納博文	千葉大学　大学院理学研究科　化学コース　教授
植村一広	岐阜大学　工学部　応用化学科　助教
山田鉄兵	九州大学　大学院理学研究院　化学部門　助教
北川　宏	京都大学　大学院理学研究科　化学専攻　教授
大越慎一	東京大学　大学院理学系研究科　化学専攻　教授
大場正昭	京都大学　大学院工学研究科　合成・生物化学専攻　准教授

大塩 寛紀	筑波大学	大学院数理物質科学研究科　教授
志賀 拓也	筑波大学	大学院数理物質科学研究科　助教
小林 達生	岡山大学	大学院自然科学研究科　教授
宮坂 等	東北大学	大学院理学研究科　准教授
石田 玉青	首都大学東京大学院	都市環境科学研究科　分子応用化学域　助教
唯 美津木	分子科学研究所	物質分子科学研究領域　准教授
酒井 健	九州大学	大学院理学研究院　化学部門　教授
西森 慶彦	東京大学	大学院理学系研究科　化学専攻　博士課程3年
西原 寛	東京大学	大学院理学系研究科　化学専攻　教授
芳賀 正明	中央大学	理工学部　応用化学科・理工学研究所　教授
金井塚 勝彦	中央大学	理工学部　応用化学科　助教
平井 健二	京都大学	大学院工学研究科　合成・生物化学専攻　修士課程2年
古川 修平	京都大学	物質―細胞統合システム拠点　特任准教授
小島 憲道	東京大学	大学院総合文化研究科　教授
加藤 昌子	北海道大学	大学院理学研究院　教授
森本 樹	東京工業大学	大学院理工学研究科
山本 洋平	東京工業大学	大学院理工学研究科
石谷 治	東京工業大学	大学院理工学研究科　化学専攻　教授
芥川 智行	北海道大学	電子科学研究所　准教授
中村 貴義	北海道大学	電子科学研究所　教授
渡辺 芳人	名古屋大学	物質科学国際研究センター　教授
上野 隆史	京都大学	物質―細胞統合システム拠点（iCeMS）　准教授
田中 健太郎	名古屋大学	大学院理学研究科　物質理学専攻（化学系）　教授
荒谷 直樹	京都大学	大学院理学研究科　助教
大須賀 篤弘	京都大学	大学院理学研究科　教授
寺西 利治	筑波大学	大学院数理物質科学研究科　化学専攻　教授
堀毛 悟史	㈱科学技術振興機構（JST）　ERATO北川統合細孔プロジェクト　博士研究員

目　次

序論　配位空間とは　　北川　進

1　配位空間が生まれる意義と背景 …………… 1
2　配位空間を研究するグループ ……………… 1
3　研究課題の内容 ……………………………… 3
　3.1　分子凝集空間（A01 班） ……………… 3
　3.2　ポテンシャル制御空間（A02 班） …… 4
　3.3　柔軟応答空間（A03 班） ……………… 4
　3.4　エネルギー操作空間（A04 班） ……… 5
4　1～2 次元に広がる制限配位空間の化学 … 6
5　おわりに ……………………………………… 7

【第Ⅰ編　合成】

第 1 章　メソ孔物質：設計・合成と新しい機能　　有賀克彦，Ajayan Vinu

1　従来のメソ孔物質 …………………………… 11
2　新しいメソ孔物質 …………………………… 12
3　カーボンナノケージ ………………………… 14
4　メソ孔物質の階層化 ………………………… 16
5　おわりに ……………………………………… 19

第 2 章　配位高分子　　野呂真一郎

1　拡散法 ………………………………………… 20
2　水熱合成法 …………………………………… 21
3　Post-Synthetic Modification（合成後修飾）
　　……………………………………………… 21
4　多孔性配位高分子薄膜 ……………………… 24
5　ハイスループット法 ………………………… 25
6　結晶子のサイズ・モルフォロジー制御 …… 26

第 3 章　多孔性無機錯体の合成　　内田さやか，水野哲孝

1　はじめに ……………………………………… 28
2　ポリオキソメタレート ……………………… 28
3　ポリオキソメタレート分子内に多孔性
　　構造を有する化合物 ……………………… 29
4　結晶子・結晶粒子の間隙に細孔を有する
　　多孔性ポリオキソメタレート化合物 …… 31
5　結晶格子中に細孔を有する多孔性ポリ
　　オキソメタレート化合物 ………………… 32
6　おわりに ……………………………………… 34

【第Ⅱ編　測定および理論】

第1章　構造決定

1　配位空間科学のための粉末X線回折法
　　………　高田昌樹 … 39
　1.1　粉末X線回折による構造決定 ……… 39
　1.2　粉末X線回折データを用いた電子密度マッピング ……… 40
　1.3　放射光による粉末回折実験 ……… 41
　1.4　配位空間科学への粉末X線回折の応用 ……… 43
　1.5　あとがき ……… 46
2　X線回折による化学反応の直接観察
　　………　河野正規 … 49
　2.1　はじめに ……… 49
　2.2　細孔性ネットワーク錯体のカートリッジ合成法 ……… 49
　2.3　細孔修飾と選択的ゲスト認識 ……… 50
　2.4　結晶性分子フラスコ ……… 53
　　2.4.1　不安定イミンの直接観察 ……… 53
　　2.4.2　錯体骨格のダイナミクスの基質依存性 ……… 55
　2.5　おわりに ……… 56
3　水素吸蔵体の構造決定―放射光X線回折による電子密度解析の最先端―
　　………　澤　博 … 57
　3.1　水素吸蔵の意義 ……… 57
　3.2　吸蔵された水素を見るためには，どのような手段があるか ……… 57
　3.3　X線回折によって水素を観測するには ……… 58
　3.4　ナノ細孔に吸着した水素分子の直接観測 ……… 60
　3.5　ナノ細孔への水素分子の吸着構造 ……… 62
　3.6　開口 C_{60} に閉じ込められた水素分子の観測 ……… 64
　3.7　おわりに ……… 66

第2章　熱測定　　齋藤一弥

1　物質科学における熱測定・熱力学 ……… 68
　1.1　熱容量とエントロピー ……… 68
　1.2　相転移 ……… 69
　1.3　ガラス転移 ……… 70
　1.4　化学平衡 ……… 70
2　熱量測定 ……… 72
　2.1　断熱法による熱容量測定 ……… 72
　2.2　緩和法による熱容量測定 ……… 73
　2.3　交流（ac）法による熱容量測定 ……… 74
　2.4　生成熱など反応熱の測定について … 75
3　熱分析 ……… 75
　3.1　熱分析の特徴 ……… 75
　3.2　示差熱分析（DTA）と示差走査熱量測定（DSC） ……… 76
　3.3　熱重量測定（TG） ……… 77
　3.4　装置の較正 ……… 77

第3章　理論

1　気体吸蔵 ……… **太田雄介，長岡正隆** … 80
　1.1　CpPy 中における小気体分子吸着状態：電子状態計算 ……… 80
　1.2　CpPy 中における酸素分子吸着状態：MM シミュレーション ……… 83
　1.3　CpPy 中における酸素分子吸着状態とその熱力学的特性：MC シミュレーション ……… 86
2　電荷移動型吸蔵 ……… **杉本　学** … 92
　2.1　はじめに ……… 92
　2.2　表面—分子相互作用と分子吸蔵 ……… 92
　2.3　分子吸着の制御因子 ……… 95
　　2.3.1　表面の電荷の重要性 ……… 95
　　2.3.2　吸着分子への電荷移動の重要性 ……… 97
　2.4　電荷移動型吸蔵の実例 ……… 98
　2.5　電荷移動型吸蔵のタイプ ……… 99
　2.6　電荷移動の制御手法 ……… 100
　　2.6.1　電子ドーピング／正孔ドーピング ……… 100
　　2.6.2　電気化学的酸化還元による電荷移動 ……… 101
　　2.6.3　光による電子励起の利用 ……… 102
　　2.6.4　通電による電荷移動状態の生成 ……… 102
　2.7　まとめと展望 ……… 102
3　水素吸蔵体：分子間相互作用の解析と分子設計への展望 ……… **長谷川淳也** … 106
　3.1　はじめに ……… 106
　3.2　水素吸蔵系の分子間相互作用に関する分子軌道描像 ……… 106
　3.3　モノポール静電場の効果 ……… 107
　3.4　ダイポール静電場の効果 ……… 109
　3.5　軌道間相互作用を導入した物理吸着系の可能性 ……… 111
　3.6　まとめ ……… 112
　3.7　Appendix：計算内容 ……… 112

【第Ⅲ編　機能】

第1章　貯蔵　　近藤　篤，加納博文

1　はじめに ……… 117
2　集合構造がもつ空間の機能 ……… 117
　2.1　貯蔵のメカニズム ……… 118
　2.2　配位空間における特異ポテンシャル場 ……… 118
3　水素の貯蔵 ……… 119
4　配位空間の動的変化がもたらす機能 ……… 120
　4.1　構造変化型配位高分子の特異吸着 ……… 121
　4.2　CO_2 貯蔵の比較 ……… 122
　4.3　構造変化型配位高分子の可能性 ……… 123
5　イオン貯蔵 ……… 123
6　おわりに ……… 124

第2章　分離　　植村一広

1　はじめに …………………………… 126
2　多孔性配位高分子の流通式分離の検討 …………………………… 126
3　多孔性配位高分子の膜分離 …………… 130

第3章　配位高分子におけるプロトン伝導性　　山田鉄兵，北川　宏

1　はじめに …………………………… 135
2　イオン伝導とプロトン伝導 ………… 135
3　配位高分子への酸性残基の導入 …… 136
　3.1　反応溶液のpHの制御による酸性残基の導入 …………………………… 137
　3.2　金属イオンのサイズによる制御 … 137
　3.3　Post Synthesis(PS)法による官能基の導入 …………………………… 138
　3.4　Protection-Complexation and Deprotection (PCD)法による官能基の導入 …… 139
4　配位高分子のプロトン伝導特性 …… 143
　4.1　背景 ………………………… 143
　4.2　結果 ………………………… 144
5　まとめ ……………………………… 145

第4章　磁性

1　外場応答磁性体 …… **大越慎一** … 148
　1.1　はじめに ……………………… 148
　1.2　RbMnFeプルシアンブルー類似体における可視光可逆光磁性 ……… 148
　1.3　RbMnFeプルシアンブルー類似体における強誘電強磁性 …………… 152
2　多孔性磁性体 …… **大場正昭** … 156
　2.1　緒言 ………………………… 156
　2.2　設計指針 …………………… 157
　　2.2.1　ゲストの吸脱着による変換 … 158
　　2.2.2　着脱可能な配位子を利用したトポケミカル構造変換 ……… 160
　　2.2.3　双方向の化学的スピン状態変換 …………………………… 162
　2.3　結語 ………………………… 166
3　多核磁性体 …… **大塩寛紀，志賀拓也** … 169
　3.1　単分子磁石の定義と歴史 …… 169
　3.2　単分子磁石の磁気的性質と物性測定 …………………………… 172
　3.3　各種単分子磁石の例 ………… 174
4　酸素吸蔵磁性 …… **小林達生** … 177
　4.1　O_2の磁性 ………………… 177
　4.2　分子配列 …………………… 177
　4.3　CPL-1に吸着した酸素分子の磁性 …………………………… 178
　4.4　Cu-CHDに吸着した酸素分子の磁性 …………………………… 181
　4.5　その他の吸着酸素の磁性研究 … 183
　4.6　まとめ ……………………… 183
5　低次元構造磁性：単一次元鎖磁石 …… **宮坂　等** … 185
　5.1　はじめに …………………… 185
　5.2　Glauberダイナミクスの理論的解釈 …………………………… 185
　5.3　Glauberダイナミクスの一般性への拡張 ………………………… 186

5.4 単一次元鎖磁石の合理的設計：一軸異方性分子素子を連結する ………… 187	5.6 Ising 限界を超えた系 ………… 191
5.5 Glauber ダイナミクスの実験的証明 ………… 189	5.7 鎖間相互作用は単一次元鎖磁石挙動にネガティブか？ ………… 192
	5.8 おわりに ………… 194

第5章　反応

1　金ナノ粒子触媒 ………… 石田玉青 … 198
  1.1　金ナノ粒子の触媒作用 ………… 198
  1.2　金ナノ粒子触媒調製法 ………… 199
  1.3　多孔性材料への金ナノ粒子の担持 ………… 200
  1.4　多孔性配位高分子への金属ナノ粒子の担持 ………… 201
  1.5　多孔性配位高分子に担持した金属クラスターの触媒作用 ………… 203
  1.6　おわりに ………… 204

2　多孔性触媒 ………… 唯 美津木 … 206
  2.1　表面固定化金属錯体 ………… 206
  2.2　ゼオライトの3次元細孔を利用したRe錯体の固定化によるベンゼンと酸素からのフェノール直接合成 ………… 206
  2.3　モレキュラーインプリンティング固定化金属錯体の設計法 ………… 208

3　白金(II)錯体を水素生成触媒とする単一分子光水素発生デバイスの開発 ………… 酒井 健 … 214
  3.1　はじめに ………… 214
  3.2　トリス(2,2'-ビピリジン)ルテニウム(II)を用いた水の可視光分解反応 ………… 214
  3.3　水素生成触媒空間の制御 ………… 215
  3.4　白金(II)錯体を触媒とする水素生成反応の機構 ………… 217
  3.5　単一分子光水素発生デバイスの構築と電子移動空間の制御 ………… 218
  3.6　まとめ ………… 220

第6章　表面

1　錯体多次元集合界面 ………… 西森慶彦，西原 寛 … 223
  1.1　固体表面修飾 ………… 223
  1.2　自己組織化多積層膜 ………… 223
  1.3　逐次的錯形成反応による多積層膜 ………… 224
  1.4　機能化を目指した研究 ………… 226

2　表面分子デバイス ………… 芳賀正明，金井塚勝彦 … 232
  2.1　はじめに ………… 232
  2.2　ボトムアップ法としての基板表面上への自己組織化による分子の集積化 ………… 232
  2.3　多脚型アンカー基をもつ分子 ………… 234
  2.4　基板表面での集積化による分子デバイス機能 ………… 236
    2.4.1　分子ワイヤ・分子スイッチ ………… 236
    2.4.2　ナノワイヤ ………… 237
    2.4.3　分子メモリ ………… 238
    2.4.4　光電変換デバイス ………… 239

2.4.5 レドックス錯体SAMを利用したセンサー応用 …… 239
2.5 基板表面での有機無機構造体の合成とその機能 …… 240
2.6 基板表面での結晶性の有機無機構造体の合成とその機能 …… 242
2.7 異種金属錯体積層膜構築におけるコンビナトリアル化学 …… 243
2.8 表面での新しい動き …… 244
2.9 おわりに …… 245

3 多孔性配位高分子の結晶膜 …………… 平井健二, 古川修平 …… 249
3.1 基板表面上での多孔性配位高分子結晶膜 …… 249
3.1.1 基板上の多孔性配位高分子結晶膜 …… 249
3.1.2 SAMs上の多孔性配位高分子膜 …… 250
3.2 複合型多孔性金属錯体 …… 254

第7章 光物性

1 一般論 …………… **小島憲道** …… 258
1.1 はじめに …… 258
1.2 配位子場遷移（d-d遷移）…… 258
1.3 配位子場遷移による光物性：光誘起スピンクロスオーバー転移 …… 260
1.4 電荷移動遷移（LMCT）による光物性：光誘起原子価互変異性 …… 262
1.5 電荷移動遷移（MLCT）による光物性：光誘起連結異性 …… 262
1.6 電荷移動遷移（IVCT）による光誘起磁性 …… 263
1.7 電荷移動遷移（IVCT）による光誘起原子価転移 …… 263
1.8 共鳴エネルギー伝達と励起子 …… 264
1.9 非線形光学効果 …… 265

2 蒸気応答性発光材料 …… **加藤昌子** …… 267
2.1 はじめに …… 267
2.2 発光性白金（Ⅱ）錯体の構造学的分類と特徴 …… 267
2.3 直鎖構造系白金（Ⅱ）錯体 …… 269
2.4 架橋白金（Ⅱ）複核錯体 …… 271
2.5 今後の展望 …… 273

3 光エネルギー変換材料 …… **森本 樹, 山本洋平, 石谷 治** …… 276
3.1 はじめに …… 276
3.2 トリカルボニルレニウム（Ⅰ）錯体の光機能性と光反応性 …… 278
3.3 ビスカルボニルレニウム（Ⅰ）錯体における分子内芳香環相互作用とその物性 …… 279
3.4 ビスカルボニルレニウム（Ⅰ）錯体の光触媒特性 …… 282
3.5 直鎖状レニウム（Ⅰ）錯体の合成と発光特性 …… 282
3.6 おわりに …… 288

第8章 誘電物性   **芥川智行, 中村貴義**

1 固体の誘電物性 …… 290
2 有機および遷移金属錯体結晶の誘電物性

………… 292 | 3 まとめと将来展望 ………… 296

【第IV編　展望】

第1章　蛋白空間錯体 hybrid　　渡辺芳人，上野隆史

1 はじめに ………… 301
2 合成錯体でミオグロビン活性中心を再構成 ………… 301
3 フェリチン内部空間の利用 ………… 303
4 フェリチン内部空間に有機金属化合物を導入 ………… 307
5 バクテリオファージT4の部品蛋白質の機能化 ………… 308
6 おわりに ………… 310

第2章　生体高分子をモチーフとした精密分子組織　　田中健太郎

1 はじめに ………… 312
2 プログラム可能な分子組織としてのDNA ………… 312
3 金属錯体型人工DNA ………… 314
4 人工DNAをテンプレートとした定量的スピン集積 ………… 315
5 異種金属錯体の精密配列プログラミング ………… 316
6 まとめ ………… 318

第3章　自己識別会合　　荒谷直樹，大須賀篤弘

1 はじめに ………… 320
2 ポルフィリン ………… 320
3 ポルフィリン会合体 ………… 321
4 Narcissistic Self-sorting ………… 324
5 まとめと展望 ………… 327

第4章　ナノ粒子　　寺西利治

1 はじめに ………… 329
2 C_nS-Auナノ粒子の単一粒子電子物性 ………… 330
3 大環状π共役部位のAuナノ粒子への面配位によるトンネル抵抗低減 ………… 331
4 配位子間相互作用によるAuナノ粒子の配列制御 ………… 333
5 おわりに ………… 335

第5章　配位高分子　堀毛悟史, 北川　進

1　配位高分子の合成 ……………… 338
2　解析手法の発展 ………………… 340
3　多孔性配位高分子の固有の機能の追求
　　　　　　　　　……………………… 341
4　他の材料との複合化による機能発現 …… 342

序論　配位空間とは

北川　進*

1　配位空間が生まれる意義と背景[1]

　人類の発展に大きく貢献してきた物質および生命の科学の根幹は，原子や分子にあることは言うまでもない。分子の合成は1世紀にわたる化学の主要テーマであり，それを基盤として膨大な物質群の開発が行われてきた。化学が対象とする分子の実体は，「原子から組まれた骨格」である。さらに前世紀末から興隆した超分子化学は，原子の代わりに「分子を構成要素とした骨格」を対象として大きく発展し，現在のナノサイエンスの鍵物質として注目されている。私達はこの化学の到達点を踏まえ，新しい分野の開発を目指すために視点を180度変えて，骨格ではなく原子や分子が囲むまたは仕切る「空間」に注目している。

　ナノスペースを有する構造体を実現するためには，その望みの形状，サイズを合理的に，何ら特殊な条件（高圧，高温，高出力の光，または極低温など）を用いず瞬時に，大量に作り上げる手法が要請されている。これは，現在最も要請されているナノテクノロジーの基盤技術である。この分子組み上げで非常に有用な手法が，「自己集合」，「自己組織化」を活用する化学的合成である。本分野では，精密に設計された分子，イオンを素子とし，配位結合を活用して随意に組み上げられた空間を用いて，未知の分子凝集，分子ストレス，分子活性化の諸現象を発見し，ナノサイズの空間における分子間相互作用，分子—表面の相互作用の法則を解明して，配位空間が展開する新しい化学を確立することを目指している（図1）。ここで呼称する，「配位空間」は，配位結合が主要な役割を演ずる空間と定義する。これにより，金属イオン1個の周りの空間構造はもとより，数個から数十個の金属イオンと配位子が構築する空間を包含する。さらに，高分子や蛋白質がつくる空間に錯体分子が位置する機能性物質をも含み，また，固—液，固—気，液—気界面から配位結合を用いてくみ上げた構造体が作る空間も含む広い概念を有している（図2）。

2　配位空間を研究するグループ

　文部科学省科学研究費特定領域研究として，「配位空間の化学」は2004年10月〜2008年3月の3年半4つの研究班A01—A04を設定して研究活動を行った。各研究班には計画研究班員5名をおき，この分野をリードする第一線の研究者に加え，世界的に活躍している若手研究者も組

---

*　Susumu Kitagawa　京都大学　物質—細胞統合システム拠点　副拠点長，工学研究科
　　　合成・生物化学専攻　教授

空間の形状

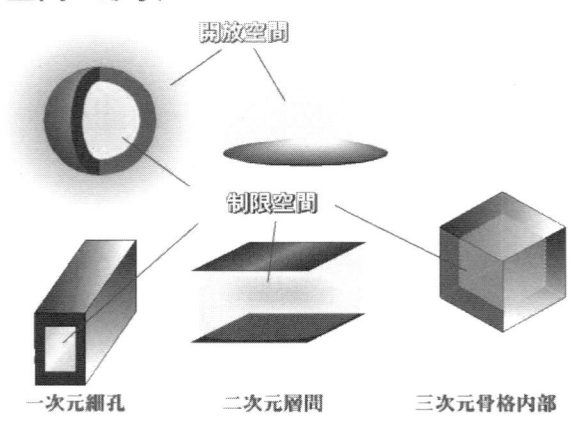

開放空間

制限空間

一次元細孔　　二次元層間　　三次元骨格内部

配位空間の動的特性

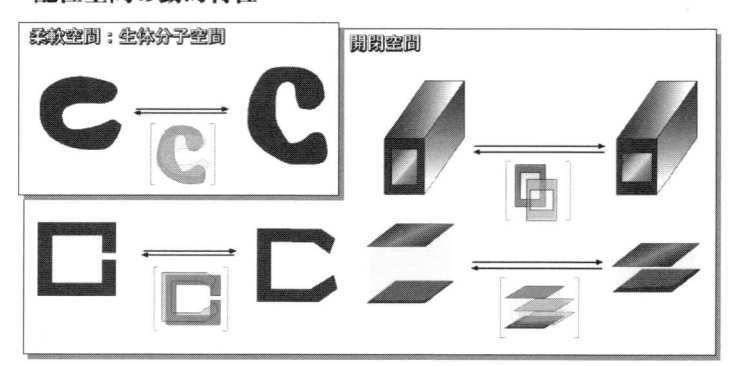

柔軟空間：生体分子空間　　開閉空間

配位空間の機能

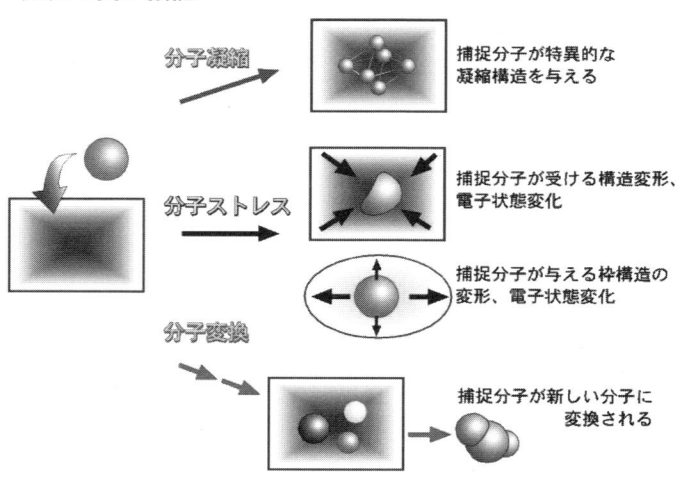

分子濃縮 → 捕捉分子が特異的な凝縮構造を与える

分子ストレス → 捕捉分子が受ける構造変形，電子状態変化

捕捉分子が与える枠構造の変形，電子状態変化

分子変換 → 捕捉分子が新しい分子に変換される

図1　配位空間の分類，特徴，および機能

序論　配位空間とは

どのように空間場を創成するのか？

（1）ナノサイズのブロックゲーム
25℃，1気圧で自動的に組み上がる！
金属イオン ＋ 有機配位子 →

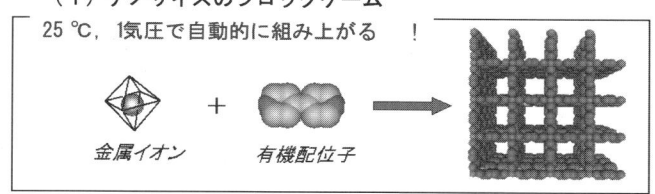

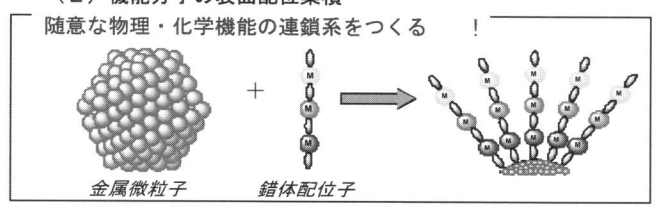

（2）機能分子の表面配位集積
随意な物理・化学機能の連鎖系をつくる！
金属微粒子 ＋ 錯体配位子 →

（3）生体モチーフとの複合
柔軟で動的な応答空間をつくる！

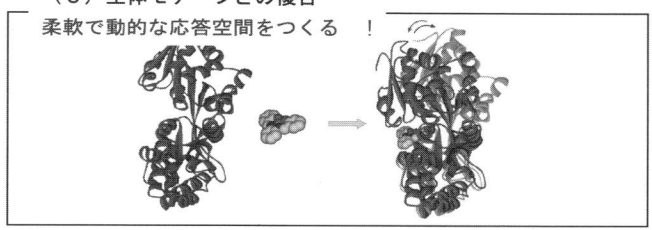

図2　配位空間を持つ物質の典型例

織した。計画研究班員の他に各研究班に10～25名程度の公募研究者を加え，計画班を加えて総勢100名を超えるグループとして研究を進めた。公募研究班員は，計画研究を補強し，また研究の進展で新たに生じた重要課題を設定するためのもので，特に，錯体化学以外に，表面化学，触媒化学，電気化学，理論化学，物性物理の分野の研究者や，斬新な着想，萌芽的研究を行っている研究者が参画している。特定研究の全体の実施には総括班が当たった。総括班は，研究代表者と各研究班の責任者からなる実施グループと，学識経験者からなる評価・助言グループで構成した。

3　研究課題の内容

3.1　分子凝集空間（A 01 班）

金属イオンと有機の橋掛け配位子を用いて多孔性配位高分子を合成し，この物質のナノサイズの細孔に種々の機能分子やガスを吸着させることで，従来実現できなかったワイヤー，ラダー，クラスター状集合構造を構築できる。そうすることで，この特異構造に由来する新しい物性，機

能が期待され，新しい空間の化学を確立することが可能になる。ここでは，まず，完璧な規則的細孔の合成化学を進めて，分子凝集場を自在構築し，その細孔に吸着される分子の凝集構造をその場観察することを目的とし，その集合状態から発現される化学や物理機能の評価を行い，従来のバルク分子集団では見られなかった特異な分子間相互作用を探索している[2]。メタンや水素などのエネルギー的に有用な気体を常温，低圧で大量凝縮を行える多孔性配位高分子を開発し，物理化学的に性質が酷似した分子を選択分離する空間機能を支配する化学原理，法則の探索も興味深い[3]。側壁に活性点となる部位を導入することで，ゲスト分子はミクロ孔内の器壁と強く相互作用し，分子の選択的吸着や場合によっては変形，分解が起こる。これにより，新規な触媒反応や高分子合成などの「ナノサイズ反応容器」としての利用も進展している。このような配位空間に単分子磁石・分子性導体・巨大酸化物クラスターを導入し，配位空間場の電子状態とサイズを外場により制御して，閉じ込められた分子物性を制御することも魅力的である。例えば，最小の常磁性分子である酸素分子を細孔内に自在配列（二分子ワイヤーや三分子クラスター）することで特異な磁気挙動を発現することが最近分かってきており[4]，巨大クラスター・金属ナノ粒子の低次元配列，隔離による新規物性および触媒機能の創成が可能になってきている。

3.2 ポテンシャル制御空間（A 02 班）

空間内での電子移動や化学反応を思い通りに行ったり，特定の空間に閉じ込めた分子の物性を制御したりするには，分子を収容または配列する舞台のポテンシャル分布を最適化することが重要である。ここでは，バルク金属表面や微粒子上などの開かれた空間において，配位結合に基づく物質・表面構築法により空間ポテンシャルを決める表面の化学構造や形状を精密に原子・分子レベルで制御すること，そのポテンシャルを制御した空間において新しい電子移動反応，物質変換反応を開発すること，およびその空間ポテンシャル場に基づくユニークな分子物性（電子・イオン伝導性，磁性，光物性など）を発現することを行っている。固体表面では単分子層ずつの合成反応が行えるため，逐次錯形成反応を用いればナノメートルからマイクロメートルまでの任意の厚さのホモ，ヘテロ積層膜が作製できる。例えば，金電極にアゾ共役架橋された鉄およびコバルト錯体を作製し，その電子移動と電子輸送能を調べると従来のメカニズムとは違った電子のホッピング移動が起こっていることがわかってきた[5]。また，パターニングされた表面への位置選択的な分子ナノ配線をDNAをテンプレートとして構築し，そのナノ空間での機能の検討がなされている[6]。これらの方法で開かれた空間に，電子・光機能をもつ金属錯体を合理的に次元制御配列することにより，電子移動，イオン移動，光吸収，発光などを自在に組み合わせて「分子素子」の基幹となるポテンシャル制御空間の構築を行いつつある。

3.3 柔軟応答空間（A 03 班）

A 03 班では，金属蛋白質・酵素を用いた分子レベルでの構造と機能の解明，蛋白質が提供する空間を反応場として捉える有機金属蛋白質の創成，配位空間の設計による金属酵素活性中心の

序論　配位空間とは

精密モデル化あるいは錯体反応場の設計，金属錯体の自己組織化によるナノ構造の構築を通じて，柔軟な応答空間の利用による分子凝縮および変換場の創成を試みている。ここでは，生体反応場構築による金属蛋白質の創造を目指し，反応場・活性中心の配位空間の活用に的を絞った課題を達成しようとしている。例えば，ヘム蛋白質のアポ体に合成金属錯体を導入した金属錯体酵素の分子設計，フェリチンの内部空間を化学反応場とする金属クラスター酵素の創成，バクテリオファージの中空構造部位を利用した機能性分子・生体超分子複合体の分子設計がその研究中心となっている。これにより，我々が望む反応を触媒する金属酵素や機能を有する金属蛋白質を作製できるようになってきている[7]。また，金属酵素は，エネルギー的に難しい化学反応を高効率・高選択的に行い，生理活性物質の合成や物質代謝が可能になっている。このような特異な物質・情報変換は，金属と蛋白質が形成する柔軟な配位空間において達成されている。これらの観点から，金属蛋白質・金属酵素による物質変換と情報変換の化学を展開する[8]。一方で，分子レベルで精密に制御された有機・無機複合構造の自己組織化は，有機・無機それぞれの単独には認められない高度な機能を生み出す可能性に満ちている。また，脂質や両親媒性配位子（レセプター部）と金属錯体（情報発信部）から成る新しい超分子組織体を自己組織的に構築し，その表面に分子認識空間の導入を試み，分子情報を増幅かつ変換する新しいナノシステムの開拓に成功しつつある[9]。

3.4　エネルギー操作空間（A04班）

本研究班の目的は，配位空間に働く特異場の基本原理を解明し，エネルギー変換を自在操作できる配位空間の創製することである。特に水素などエネルギー分子の発生，貯蔵，分離，活性化，物質変換，あるいは電子・イオン輸送など，一連のエネルギー操作を自在制御できる高機能な配位空間システムの創出を図っている。例えば，金属ナノ粒子では電子準位が離散的となること（量子効果）から，金属ナノ粒子中の水素が量子波動性を帯びることが期待されるので，金属や合金のナノ粒子を精密にサイズ制御し，新規な水素機能物質としての可能性を追求しつつある。さらに，遍歴イオンと電子系との共役効果あるいは空間電荷と配位局所構造歪みの自在制御により，電子伝導やプロトン伝導性を有する配位空間の創製を行っている[10]。イオンチャンネルや分子ローターなどの動的分子構造と遍歴電子系を結合させたエネルギー操作空間を構築し，新規なエネルギー変換材料への展開も興味深い[11]。また，光電荷分離にともなう動的挙動を考慮して光増感剤と水素発生触媒を担う錯体分子を設計し，それらを機能的に空間配置させ両者の間で遂行されるエネルギー変換効率の向上をめざしている[12]。このように，エネルギー操作の効率を最適化した配位空間場を精密に設計・構築し，新しい型の燃料電池やイオン（プロトン）電池デバイスの創製を図り，電極，電極界面および固体電解質として，気体分子輸送を担う多孔性空間，エネルギー物質変換を担う錯体触媒場，電子移動を担う導電性高分子，高速イオン輸送を担うイオン交換高分子などの創製を目指している。

4 1〜2次元に広がる制限配位空間の化学

　最近，多孔性配位高分子の有する配位空間が特異な分子凝縮，ストレス，変換場となることが明らかになってきた（図3）。例えば，多孔性配位高分子の細孔表面を設計することで，エネルギーガスとして有用なアセチレンの大量凝縮を行うことができた[13]。この系では物理化学的に性質が酷似した二酸化炭素との選択分離が可能で，二酸化炭素に比べ最大で26倍ものアセチレンを吸着でき，その密度は400気圧（約40 MPa）以上にも濃縮されていることがわかった。これはアセチレンが爆発する危険のある2気圧の200倍に相当するものである。また，最近，二重入子構造をしたナノ細孔物質のイオン交換を行うことで，ナノ細孔の大きさをわずかに変化させ，これによりガス分子の大きさにおける100分の1 nm単位の違いを見分けることにも成功しており，このような配位空間を用いた大量吸蔵，および選択的分離ができるシステムができるようになっている[14]。多孔性配位高分子の配位空間は有機高分子鎖がちょうど一本で包摂される程度であり，この細孔を重合反応場として用いることで，得られる高分子の立体規則性，反応位置，分子量がコントロールできることもわかってきている。革新的な分子変換の場として用いることで，従来法では不可能であった新構造を持つ高分子の合成も可能になりつつある[15, 16]。

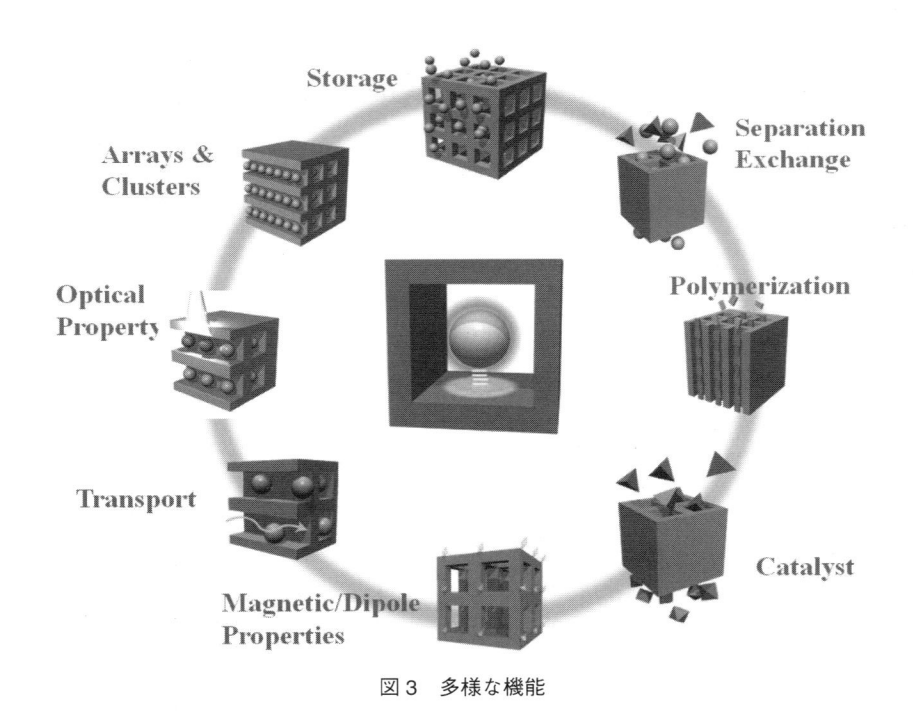

図3　多様な機能

5 おわりに

「配位空間の化学」は世界に類を見ない全く新しい視点の「空間のナノサイエンス・テクノロジー」であり，これを進展させ大きな学問領域として育成することで，わが国を代表し，世界を先導するサイエンスの分野が確立できる。本研究は，金属錯体化学，有機金属化学，コロイド・界面化学，高分子化学，触媒化学，生命科学，材料科学，エネルギー科学，固体物性科学，理論科学など広範な学問領域と密接に関連しており，本特定領域研究から創出される配位空間物質と新しい概念が，これら基礎学問の発展と，さらにはそれらの応用研究による産業技術に及ぼす波及効果は計り知れない。

この配位空間の化学の成果は，Coordination Chemistry Review 誌の特集号として，代表的成果をあげた班員の総説を発表してあるので参照されたい[17]。

文献

1) 本章は右記の雑誌に掲載した内容を一部変えて述べた。
   北川進，植村卓史，未来材料，7巻，56-59（2007）
2) S. Kitagawa, R. Kitaura, S. Noro, *Angew. Chem. Int. Ed.*, **43**, 2334 (2004)
3) Y. Kubota, M. Takata, S. Kitagawa, T. C. Kobayashi *et al.*, *Angew. Chem. Int. Ed.*, **44**, 913 (2005)
4) S. Takamizawa *et al*, *Angew. Chem. Int. Ed.*, **45**, 2216 (2006); S. Kitagawa, *Nature*, **441**, 584 (2006); T. C. Kobayashi, S. Kitagawa *et al.*, *Prog. Theor. Phys. Suppl.*, **159**, 271 (2005)
5) H. Nisihara *et al.*, *Chem. Lett.*, **34**, 534 (2005)
6) M. Haga, M. Ohta, H. Machida, M. Chikira, N. Tonenaga, *Thin Solid Films*, **499**, 201, (2006)
7) T. Ueno, Y. Watanabe *et al.*, *Proc. Nat. Acad. Sci. U.S.A.*, **103**, 9416, (2006)
8) M. Suzuki *et al.*, *J. Am. Chem. Soc.*, **128**, 3874, (2006)
9) T. Kuroiwa, T. Shibata, A. Takada, N. Nemoto, N. Kimizuka, *J. Am. Chem. Soc.*, **126**, 2016 (2006)
10) Y. Wakabayashi, A. Kobayashi, H. Sawa, H. Ohsumi, N. Ikeda, H. Kitagawa, *J. Am. Chem. Soc.*, **128**, 6676 (2006)
11) T. Akutagawa, T. Nakamura, *et al.*, *J. Am. Chem. Soc.*, **127**, 4397 (2005)
12) H. Ozawa, M. Haga, K. Sakai, *J. Am. Chem. Soc.*, **128**, 4926 (2006)
13) R. Matsuda, S. Kitagawa, T. C. Kobayashi, M. Takata, *et al.*, *Nature*, **436**, 238 (2005)
14) T. K. Maji, R. Matsuda, S. Kitagawa, *Nature Mater.*, **6**, 142 (2007)
15) T. Uemura, S. Horike, S. Kitagawa, *Chem. Asian J.*, **1**, 36 (2006)

16) T. Uemura, N.Yanai, S. Kitagawa, *Chem.Soc.Rev.*, **38**, 1228 (2009)
17) H.Nishihara (Guest Editor), *Coord. Chem.Rev.*, 251, issues 21-24 (2007); Special Issue, Chemistry Coordination Space.

第Ⅰ編　合成

第1章　メソ孔物質：設計・合成と新しい機能

有賀克彦[*1]，Ajayan Vinu[*2]

1　従来のメソ孔物質

　単位重量あたり膨大な表面積と孔容積を持つ多孔性物質，しかも規則的な孔系を持つ物質群は，触媒の担体や汚染物質の除去材として，あるいは，基礎科学を展開するためのナノ空間を供与するものとして，近年急速に注目を集めている。多孔性物質は，その孔径に応じて，ミクロ孔物質（孔径 0.2～2.0 nm），メソ孔物質（孔径 2.0～50 nm），マクロ孔物質（孔径 50 nm 以上）に分類される。ミクロ孔物質が，ごく小さな分子の吸着やその運動束縛に有用であるのに対し，メソ孔物質はより複雑な機能分子やその集合体である超分子さらにはタンパク質などの生体分子など高機能を持つとされているやや大きめの分子やその集合体の捕捉・固定化に適している。そのため，メソ孔物質への期待は日に日に高まっている。

　メソ孔物質を合成する手法として，配位高分子のように分子間の相互作用を巧みに作ってビルディングブロックをくみ上げていくものとゾル―ゲル法によって共有結合的に物質として合成する方法がある。本書の他の章では前者のアプローチによるものが主体になるので，本章ではあえて後者の方法論を記述し，全体を補完するものとしたい。ゾル―ゲル反応によって合成されるメソ孔物質の代表例はメソポーラスシリカである。メソポーラスシリカは，界面活性剤やブロックポリマーなどが形成するミセル構造をテンプレートとする鋳型合成によって合成される（図1(A)）。このようなミセルは，組成や物理的な条件に応じて，ラメラ，ヘキサゴナル，キュービックなどの構造規則性の高い相を取る。それらを鋳型にしてゾル―ゲル反応を行ってシリカ骨格を調整し，有機成分を焼成や溶媒抽出などによって取り除けば，元々のミセルの規則構造を反映したメソ孔構造を得ることができる。メソポーラスシリカの表面（内孔表面も含めて）は反応性のシラノール基に飛んでいるのでそこに官能基を導入したり，あるいは合成時に官能基を持つアルコキシシラン分子や金属要素を混入させることによって，特定の機能部位をメソ孔構造に導入することもできる[1]。ゾル―ゲル反応によるアプローチはシリカだけに限らず多くの金属酸化物に適用できる。例えば，太陽電池などの高機能が期待されるチタニア素材についてもメソ孔物質の

---

*1　Katsuhiko Ariga　㈱物質・材料研究機構　WPI センター国際ナノアーキテクトニクス研究拠点　主任研究員

*2　Ajayan Vinu　㈱物質・材料研究機構　WPI センター国際ナノアーキテクトニクス研究拠点　MANA 独立研究者

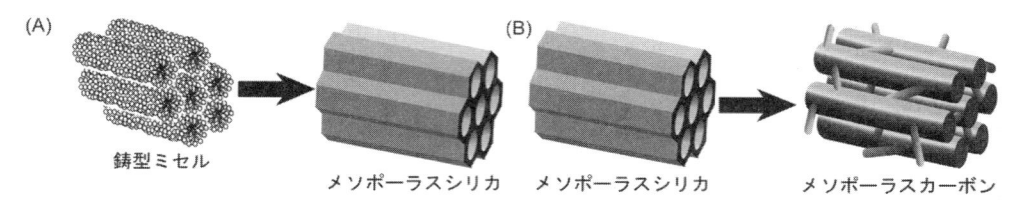

図1 典型的なメソ孔物質合成
(A)メソポーラスシリカ，(B)メソポーラスカーボン

合成がなされている。

　合成されたメソポーラスシリカを鋳型として用いた別種のメソ孔物質の合成も考案されている。代表例はメソポーラスカーボンの合成である（図1(B)）。メソポーラスシリカを鋳型（ハードテンプレート）として用い，その孔の中に炭素源を封入し重合・炭化することによって炭素が詰まったメソポーラスシリカコンポジットを合成する。このコンポジットからフッ化水素酸などを用いて，シリカ成分を選択的に取り除くことによって，カーボンのみからなる規則的集合体を得ることができる。ヘキサゴナル型のメソポーラスシリカを鋳型として用いた場合でも，シリカ孔はさらに細かいチャネルでつながっていれば，シリカを除いた後のカーボンはその構造を保つことができるのである。この他にも，キュービック型のメソポーラスシリカなど，空孔が相互に連続相となるシリカを鋳型とするメソポーラスカーボンの作製も可能である。

2　新しいメソ孔物質

　上記のような典型的な合成に限らず，新法・改良法を用いることにより様々なメソ孔物質が開発されている。従来は，用いる界面活性剤はセチルトリメチルアンモニウム塩などの市販のものを用いることがほとんどであったが，有機合成でデザインされた界面活性剤が用いられるようになってきた。図2に示した界面活性剤の例では，アミノ酸のN末端側に親水部となる四級アンモニウム基とジエトキシシリル基を導入し，C末端は長鎖アルコールのエステルを結合させている[2,3]。この界面活性剤をテンプレートとし，メソポーラスシリカの合成を行うと，メソポーラスシリカ内壁に界面活性剤が密に共有結合で固定化されたハイブリッド構造ができる。これを酸で処理してエステル部位のみを選択的に加水分解すると，アルキル鎖のみが洗い流され，メソ孔内部にアラニン誘導体の機能基を密に残したメソ孔物質ができる。界面活性剤がシリカの内壁に食いついて，アルキル鎖の尻尾を切り取るということから，本方法はLizard法と名づけられている。同様なアミノ酸残基を持つ界面活性剤を用いた例としては，Cheらによるヘリカルな構造のメソポーラスシリカの合成も報告されている（図3）[4,5]。界面活性剤の光学不斉を反映したヘリカルな外見のメソポーラスシリカが得られる。原料物質における改良は界面活性剤だけにとどまらない。ゾル—ゲル反応の原料であるシリカ物質として，有機基と複数のアルコキシシリカを持つ化合物を用いると，有機基を壁構造に導入したメソ孔物質を合成することもできる。稲垣ら

第1章　メソ孔物質：設計・合成と新しい機能

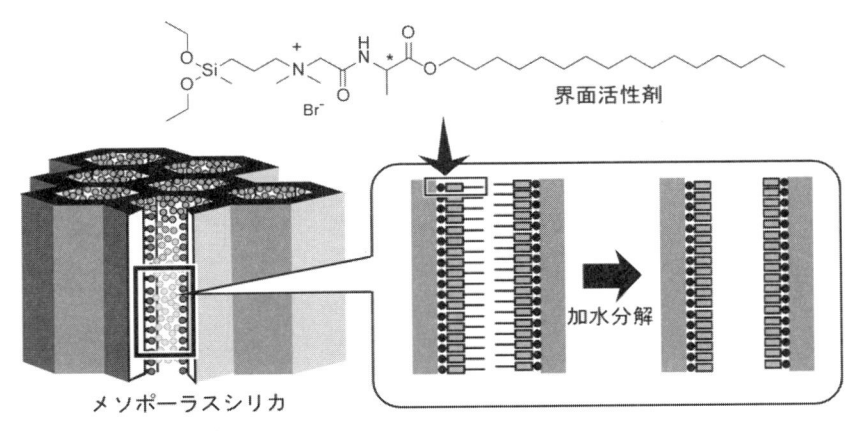

図2　Lizard法によるメソポーラスシリカ合成

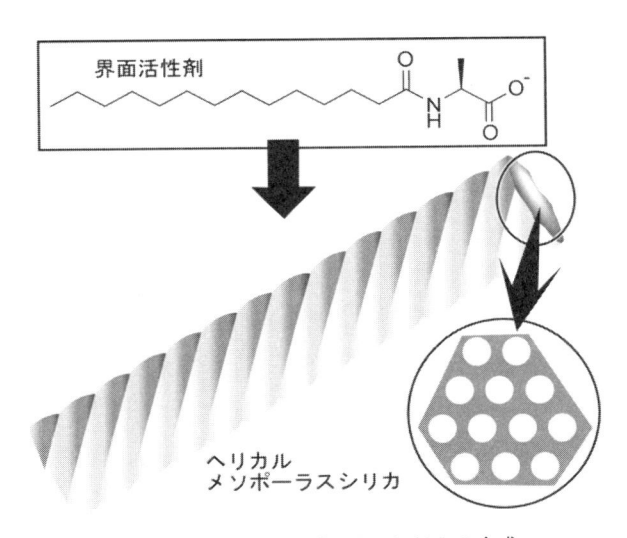

図3　ヘリカルメソポーラスシリカの合成

は，結晶性の芳香族環配列を孔壁に持つメソ孔物質の開発に成功した[6]。

ハードテンプレートを用いたメソ孔物質合成にも進展が見られる。結晶系によってはダイアモンドより硬い材料となることが予測されており，また，誘電材料，半導体材料，光学材料などの様々な機能材料としての展開が期待されている窒化炭素からなるメソ孔物質の合成にVinuらは成功した（図4(A)）[7]。非多孔性の窒化炭素の合成法としては，エチレンジアミンと四塩化炭素を原料として用いるものがすでに報告されており，本方法では同様にして鋳型としてメソポーラスシリカSBA-15をエチレンジアミンと四塩化炭素の混合液中にけん濁し反応させた。得られたシリカと炭素源／窒素源のコンポジットを窒素下で高温処理することにより窒化炭素構造を合成し，鋳型であるシリカをフッ化水素酸で溶出することによってメソ孔型の窒化炭素を得た。規則的な

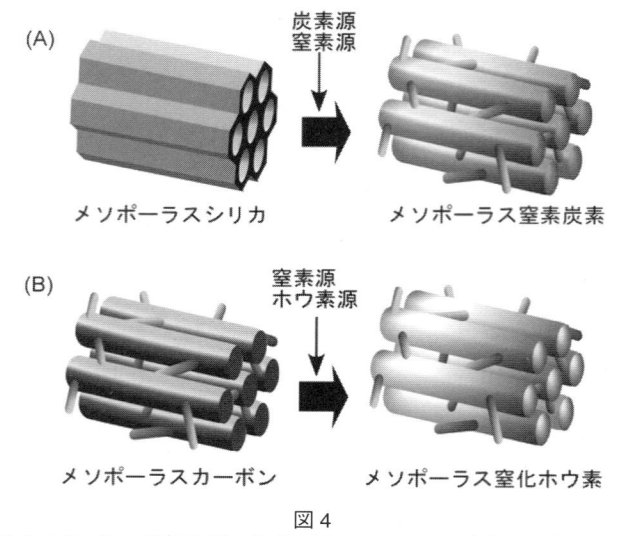

図4
(A)メソポーラス窒化炭素の合成，(B)メソポーラス窒化ホウ素の合成

孔構造は電子顕微鏡により確認され，熱分析により残存するシリカの量は1%にも満たないことも確かめられた。

窒化炭素と同様，窒化ホウ素および炭窒化ホウ素も注目を集める物質である。高い力学的強度やすぐれた熱的・化学的安定性，また，特異な潤滑性を示すことから，コーティング材料としても重宝される。その他，絶縁材から化粧品のファンデーションまで用途は幅広い。Vinuらは，この窒化ホウ素および炭窒化ホウ素についてもメソ孔構造の新材料を開発した[8]。これらの物質の合成は，従来のメソ孔物質の作製方法とは異なり，元素置換によって作製した（図4(B)）。具体的には，メソポーラスカーボンを酸化ホウ素と窒素気流下で加熱して，メソ孔構造を保ったまま炭素をホウ素や窒素で置き換える。同様な元素置換による手法は，カーボンナノチューブから窒化ホウ素のナノチューブを合成する際にも用いられているが，メソ孔物質を合成する試みはこれまでに類例がなく，メソ孔物質合成の全く新しい方法論といえるだろう。

3　カーボンナノケージ

ハードテンプレートを用いる手法では，鋳型となるメソポーラスシリカを適宜選択することにより，種々の孔構造を有するメソ孔物質を作製することができる。我々は，ケージ型構造を持つメソポーラスシリカKIT-5を鋳型に用いて，ケージ構造の孔を持つ新規のナノカーボン「カーボンナノケージ」を開発した（図5(A)，ただしこの模式図はあくまでもイメージ図であり，本来の構造はもっと複雑である）[9]。カーボンナノケージは，図5(B)の高解像度透過型電子顕微鏡写真（HRTEM）に見られるように大変精密で規則正しい構造を有する。孔径は5.2 nm，ケージ径は15.0 nmであり，比表面積および比孔容積は1600 m^2g^{-1} および 2.10 cm^3g^{-1} であることが窒素吸

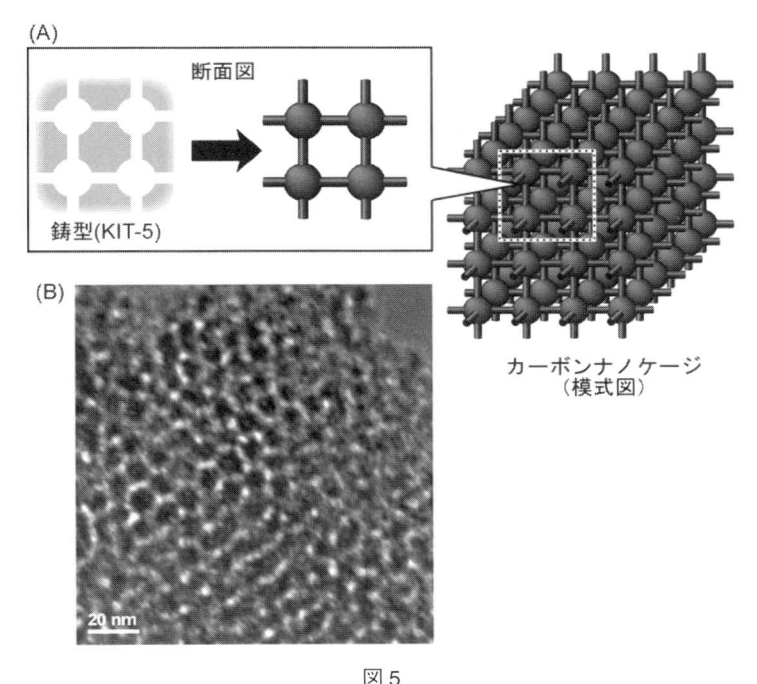

第1章　メソ孔物質：設計・合成と新しい機能

図5
(A)カーボンナノケージの合成，(B)カーボンナノケージの電子顕微鏡写真

着法により決定された。後者の値は，従来の代表的なメソポーラスカーボン CMK-3 の値（比表面積 $1260\ m^2g^{-1}$ および比孔容積 $1.1\ cm^3g^{-1}$）に比べてきわめて大きい。これは，カーボンナノケージの構造が入り組んだものであるためである。また，鋳型の種類や合成条件を変えることによって，孔径などの微細構造を調整することも可能である。

　カーボンナノケージの機能を実証するために，ごく簡単な物質吸着実験を行った（図6(A)）[10]。本実験では，ピペット中部に綿をつめその上に所定量のカーボン素材（活性炭，カーボンナノケージ，従来のメソポーラスカーボン物質 CMK-3）をのせ，色素であるアリザリンイエローの水溶液を単純に流す。このような簡単な操作のもとでは，活性炭では色素をほとんど吸着することはできず，ろ液中の色素濃度は元の色素溶液のものとほとんど変わらない。従来の代表的なメソポーラスカーボン CMK-3 でも，ろ液中の色素の色はあまり減少しない。それに対し，カーボンナノケージをフィルター素材に用いた場合には，ほぼ完璧に色素を取り除くことができた。このような簡単な実験操作ですら色素を除去できるカーボンナノケージの物質吸着能力は，その大きな吸着容量に基づくものと考えられる。次に，複数の分子の選別吸着を行った。ここで吸着対象として用いたのはカテキンとタンニンである。これらはいずれも茶の主成分であり，芳香族環と水酸基からなる化合物で元素組成は似たようなものであるが，大きさが大きく異なる（分子モデルでは，カテキンは $0.8 \times 1.3\ nm$，タンニンは直径 $3\ nm$ の円盤になぞらえることができる）。これらの物質はポリフェノールとしても注目され，異なる薬効を示す成分としても知られており，

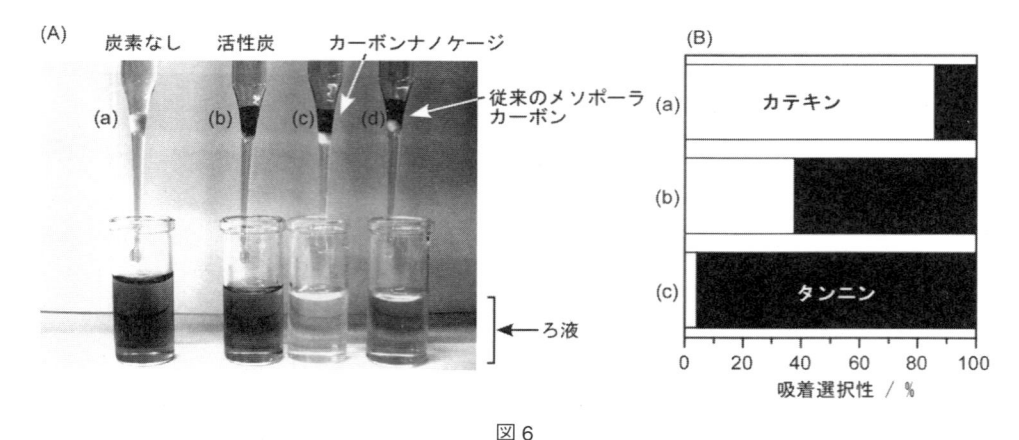

図6
(A)アリザリンイエローろ過実験：(a)炭素素材なし；(b)活性炭；(c)カーボンナノケージ；(d)メソポーラスカーボン CMK-3，(B)カテキン／タンニン分離効率：(a)活性炭；(b)CMK-3；(c)カーボンナノケージ

実用面からも意義深い分離対象である。実験そのものは，カテキンとタンニンを1g/Lの等濃度で溶かした水溶液中にそれぞれの炭素素材を分散しろ過回収して吸着量を定量するというごく単純なものである。図6(B)に吸着比を示したが，ミクロ孔が主体の活性炭は小さなカテキンを好んで吸着する傾向にあり，CMK-3では吸着優位性が明確ではない。一方，カーボンナノケージの場合は，95％程度の選択性で大きいサイズのタンニンを選択吸着できることが明らかとなった。これらは簡単なデモンストレーションに過ぎないが，省エネルギー型の単純なプロセスで高純度分離を実現したことは注目に値する。

4 メソ孔物質の階層化

上記の例のように，メソ孔物質はその精密な孔構造と非常に大きな表面積・孔容積から優れた物質吸着能と物質選択性を示す。しかしながら，このままの形態では有益物質としての可能性はあるが，ナノテクノロジーを組み込んだ先進的な応用は望めない。メソ孔物質を組織化ナノ薄膜に固定するなど階層的な構造設計が，メソ孔物質の先端応用には必要になる。我々は，交互吸着法[11,12]によりメソ孔物質をデバイス上に薄膜として固定化し，物質センシングおよび薬物放出制御への応用を試みた。

ナノメートルスケールの孔内においては吸着分子の運動性が制限され分子密度も高くなることから，通常空間では見られない様々な異常物性の発現が見られる。よく知られたものは，気体分子のキャピラリー濃縮である。ある特定の蒸気圧下で気体分子の濃縮液化によるナノ孔への吸着が急激に起こるものである。同様にして，ナノ孔における物質吸着が高い協同性を持って起これば，特異性の高い物質の認識・吸着が実現できるかもしれない。そこで，我々は，メソポーラスカーボンを交互吸着法によって，質量分析デバイスである水晶発振子（Quartz Crystal Micro-

第1章 メソ孔物質：設計・合成と新しい機能

balance；QCM）上に薄膜として固定化し，水中の分子センシングに用いた[13]。まず，静電相互作用による交互吸着法を行うため，メソポーラスカーボンの表面を部分酸化してカルボキシル基を導入した[14]。負電荷を帯びたメソポーラスカーボンを水中に分散し，ポリカチオンとの間の交互吸着により QCM 上に薄膜を形成させた（図7）。この薄膜を付加した QCM 基板を，タンニン，カテキン，カフェインなどの水溶液につけて振動数変化をモニターしたところ，特にタンニンに対して高い応答性を示し，タンニンに選択性のあるセンサーデバイスとして機能することが確かめられた。ゲスト濃度を詳細に変化させ，タンニンの吸着挙動を解析したところ，ある特定の濃度域で急激に吸着量が増大することがわかった。つまり，ナノ孔に対するタンニンの吸着には非常に高い協同性があることがわかった。タンニンのカーボンナノ孔に対する吸着は，疎水性相互作用やゲスト間のπ-π相互作用に基づいていると考えられるが，吸着分子の運動性や配向性が制限される環境では，ゲスト分子間やゲスト—カーボン間のこれらの相互作用が増幅され協同吸着が起こっていると推察される。これらは，Nanopore-Filling（ナノ孔充填）型の吸着と考えることができる。

　メソ孔物質の合成をコア物質の用いると，中心に空孔を持ち周囲にメソ孔の壁をもつカプセル物質を合成することができる。このような構造は，薬物の保持やその放出制御に用いることができる可能性がある。図8(A)には，Yu らによって提案されたメソポーラスシリカカプセルおよびメソポーラスカーボンカプセルの経路を示してあるが，ゼオライトクリスタルをコア物質として用いてカプセル構造を段階的に作製することができる[15]。はじめに，アルコキシシリカを用いたゾル—ゲル反応を行うことによってメソポーラス構造をゼオライトコアの周囲に作製する。この

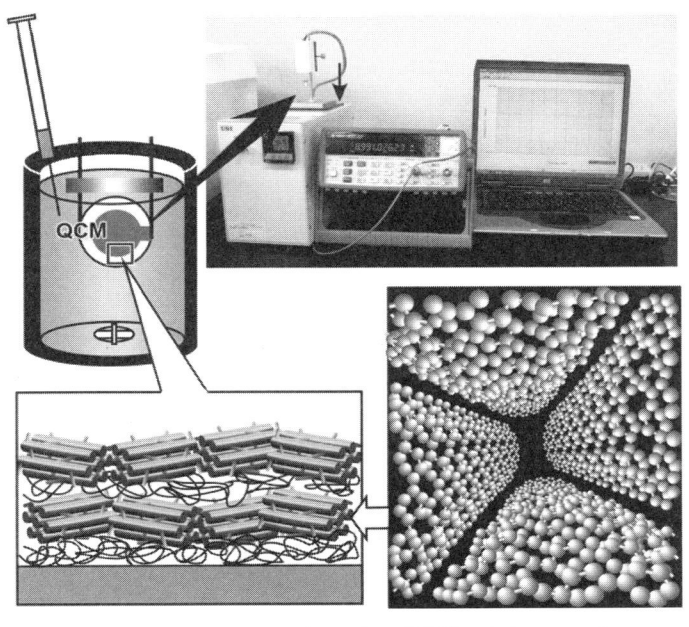

図7　メソポーラスカーボンの交互吸着膜からなるセンサー

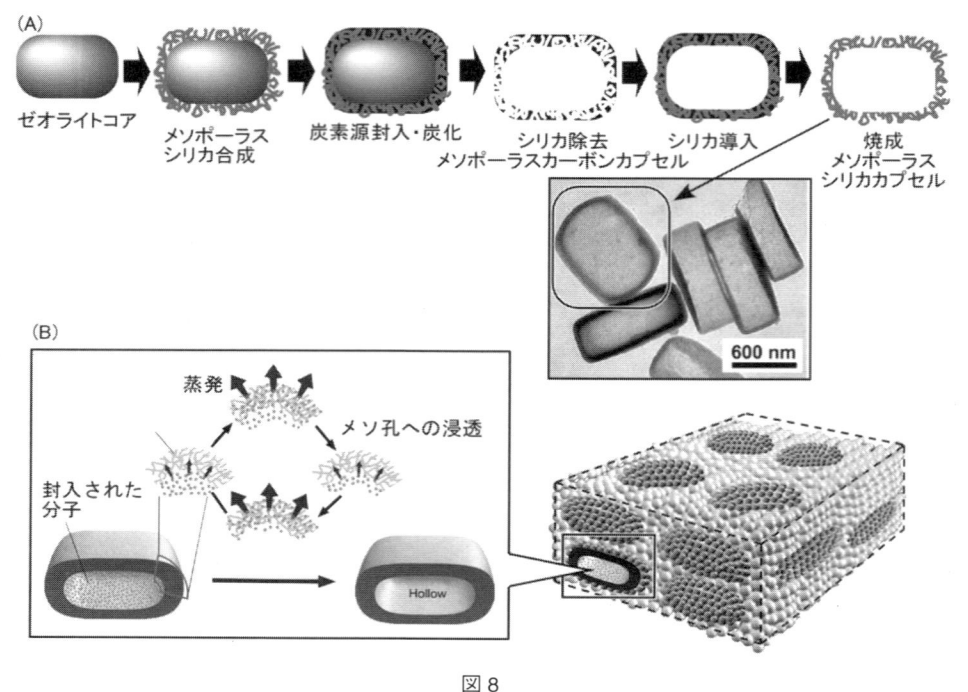

図8 (A)メソ孔カプセルの合成，(B)メソポーラスナノコンパートメントフィルムからの物質放出制御

メソポーラスシリカ構造に対して炭素源であるポリマー前駆体を封入し，それを炭化することにより，炭素とシリカのコンポジット構造を作る。このコンポジットから，コアと壁にシリカ成分を選択的に除くことにより炭素のみからなるメソポーラスカーボン構造を得ることができた。さらに，炭素孔の中にシリカ成分を封入し，炭素成分を焼成課程を介して除くことにより，メソポーラスシリカカプセルを得ることもできる。カーボンベースのメソ孔カプセルの壁厚は35 nmであり，メソ孔の径は4.3 nm，比表面積は918 $m^2 g^{-1}$，比孔容積は1.40 $cm^3 g^{-1}$であった。メソポーラスシリカカプセルの孔径は2.2 nm，比表面積は726 $m^2 g^{-1}$，比孔容積は0.86 $cm^3 g^{-1}$と報告されている。我々は，最近，このメソポーラスシリカカプセルをコロイド粒子とともにポリカチオンと交互吸着して，内部に物質貯蔵スペースのある薄膜フィルム（メソポーラスナノコンパートメントフィルム）を開発した（図8(B)）[16]。このフィルムに水を含浸させて，その蒸発挙動を観察したところ，外部刺激を加えずとも自動的に繰り返しOn/Offするステップ状の水の蒸発挙動を示すことが見出された。このステップ数は交互吸着膜の層数には依存せず，カプセル内部に取り込まれている水の体積とメソ孔部の体積の比によって決定されることが見出されている。メカニズムの詳細は不明であるが，メソ孔へのキャピラリー浸透と蒸発過程のような複数の過程が非平衡的に連動していることが予想される。このように，刺激を与えずとも定期的に物質を供給できるシステムは，薬物投与のための新しい素材として注目される。

第1章 メソ孔物質：設計・合成と新しい機能

5 おわりに

　上述したように，メソポーラスシリカやメソポーラスカーボンに代表されるようなメソ孔物質は，その素材の展開，新構造の開拓，未知機能の探索など多くの可能性が残されている。その一方で，本章ではあえて触れなかったが，（特に従来型のメソ孔物質に関しては）安い原材料の選定や工程上の低価格化においても十分に検討がなされてきている。つまり，ナノ孔合成の分野は，ナノ構造制御という先端科学のテイストを持ちながら実用を視野に入れている。したがって，この研究分野は，意外にナノ空間や制御空間の科学が実用に反映する先鋒となるべき分野なのかもしれない。

文　　献

1) A. Vinu *et al.*, *J. Nanosci. Nanotechnol.*, **5**, 347 (2005)
2) Q. Zhang *et al.*, *J. Am. Chem. Soc.*, **126**, 988 (2004)
3) W. Otani *et al.*, *Chem. Eur. J.*, **13**, 1731 (2007)
4) S. Che *et al.*, *Nature*, **429**, 6989 (2004)
5) H. Jin *et al.*, *Adv. Mater.*, **18**, 593 (2006)
6) S. Inagaki *et al.*, *Nature*, **416**, 6878 (2002)
7) A. Vinu *et al.*, *Adv. Mater.*, **17**, 1648 (2005)
8) A. Vinu *et al.*, *Chem. Mater.*, **17**, 5887 (2005)
9) A. Vinu *et al.*, *J. Mater. Chem.*, **15**, 5122 (2005)
10) K. Ariga *et al.*, *J. Am. Chem. Soc.*, **129**, 11022 (2007)
11) K. Ariga *et al.*, *Phys. Chem. Chem. Phys.*, **9**, 2319 (2007)
12) K. Ariga *et al.*, *Macromol. Biosci.*, **8**, 981 (2008)
13) K. Ariga *et al.*, *Angew. Chem. Int. Ed.*, **47**, 7254 (2008)
14) A. Vinu *et al.*, *J. Mater. Chem.*, **17**, 1819 (2007)
15) J. -S. Yu *et al.*, *J. Phys. Chem. B*, **109**, 7040 (2005)
16) Q. Ji *et al.*, *J. Am. Chem. Soc.*, **130**, 2376 (2008)

第 2 章　配位高分子

野呂真一郎*

　多孔性配位高分子（Porous Coordination Polymers（PCPs））は，金属イオンと有機架橋配位子とを溶液中で反応させることによって得られる結晶性の高分子型金属錯体である。多様な配位数・配位構造を有する金属イオンと化学的修飾が可能な有機架橋配位子を合理的に組み合わせることによって，無機多孔体（ゼオライト）や有機多孔体（活性炭）では難しかった多様かつ均一な細孔構造の構築が容易に実現できる。また，骨格中に含まれる原子のほとんどが細孔界面に露出しているため，比表面積の非常に高い多孔体が合成できる（現在のワールドレコードは 5,900 ± 300 m$^2 \cdot$g^{-1} である[1]）。更に，配位高分子の多孔性骨格が配位結合や水素結合・π-π相互作用などといった共有結合よりも弱い結合を利用して組みあがっているため，既存の多孔体には見られない柔軟性細孔を与えやすい。このような，構造均一性・多様性・高比表面積・柔軟性といった特性を兼ね備えた多孔性配位高分子の研究は，ここ 20 年の間で急激に進歩してきた[2〜5]。本章では，研究の発展と共に多様化してきた多孔性配位高分子の合成法について紹介する。

1　拡散法

　多孔性配位高分子は分子量が 100 万以上にも及ぶ高分子であり，骨格中に溶解度を向上させる

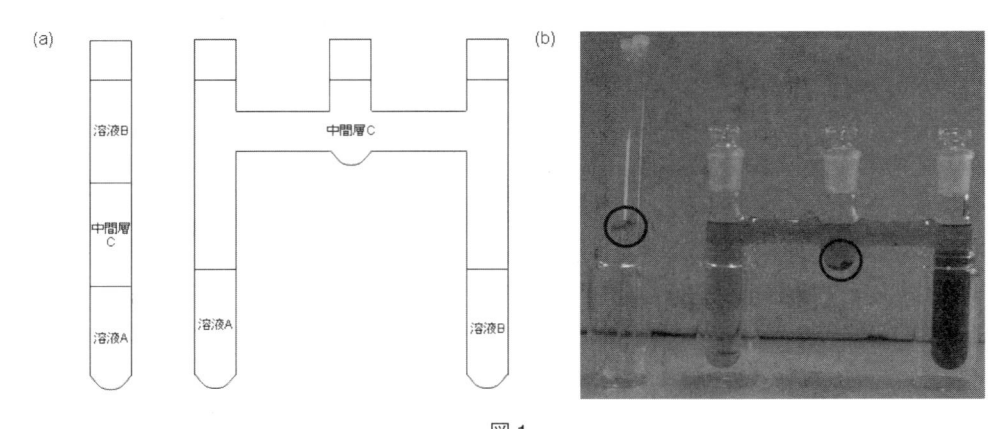

図 1
(a)直管または H 管を用いた拡散法，(b)拡散法によって析出した結晶の様子。中間層の領域（○で囲んだ部分）に結晶が析出している。

＊　Shin-ichiro Noro　北海道大学　電子科学研究所　有機電子材料研究分野　助教

第2章　配位高分子

ような置換基を持たないことから，構造を保持したまま溶媒に溶かすことは極めて難しい。したがって，低分子化合物の結晶化に用いられる再結晶法は適用できない。そこで，図1に示したように，金属イオンを含んだ溶液Aと有機架橋配位子を含んだ溶液Bとを中間層C（金属イオン，配位子を溶かしたときに使った溶媒が通常用いられる）を介してゆっくりと拡散・反応させる拡散法がこれまで広く用いられてきた。金属イオンや配位子の拡散速度は，中間層の長さや反応温度・濃度・フィルターやゲルの使用などによって制御できる。

2　水熱合成法

水熱反応（hydrothermal reaction）とは，高温高圧下において水が関与して起こる反応である。このため密封容器中での水の存在下，100度以上の高温で種々の物質を反応させて目的の物質を得ることを水熱合成といい，粘土鉱物やゼオライトの合成に古くから適用されてきた。100度以上の合成では耐圧反応容器が必要であり，通常モレー型反応容器・オートクレーブが使われる。モレー型反応容器は1913年にMoreyが開発した簡易的な反応容器であり，ステンレススチール製の肉厚カップを向かい合わせにしてねじ合わせして密閉する仕組みになっている。350度・0.5 kbarぐらいまでの耐熱・耐圧性を有しているが（クロム・モリブデン鋼などの特殊鋼製であれば600度・4 kbarぐらいまで耐えられる），温度・圧力を任意に変えられない欠点がある。反応温度が200度付近であれば，テフロン製容器を内装した容器がよく用いられる。オートクレーブはモレー型反応容器を改良したものであり，容器内の圧力を圧力計で読み取ることができる。容器内の圧力は，容器内の自由体積に対する溶液の占める割合（充填率）と反応温度によって決まる。Kennedyによる充填率に対する圧力—温度曲線を参考にして[6]，反応容器内の圧力が限界圧力以下になるように溶媒量・反応温度を決める。水熱合成法の特徴として，溶解度の向上・結晶成長速度の増大・準安定相の形成・水熱反応中における有機架橋配位子のその場合成[7]が挙げられる。

3　Post-Synthetic Modification（合成後修飾）

近年，配位高分子骨格を組み上げた後に細孔壁面を化学修飾するPost-Synthetic Modification（PSM）法（合成後修飾法）が注目されている。目的の多孔性配位高分子を1ステップで合成する方法（ここでは従来法と呼ぶ）に比べ，PSM法では配位高分子骨格を組み上げた後に骨格の化学修飾を行う（図2）。この方法を利用することによって，多成分の構築部品（金属イオン，有機架橋配位子）から構築される配位高分子の合成やルイス塩基性置換基の導入が可能となる。化学修飾する部位として，金属イオンと有機架橋配位子の2ヶ所が考えられる。

多孔性配位高分子のPSM法による細孔壁面修飾は1999年にLeeらによって初めて報告された[8]。彼らは，骨格形成部位として3つのシアノ基，反応活性部位として2-ヒドロキシエトキシ

(2) PSM 法

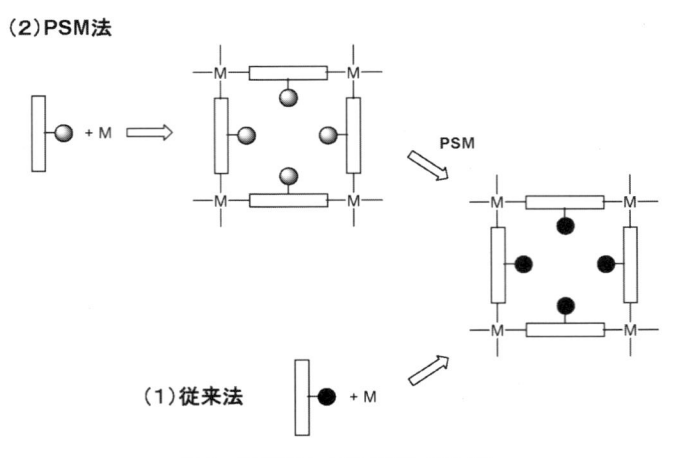

(1) 従来法

図2　従来法と PSM 法との比較

基を持った有機架橋配位子とトリフルオロメタンスルホン酸銀を反応させることによって，AlB_2 中のボロン骨格に類似の2次元配位高分子を合成した。この2次元骨格同士が積層することにより，積層方向にヘキサゴナル状の1次元細孔が形成される。細孔表面には非配位のヒドロキシル部位が露出しているため，無水トリフルオロ酢酸で処理することによって，対応するエステルが得られる。XRD，IR，^{1}H-NMR 測定から，ほぼすべてのヒドロキシル部位が反応していること，反応後も多孔性骨格構造を保持していることを確認している。

河野・藤田らは，従来法で直接合成することが困難な非配位カルボキシル基を有する多孔性配位高分子の合成に PSM 法を適用した（図3）[9]。彼らは，カートリッジ分子と呼ばれるトリフェニレン誘導体を取り込んだ3次元多孔性配位高分子を合成している[10]。カートリッジ分子としてアミノトリフェニレン3を用いた場合，細孔壁面に非配位のアミノ基（反応活性部位）が露出する。このアミノ基を無水コハク酸あるいは無水マレイン酸と反応させ，金属イオンに配位していないカルボキシル基を導入することに成功した。一方，あらかじめカルボキシル基を有する2-トリフェニレンカルボン酸2をカートリッジ分子として用いて通常法による反応を行っても対応する3次元多孔性骨格は得られないことから，PSM 法が非配位カルボキシル基の導入に極めて有効であることを実証している。

PSM 法によって異なる種類の金属イオンを導入することも可能である。Lin らは，非配位のジヒドロキシル基を有するキラル有機架橋配位子を用いて3次元のキラル多孔性配位高分子を合成し，PSM 法により4価のチタンイオンを導入した[11]。得られた混合金属多孔性配位高分子は，優れたエナンチオ選択的不均一触媒能を示した。Long らは，ジャングルジム型多孔性配位高分子 $[Zn_4O(bdc)_3]_n$（MOF-5，bdc^{2-} = benzenedicarboxylate）[12]と $M(CO)_6$（M = Cr, Mo）を嫌気下において加熱し，配位子のベンゼン環が0価の $M(CO)_3$ ユニットに η^6 配位した混合金属多孔性配位高分子の合成に成功した[13]。さらに，N_2，H_2 ガスフロー下における光分解反応を行うと，CO が N_2，H_2 によって一分子置換されることを明らかにした。

第 2 章　配位高分子

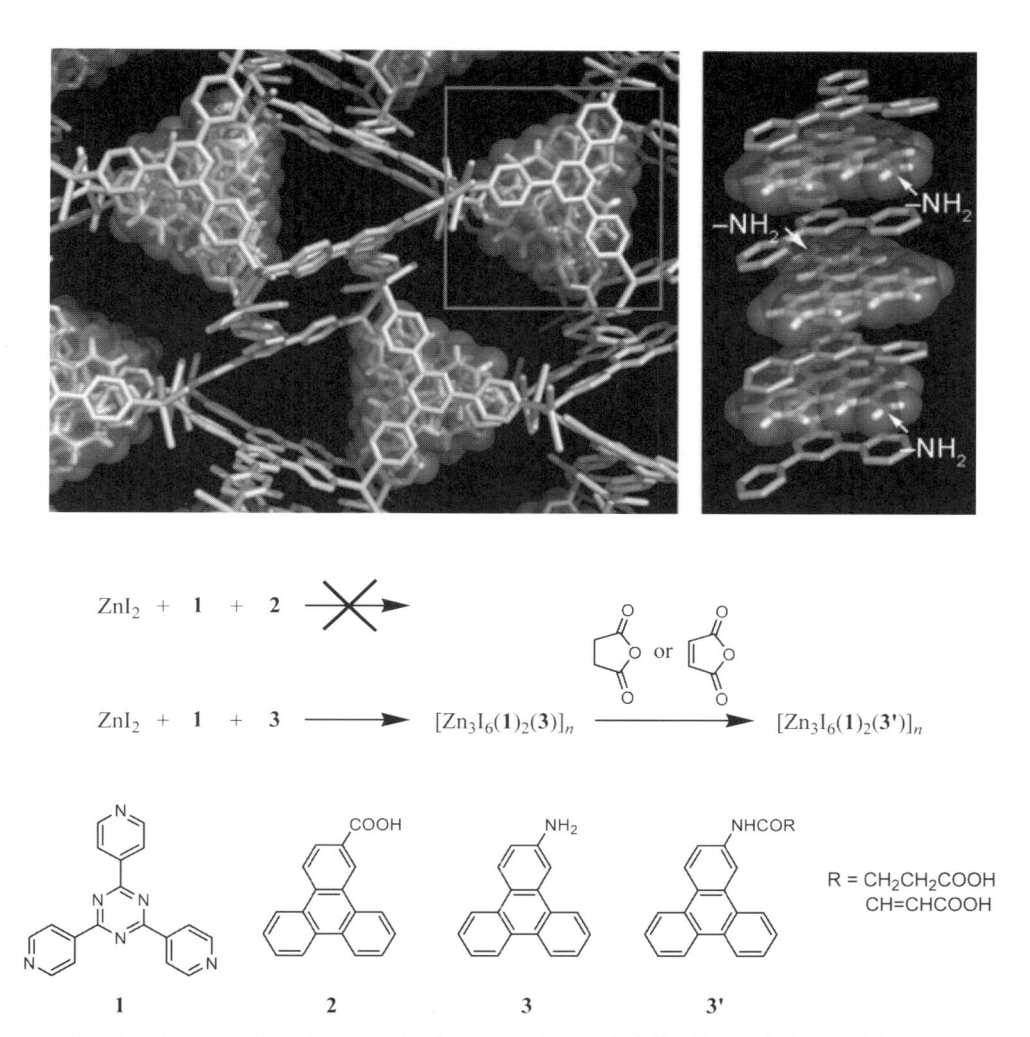

図 3　カートリッジ分子としてアミノトリフェニレン 3 を有する 3 次元多孔性配位高分子 [Zn$_3$I$_6$(1)$_2$(3)]$_n$ の集積構造（reproduced from Ref. 9 with permission of The Wiley–VCH Verlag GmbH & Co. KGaA.）と PSM 法による多孔性骨格中へのカルボキシル基の導入

　これまでは PSM 法による有機架橋配位子修飾について述べてきたが，別の修飾部位として金属イオンが挙げられる。配位高分子骨格形成時に，金属イオンのいくつかの配位サイトに溶媒分子が配位する場合がある。この配位溶媒分子を他の分子で置換することにより，細孔壁面の修飾が可能となる。Chang・Férey らは，メソ孔（直径 2.9 nm と 3.4 nm）を有する 3 次元多孔性配位高分子 [Cr$_3$(F, OH)(H$_2$O)$_2$(bdc)$_2$]$_n$（MIL-101）[1]のクロムイオン上に置換可能な水分子が配位していることに着目し，PSM 法によるクロムイオン上へのエチレンジアミンの導入を行なった[14]。元素分析・IR・ガス吸着測定から，導入されたエチレンジアミンがルイス酸サイト（すなわちクロムイオン）に配位していること，エチレンジアミン導入後に比表面積・細孔径が減少していることを確認している。塩基触媒モデル反応である Knoevenagel 縮合反応により触媒活性

を調べたところ,エチレンジアミン導入後に転化率が大幅に向上したことから,エチレンジアミンの片側のアミノ基が細孔中に露出していると考えられる。

4　多孔性配位高分子薄膜

多孔性配位高分子を電極触媒や分離膜などの応用技術に適用するためには,薄膜化技術の確立が必須となってくる。薄膜作製法として,材料を溶かした溶液を用いたキャスト法・スピンコート法・LB法（湿式法）や真空蒸着法（乾式法）が一般的に知られているが,難溶性高分子である多孔性配位高分子にこれらの手法を適用することは難しい。そこで,基板界面上で直接結晶核形成・結晶成長を促すことにより薄膜を作製する試みが近年検討されてきた。

Fischerらは,16-メルカプトヘキサデカン酸のSAM（Self-Assembled Monolayer）で被覆された金（１１１）基板上に,多孔性配位高分子MOF-5の薄膜を作製することに成功した[15]。薄膜は以下の方法で作製している。まず,硝酸亜鉛と有機架橋配位子をジエチルホルムアミド溶液に溶解させ,75度で3日間保持した。その後,105度まで加熱すると溶液がわずかに濁ってくることから,この時点で結晶化が開始していることが示唆された。続けて,溶液を25度に急冷してろ過した後,SAM修飾基板をろ液に24時間浸すことにより,薄膜が形成した。$1H, 1H, 2H, 2H$-パーフルオロドデカンチオールのSAM上にはMOF-5の形成が確認されていないことから,MOF-5の結晶核はSAMの表面に突き出たカルボキシル基上を反応場として認識し,選択的に成長していると考えられる。

金井塚・北川らは,超平坦サファイア（０００１）基板及びガラス基板表面上にアミノプロピルシランのSAM膜を作製し,そのSAM膜上で配位高分子（ルベアン酸銅）の交互積層法（layer-by-layer法）による薄膜化を行った[16]。2次元シート構造を有するルベアン酸銅は,プロトン伝導性が高く燃料電池用の電極触媒材料としてこれまで注目されてきた。電極触媒材料として利用するためには,①触媒特性を低下させる要因である構造欠陥の抑制（すなわち高結晶化）,②薄膜化が必須条件となるが,ルベアン酸銅を通常のバルク合成法で合成するとアモルファス構造体が得られる。また,薄膜化に成功した例はこれまでなかった。薄膜の作製は,SAM修飾基板を金属イオンを含む溶液,配位子を含む溶液に交互に浸漬させることによって行った。彼らは浸漬回数に比例してルベアン酸銅の積層量が増加することや,誘導体配位子を用いることによって分離積層膜が作製できることを報告している。また,薄膜の結晶性・配向性を調べるためにin-plane及びout-of-plane XRD測定を行ったところ,バルクのルベアン酸銅では観測されなかった鋭い回折ピークが多数観測された。この結果は,これまでアモルファス構造でしか得ることのできなかったルベアン酸銅の結晶化に初めて成功したことを示している。また,超平坦サファイア（０００１）基板を用いた場合,基板法線に対して結晶子が一軸配向していることが明らかとなった。

Qiuらは,最近SAM膜を用いずに多孔性配位高分子 $[Cu_3(btc)_2]_n$（HKUST-1,btc^{3-}＝1,3,

図4　多孔性配位高分子薄膜[$Cu_3(btc)_2$]$_n$の(a)表面及び(b)断面 SEM 像
(reproduced from Ref. 18 with permission of The American Chemical Society)

5-benzenetricarboxylate)[17]の薄膜を作製する方法を報告した[18]。彼らは銅ネットを配位高分子膜の支持体として用いるだけでなく，結晶核形成サイトとして利用した。薄膜は，酸化処理された銅ネットを硝酸銅と配位子を含んだ水／エタノール混合溶液中に浸し，オートクレーブ中で水熱処理することによって作製された。得られた多孔性配位高分子薄膜（図4）はバルク物質と同様の結晶構造を有しており，銅ネット上全体に均一に形成していることが明らかとなった。また，この多孔性配位高分子膜が水素ガス分離膜として高い性能を示すことを報告している。

5　ハイスループット法

創薬や触媒分野で大きな成果を上げてきたハイスループット法は，出来るだけ多くの成分の組み合わせを多様な条件（温度，pH，混合比，濃度，反応時間）で試験することが不可欠な多孔性配位高分子の開発においても近年その導入が図られてきた。ハイスループット法の導入により，大量のデータを取得するのに必要な時間的・人的コストを大きく削減することが可能となり，新規化合物の早期発見につながる。Banerjee・Yaghi らはイミダゾール配位子から構築されるゼオライト型配位高分子（Zeolitic Imidazolate Frameworks（ZIFs）と呼ばれている）のハイスループット法によるスクリーニングを行い，9種類の既知 ZIFs・16種類の新規 ZIFs の合成に成功している[19]。彼らが用いたハイスループット合成装置は，反応溶液の仕込み・加熱反応・光学顕微鏡観察・粉末 XRD 測定といった実験操作をすべて全自動で処理する。また，反応容器として1枚あたり96個のくぼみ（〜0.3 mL の容積）を有するガラスプレートを用いることで，総計9,600通りの合成条件について検討した。新規化合物のうち，ZIF-68（[$Zn(bim)(nim)$]$_n$, bim^- = benzimidazolate, nim^- = 2-nitroimidazolate），ZIF-69（[$Zn(cbim)(nim)$]$_n$, $cbim^-$ = 6-chlorobenzimidazolate），ZIF-70（[$Zn(im)_{1.13}(nim)_{0.87}$]$_n$, im^- = imidazolate）は，活性炭 BPL よりも優れた二酸化炭素分離特性を示した。

6 結晶子のサイズ・モルフォロジー制御

結晶子のサイズやモルフォロジーは，ゲスト分子の拡散速度や外表面積・結晶子同士の集積構造（2次構造）に影響を与えるため，多孔性機能を制御することができるパラメータとなりえる。

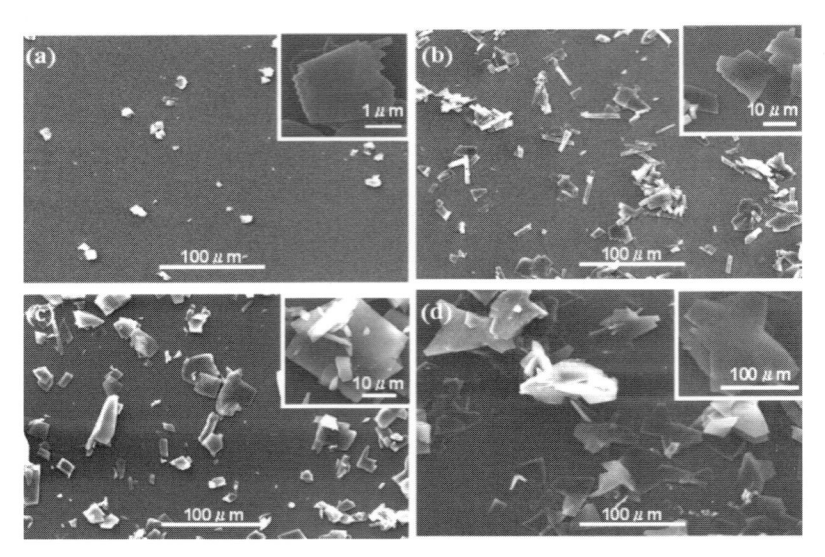

図5 ポリマー添加によって得られたCPL-1結晶子のSEM像
(PVSA/Cu^{2+}＝0(a)，1(b)，5(c)，15(d))
(reproduced from Ref. 20 with permission of The American Chemical Society)

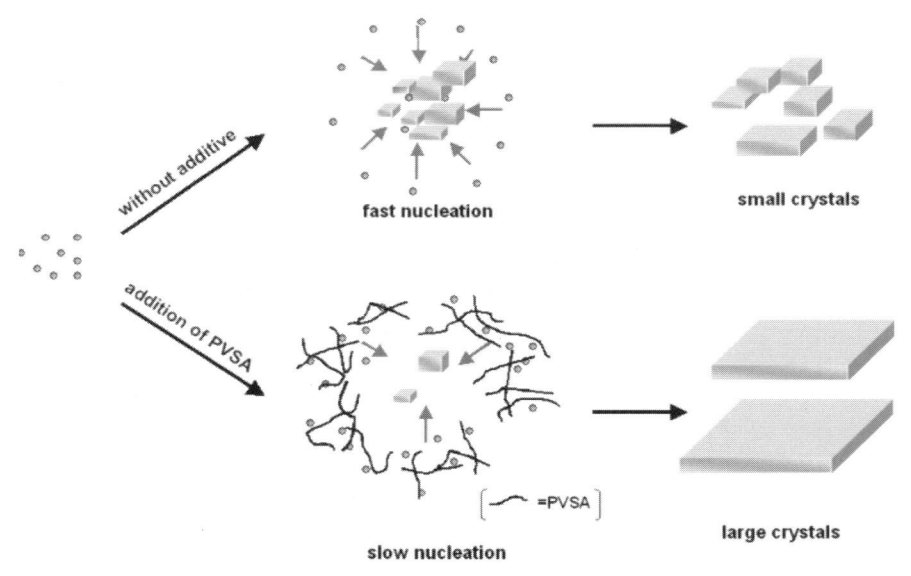

図6 ポリマー添加による結晶子サイズ制御のメカニズム
(reproduced from Ref. 20 with permission of The American Chemical Society)

第2章 配位高分子

しかし,多孔性配位高分子でこのような制御を行った報告例はほとんどない。北川らは,多孔性配位高分子合成時に有機ポリマーを共存させることによって結晶子のサイズが変化することを見出した[20]。実験に用いた多孔性配位高分子は3次元ピラードレイヤー構造を有する$[Cu_2(pzdc)_2(pyz)]_n$(CPL-1(CPL = Coordination Pillared Layer);$pzdc^{2-}$ = pyrazine-2, 3-dicarboxylate, pyz = pyrazine)[21]である。有機ポリマー PVSA(poly(vinylsulfonic acid;sodium salt))を共存させた場合,析出した結晶子のサイズ($PVSA/Cu^{2+}$ = 15の条件で,平均70 μm)はPVSAがないとき(平均2 μm)に比べ格段に大きくなっていることがSEMの測定から明らかとなった(図5)。結晶子サイズが大きくなった原因として,添加されたPVSAと銅イオンとの錯体形成によりCPL-1の結晶核形成速度が減少したためであると考えられる(図6)。また,彼らは結晶子のサイズが増加するにつれて吸着速度が減少することを見出しており,有機ポリマーの添加が結晶子サイズだけでなく多孔性機能の制御にも有効であることを証明した。

文　　　献

1) G. Férey *et al.*, *Science*, **309**, 2040 (2005)
2) S. Kitagawa *et al.*, *Angew. Chem., Int. Ed.*, **43**, 2334 (2004)
3) S. Noro *et al.*, *Prog. Polym. Sci.*, **34**, 240 (2009)
4) G. Férey, *Chem. Soc. Rev.*, **37**, 191 (2008)
5) O. M. Yaghi *et al.*, *Acc. Chem. Res.*, **38**, 176 (2005)
6) K. H. Krdtl, *Am. Ceram. Bull.*, **54**, 201 (1975)
7) O. R. Evans *et al.*, *Acc. Chem. Res.*, **35**, 511 (2002)
8) Y. -H. Kiang *et al.*, *J. Am. Chem. Soc.*, **121**, 8204 (1999)
9) T. Kawamichi *et al.*, *Angew. Chem., Int. Ed.*, **47**, 8030 (2008)
10) M. Kawano *et al.*, *J. Am. Chem. Soc.*, **129**, 15418 (2007)
11) C. D. Wu *et al.*, *J. Am. Chem. Soc.*, **127**, 8940 (2005)
12) H. Li *et al.*, *Nature*, **402**, 276 (1999)
13) S. S. Kaye *et al.*, *J. Am. Chem. Soc.*, **130**, 806 (2008)
14) Y. K. Hwang *et al.*, *Angew. Chem., Int. Ed.*, **47**, 4144 (2008)
15) S. Hermes *et al.*, *J. Am. Chem. Soc.*, **127**, 13744 (2005)
16) K. Kanaizuka *et al.*, *J. Am. Chem. Soc.*, **130**, 15778 (2008)
17) S. S. Chui *et al.*, *Science*, **283**, 1148 (1999)
18) H. Guo *et al.*, *J. Am. Chem. Soc.*, **131**, 1646 (2009)
19) R. Banerjee *et al.*, *Science*, **319**, 939 (2008)
20) T. Uemura *et al.*, *Chem. Mater.*, **18**, 992 (2006)
21) M. Kondo *et al.*, *Angew. Chem., Int. Ed.*, **38**, 140 (1999)

第3章　多孔性無機錯体の合成

内田さやか[*1], 水野哲孝[*2]

1　はじめに

　多孔性構造を利用した機能の発現と応用は，ゼオライトをはじめとした無機材料を中心に進んできた。ゼオライトは，結晶格子内に分子サイズの空間とイオン交換サイトを有する結晶性の多孔性アルミノケイ酸塩の総称であり，四面体型の[TO_4]ユニットが酸素原子を介して三次元的に連結した構造を有する。ゼオライトはその構造的な特徴を生かし，吸着材料，イオン交換材料や触媒として利用されているが，四面体以外の配位様式（例：八面体型の[MO_6]）をとる金属イオンを骨格構造に取り込むことは困難である。ゼオライトは，シリカ源（水ガラス等），アルミナ源（アルミン酸ナトリウム等），鉱化剤（水酸化ナトリウム等）及び構造規定剤（有機アミン等）を混合して調製した非晶質のヒドロゲルを耐圧容器に入れて加熱（＝水熱合成）し，生成した粉末を水洗・焼成して構造規定剤を除去することにより合成する。ゼオライトは準安定相として得られることが多く，その多孔性構造は，原料組成，合成温度や時間，混合や撹拌の方法，反応容器等の影響を受ける[1,2]。一方，前章で紹介されている配位高分子のように，構造規定された分子性ユニットの集積化による多孔性無機材料の合成が試みられており，分子性ユニットの構造（金属イオンの配位様式，分子の形状や配位子）の選択により多孔性構造が精密に制御できるため，設計性が高いことが特徴である。本章ではその一例として，無機金属酸化物クラスター（ポリオキソメタレート）をユニットとした多孔性材料の合成，構造と機能について紹介する。

2　ポリオキソメタレート[3〜5]

　ポリオキソメタレートは，一般式 $M_xO_y^{n-}$（Mは前期遷移金属：Mo，V，W，…）で表される酸素酸イオンであり，pH，濃度や共存イオンに応じた脱水縮合反応により生成する。例えば，リン酸イオンとタングステン酸イオンを酸性条件下で反応させると次式のように縮合し，Keggin型ポリオキソメタレート $PW_{12}O_{40}^{3-}$ を生成する。

$$PO_4^{3-} + 12\,WO_4^{2-} + 24\,H^+ \rightarrow PW_{12}O_{40}^{3-} + 12\,H_2O$$

　ポリオキソメタレートは，金属に酸素が四ないし六配位した四面体あるいは八面体を基本単位とし，稜または頂点を共有して結合している。図1にKeggin型ポリオキソメタレート[XM_{12}

[*1] Sayaka Uchida　東京大学　大学院工学系研究科　応用化学専攻　助教
[*2] Noritaka Mizuno　東京大学　大学院工学系研究科　応用化学専攻　教授

第3章 多孔性無機錯体の合成

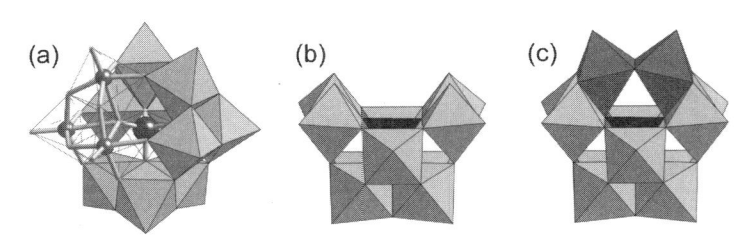

図1 Keggin型ポリオキソメタレートの分子構造
(a)$[SiW_{12}O_{40}]^{4-}$, (b)$[SiW_{10}O_{36}]^{8-}$（欠損型），(c)$[H_2SiV_2W_{10}O_{40}]^{4-}$（置換型）。(a)のball-and-stickモデルは，SiO_4ユニットとW_3O_{13}ユニットを示す。(a)〜(c)の黒色，灰色，濃灰色の多面体は，それぞれ，SiO_4, WO_6, VO_6ユニットを示す。

$O_{40}]^{n-}$の分子構造を示す。MO_6八面体が互いに縮合してM_3O_{13}ユニットを形成し，XO_4四面体と一つの酸素を共有している。$[XM_{12}O_{40}]^{n-}$はT_dという高い対称性を持ち，直径約1nmの球とみなすことができる。ポリオキソメタレートの特徴として，

① サイズ，構造，電荷や構成元素が分子・原子レベルで精密に制御される。
② 構成元素の一部が異種元素で置換される。
③ 可逆的に多電子酸化還元反応が行われる。
④ 対カチオンや溶媒分子の種類や量により，様々な固体構造（三次元配列）をとる。

ことが挙げられる。また，Keggin型ポリオキソメタレートは，水溶液のpHが上昇すると加水分解され，MO_6ユニットが数個外れた欠損種となる。欠損部位には種々の金属原子を導入することができ（特徴②），図1に示すような置換体の合成が可能となる。置換金属に対し，欠損型ポリオキソメタレートは配位子とみなすことができる。無機配位子である欠損型ポリオキソメタレートは，有機配位子と比較すると耐酸化雰囲気性，熱安定性が高いという利点を有しており，置換型ポリオキソメタレートの触媒作用は広く研究されている。

ポリオキソメタレートを構成ユニットとする多孔性材料は，ポリオキソメタレート分子内に多孔性構造を有する化合物，ポリオキソメタレートと対カチオンが共同して多孔性構造をつくる化合物に分類される。後者はさらに，①結晶子・結晶粒子の間隙に細孔を有する化合物，②結晶格子中に細孔を有する化合物に分類される。

3 ポリオキソメタレート分子内に多孔性構造を有する化合物

モリブデン―バナジウム複合酸化物［1］は，アクロレインからアクリル酸への選択酸化触媒として高い活性を示すことが報告されている。化合物1は，アンモニウムヘプタモリブデートと硫酸バナジルを含む水溶液を水熱合成条件下におくことにより得られる。化合物1の構造は，Moと7つの酸素から構成される双5角錐に5つのMo8面体が稜共有したMo5角形ユニットを基本とし，これとMo8あるいはV8面体が頂点共有して6員環及び7員環を形成した二次元

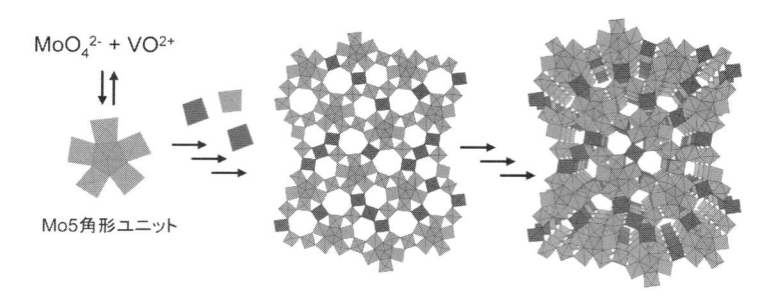

図2 モリブデン―バナジウム複合酸化物の集積化過程と結晶構造

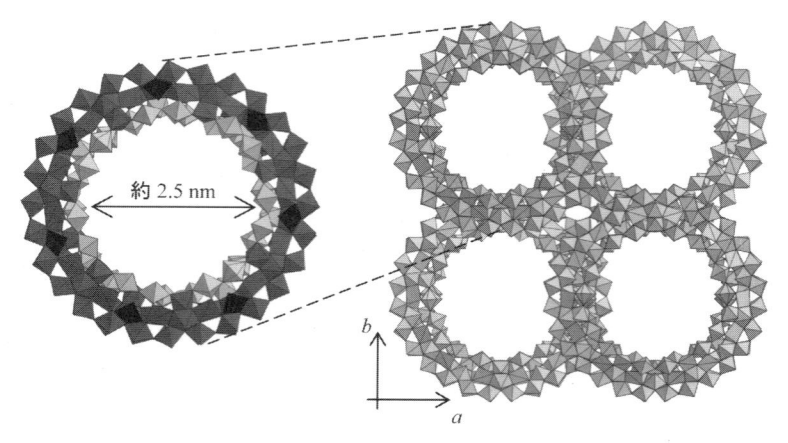

図3 Mo_{152} の分子構造（左）と結晶構造（右）
分子構造中の黒色，灰色の多面体は，それぞれ，Mo_8，Mo_2 ユニットを示す。

シートが積層した構造を有する（図2）。ラマン分光法により，水熱合成前の合成溶液にはMo5角形ユニットが存在し，これらが水熱合成条件下で集積して三次元構造が構築されることが明らかとされている。7員環のチャネル径は約4Åであり，二酸化炭素，メタン，エタン等の小分子の吸着が確認されている[6]。

分子内にモリブデン原子を100個以上をも含むポリオキソモリブデートクラスターが多数合成されている。ポリオキソモリブデートクラスターは，酸性水溶液にモリブデン酸ナトリウムを溶解し，ヒドラジン，塩化スズ等の還元剤を加えることにより，自己組織化集合体として得られる。分子内のモリブデンは通常+4から+6の混合原子価をとる。図3に $[Mo^{VI}_{124}Mo^{V}_{28}O_{429}(\mu_3-O)_{28}H_{14}(H_2O)_{66.5}]^{16-}$ [2]（Mo_{152}：Mo_{XX} のXXは分子ユニット内のモリブデン原子数）の構造を示す[7]。Mo_{152} は，Mo_8 が Mo_1 及び Mo_2 とオキソ架橋により連結することにより構築され，内径約2.5 nmのリング構造をとる。ポリオキソモリブデートクラスターは縮合してより大きなクラスターを形成することもある。例えば Mo_{248} [3] は，Mo_{176} の上下に Mo_{36} がふたをするようにオキソ架橋し，分子内部に直径約8.5Åの結晶水を含んだ孤立空間を有する。この空間は，ナノサイズの貯蔵・反応容器として考えることができる[8]。また Mo_{132} [4] は，Mo5角形ユニットと Mo2

第3章　多孔性無機錯体の合成

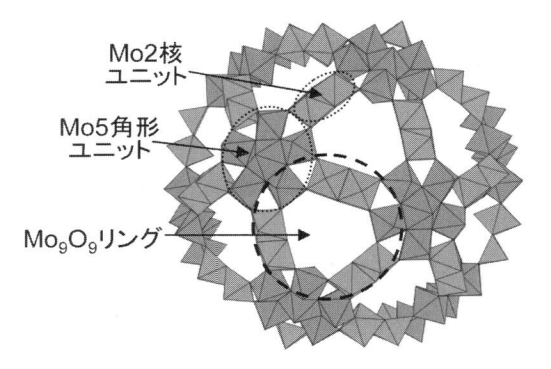

図4　化合物4の分子構造

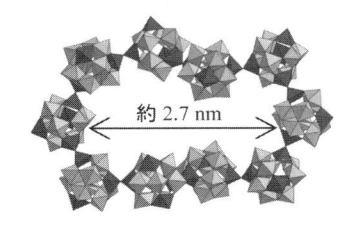

図5　化合物5の空孔構造
黒色，灰色の多面体は，それぞれ，MnO_6，WO_6ユニットを示す。

核ユニットとが頂点共有した構造を有する球状分子であり，球の表面に分子サイズの孔（Mo_9O_9リング）を有する（図4）[9,10]。酢酸や2-メチルプロピオン酸は孔を出入りできるが，安息香酸は出入りできず，Mo_{132}はサイズ選択的な分子取り込み能を示す。

Keggin型ポリオキソメタレート$[SiW_{12}O_{40}]^{4-}$から二つのWO_6八面体が外れた欠損型ポリオキソメタレート$[SiW_{10}O_{36}]^{8-}$が，マンガンイオン及びモルフォリニウムカチオンと水中で複合化すると，ポリオキソタングステートクラスター$[(C_4H_{10}NO)_{40}(W_{72}Mn_{12}O_{268}Si_7)_n]\cdot 48 H_2O$［5］が生成する[11]。化合物5では，欠損型ポリオキソメタレートがマンガンイオンに架橋されることにより，三次元楕円体構造が構築されている。分子内部に約 2.7 nm×2.4 nm×1.3 nm の空間を有し，結晶溶媒とモルフォリニウムカチオンが存在している（図5）。化合物5は，分子構造が大きく変化することなしに可逆的に酸化還元をうける。

4　結晶子・結晶粒子の間隙に細孔を有する多孔性ポリオキソメタレート化合物

Keggin型ポリオキソメタレートのアンモニウム塩$(NH_4)_3[PW_{12}O_{40}]$は，合成温度が473 Kでは菱形十二面体の単結晶［6］，298 Kでは100～400 nm程度の球状粒子［7］を形成する（図6）[12]。化合物6は対称性の高い構造を有し，結晶格子は密で格子中に細孔は存在しない。一方，化合物7は100～400 nm程度の球状粒子であり，窒素吸着等温線はミクロ細孔を有する化合物に特徴的なI型である。化合物7の表面積（$91 m^2g^{-1}$）は球状粒子の外表面積（$4 m^2g^{-1}$）よりはるかに大きく，結晶子径は10 nmと算出される。このようなナノ結晶子の存在は，7の走査電子顕微鏡（SEM）及び原子間力顕微鏡（AFM）観察により確認されている。従って，7はナノ結晶子の自己組織化集合体であり，細孔の起源はナノ結晶子の間隙であると考えられる。

Keggin型ポリオキソメタレートのセシウム塩もアンモニウム塩と同様の多孔体を形成する。特にセシウム酸性塩は高い酸触媒能を示す。例えば，$Cs_{2.5}H_{0.5}PW_{12}O_{40}$［8］はミクロ細孔とメソ細孔を併せ持ち，水中におけるオレフィンの水和反応やエステルの加水分解に高活性を示す[13]。

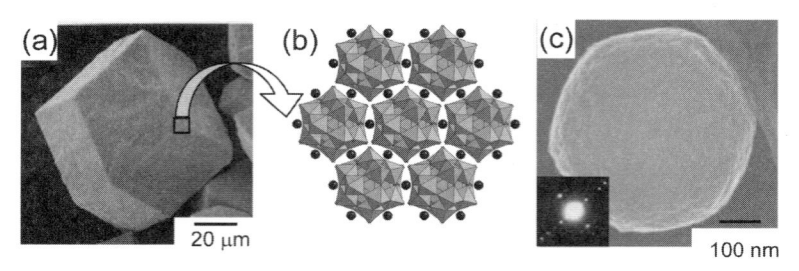

図6 (a)化合物6のSEM写真と(b)結晶構造，(c)化合物7のSEM写真

化合物8の高活性の要因としては，疎水性によりプロトンが水の被毒を受けにくい，メソ細孔が反応基質・生成物の拡散を容易にすることが考えられている。また，セシウム酸性塩のセシウム量を制御することにより，ミクロ孔のみ有する$Cs_{2.1}H_{0.9}PW_{12}O_{40}$［9］が得られる[14]。化合物8,9に白金を担持した$Pt/Cs_{2.1}H_{0.9}PW_{12}O_{40}$［10］及び$Pt/Cs_{2.5}H_{0.5}PW_{12}O_{40}$［11］は，エチレンの水素化反応やメタンの酸化反応に活性を示すが，10は分子径の大きなシクロヘキセンの水素化反応や2,2-ジメチルプロパンの酸化反応には活性を示さず，細孔構造を反映した形状選択的な触媒作用を示す[15]。さらに，10に含まれるCs^+をRb^+に置換すると，細孔径が約1Å大きくなり，芳香族化合物の水素化反応にも活性を示すようになる[16]。

メソ（直径2〜50 nm）〜マクロ細孔（直径50 nm以上）を有するポリオキソメタレート集積体の合成も行われている。液相均一系で，過酸化水素を酸化剤としたジアステレオ選択的なアリルアルコールの酸化反応の触媒となるポリオキソメタレート$[ZnWZn_2(H_2O)_2(ZnW_9O_{34})_2]^{12-}$を芳香族アンモニウムイオンと水中で複合化させることにより，直径4 nm程度のメソ細孔を有するアモルファス化合物［12］を生成する[17]。化合物12は不均一系触媒としても，均一系における選択性を保持する。

5 結晶格子中に細孔を有する多孔性ポリオキソメタレート化合物

ポリオキソメタレートはアニオン性であり，適切な分子性カチオンとの複合化により結晶格子中に多孔性構造が構築される。例えば，Keggin型ポリオキソメタレート$[XW_{12}O_{40}]^{n-}$（X＝P, Si, B, Co）のアルカリ金属塩とカルボキシレート架橋クロム三核錯体$[Cr_3O(OOCR)_6(L)_3]^+$（R＝H，L＝H_2O）のギ酸塩を水中で混合することにより，ポリオキソメタレート化合物$Na_2[Cr_3O(OOCH)_6(H_2O)_3][PW_{12}O_{40}]\cdot 16H_2O$［13］，$K_3[Cr_3O(OOCH)_6(H_2O)_3][SiW_{12}O_{40}]\cdot 16H_2O$［14］，$Rb_4[Cr_3O(OOCH)_6(H_2O)_3][BW_{12}O_{40}]\cdot 16H_2O$［15］，$Cs_5[Cr_3O(OOCH)_6(H_2O)_3][CoW_{12}O_{40}]\cdot 7.5H_2O$［16］の結晶が生成する（図7）。化合物13〜16の細孔の割合はそれぞれ，36%，36%，32%，17%であり，13は孔径5Å×8Åの結晶水を含む親水性一次元チャネルを有するが，16の細孔径は3Åよりも小さい。ポリオキソメタレートの負電荷が，$[PW_{12}O_{40}]^{3-}$，$[SiW_{12}O_{40}]^{4-}$，$[BW_{12}O_{40}]^{5-}$，$[CoW_{12}O_{40}]^{6-}$へと増加すると，構成イオン間に働くクーロン相互作用が強くなっ

第3章 多孔性無機錯体の合成

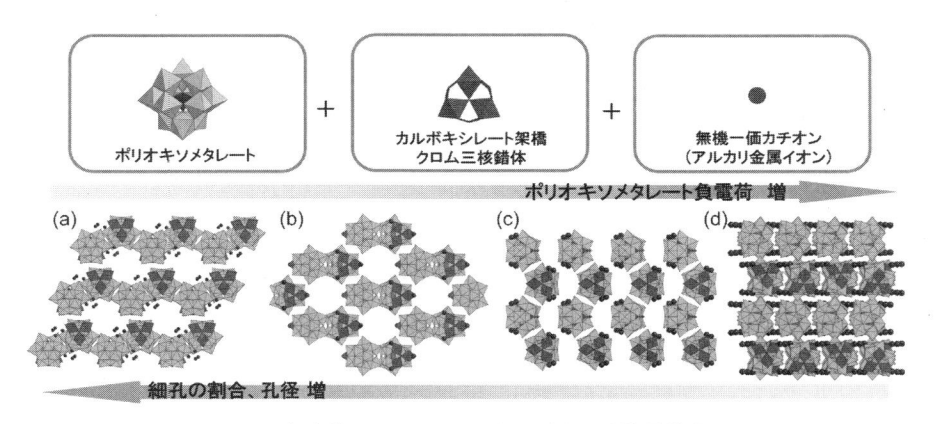

図7 化合物(a)13，(b)14，(c)15，(d)16の結晶構造

てより密なイオン配列をとることにより，細孔の割合が低下し，かつ，細孔径も小さくなると考えられる。化合物13〜16を真空排気して調製したゲストフリー相は異なる分子吸着特性を示す。化合物13は，炭素鎖が3つ程度までの大きさ（C3）の有機極性分子を固体内に吸着し，その特性はアルコール混合物の分離やアルコール酸化反応の選択性にも反映される。一方16は水のみを吸着し，この特性を利用すると，高純度エタノール溶液に含まれる微量の水の選択除去も可能となる[18〜21]。

カルボキシレート架橋クロム三核錯体の架橋配位子を，ギ酸イオンからプロピオン酸イオンに交換し，水溶液中で$[SiW_{12}O_{40}]^{4-}$と混合すると，結晶水を含む親水性チャネルとプロピオン酸イオンに囲まれた疎水性チャネルを併せ持つ化合物$K_2[Cr_3O(OOCC_2H_5)_6(H_2O)_3]_2[SiW_{12}O_{40}]\cdot 4H_2O$［17］が生成する（図8）[22]。化合物17は，ポリオキソメタレートと対カチオンが水素結合により層を形成し，層間にK^+と疎水性チャネルが存在する。層間に存在する無機一価カチオンをK^+（半径1.52Å）からRb^+（半径1.66Å），Cs^+（半径1.81Å）へと変えて合成を行うと，得られる化合物の疎水性チャネルの孔径は2.5Å×5.1Åから3.4Å×5.1Å，4.0Å×5.2Åへと増加する[23]。細孔径の最も大きなCs^+を含む化合物は，水とジクロロメタンをそれぞれ親水性チャネル，疎水性チャネルに取り込み，水／ジクロロメタンの混合蒸気が吸着・分離される[24]。無機一価カチオンをアルカリ金属イオンからAg^+に変えることにより，工業的に重要なオレフィン／パラフィンの吸着・分離が可能となる。Ag^+やCu^+をはじめとしたd^{10}配置の金属イオンは，充填されたd軌道からオレフィンの空のπ^*軌道への電子の逆供与がおこるため，オレフィンと強く相互作用することが知られている。化合物$Ag_2[Cr_3O(OOCC_2H_5)_6(H_2O)_3]_2[SiW_{12}O_{40}]\cdot 6H_2O$［18］を真空排気して調製したゲストフリー相は，室温で，エチレン，プロピレン，n-ブテン，アセチレンやメチルアセチレンを吸着するが（組成式あたり1分子以上），アルカンやイソブテン等のよりサイズの大きなオレフィンの吸着量は小さい（組成式あたり0.2分子以下）[25]。化合物18は，エチレン／エタンの混合ガスからエチレンを選択的に吸着・分離し，分離係数は100を超え，これまでの10倍以上の値を示した。化合物18に吸着されたエチレンとAg^+の相互作

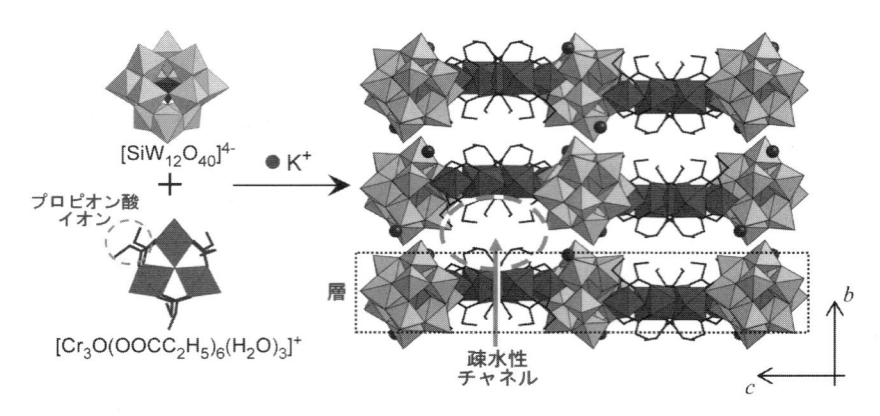

図8 化合物17の結晶構造
黒色の長方形，灰色の楕円で囲まれた部分は，それぞれ，層，疎水性チャネルを示す。

用は，単結晶X線構造解析及び in situ 赤外分光により観察されている。

カルボキシレート架橋クロム三核錯体の末端配位子を水からピリジンへと交換した[$Cr_3O(OOCH)_6(C_5H_5N)_3$]$^+$ を，[$SiW_{12}O_{40}$]$^{4-}$ 及び K^+ とジクロロエタン／メタノール混合溶液中で混合することで，1次元チャネル構造を有する $K_{1.5}$[$Cr_3O(OOCH)_6(C_5H_5N)_3$]$_2$[$Cr_3O(OOCH)_6(C_5H_5N)(CH_3OH)_2$]$_{0.5}$[$SiW_{12}O_{40}$]［19］が得られる。化合物19の結晶格子中では隣接するカルボキシレート架橋クロム三核錯体のピリジン配位子間にπ-π相互作用が働いており，多孔性構造の安定化に寄与するものと考えられる[26]。化合物19は，C3-C4程度の炭化水素，アルコールやハロカーボン分子を形状選択的にチャネル内に吸着する。

多孔性ポリオキソメタレート化合物に超分子を導入することにより，親水性／疎水性の精密制御，キラリティの導入等，より設計性の高い化合物が構築されると考えられる。シス位を保護した Pd^{2+} や Pt^{2+} の平面四配位錯体を多座配位子と組み合わせることにより，超分子が組みあがることが知られている。これを利用し，エチレンジアミンパラジウム錯体(en)Pd(NO_3)$_2$ と Keggin 型ポリオキソメタレート[$SiW_{12}O_{40}$]$^{4-}$ の酸性塩との複合化を水中で行うと［(en)Pd(H_2O)$_2$］$_2$[$SiW_{12}O_{40}$] が得られ，これに4,4′-ビピリジン（4,4′-bpy）を加えると，［(en)Pd(4,4′-bpy)$_2$］$_2$[$SiW_{12}O_{40}$]・4.5 DMSO・3.5 DMF［20］が得られる[27]。化合物20は，パラジウム錯体の無限鎖とポリオキソメタレートが交互に配列した層状化合物である。化合物20を真空排気して調製したゲストフリー相は，アセトニトリル，アセトンやイソプロパノールといった親水性の高い有機分子を層間に取り込むが，ジクロロメタンやヘキサンといった疎水性分子を全く取り込まない。

6 おわりに

本章では，無機金属酸化物クラスターであるポリオキソメタレートをユニットとした多孔性材料の合成，構造と機能について紹介した。このような多孔性材料の合成は，配位高分子と比較す

第3章　多孔性無機錯体の合成

ると経験的手法に頼っており，これは溶液中での無機錯体の形成や集積化あるいは分子性カチオンとの複合化過程が，物理化学的（速度論，平衡論）に十分に解明されていないからであると考えられる。今後は，このような基礎的検討の進展とともに，触媒活性の高い遷移金属置換型ポリオキソメタレートをユニットとした特殊反応場の構築が期待される。

文　　献

1) 小野嘉夫，八嶋建明編，ゼオライトの科学と工学，講談社サイエンティフィック（2000）
2) 触媒学会編，触媒便覧，講談社サイエンティフィック（2008）
3) T. Okuhara, N. Mizuno, M. Misono, *Adv. Catal.*, **41**, 113（1996）
4) C. L. Hill ed., *Polyoxometalates, Chem. Rev.*, **98**, 1（1998）
5) 工藤徹一編，ポリ酸の化学，季刊化学総説 20，日本化学会（1993）
6) M. Sadakane, W. Ueda *et al.*, *Angew. Chem. Int. Ed.*, **47**, 2493（2008）
7) A. Müller *et al.*, *Chem. Eur. J.*, **5**, 1496（1999）
8) A. Müller *et al.*, *Nature*, **397**, 48（1999）
9) A. Müller *et al.*, *Angew. Chem. Int. Ed.*, **48**, 149（2009）
10) I. A. Weinstock *et al.*, *J. Am. Chem. Soc.*, **131**, 6380（2009）
11) L. Cronin *et al.*, *Angew. Chem. Int. Ed.*, **47**, 6881（2008）
12) N. Mizuno *et al.*, *J. Am. Chem. Soc.*, **129**, 7378（2007）
13) T. Okuhara *et al.*, *Langmuir*, **14**, 319（1998）
14) T. Okuhara *et al.*, *Bull. Chem. Soc. Jpn.*, **71**, 2727（1998）
15) T. Okuhara *et al.*, *Angew. Chem. Int. Ed.*, **36**, 2833（1997）
16) T. Okuhara *et al.*, *Chem. Lett.*, **31**, 330（2002）
17) R. Neumann *et al.*, *J. Am. Chem. Soc.*, **126**, 884（2004）
18) N. Mizuno *et al.*, *Angew. Chem. Int. Ed.*, **41**, 2814（2002）
19) N. Mizuno *et al.*, *Chem. Eur. J.*, **9**, 5850（2003）
20) N. Mizuno *et al.*, *J. Am. Chem. Soc.*, **126**, 1602（2004）
21) N. Mizuno *et al.*, *Inorg. Chem.*, **45**, 5136（2006）
22) N. Mizuno *et al.*, *J. Am. Chem. Soc.*, **127**, 10560（2005）
23) N. Mizuno *et al.*, *Inorg. Chem.*, **47**, 3349（2008）
24) N. Mizuno *et al.*, *J. Am. Chem. Soc.*, **128**, 14240（2006）
25) N. Mizuno *et al.*, *J. Am. Chem. Soc.*, **130**, 12370（2008）
26) N. Mizuno *et al.*, *Angew. Chem. Int. Ed.*, submitted.
27) N. Mizuno *et al.*, *Inorg. Chem.*, **45**, 9448（2006）

第Ⅱ編　測定および理論

第1章 構造決定

1 配位空間科学のための粉末X線回折法

高田昌樹*

1.1 粉末X線回折による構造決定

物質科学において,物質中の原子配列の情報は最も重要な情報の一つである。そして,その情報は,一般的にはX線結晶構造解析によって得られる。0.1ナノメートル程度の波長のX線を結晶に照射すると,X線は結晶中の電子により散乱する。結晶中で規則的に配列した原子サイトに集中して分布する電子によって散乱された散乱X線は干渉し,原子配列を反映して特定の方向に散乱波が強めあってできる回折像を結ぶ。これがX線回折で,その基本式は以下のように物質中の電子分布 $\rho(\boldsymbol{r})$ のフーリエ変換の形であらわされる。

$$F_{\mathrm{obs}}(\boldsymbol{k}) = \sum_{r} \rho(\boldsymbol{r}) \exp[-2\pi i \boldsymbol{k} \cdot \boldsymbol{r}] \tag{1}$$

$\boldsymbol{r}, \boldsymbol{k}$ は,それぞれ,物質中の位置ベクトルと,散乱波の波数ベクトルを表す。数学的には,式(2)の観測構造因子の逆フーリエ変換によって物質中の電子密度を得る事ができる。これは,構造解析の基本式ともいえるものである。

$$\rho(\boldsymbol{r}) = \sum_{k} F_{\mathrm{obs}}(\boldsymbol{k}) \exp[2\pi i \boldsymbol{r} \cdot \boldsymbol{k}] \tag{2}$$

しかし,実際に測定されるのは測定データ $F_{\mathrm{obs}}(\boldsymbol{k})$ の二乗に比例する強度であり位相情報が失われている。その結果,フーリエ変換した電子密度は,フーリエの打ち切り効果とデータに含まれる測定誤差の影響もあり,完全な電子密度を再構成したものではなく,原子配列を決定するには十分ではない。よって,通常の構造解析では,構造モデルを用いてモデルに基づく位相を使って式(1)から回折強度を計算し,実験による測定強度との比較からモデルの最適化を行うことで,式(2)の逆問題を解き,原子配列を決定する。

一般に,X線回折データを用いた結晶構造解析の手法には,単結晶構造解析と粉末結晶構造解析の2つがある。2つの手法の違いを説明するため,図1に実験の模式図をそれぞれ示した。違いは,試料の形状が原子配列が結晶全体ですべてそろっている単結晶か,2~3ミクロンのサイズの結晶が集まった粉末試料かの違いである。単結晶試料から得られる実験データでは,図1の様に回折斑点が観測され,その位置と強度の情報を用いて構造解析を行う。粉末回折では粉末状の結晶がランダムな方向を向いているため,回折されたX線の強度分布は単結晶回折のデータ

---

* Masaki Takata ㈱理化学研究所 播磨研究所 放射光科学総合研究センター
高田構造科学研究室 主任研究員

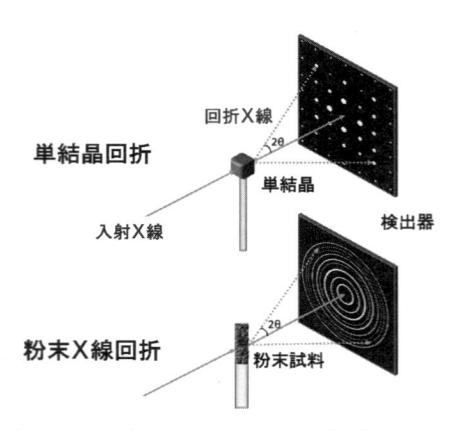

図1 単結晶X線回折と粉末X線回折の違い

を全方向に回転させて重ね合わせたものとなり，2次元検出器上ではリング状の強度分布が得られる。よって，結晶の3次元の方位が一次元に縮退されてしまうことになる。この事は，一見，単結晶構造解析に比べて，情報量の観点から不利な様に思われるが，単結晶構造解析と上手に使い分ければ，物質科学研究の強力な手段となる。近年，超伝導体やフラーレン物質の構造もその多くが粉末構造解析によって明らかにされてきた。放射光X線という高輝度X線源の登場とリートベルト解析法等の構造解析手法の発達で，粉末X線構造解析が比較的容易になってきたのもその一因である。配位空間科学の分野でも集積型金属錯体の細孔に酸素分子が一列に配列している構造を世界で初めて明らかにした[1]のは，この粉末X線回折実験である。

放射光を用いた粉末X線回折法の有利な点は，
① 合成初期のわずか数ミリグラムの粉末状の試料から原子配列を決定できる。
② 温度変化やガス吸着のその場観察が容易にできる。
③ データ精度や信頼性が，電子密度マッピングできるレベルまで向上している。

配位空間科学において物質創成や機能開発において，物質の機能と構造の精緻な関係を材料開発の初期段階で知ることとなり，開発スピードを飛躍的に向上させることもできる。本節では放射光を用いた粉末X線回折が，配位空間科学の研究において果たした役割と可能性についていくつかの成果を基に概観する。

1.2 粉末X線回折データを用いた電子密度マッピング

前項で述べたようにX線粉末回折法は，その簡便さから結晶構造解析の基盤技術として，多くの研究者によって利用されている手法である。近年では，高温超伝導体の構造解析に代表されるように，リートベルト法等の解析法の発展と，その解析ソフト開発並びにコンピューターの発達に伴い，物質科学，特に新物質創生の研究においてその重要性はますます増している。この放射光の登場により，測定データは実験室系とは比べものにならない角度分解能と強い強度が実現され，構造解析の精度も飛躍的に向上した。わが国では，フォトンファクトリーやSPring-8と

第1章　構造決定

いった放射光施設で実験を行うことができる。

　SPring-8の粉末回折ビームラインBL02B2に設置されたデバイシェラーカメラ[2]は，材料の機能発現の機構解明に向けて，わずか数ミリグラムの粉末試料から，電子密度レベルまで議論できるような精度を上げ，物質の示す物性と構造の精緻な相関を明らかにするための構造物性の研究が展開されている。特に，ナノサイエンスの分野での様々な新物質創成研究において目覚しい成果を挙げている。

　X線が物質中の電子によって散乱されるという基本原理からみれば，電子密度レベルの構造を明らかにするというのは当然の事である。しかし，実際には従来の研究室レベルの粉末X線回折実験では不可能と思われていた。今では，その100万倍を超える放射光の輝度，イメージングプレートなど検出器の発達，そしてMEM（マキシマムエントロピー法）などの新しいデータ解析法の登場が，粉末X線回折データからも電子密度レベルでの構造情報を引き出すことを可能にした[3,4]。そして，物質の機能と密接に関わる原子の結合形態や，電荷整列が直接観察できる精密な電子密度を観察できるようになってきた。さらには，X線では見えないと言われてきた物質中の水素も，今では観察する事ができるようになった[4~6]。

　このMEMの特長をたとえると，回折データのイメージングを行っていることになる。MEMによるデータ解析の目的は，未測定のものを含み，測定誤差を持つ不完全なデータセットをもとに推論を行う統計的解析法の一つである。電子密度マッピングでは，X線回折の基本式(1)に従い，観測された構造因子とその誤差を基に，未測定の構造因子についても推定した電子密度を求めることができる。MEMにより得られる電子密度は，フーリエの打ち切り効果のない高分解能な電子密度分布となる。このことから，MEMを回折データから物質の電子密度分布をイメージングするX線回折における仮想的な結像レンズとしてとらえている（図2）。よって，X線回折データをMEMにより結像すれば，式(2)にしたがって，結合電子の分布などの情報を含む物質の電子密度が得られる。MEMの方法論の詳細については，他の解説[3,4]に譲ることとする。

1.3　放射光による粉末回折実験

　MEMは，回折強度データから求めた結晶構造因子の値とその誤差を基に電子密度のイメージングを行うため，解析結果には用いたデータの信頼性もそのまま反映されたものになる。よって精度だけでなく，吸収効果などの補正をデータ解析において必要としない，最適化された実験手法に基づく信頼性の高いデータを計測することが，解析結果の正当性を確保する上で最も大切である。粉末回折実験法は，消衰効果や吸収補正によるデータ処理を必要とせず，MEM解析のデータ計測の手法としては適している。しかし，粉末回折データの測定の弱点として，結合電子の分布を見るには測定強度が単結晶回折に比べて弱いこと，データが1次元データとして得られるため，重なり合った回折プロファイルをいかに精度よく分離して個々の回折データの強度を抽出するかということが一般に指摘される。高輝度で高角度分解能の放射光を用いた高分解能粉末回折実験法の開発こそが，十分な統計精度を持つ回折強度と，プロファイル分離を精度よく行うこ

MEMによる回折データのイメージング

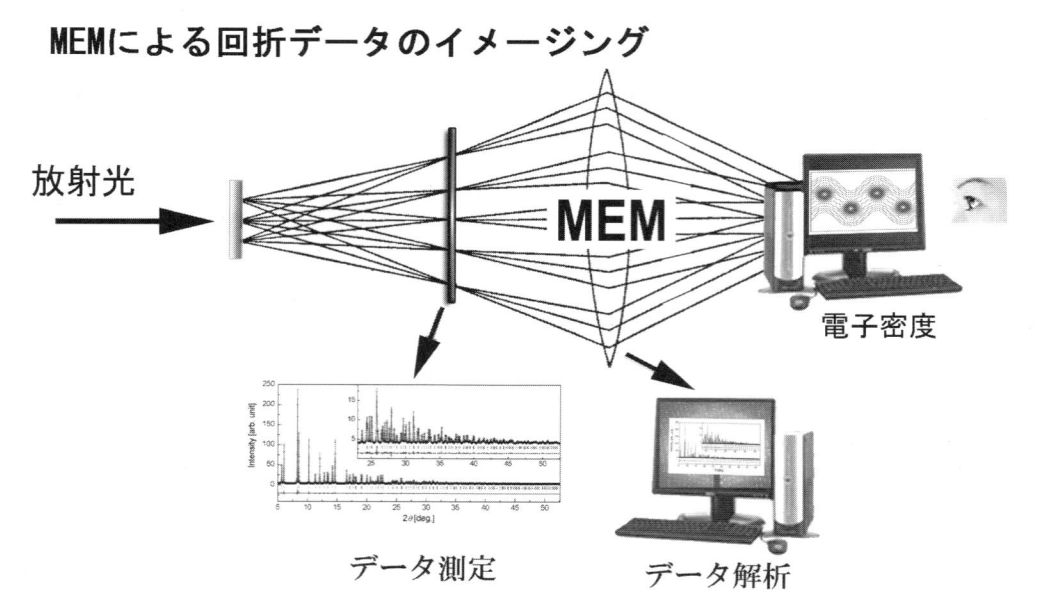

図2 マキシマムエントロピー法（MEM）によって回折データから電子密度分布を
イメージングする際の概念図
MEM は，X 線回折データに対する仮想的な結像レンズの役割をコンピューターによる
解析で果たすものである。

とができる計測手法である。新物質創成の研究においても，新しく合成された物質は，まず微量の粉末状態で得られる事が多く，上記のような測定が微量試料で行える放射光粉末回折実験は，物質科学の研究者にとって強力なツールであるといえる。

一般に，放射光粉末回折計の設計の一つの方向性として，放射光の指向性の高さを利用した，超高分解能粉末回折をめざす方向が強調されがちである。しかし，幅広く物質科学研究の要望を満たすには，微量試料から短い測定時間で統計精度と角度分解能の高い（半値幅 0.03 度程度）データが測定できる観点にたつ装置の需要が多い。そのコンセプトに基づき建設されたのが，SPring-8 のビームライン BL 02 B 2 にある大型デバイシェラーカメラ（図3）である[2]。第 3 世代放射光源の高エネルギービームを利用することで，フラーレンのような吸収係数の小さい軽元素からなる物質から $PbTiO_3$ のような吸収係数の大きな重元素からなる物質まで，2 次元検出器イメージングプレート（Imaging Plate：IP）を用いた透過カメラ法で，X 線の吸収補正を必要としないデータを高い角度分解能と統計性で測定することを可能にした。この装置は，試料低温・高温装置を備え，20 K〜1,000 K の温度範囲で粉末回折データを測定することができるようになっている。また，試料をガス雰囲気中で回折実験を行う装置も設置され，集積型錯体のナノ細孔構造への気体吸着実験等の研究に特に威力を発揮している。図3の装置の概略図は気体吸着実験用のアタッチメントを装着した時のものである。

図4は強誘電体である $PbTiO_3$ の粉末回折データをリートベルト解析したものである[7]。60 分

第1章　構造決定

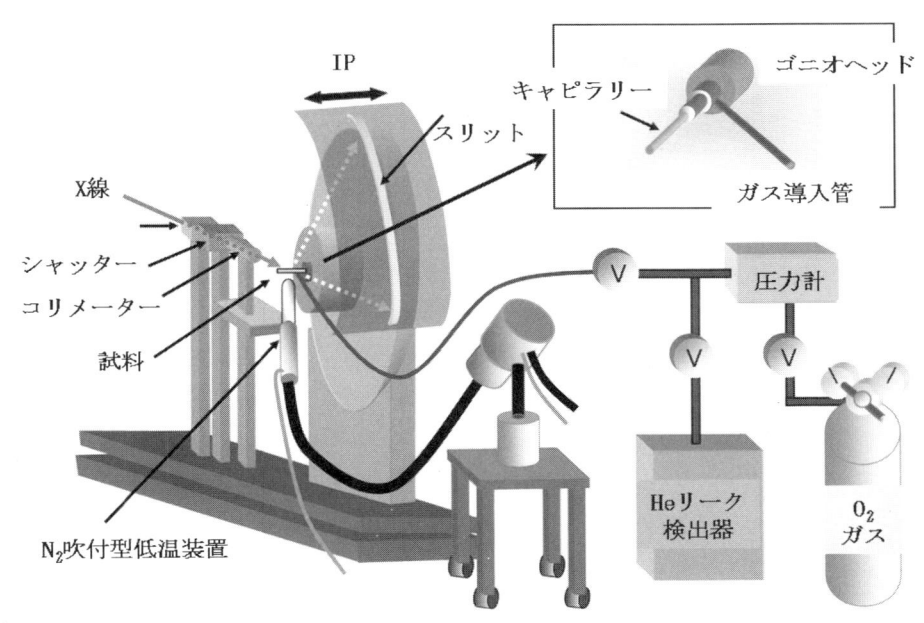

図3　大型デバイシェラーカメラの模式図
図は気体吸着その場観測装置を取り付けたものである。この装置により，物質の気体反応や吸着現象のその場観察も可能である。

の露出時間で，図のような精度の高いデータを測定することができる。試料は，最も内径の細い 0.1 mmφ のキャピラリーに充填率 30% 程度で粉末試料を装填してある。BL 02 B 2 で 0.041 nm（30 keV）の入射X線を使った場合の吸収係数の見積もりでは，測定範囲である 2θ の回折角が 0 度と 90 度の間で吸収係数の違いはわずか 1% となり，吸収係数の角度依存性に関する補正をほとんど無視することができる。ちなみに実験室系のX線発生装置で MoKα 線を用いた場合は，2θ が 0 度と 90 度で吸収係数が 24% 近く変わってしまう。

リートベルト解析は 2θ で 52.6 度（分解能：0.047 nm）までの 233 本の独立な反射について行い，回折パターンの重み付信頼度因子 R_{WP} = 1.7%，積分強度に基づく信頼度因子 R_I = 2.3% と非常に精度の高い解析結果を得ている。データの吸収補正は行っていない。このように，吸収係数の大きい重元素である Pb を含む化合物についても，高エネルギー放射光を用いる事により信頼性の高い高精度のデータと解析結果を得ることができる。

1.4　配位空間科学への粉末X線回折の応用

配位空間科学において，粉末X線回折が最初に大きく貢献したのは，集積型金属錯体である CPL（Coordination Polymer）のナノ細孔中に吸着した酸素分子が一列に配列していることを世界で初めて明らかにしたことであろう[1]。それまで，ナノサイズの配位空間を形成する CPL が，ゼオライトに匹敵するガス吸着機能を示し，配位空間を利用した新機能材料の創成へ向けて注目され，メタンなどの燃料ガスの大量吸蔵材料への実用的な応用研究が中心に行われてきた。しか

配位空間の化学—最新技術と応用—

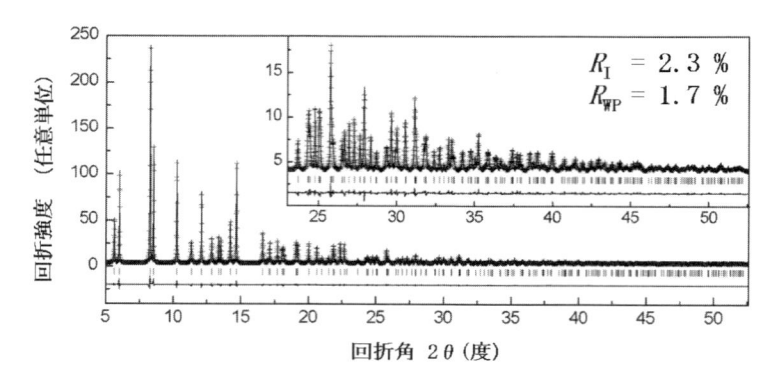

図4 PbTiO₃ のリートベルト解析
強誘電体 PbTiO$_3$ の粉末回折データをリートベルト解析した結果。挿入図は高角部分の拡大図。Pb のような重い元素を含む化合物についても，高エネルギー放射光を用いる事により吸収補正の必要のない信頼性の高い高精度のデータを得ることができる。

し，孔のどの位置にどのように気体分子が吸着されるのか，その様子は明らかにされていなかった。吸着された酸素分子が，ナノ細孔中で規則的に吸着された様子が明らかになったことで，配位空間科学は，機能空間創成の科学への新しい展開を迎えた。その研究について詳解する。

研究の対象物質は，銅2価イオン，ピラジン，2,3-ピラジンジカルボン酸を用いて合成した CPL-1 と呼んでいる $[Cu_2(pzdc)_2(pyz)]_n$ である。この物質に酸素分子を吸着させるため図3の装置を用いて吸着現象のその場観測を行った。ガラスキャピラリー中に封入した試料をまず真空排気し，水蒸気等の余計な吸着ガスを除去し，試料を清浄化する。その後，キャピラリー内部を600 Torr で酸素ガス雰囲気にし，低温窒素ガス吹き付け装置で，試料の温度を低温にしていく。試料の吸着は試料温度を下げることで制御する。その場観測で得られた粉末回折パターンを図5に示す。図5を見てわかるように 130 K で粉末回折パターンは突然大きく変化した。酸素分子の吸着により原子配列が大きく変わったのである。その後，試料温度を室温に戻すと，粉末回折パターンは元通りとなり，この構造変化が，酸素分子の吸着によるものであることを裏付けている。

吸着の際に酸素分子が細孔のどの位置にあるかについては，非常に多くの構造モデルを可能性のある構造解析の解の候補として検討しなくてはいけない。しかし，MEM は，観測された強度から，酸素分子の様子を予測することなく一義的にイメージングすることができる。その解析は，我々が独自に開発した MEM/Rietveld 法を用いて行った[3,4,8]。その解析の流れ図を図6に示した。

まず，酸素分子を仮定せずに，CPL-1 の構造モデルを初期構造モデルとし，リートベルト解析を行う。そうすると図7の様に，点で示した測定回折パターンと構造モデルから計算した粉末回折パターンは一致が非常に悪く，測定強度に基づく信頼度因子 R ファクターも 44.9% と非常に悪い。しかし，モデルにより計算されたパターンを基に，観測構造因子を個々の散乱波に振り分け電子密度を MEM によりイメージングすると，細孔の中に，図6で示した様に酸素分子と

第1章 構造決定

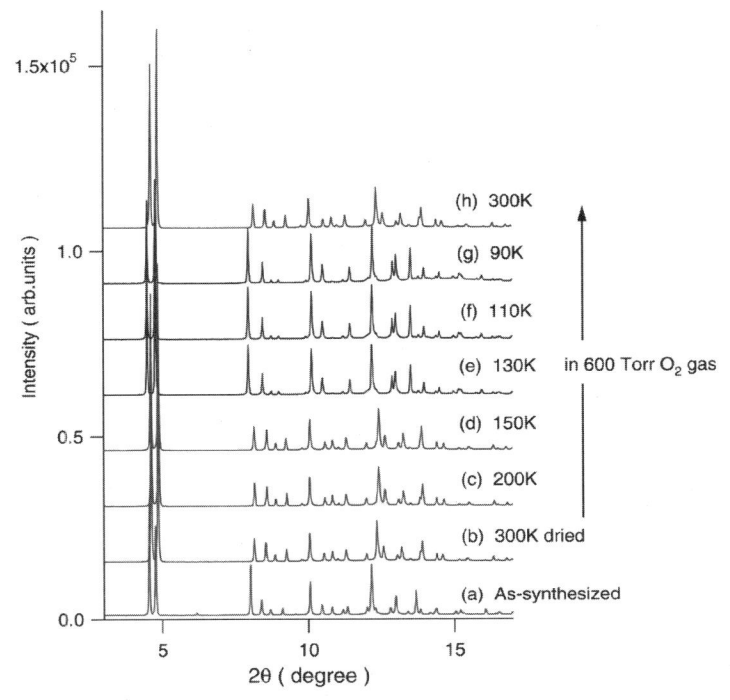

図5 集積型金属錯体 $[Cu_2(pzdc)_2(pyz)]_n$；CPL-1 の酸素吸着実験のその場 X 線粉末回折実験によって得られた回折パターン
吸着は，温度変化によって制御されている。

思われる描像が浮かび上がってくる。この細孔内の位置に酸素分子を新たに仮定し，構造モデルの改良を行い，再びリートベルト解析を行うと，観測された回折パターンと新しい構想モデルにより計算された回折パターンのフィッティングの結果は劇的に改善する。このモデル改善のプロセスを構造モデルと MEM 電子密度の基本的な描像が一致するまで繰り返し解析を行う。これが MEM/Rietveld 法である。最終的に得られた電子密度分布では，非常に明瞭な酸素分子の形をあらわすダンベル型の電子密度分布が，細孔の中に一次元に整列しているのがわかる。図7のフィッティングパターンも非常に良い一致を示しており，信頼度因子が 3.9% と精密構造解析のレベルに達している。

図8に最終的に得られた構造モデルと MEM 電子密度を並べて示した。MEM では全電子密度分布が得られるため，例えば，酸素分子の位置に局在している電子の数を直接数えることができる。実際に計算してみると，ダンベル型の電子密度の部分の電子数は 16 であった。酸素原子の原子番号は 8 であるから，$8 \times 2 = 16$ で，酸素分子と CPL-1 の間には電荷移動による静電相互作用はなく，この吸着現象が物理吸着であることまで明らかにすることができた。酸素分子は不対電子を持つことから，分子自身が磁性を持つことが知られている。よって，分子磁石ともいえる酸素分子が整列していることは，何らかの磁性がこの物質に発現していることが期待された。この酸素を吸着させた CPL-1 の固体の磁性を調べたところ，反強磁性的な性質を発現することを

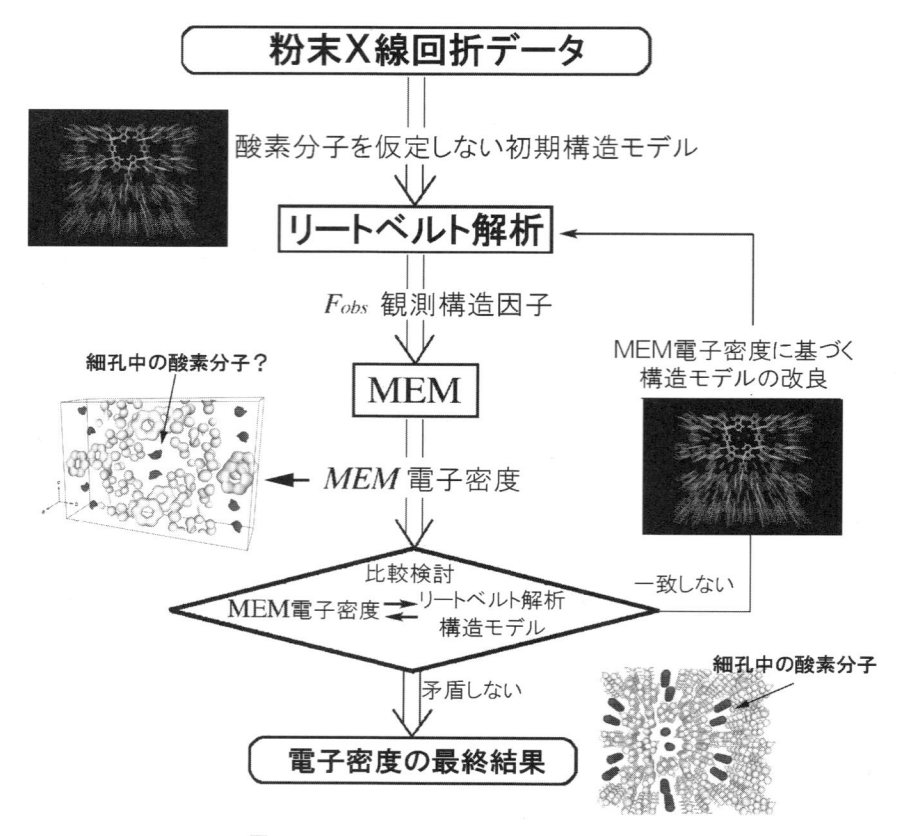

図6 MEM/Rietveld解析のフローチャート

確認した。これは，気体分子を固体中に配列させることで，気体分子に備わった物性を利用した機能発現を行うことが可能であることを初めて示したもので，MEMによる回折データのイメージングが，気体吸着を利用した配位空間科学の新しい展開を生み出したものである。その後，様々な気体分子の吸着が細孔中の規則構造を伴って起こることが次々と明らかにされ，最も電子の数が少ないためX線では見えないとされていた水素分子[5]や，非常に反応性の強いアセチレン分子[8]の吸着構造についても明らかにされた。特に，アセチレン分子については化学吸着であることが明らかになった。

1.5 あとがき

高輝度放射光源を用いた粉末X線回折は，本節で示したように，配位空間科学の機能材料創成研究としての扉を開いたといえる。通常のRietveld解析による構造研究も多くの成果が輩出されている。最近では，単結晶構造解析の手法も大きく進展し，名古屋大学の澤博教授らによる超高分解能精密構造解析がSPring-8で展開し始めている。さらには，SPring-8の高輝度，高平行性を利用して，100 nmサイズのX線ビームを作り完成させた「X線ピンポイント構造計測」

第 1 章 構造決定

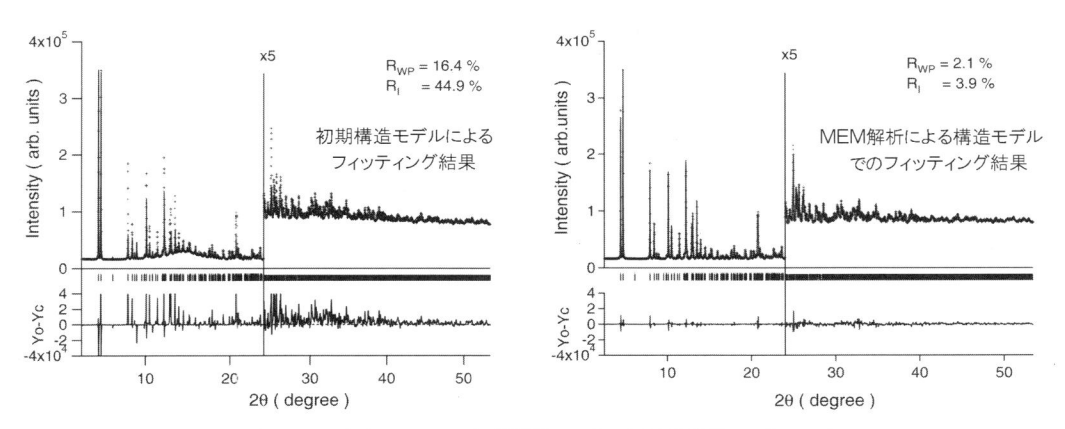

図 7 MEM/Rietveld 解析における初期構造モデルと最終構造モデルによるリートベルトフィッティングの結果

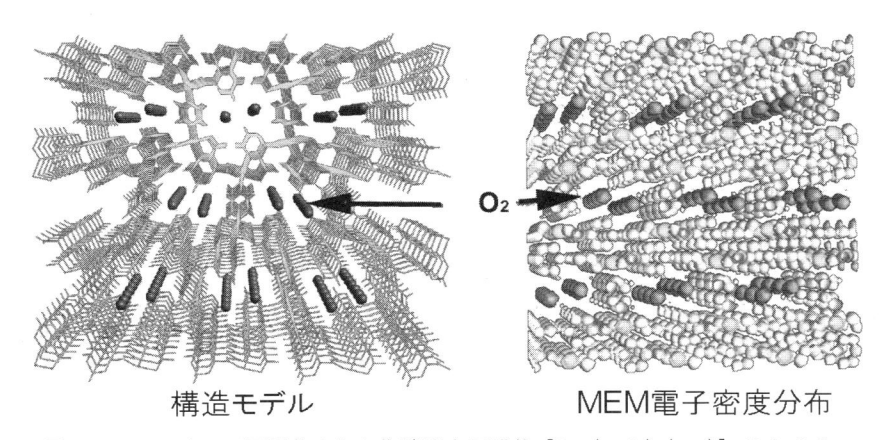

図 8 MEM によって可視化された集積型金属錯体 $[Cu_2(pzdc)_2(pyz)]_n$ のナノチャンネルに吸着させた酸素分子[12]
1.0 e Å^{-3} の等電子密度面で構造モデル図と共に示してある。

システムにより，100 nm の結晶からの単結晶構造解析を実現している[9]。これは，サイズが数ミクロンの粉末一粒が単結晶として扱われ，未知構造決定が困難とされてきた粉末結晶構造解析が単結晶構造解析として未知構造決定も容易になることを意味する。この様に，構造科学の研究は放射光の登場により，非常に速い発展を遂げつつあり，開発された高度計測技術と解析技術は，配位空間科学の進展にも大きく寄与するものと期待される。

謝辞

本章の共同研究者は，北川進教授（京都大学）の研究グループ，小林達生教授（岡山大学）と，久保田佳基准教授（大阪府立大学）との共同研究である。

文　　献

1) R. Kitaura, S. Kitagawa, Y. Kubota, T. C. Kobayasi, K. Kindo, Y. Mita, A. Matsuo, M. Kobayashi, H-C. Chang, T. C. Ozawa, M. Suzuki, M. Sakata and M. Takata, *Science*, **298**, 2358 (2002)
2) M. Takata, E. Nishibori, K. Kato, Y. Kubota, Y. Kuroiwa and M. Sakata, *Advance in X-ray Analysis*, **45**, 377 (2002)
3) M. Takata, E. Nishibori and M. Sakata, *Z. Kristallogr.*, **216**, 71 (2001)
4) M. Takata, *Acta Cryst.*, **A64**, 232 (2008)
5) Y. Kubota, M. Takata, R. Matsuda, R. Kitaura, S. Kitagawa, K. Kato, M. Sakata and T. C. Kobayashi, *Angew. Chem. Int. Ed.*, **44**, 920 (2005)
6) T. Noritake, M. Aoki, S. Towata, Y. Seno, Y. Hirose, E. Nishibori, M. Takata and M. Sakata, *Appl. Phys. Lett.*, **81**, 2008 (2002)
7) Y. Kuroiwa, S. Aoyagi, A. Sawada, J. Harada, E. Nishibori, M. Takata and M. Sakata, *Phys. Rev. Lett.*, **87**, 217601 (2001)
8) M. Takata, B. Umeda, E. Nishibori, M. Sakata, Y. Saito, M. Ohno and H. Shinohara, *Nature*, **377**, 46 (1995)
9) R. Matsuda, R. Kitaura, S. Kitagawa, Y. Kubota, R. V. Belosludov, T. C. Kobayashi, H. Sakamoto, T. Chiba, M. Takata, Y. Kawazoe and Y. Mita, *Nature*, **436**, 238 (2005)
10) N. Yasuda, H. Murayama, Y. Fukuyama, J. Kim, S. Kimura, K. Toriumi, Y. Tanaka, Y. Moritomo, Y. Kuroiwa, K. Kato, H. Tanaka and M. Takata, *J. Synchrotron Rad.*, **16**, 352 (2009)

2　X線回折による化学反応の直接観察

河野正規*

2.1　はじめに

　配位空間の構造を解明するためには，単結晶X線構造解析による構造研究が必須であり，一般的に使われてきた。本節では，X線回折を単に構造を同定するための手段として利用するだけでなく，その場観察の手法を適用することにより反応の直接観察を行った単結晶X線構造解析の研究例を紹介する。まず細孔性ネットワーク錯体の体系的構築法を述べ，細孔性ネットワーク錯体の単結晶を反応容器とみなす結晶性分子フラスコの概念および結晶相反応のX線回折による直接観察を紹介する。細孔内の複雑な分子の動きを観察するためには，輝度・平行性の高い単色化された放射光が絶大な威力を発揮する。

2.2　細孔性ネットワーク錯体のカートリッジ合成法

　細孔性ネットワーク錯体は，留め金としての金属イオンとリンカーとしての架橋配位子の自己集積により構築される[1]。その大きな特徴の一つは高い設計性にある。一般的な細孔の修飾法では，架橋配位子に官能基を導入することにより，細孔の雰囲気を制御することができる。しかし，架橋配位子を修飾することで目的の構造体が自己集積できない場合や，配位部位を有する架橋配位子の合成自体が一般に難しいといった問題がある。そこで，これらの問題点を克服できる新しい細孔の修飾法を紹介する。我々は，通常電荷移動（CT）相互作用により形成される集合体は積層構造になることに注目し，CT相互作用を利用した多孔性ネットワーク錯体の新しい合成法として，簡便かつより設計性の高い「カートリッジ合成」を提案した（図1)[2]。ここで，カートリッジとは，架橋配位子と空間を介したCT相互作用により骨格の一部として振舞うことができる平面性の分子である。従来の構築法では，架橋配位子の修飾により細孔の性質やサイズを制御してきたが，本方法ではこの平面性の分子をカートリッジを交換するかのように，変えることにより細孔の修飾を行う。具体的には，アクセプター性分子としてトリアジン配位子を，ドナー性分子としてトリフェニレン誘導体を用いて様々な性質を有する細孔体を構築した。トリフェニレンの修飾は，架橋配位子の合成と比較すると容易に合成することができ，酸性・塩基性・中性の細孔の構築に成功した。

　カートリッジ合成法によるネットワーク錯体の構築は次の手順で行うことができる（図2)。

　2,4,6-tris(4-pyridyl)triazine(**1**)と過剰量のトリフェニレン（**2a-2**）のニトロベンゼン／メタノール溶液に，ZnI_2のメタノール溶液を拡散させることにより $\{[(ZnI_2)_3(\mathbf{1})_2(\mathbf{2})]\cdot x(\text{nitrobenzene})\cdot y(\text{methanol})\}_z$ （**3a-3f**）の針状結晶を得ることができる。

　これらの結晶では，配位子と金属との配位結合により無限につながった三次元ネットワークを形成している。配位子とトリフェニレンは電荷移動相互作用により，b軸方向に交互積層して柱

---

*　Masaki Kawano　Pohang University of Science and Technology　Professor

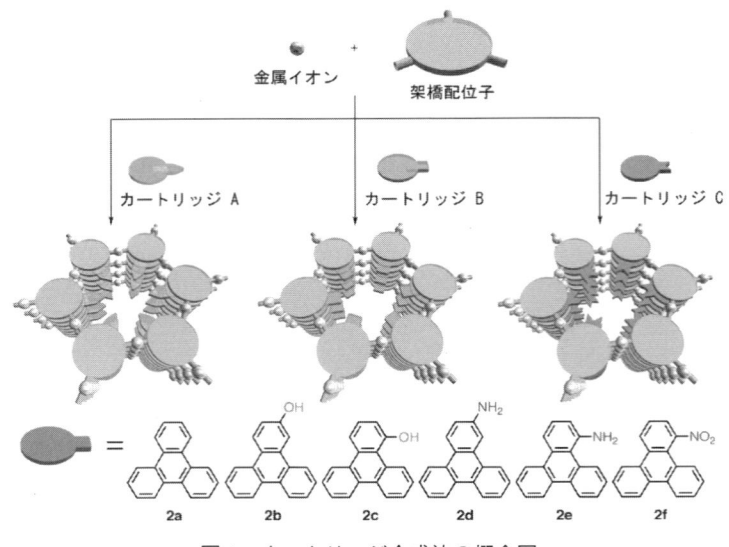

図1 カートリッジ合成法の概念図

図2 細孔性ネットワーク錯体のカートリッジ合成の例

を形成している。また，その方向に形状，および性質の異なる二種類の細孔 A，B が存在する。細孔の形状は，細孔 A が 10×15 Å の楕円形で，細孔 B が一辺 12 Å の正三角形である（図3）。

ここで，各錯体中のトリフェニレン分子の官能基の向きを比較すると，細孔 A，B のどちらを向くかは，官能基の種類によって異なる。

2.3 細孔修飾と選択的ゲスト認識

トリフェニレン分子を修飾することで，ネットワーク錯体の基本骨格を変えることなく，細孔内面の修飾に成功した。そこで，カートリッジ分子の官能基の影響を調べるために，i-PrOH を用いたゲスト認識能について検討した。細孔内に官能基を持たない 3a 錯体と水酸基を持つ 3b 錯体の結晶をシクロヘキサンで希釈した i-PrOH 溶液（i-PrOH／シクロヘキサン = 1 : 39）に一晩浸した（図4）。

OH 基を持つ 3b 錯体の細孔 A 内には，低濃度にもかかわらず，i-PrOH が選択的に取り込まれた（図5，表1）。この錯体では水酸基は 38% が細孔 A を，62% が細孔 B を向いている。ゲスト交換前の錯体では水分子と 2b の水酸基が水素結合している。ゲスト交換後の結晶には，i-

第1章 構造決定

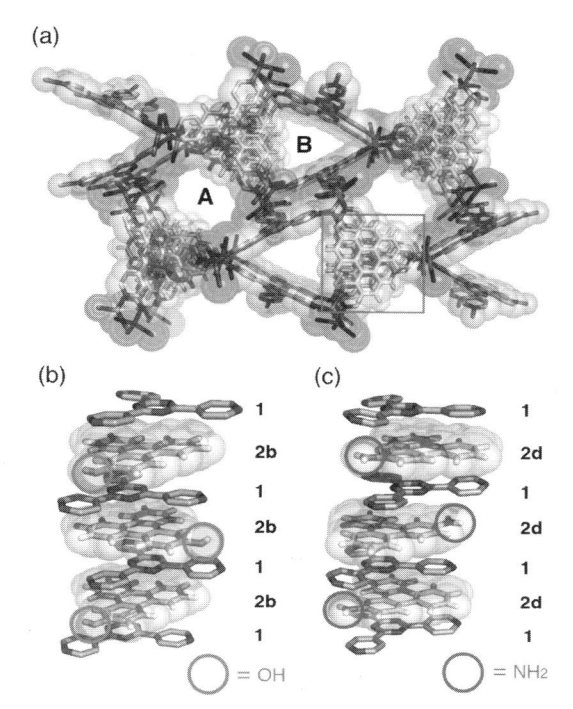

図3 ネットワーク錯体 3b（a，b）と 3d（c）の結晶構造
3b と 3d は同形構造であり，(d)と(c)は，それぞれ(a)の四角で囲んだ部分の細孔 A を側面から眺めた構造であり，ゲストは省略してある。

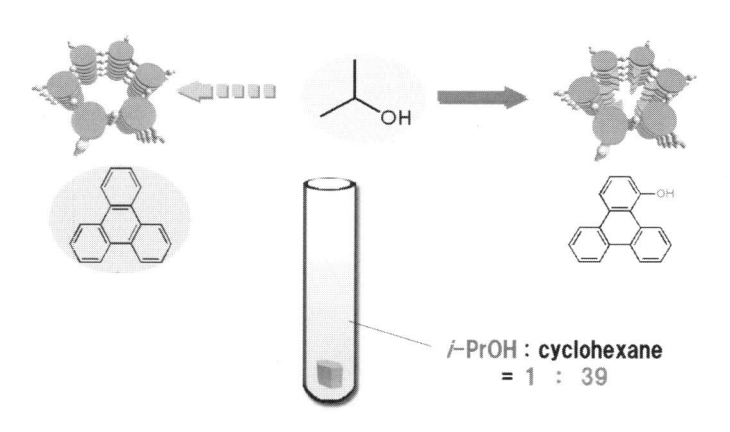

図4 アルコール分子の選択的単結晶─単結晶ゲスト包接

PrOH が選択的に細孔 A に3分子取り込まれた。ゲスト交換前後で 2b の OH 基の向きは変化していなかった。細孔 B の OH 基（62%）の酸素と，細孔 A の水分子の酸素間の距離は 2.53Å，i-PrOH の酸素と水分子の酸素間の距離は 3.33Å であり，水分子を介した水素結合によってゲスト認識していることが判明した。細孔 A の OH 基（38%）も2分子の i-PrOH と水素結合を形

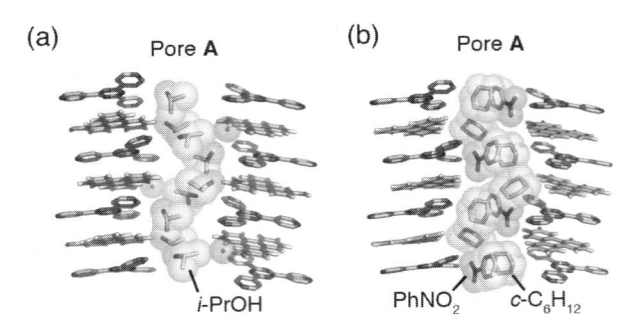

図5 ネットワーク錯体 3b(a)と 3a(b)の細孔 A の包接構造

表1 ネットワーク錯体 3a–3c のゲスト包接

network	Functional groups	Before guest exchange		After guest exchange	
		Pore A	Pore B	Pore A	Pore B
3a	H	$x=2$	$x=2$	$x'=1$, $z'=1.3$	$z'=2$
3b	2-OH (Pore A 38%) (Pore B 62%)	$x=2$, $y=0.4$, 0.6 (H_2O)	$x=2$	$y'=3,1.5$ (H_2O)	$z'=2$
3c	1-OH (Pore A 100%)	$x=2$, $y=1$	$x=2$	$y'=2.3$, $z'=1$	$z'=2$

ゲスト交換前, $\{[(ZnI_2)_3(1)_2(2)] \cdot x(\text{nitrobenzene}) \cdot y(\text{methanol})\}_n$；ゲスト交換後, $\{[(ZnI_2)_3(1)_2(2)] \cdot x'(\text{nitrobenzene}) \cdot y'(i\text{-PrOH}) \cdot z'(C_6H_{12})\}_n$

成していた (2.67, 2.86 Å)。一方, 疎水性の細孔 B にはシクロヘキサンのみしか取り込まれなかった。

一方, 官能基修飾していない 3a 錯体の細孔 A 内には 1.3 分子のシクロヘキサンおよびゲスト交換前のニトロベンゼン 1 分子が取り込まれており, i-PrOH は取り込まれていなかった (図5(b))。細孔 B には, シクロヘキサン 2 分子が取り込まれていた。

さらに, 3c 錯体でも選択的なアルコール認識能が示された。ゲスト交換前の錯体ではメタノールと 2c の細孔 A の OH 基が水素結合している。この錯体の単結晶を i-PrOH／シクロヘキサン＝1:39 の溶液に一晩浸すと, i-PrOH が選択的に細孔 A に 2.3 分子取り込まれた。それと同時に, シクロヘキサン 1 分子も細孔 A に取り込まれていた。ゲスト交換前後で 2c の OH 基の向きは変化しておらず, 細孔 A を向いていた。そして, 2c の OH 基は 2 分子の i-PrOH と水素結合をしており (2.74, 2.76 Å), 水素結合によってゲスト認識されていることが判明した。一方, 疎水性の細孔 B にはシクロヘキサンのみしか取り込まれなかった。

以上の結果より, OH 基を修飾したネットワーク錯体を用いてアルコール分子の選択的認識に成功した。各錯体は細孔の形状・大きさがほぼ同じにもかかわらず, カートリッジ分子の官能基の環境がわずかに異なることで, 細孔内面の雰囲気が大きく変化し, ゲスト包接能が劇的に異なることが示された。

第 1 章 構造決定

2.4 結晶性分子フラスコ

通常,結晶相で化学反応を行い,その反応を X 線回折により直接観察することはきわめて困難である。なぜならば,①反応試薬の結晶相への導入が困難である,②そのとき結晶性が著しく低下する,③また,反応性が低下する可能性が高い,といった問題があるからである。そこで,我々は,これらの問題点を克服するために,細孔性ネットワーク錯体の柔軟でかつ堅牢な骨格および流動的な細孔に着目し,ネットワーク錯体の細孔をナノメータサイズの「結晶性分子フラスコ」と見立てて[3],結晶相での化学反応の X 線による直接反応を検討した。特に,不安定なシッフベースの形成反応の直接観察を検討した。

2.4.1 不安定イミンの直接観察

低沸点アルデヒドであるアセトアルデヒドと一級アミンの縮合により得られるアルジイミン類は還元的付加反応,アルドール反応などの主要な有機合成反応の重要な反応中間体である。しかしながら,一般的に不安定であり,単離が困難である。不安定な理由として,逆反応である加水分解反応が進行しやすい,また副反応として,エナミンに異性化しアルドール反応や重合反応が進行しやすいからである。その不安定性からイミン類の結晶化は困難であり,X 線構造解析で構造に関する情報を得ることが難しい。そこで,カートリッジ合成により構築した,アミノ化細孔を持つネットワーク錯体[(ZnI$_2$)$_3$(**1**)$_2$(**4a**)]$_n$(**4a** = 1-aminotriphenylene) 内にアルデヒド類を導入することによりイミンの直接観察を試みた (図 6)[4]。

この錯体の細孔内では,アミノ基は細孔 A の側面に存在し,ゲスト分子と反応するために十分な空間がある。よって,この細孔内にアルデヒド類を導入できれば,不安定イミンが発生できると考えた。また,このように錯形成した後さらに細孔を修飾するという手法 (post-modification) を単結晶—単結晶で行った例として,水素結合性ネットワークでは一例[5],配位結合性ネットワークでも数例報告されているだけである[3,6]。

細孔性ネットワーク錯体[(ZnI$_2$)$_3$(**1**)$_2$(**4a**)]$_n$ の赤色単結晶を,ニトロベンゼンで希釈したアセ

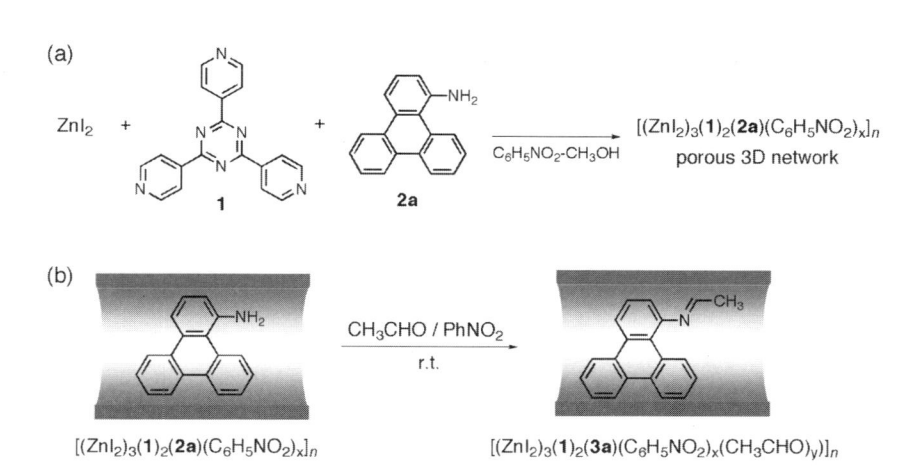

図 6 ネットワーク錯体[(ZnI$_2$)$_3$(**1**)$_2$(**4a**)(C$_6$H$_5$NO$_2$)$_x$]$_n$ の細孔内でのイミン形成反応スキーム

トアルデヒド溶液（$CH_3CHO/C_6H_5NO_2 = 1:4$）に室温で4時間浸すことで，黄色単結晶$[(ZnI_2)_3(1)_2(5a)]_n$を得た。この黄色への色変化はトリフェニレン分子のドナー性の低下を示しており，イミンが生成していることを示している。色変化が結晶の端から，長軸方向に添って観測された。この長軸方向は細孔の方向であり，アルデヒドが拡散していくに従ってイミンが生成していくことが判明した。反応後の結晶は外見・大きさに変化はなく，良質な結晶であった。結晶を単離後，元素分析，固体UV測定，顕微IR測定により詳細な同定を行った。

結晶相反応後の錯体$[(ZnI_2)(1)(4a)]_n$の結晶構造解析を行ったところ，不安定イミン5aの直接観測に成功した（$R_1 = 0.0747$）（図7）。反応前後で，空間群および格子定数に変化は見られず，三次元構造は保持されていることが判明した。イミン結合は細孔A（占有率44%）および細孔B（占有率56%）に観測された。イミン生成反応は100%進行しており，アセトアルデヒドのイミン体が疎水性空間で安定に生成していることが確かめられた。一方，溶媒のニトロベンゼンは細孔A，Bの両方に観測されたが，アセトアルデヒドは激しく乱れているため観測できなかった。ここで，反応前後のトリフェニレンの置換基の向きに注目すると，反応前のアミノ基は細孔Aに観測されたのに対し，反応後のイミンは細孔A，Bの両方に観測された。これより，反応前後で官能基の向きが異なり，トリフェニレン部位が回転していることが考えられる。反応前の結晶を何個拾っても，必ず細孔Aにアミノ基が観測された。さらに，同一結晶を用いた，反応前後での比較を行っても，同様に置換基の位置に変化が見られた。これらの実験事実より，トリフェニレン部位が回転している事が確かめられた。このことは，ネットワーク錯体骨格にダイナミクスが存在することを示している。トリアジン配位子とトリフェニレン部位はπ-π相互作用という空間を介した相互作用を形成しているため，このような錯体骨格のダイナミクスが可能になったと考えられる。

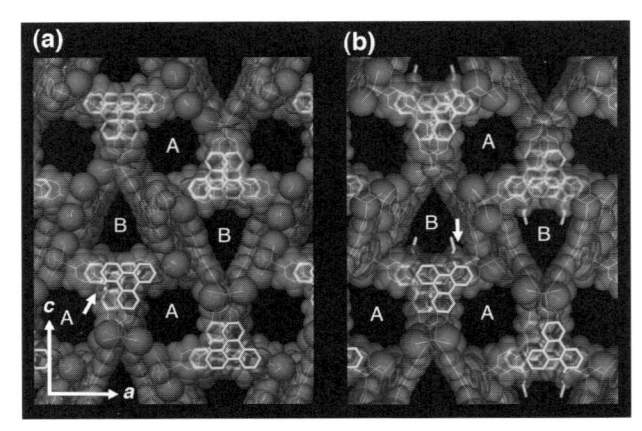

図7 ネットワーク錯体$[(ZnI_2)(1)(4a)]_n$とアセトアルデヒドとの反応前後での結晶構造変化
(a)反応前$[(ZnI_2)_3(1)_2(4a)(C_6H_5NO_2)_x]_n$，(b)反応後$[(ZnI_2)_3(1)_2(5a)(C_6H_5NO_2)_x(CH_3CHO)_y]_n$，56%の存在確率でイミンが細孔Bに存在している。細孔Aに存在する44%のイミンは省略してある。

第 1 章　構造決定

2.4.2　錯体骨格のダイナミクスの基質依存性

　トリフェニレン部位の回転のメカニズムを調べるために単結晶 $[(ZnI_2)_3(1)_2(4a)]_n$ と様々なアルデヒドとの縮合反応を試した。その結果，ヘキサナールや p-アニスアルデヒドなど比較的大きな反応基質でも同様に結晶性を失うことなく反応し，イミンが選択的に生成することが判明した（図 8）。

　ヘキサナールとの反応では，反応は 100% 進行し，イミンは細孔 A に観測された。溶媒のヘキサナールは細孔 A, B の両方に観測された。一方，p-アニスアルデヒドとの反応では，反応は 50% 進行し，イミンは細孔 B に観測された。未反応のアミン 4a は細孔 A に観測された。溶媒の p-アニスアルデヒドは細孔 A, B の両方に観測された。これらの反応では，反応基質のアルデヒドは両方の細孔に入っている。そのため，反応は生成物のイミンが安定化される細孔内で選択的に起こっているものと考えられる。一方，p-アニスアルデヒドとの反応では，明らかに立体的に回転が困難なイミンでも細孔 B に観測され，反応前後で置換基の向きが変化すること

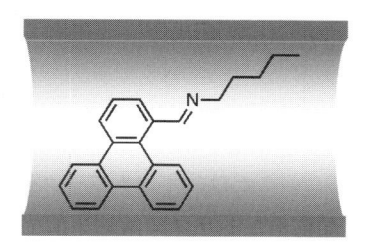

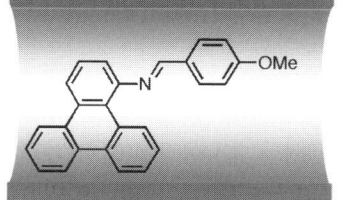

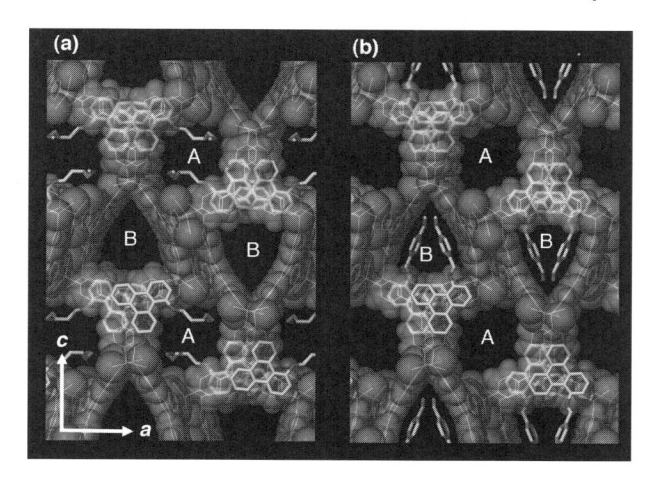

図 8　ネットワーク錯体 3a とヘキサナールおよび p-アニスアルデヒドとの縮合反応により生成したイミンの結晶構造 $[(ZnI_2)_3(1)_2(imine)_x(amine)_y]_n$
(a)ヘキサナールイミンの生成 ($x=1$, $y=0$)，(b)p-アニスアルデヒドイミンの生成 ($x=0.5$, $y=0.5$)。未反応のゲストはそれぞれ省略してある。

が示された．これより，反応後にトリフェニレンが回転していることは考えづらく，反応前のアミノトリフェニレン分子が室温で回転していると考えられる．

2.5 おわりに

細孔性ネットワーク錯体のカートリッジ合成法の確立により，自在に細孔の雰囲気を制御することが可能になり，選択的ゲスト認識やその機構の解明およびX線による化学反応の直接観察という新しい研究領域を開拓することができた．結晶相での化学反応中の分子の挙動の解明は，分光法だけでは難しく，分子の動きをX線により直接観察することによりはじめて得られる知見が多数存在することが分かってきた．この知見が物性発現の解明と結びつくときに，より精密な物質設計が可能になる．今後精度の高い放射光を用いることにより，さらに興味深い構造と物性の相関が見えてくると確信している．

本研究は，東京大学 藤田誠教授，羽根田剛氏，川道越英氏との共同研究である．

文　　献

1) a) E. C. Constable, *Prog. Inorg. Chem.*, **42**, 67 (1994) ; b) K. R. Dunbar *et al.*, *Prog. Inorg. Chem.*, **45**, 283 (1996) ; c) J. A. Whiteford *et al.*, *Angew. Chem. Int. Ed. Engl.*, **35**, 2524 (1996) ; d) S. R. Batten *et al.*, *Angew. Chem. Int. Ed.*, **37**, 1460 (1998) ; e) P. J. Hagrman *et al.*, *Angew. Chem. Int. Ed.*, **38**, 2638 (1999) ; f) B. Moulton *et al.*, *Chem. Rev.*, **101**, 1629 (2001) ; g) M. Eddaoudi *et al.*, *Acc. Chem. Res.*, **34**, 319 (2001) ; h) S. Kitagawa *et al.*, *Angew. Chem. Int. Ed.*, **43**, 2334 (2004) ; i) S. Kitagawa *et al.*, *Chem. Soc. Rev.*, **34**, 109 (2005) ; j) B. F. Hoskins *et al.*, *J. Am. Chem. Soc.*, **112**, 1546 (1990)
2) M. Kawano *et al.*, *J. Am. Chem. Soc.*, **129**, 15418 (2007)
3) T. Kawamichi *et al.*, *Angew. Chem. Int. Ed.*, **47**, 8030 (2008)
4) T. Haneda *et al.*, *J. Am. Chem. Soc.*, **130**, 1578 (2008)
5) P. Brunet *et al.*, *Angew. Chem. Int. Ed.*, **42**, 5303 (2003)
6) J. S. Costa *et al.*, *Inorg. Chem.*, 1551 (2008)

3 水素吸蔵体の構造決定―放射光X線回折による電子密度解析の最先端―

澤　博*

3.1 水素吸蔵の意義

　水素は次世代のエネルギーシステムにおいて大変注目されている。水素をエネルギーとして利用することによって，燃焼においてCO_2などの排出による環境負荷が少ないクリーンなエネルギーシステムができることと，ほとんど無尽蔵であるため資源的な制限がないなど様々な利点による。水素エネルギーへの期待は大変大きく，いよいよ燃料電池などの燃料としても利用が始まった。水素は電気エネルギーに比べると比較的容易に貯蔵が可能ではあるが，大量にかつ効率的に貯蔵する技術として水素を物質に吸収させて貯蔵する水素吸蔵合金が注目されている。水素貯蔵材料としては，水素をよく吸収するだけでなく，容易に放出できることも重要である。従って，水素貯蔵材料について吸蔵された水素がどこにどのような形で存在しているかとは極めて重要な情報である。この章では吸蔵された水素をどのように観測するかについての観測技術について述べる。

3.2 吸蔵された水素を見るためには，どのような手段があるか

　吸蔵水素を観測する際にいくつかの点について場合分けをしよう。大きく分けて，①対象物質が結晶性か非晶質か，②観測に使用するプローブは何かである。

　対象物質が非晶質であった場合には，吸蔵された水素も周期性を保つ理由がないために，周期構造を持たなくても観測が可能なプローブが必要となる。例えば，対象元素種の局所環境に敏感である核磁気共鳴やXAFSなどがあげられよう。しかし，全く空間構造の情報なしにこれらの測定データから吸蔵された水素分子の状態の詳細を議論することは困難である。一方，非晶質であっても回折測定によって相関関数を観測する手段もあるが，水素分子の詳細を観測することは精度の面からも困難であることから，ここではこれらの手法については取り上げない。

　結晶性の貯蔵材料の場合には回折現象を利用した観測に期待がかかる。この手法の特徴はプローブの波の性質を利用することによって，原子サイズの情報を結晶から抽出することが出来ること，プローブと対象元素との間の相互作用の仕方によって，見たい情報を選択することが可能であることなどがあげられる。通常，回折現象に利用されるプローブとしては，電子線，中性子線，X線があげられる。

　電子線は，電子顕微鏡のように実像を見ることもできるが，回折現象による原子レベルでの物質の評価が可能である。ただし，高電圧で加速したプローブである電子と物質中の電子との相互作用によって得られる電子線は，そのクーロン反発の強さによって微結晶，薄片などのように観測可能な対象が限られる。さらに，負電荷をもつ電子を物質内に打ち込むことによる擾乱が水素

---

* Hiroshi Sawa　名古屋大学　大学院工学研究科　マテリアル理工学専攻　応用物理学分野　構造物性物理学講座　教授

のような軽い元素に与える影響は大きいと考えられるので，水素吸蔵物質における電子線回折の研究は限定されてしまう。

中性子線は，水素を直接観測する最も強力なプローブであると謳われている。中性子は物質中の原子核と相互作用することによって主に散乱される。X線や電子線が物質中の電子との相互作用によって散乱されるのとは異なり，各原子の持つ電子数とはほぼ無関係に散乱断面積が決まる。更に，原子核中の中性子が異なる同位体でも散乱振幅に差が生じる。すなわち，原子番号と散乱能に系統的な相関がないことが中性子散乱のひとつの特徴である。水素原子は電子を一つしか持たないので，多くの電子を持つ重元素種を含む物質中ではX線で見ることは難しい。これは極めて明るい光源のすぐそばで光る弱い光を見分けるのが難しいという例えとして表現される。このように，水素原子を見るという点において，中性子回折は重要な位置づけであることは明白である。ところが，中性子と相互作用する原子核は原子における体積が極めて小さく，その相互作用の届く範囲も極めて限られている。従って，一般的には中性子回折に必要な試料は大量に必要となる。近年，中性子源のフラックス量が大きい巨大施設が建設されつつあるので，ひと昔前から比べるとかなり小さい試料でも必要な情報を得られると言われている。構成される元素種や必要な情報によって一概に試料の大きさを言うことができないが，ざっくり言って米粒大の単結晶試料でも様々な解析が可能になりつつある。もし，高品質の結晶を得ることができれば中性子回折は重要なプローブとなるであろう。

しかし，新規物質開発の現場では，米粒大の単結晶を得るまでその物性や素性がわからないとするなら，ほとんど手探りで物質合成を進めざるを得ない。実際，合成の現場では中間体のチェックなどはすべて極微量の溶液等の状態で行われている。水素吸蔵物質についても，均質な試料をある程度の分量生成するためには十分な勝算が必要であり，様々な条件を微量な条件で探索する方が研究の効率は上がる。中性子回折に必要な分量と品質を保証されるのは研究の最終段階である。従って，微小結晶で観測可能であるX線回折に期待が集まる。X線によって炭素などと結合している水素の観測は実験室系でも可能である。しかし，吸蔵・放出という一連の過程を経るようなゆるいカップリングを有している水素をX線で見ることができるであろうか？

3.3 X線回折によって水素を観測するには

まずここでは，X線回折によって得られる情報が何かということと，解析方法を整理しよう。なるべく専門的な表現を避けるので，現実に関連物質等の測定を行うためにはどのようなことに注意しなければならないかを読み取ってほしい。

X線は主に原子の持つ電子との相互作用によって散乱される。ここでは，特定エネルギーにおける吸収端などの項については考えない。すなわち，弾性散乱項（Thomson項）だけを扱うこととする。このとき，結晶からの構造因子$F(\boldsymbol{K})$は下記のように表現されると，一般的な教科書には記載されている。

第1章　構造決定

$$F(\boldsymbol{K}) = \sum_j f_j e^{2\pi i (\boldsymbol{k} \cdot \boldsymbol{r}_j)} \tag{1}$$

ここで，$\boldsymbol{K}$ は散乱ベクトルjはユニットセル内の原子の通し番号，f_j, r_j はj番目の原子の原子散乱因子とユニットセル内の位置ベクトルを表わしている。原子散乱因子は元素種によって独立な電子軌道を近似式に基づいて計算された電子分布を展開したパラメータによって記述されている。従って，この時点で原子は独立にユニットセル内に存在していることになり，結合などの情報が失われていることになる。なぜ，このような不完全なモデルで結晶構造を表すのであろうか？　観測される回折線の強度 $I(\boldsymbol{K})$ は次式のように構造因子の絶対値の二乗に比例する。

$$I(\boldsymbol{K}) \propto |F(\boldsymbol{K})|^2 \tag{2}$$

この式から見て分かるように，位相の情報は強度では失われているが，今このことについては触れない（どのように位相をつけるかについては，直接法だけでなく様々な手法がある）。測定された強度に適切な位相をつけることで $F(\boldsymbol{K})$ を得られれば，(1)式を逆フーリエ変換することによりユニットセル内の電子密度を計算することができる。従って，測定データが十分信頼でき，位相についての情報を付加することができればX線回折実験から結合電子などの電子状態を含む構造情報がすべて取り出せそうである。

$$\rho(\boldsymbol{r}) = \frac{1}{V} \sum_{\boldsymbol{K}} F(\boldsymbol{K}) e^{-2\pi i (\boldsymbol{k} \cdot \boldsymbol{r})} \tag{3}$$

ここで，見落としてはいけないことは散乱ベクトル $\boldsymbol{K}$ による打ち切りである。よく知られたブラッグの法則は散乱ベクトルと

$$|\boldsymbol{K}| = \frac{2\sin\theta}{\lambda} = \frac{1}{d} \tag{4}$$

という関係で結ばれる。従って，$2\sin\theta$ が最大2であるため波長によって $\boldsymbol{K}$ の最大値は決まってしまう。すなわち，(3)は決して無限の $\boldsymbol{K}$ についての和をとることができないので，フーリエの打ち切りという事態が生じ，フーリエ逆変換という手法では真の値にたどりつくことができない。そこで，考え出されたのが(1)式を用いた，最小二乗法による構造精密化である。パラメータ数に対して十分な回折データが得られれば，高い精度で観測データを説明しうる構造情報が得られる。ただし，ここでも注意しなければならないことがある。最小二乗法とは得られている測定データを表現する最適な解は何かということを精密化する手法であって，真の値を推定するための手段ではない。このことは，精密化すべきパラメータの表現範囲でしか構造を決められないだけではなく，観測されていない情報との関係については何も保証がないということになる。この二つの境界条件は，極めて基本的な事実であるにもかかわらず，最近の計算手法の発達によってあまり意識されずに結果が公表されているように見受けられる。

以上のような解析の原理から，本節で取り上げる水素の直接観測の場合には，回折強度への寄与が極めて小さいために，水素位置の精密化は極めて困難である。そこで，X線回折によるより

明瞭な電子密度を可視化する方法として，マキシマムエントロピー法（MEM：Maximum Entropy Method）という，情報理論から発達した特別な方法を用いる。ここではその詳細には立ち入らないが，観測された構造因子とその誤差を基に，未測定の構造因子についても推定した，フーリエの打ち切り効果のない電子密度を得ることができる。すなわち，回折データから物質の電子密度分布をイメージングするものであり，MEM は X 線回折データに対する仮想的な結像レンズの役割をコンピューター解析で果たすといえよう。よって，X 線回折データを MEM により結像すれば，式(3)にしたがって，結合電子の分布などの情報を含む，物質の電子密度が得られる。詳細については，他の解説[1,2]を参考にしていただきたい。

この際にも重要となるのは観測データの精度である。具体的には，統計精度と逆格子空間での空間分解能（Q 分解能と呼ぶ）である。前者は，回折強度の統計誤差が強度の平方根で与えられることから大強度の回折線の観測が必要である。後者は先に述べた回折角 θ によって規定されているので，波長を短くする（X 線のエネルギーを高くする）ことによって観測可能な逆格子空間の体積が広くなる。従って，大強度で高エネルギーの X 線を用いると都合が良い。つまり放射光による X 線回折測定が X 線散乱能の小さい水素のように低密度の電荷分布を観測する上では重要な役割を担う。放射光と MEM を組み合わせた手法により X 線で水素を観測する試みは最近いろいろな分野でなされている。例えば，金属水素化物 MgH_2 では，吸蔵された水素原子の位置だけでなく，水素原子と Mg 原子との間の化学結合までもクリアに観測されている[3]。タンパク質においても水素の役割は大変重要であり，今や炭素や酸素などの原子配置だけでなく水素の位置や結合状態に大きな関心が持たれている。ごく最近には専用スーパーコンピュータを用いた解析によりタンパク質中の水素のより精密な構造解析が試みられている[4]。以下に，具体的な観測例を述べよう。

3.4 ナノ細孔に吸着した水素分子の直接観測

多孔性配位高分子[5,6]は，金属イオンと架橋有機分子の配位結合により，ブロックを積み上げるようにして作られたナノスケールの極めて均一な細孔構造を持つ。その細孔表面積は 4000 m^2 g^{-1} を超えるものもあり，大変優れたガス吸着特性を示す。金属原子と有機分子の組み合わせを変えることによって，様々な大きさ・形状のナノ細孔を自在にデザインすることができる。また，化学合成が室温，1 気圧下で行えることから産業化も比較的容易であり，新しい水素貯蔵材料として期待されている。

ここで紹介する試料は銅配位高分子 $[Cu_2(pzdc)_2(pyz)]_n$（pzdc＝ピラジン-2,3-ジカルボン酸，pyz＝ピラジン）である[7]。pzdc の 2 次元シートとそれをつなぐピラジン分子で構成されるいわゆるピラードレイヤータイプの構造をもち，通称 CPL-1（coordination polymer 1 with pillared layer structure）と呼ばれる。CPL-1 の基本構造は単結晶 X 線回折により解かれていて，大きさが 4×6Å の一次元ナノ細孔を持つ。

ガス吸着状態での放射光粉末回折データのその場測定は SPring-8 の粉末結晶構造解析ビーム

第1章　構造決定

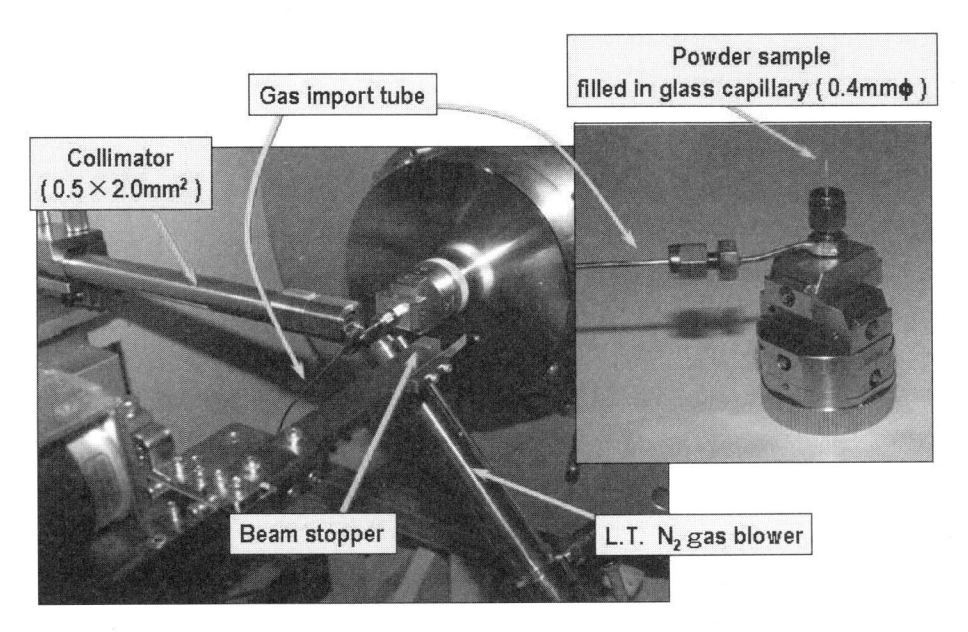

図1　ガス吸着実験システムの試料周りの写真

ラインBL02B2において，大型デバイシェラーカメラ[8]にガス吸着実験用システムを組み合わせて行われた。イメージングプレートを検出器としたデバイシェラー法では，全ての回折線が同時測定されるので，非常に統計精度が高いデータが得られ，また測定条件が一定しているのでその場測定には適している。図1に試料周辺の写真を示す。粉末試料は内径 0.4 mm のガラスキャピラリに充填し，ガス導入用試料ホルダーに取り付けられる。水素ガスは試料ホルダーに接続したステンレス管を通して導入される。試料温度は窒素ガス吹き付け型低温装置により制御される。このシステムでは通常とほとんど同じ状態で簡便にガス吸着のその場測定が行える。

図2は水素ガスを導入したCPL-1の粉末回折パターンの温度変化である。200 K の回折パターンは細孔内に何も入っていない空のCPL-1と同じ回折パターンになっている。温度を下げていくと，110 K から 90 K にかけて，ピーク位置のシフトと回折強度の変化が認められた。図2の一番下には参考として，水素ガスを入れない空のCPL-1の 90 K の回折データを描いてあり，水素ガスを導入した場合には 90 K で何らかの構造変化が起こっていることは明らかである。これより 90 K において CPL-1 の細孔内に水素が吸着されたことを示していると考えられる。

水素を含んだCPL-1の粉末回折パターンに対し，最初のRietveld解析では，吸着水素分子を仮定しない空のCPL-1の構造モデルが用いられた。粉末回折パターンのプロファイルに基づく信頼度因子 R_{WP} と Bragg 反射強度に基づく信頼度因子 R_I の値はそれぞれ $R_{WP} = 2.47\%$，$R_I = 3.39\%$ であった。通常のRietveld解析としては十分なフィッティングがなされている。この解析結果を利用して観測回折強度を個々の回折線に振り分け，積分反射強度が得られた。積分反射強度から得られた結晶構造因子とその誤差を使ってMEMにより電子密度のイメージングが行

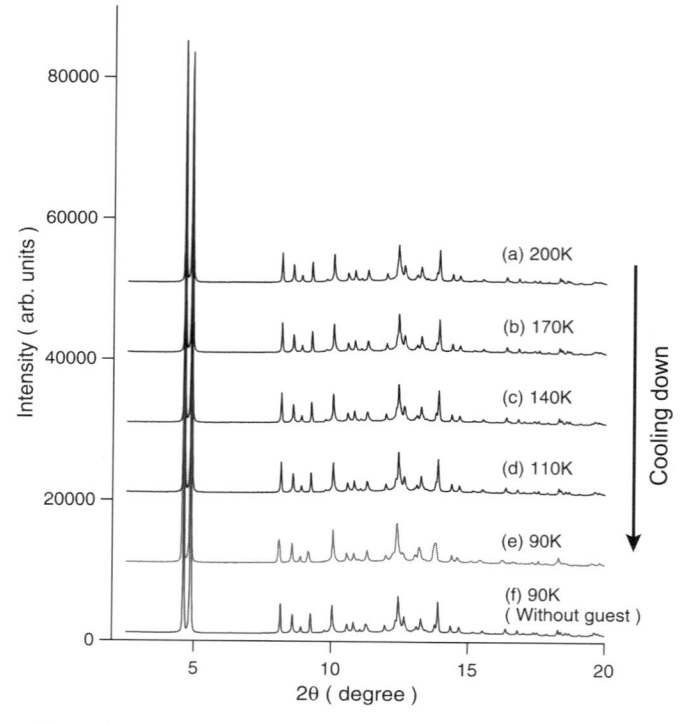

図2 水素ガスを導入した CPL-1 の粉末回折データの温度変化

われた。MEM の計算はプログラム ENIGMA[9]が用いられた。MEM 解析の結晶構造因子に基づく信頼度因子 R_F は 2.24% であった。構造モデルに吸着水素分子を仮定していないにもかかわらず，得られた MEM 電子密度分布には細孔内に電子密度のピークが見られた。このピークを吸着水素分子によるものと考え，ピーク位置に水素分子を置いたモデルを新たな構造モデルとした。Rietveld 解析および MEM 解析の最終的な信頼度因子はそれぞれ R_{WP} = 2.45%，R_I = 3.33%，R_F = 1.86% となり，わずかではあるが改善した。また，参照として水素ガスを導入しない空の CPL-1 の 90 K のデータも同様に解析された。信頼度因子はそれぞれ R_{WP} = 2.21%，R_I = 3.89%，R_F = 2.50% となった。

3.5 ナノ細孔への水素分子の吸着構造

図3に CPL-1 の MEM 電子密度分布を示す。図3(a)に示す水素を導入しない空の CPL-1 の電子密度分布には細孔構造のみがクリアに観察され，非常に低い電子密度レベルで見ても細孔内には何も電子分布は観察されない。一方，図3(b)の水素ガスを導入した CPL-1 の電子密度分布には細孔構造とともに細孔内に少し細長い形をした小さな電子密度のピークがイメージングされていることがわかる。この電子密度ピークの周りの電子数を数えると 0.6（1）個であった。これは吸着等温線から見積もった水素の占有率の値と対応する。したがって，この電子密度のピークは

第1章 構造決定

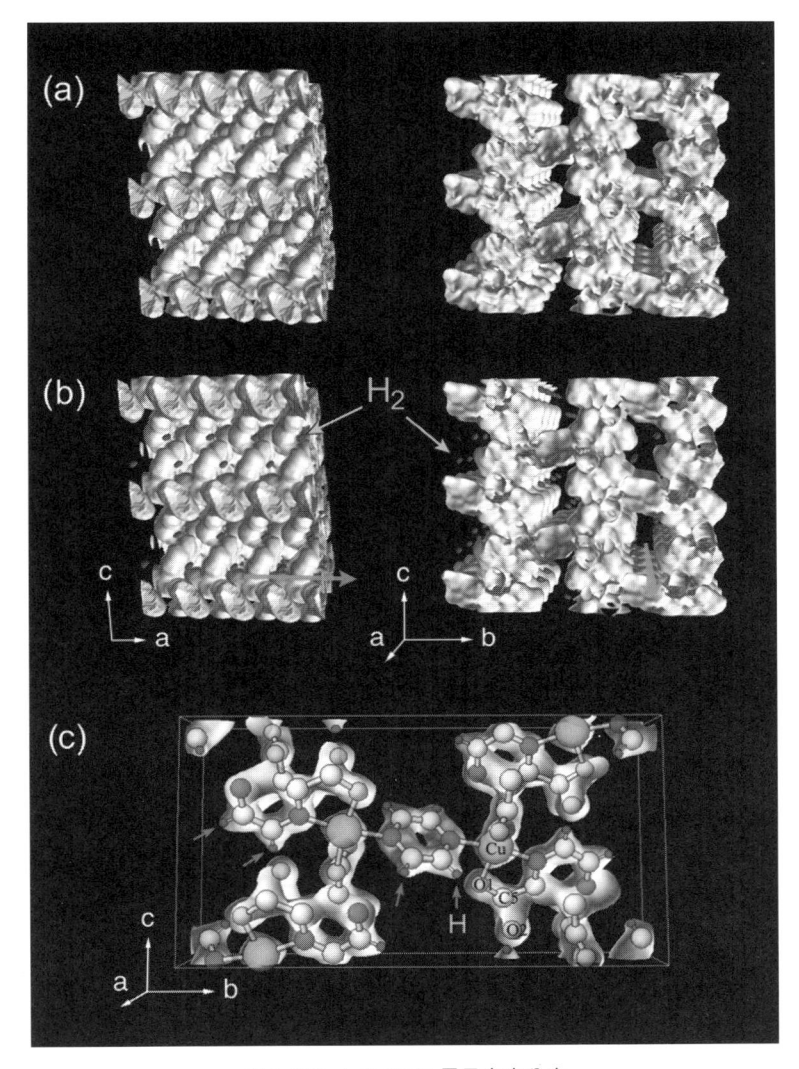

図3 CPL-1 の MEM 電子密度分布
(a)水素ガスを導入しない場合。(b)，(c)水素ガスを導入した場合。等電子密度のレベルは(a)，(b)が $0.11\,\mathrm{e\AA^{-3}}$，(c)が $0.8\,\mathrm{e\AA^{-3}}$ である。(c)には原子モデルを重ねて描いてある。

吸着水素分子のものであると判断された。水素分子は細孔の方向に対してジグザグに整列している。これは酸素分子の場合，ダイマーを形成しながら整列している様子[10]とは異なり，水素分子を引き付ける吸着サイトが存在することをうかがわせる。そして，水素分子は CPL-1 の細孔壁と化学結合を作るのではなく，細孔壁とは独立して存在していることがわかる。電子数も考え合わせると，水素分子は弱い相互作用によっていわゆる物理吸着されていて，出し入れが容易な状態で吸着されていると考えられる。水素の放出が比較的容易に行えるのは水素貯蔵物質としての配位高分子の特徴であると言えよう。

この解析で得られた水素分子の位置や向きは統計的な解析により得られた平均の値を示している。つまり、物理吸着した水素分子は90 Kにおいても大きく熱振動していると考えられる。実際に吸着水素分子の電子密度はCPL-1骨格を構成するピラジン分子の水素原子の分布（図3(c)）に比べて非常にブロードになっている。このことを踏まえた上で、ひとつの細孔部分の電子密度分布を詳しく見ると、水素分子は細孔の中央ではなく少し細孔壁に寄った位置に存在していた。4×6Åの細孔の大きさは水素分子の大きさに比べて十分大きく、水素分子が四角形の細孔の角の方向、つまり、Cu-OOCのCu-Oユニットに引き付けられているように見える。非常に興味深いことは、これまで報告されている優れた水素吸着能を持つ多孔性配位高分子の多くは、金属(M)—酸素のユニットを細孔の角付近に有するという点である。この共通したM-Oユニットは何らかの水素分子を誘引する効果を持つのではないかと考えられるが、吸着現象においてどの程度の寄与があるのかについては今後の研究課題である。

以上に示してきたように、ナノ細孔に吸着した水素分子の観測により以下のことが判明した。①金属原子—酸素原子の構造ユニットが何らかの水素分子を誘引する効果を持つ。②細孔壁の形状が水素分子とうまくフィットすることが吸着に効果的である。

3.6 開口 C_{60} に閉じ込められた水素分子の観測

次に紹介するのは単結晶によるケージ状分子に取り込まれた水素ガス分子の直接観測である。

化学的に合成されたケージ状の分子に、不安定な分子やガス分子などを閉じ込めることは、水素吸蔵だけでなく、製薬やナノテクノロジーの応用の観点から大変興味を引く。このあたりの蘊蓄については他の章に詳しく載っていると思うので、ここでは化学の立場からの研究の一つのアプローチの成功例である単結晶試料を用いた水素内包フラーレンの直接観測について述べる。完成された分子であるフラーレン C_{60} に対して、合成的に開口して水素ガス分子を入れて閉じるという一連の研究の過程[11~13]で、内包された水素の状態を直接観測したいという要請から行われた。

京都大学化学研究所の小松研村田らは図4のような分子を合成した[11]。この分子は安定度が高く、高温処理にも充分耐える。この分子を200℃ 800気圧の水素ガス中で処理すると、水素分子が開口 C_{60} の1分子あたり1つ入り、安定した状態を保つことが分かった。図4は中に水素分子が取り込まれたことを想定して描いてあるモデル図である。合成などの詳細についての報告は参考文献[11,12]を参照して頂きたいが、最初の報告では内包証明は核磁気共鳴などの間接的な測定手法によるものであった。これらは、専門外の研究者には判断が難しい。さらに、内包された水素分子とケージとの間の相互作用がどのようになっているかなどについても大変重要な情報であるが、空間情報については不明であった。このような精密な解析を行うには、粉末回折よりも単結晶回折のほうが有利である。そこで直接観測を求めて微小単結晶試料により放射光X線回折実験が行われた。測定は、つくばの放射光施設フォトンファクトリー（PF）のビームライン BL-1Aの大型湾曲イメージングプレートを用いた回折装置で行われた。以下に示すデータは200 Kでの測定結果である。構造解析を行って原子位置を定めた後に、水素分子の状態を可視化するた

第1章 構造決定

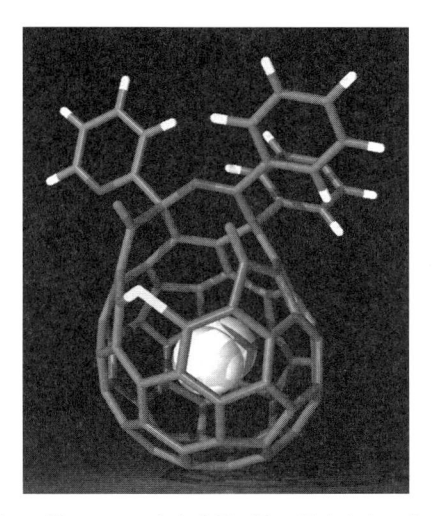

図4 開口 C_{60} に水素分子が取り込まれたことを
想定して描いてあるモデル図

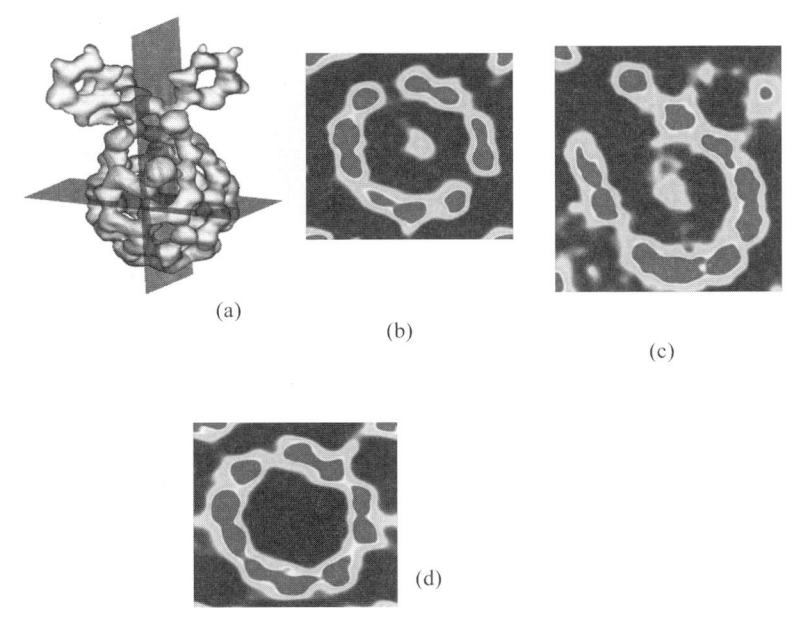

図5 水素内包開口 C_{60} の MEM 電子密度分布
(a)一分子の分布図と断面の位置，(b)水素内包分子の水平方向の断面図，(c)垂直方向の
断面図，(d)水素導入処理を行っていない分子の水平方向の断面図。

め，MEM 解析が ENIGMA によって行われた。

図5は，電子密度解析結果である。まず，図5(a)は以下に続く断面図の分子上での位置関係を明らかにするためのガイド図である。図5(b)はこの水素内包分子を輪切りにして電子密度を描い

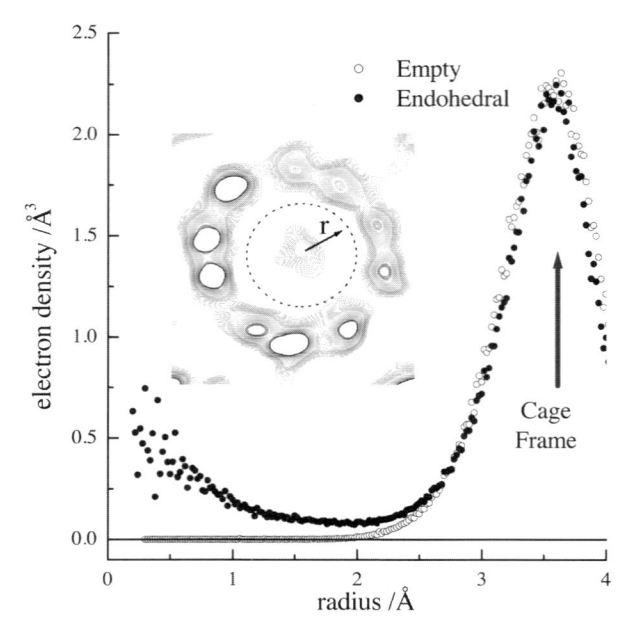

図6 得られた電子密度のケージ中心からの分布状態
白丸が水素導入していない結晶，黒丸が水素内包結晶を表す。

たところである。確かにほぼ中央に水素分子の電子密度が観測されている。電子密度分布を縦割りにしたところを図5(c)に示す。図5(d)は参照のために水素を入れる処理をしていない結晶の解析結果である。内部に全く電子密度が観測されないことから，ケージ内が真空状態であることがわかる。

図6は，ケージの中心から動径分布による電子密度分布を示している。半径約3.6Åにおける大きな山はケージの炭素骨格による。水素吸蔵処理を行った分子にだけ内部に電子密度が有限で存在している。このような様々な電子密度に関する空間情報を取り出せるのがX線回折の強みである。以上の結果から，取り込まれた水素分子は前述したナノ細孔に吸着した水素分子と異なり，ガス状態を保った閉じ込め状態であることがわかった。すなわち，観測された水素ガス分子はケージの中央部に浮いた状態であり，気体状態の水素ガス分子を一つだけ取り出すことに成功したことが明らかになった。

3.7 おわりに

以上のように，水素分子の観測に関して放射光が極めて有効な観測手段であることを示してきた。これらの測定は回折現象を利用していることから，結晶全体の精度の高い平均構造を見ている。そのために，空間的に不均一であるような現象に関しては観測に十分な注意が必要である。ガス雰囲気中での同時解析や，複数の雰囲気処理を行った試料間の相互参照による解析精度の検討など，他の手法と同様に実験としての精密な検証が重要である。構造解析は直接的にデータの

第 1 章 構造決定

可視化を行うことが可能となるため,安易な測定や解析は間違った結論を導く可能性があることを観測者は常に自戒する必要があることを述べて締めくくりたい.

文　　献

1) M. Takata, E. Nishibori and M. Sakata, *Z. Kristallogr.*, **216**, 71-86 (2001)
2) 高田昌樹,加藤健一,応用物理, **74** (9), 1201-1204 (2005)
3) E. Nishibori, M. Takata, M. Sakata, M. Inakuma and H. Shinohara, *Chem. Phys. Lett.*, **298**, 79-84 (1998)
4) E. Nishibori, M. Takata, M. Sakata, H. Tanaka, M. Hasegawa and H. Shinohara, *Chem. Phys. Lett.*, **330**, 497-502 (2000)
5) S. Kitagawa, R. Kitaura and S. Noro, *Angew. Chem. Int. Ed.*, **43**, 2334-2375 (2004)
6) M. Eddaoudi, D. B. Moler, H. Li, B. Chen, T. M. Reineke, M. O'Keeffe and O. M. Yaghi, *Acc. Chem. Res.*, **34**, 319-330 (2001)
7) M. Kondo, T. Okubo, A. Asami, S. Noro, T. Yoshitomi, S. Kitagawa, T. Ishii, H. Matsuzaka and K. Seki, *Angew. Chem. Int. Ed.*, **38**, 140-143 (1999)
8) M. Takata, E. Nishibori, K. Kato, Y. Kubota, Y. Kuroiwa and M. Sakata, *Adv. in X-ray Anal.*, **45**, 377-384 (2002)
9) H. Tanaka, M. Takata, E. Nishibori, K. Kato, T. Iishi and M. Sakata, *J. Appl. Crystallogr.*, **35**, 282-286 (2002)
10) R. Kitaura, S. Kitagawa, Y. Kubota, T. C. Kobayashi, K. Kindo, Y. Mita, A. Matsuo, M. Kobayashi, H. Chang, T. C. Ozawa, M. Suzuki, M. Sakata and M. Takata, *Science*, **298**, 2358-2361 (2002)
11) Y. Murata, M. Murata, K. Komatsu, *J. Am. Chem. Soc.*, **125**, 7152-7153 (2003)
12) Y. Murata, M. Murata, K. Komatsu, *Chem. Eur. J.*, **9**, 1600-1609 (2003)
13) K. Komatsu, M. Murata, Y. Murata *Science*, **307**, 238-240 (2005)
14) X. Lu, H. Nikawa. T. Tsuchiya, Y. Maeda, M. O. Ishitsuka, T. Akasaka, M. Toki, H. Sawa, Z. Slanina, N. Mizorogi, S. Nagase, *Angew. Chem. Int. Ed.*, **47**, 8642-8645 (2008)

第 2 章　熱測定

齋藤一弥*

1　物質科学における熱測定・熱力学

　熱測定とは，熱量測定と熱分析の両者を含んだ意味で用いられる実験手法に対する総称である。蒸気圧測定など熱力学量の測定も広い意味で前者に含めることがある。一方，熱分析は「物質の温度を一定のプログラムによって変化させながら，その物質のある物理的性質を温度の関数として測定する一連の方法の総称（ここで，物質とはその反応生成物も含む）。」（日本工業規格 K 0129）である。この規定は字義通りに受け取るとあらゆる物性測定を包含している。このため実際に熱分析という場合には，「温度を…変化させながら」に注目して，「温度変化の過程で物性測定を行う技法」を意味することが多い。ここでもそのような意味合いで用いることとし，以下では熱測定技法とその結果の解釈にとって重要となる基礎的な熱力学的事項を解説する。記述の順序は逆とするが，これは実験技法を理解する上で基礎的事項の理解が必要なためであるから，実験を計画する過程で本章を参照する読者にも通読することを推奨する。

1.1　熱容量とエントロピー

　温度（T）と圧力（p）を独立変数とする完全な熱力学関数はギブズエネルギー $G = H - TS$ であり，平衡状態を「G が最小」と特徴付けることができる。定圧熱容量（C_p）を積分することでエンタルピー（H）とエントロピー（S）を

$$H = \int C_p dT \qquad S = \int \frac{C_p}{T} dT = \int C_p d(\ln T) \tag{1}$$

のように得ることができるので，定圧熱容量を測定すればギブズエネルギーが実験的に決定できる。エントロピーの直接的な定量は熱容量測定によってのみ可能である。通常の実験では定圧とも定積（定容）とも異なる条件の熱容量が得られるが，それらは大変よい近似で定圧熱容量と考えることができるから，熱容量から試料についての完全な熱力学的性質が得られることになる。

　エントロピーは，ボルツマンの式

$$S = k_B \ln W \tag{2}$$

によって微視的状態数（W）と関係づけられる。したがって，ミクロな立場から扱うには複雑すぎる現実の物質の物性研究において，エントロピーの定量は，巨視的物性量の測定が直ちにミク

---

*　Kazuya Saito　筑波大学　大学院数理物質科学研究科　教授

第 2 章　熱測定

ロな情報を与えるという類まれな手段となり得る。たとえば，複数の分子の動的相関はエントロピーがほとんど唯一の特性化の方法と考えられる。

かつてアインシュタインは「物質を理解するために実験が1種類しか許されないとしたら熱容量を測定せよ」と語ったと伝えられている。熱容量には系内のあらゆる自由度が関与するからであろう。熱容量からどのような議論ができるかは，利用するものの力量にかかっている。

1.2　相転移

純物質の示す興味深い現象として相転移がある。相転移の原因（あるいは関係する自由度）は様々であるが，そのような微視的詳細によらずに成立する熱力学的関係がある。こうした関係は相転移の微視的詳細を理解する上でも重要な指針を与える。

相転移の熱力学的分類としてはエーレンフェストによる熱力学的分類が広く使われている[注1]。この分類では，ギブズエネルギーの微分の連続性・不連続性に注目し，$(n-1)$ 回微分までが連続で n 回微分がはじめて不連続になる相転移を n 次相転移という。

ギブズエネルギーを独立変数である温度と圧力で偏微分するとエントロピー（ただし負号つき）と体積が得られるので，1次相転移ではエントロピーや体積が一般に不連続になる。この不連続な変化量をそれぞれ相転移エントロピー（$\Delta_{\mathrm{trs}}S$），相転移体積（$\Delta_{\mathrm{trs}}V$）という。相転移エントロピーは相転移エンタルピー（転移熱，$\Delta_{\mathrm{trs}}H$）と $\Delta_{\mathrm{trs}}S = \Delta_{\mathrm{trs}}H/T_{\mathrm{PT}}$ の関係があるので（T_{PT} は相転移温度），1次相転移はいわゆる潜熱を持つ。1次相転移の圧力依存性に対してはクラペイロンの式

$$\frac{\mathrm{d}p_{\mathrm{PT}}}{\mathrm{d}T_{\mathrm{PT}}} = \frac{\Delta_{\mathrm{trs}}S}{\Delta_{\mathrm{trs}}V} = \frac{\Delta_{\mathrm{trs}}H}{T_{\mathrm{PT}}\Delta_{\mathrm{trs}}V} \tag{3}$$

が成立する。1次相転移は二相のギブズエネルギーが偶然交差した場合と考えることができる。相転移点の「先」にも元の相が存在するので過熱や過冷却が起きる。実験的には，ヒステリシスの確認が1次相転移の最も確実な証拠になる。

相転移の微視的機構の解明のためには，相転移点におけるエンタルピーやエントロピーの変化量より，相転移温度の周辺で生じる過剰な熱容量の寄与も含めてこれらを考えた方が都合がよい。実験的にも両者を区別するのが困難であるという事情もある。こうした理由から文献には相転移エンタルピー・相転移エントロピーとして潜熱によるものだけでなく，過剰な熱容量による寄与を含めたものが報告されている場合がある。これは，式(3)の $\Delta_{\mathrm{trs}}H$ や $\Delta_{\mathrm{trs}}S$ とは別の量である。注意が必要である。

2次相転移ではエンタルピーや体積は連続であるが，熱容量（C_p），体積熱膨張率（α），等温圧縮率（κ_T）が不連続になる。クラペイロンの式の代わりにエーレンフェストの式が成立する。

注1）　相転移の現象論的分類としてはランダウによるものもある。エーレンフェストの分類との関係は必ずしも一定しない。

1次相転移と違って，2次相転移はギブズエネルギーの交差と考えることができず，過熱や過冷却は起こり得ない。「ヒステリシス」が観測されたとすると試料中の温度勾配の存在など，実験上の誤りである。

理論上は3次以上の相転移も可能であるが，実験的にそれを判定することは困難である。このため，2次相転移とそれ以上の次数の相転移を高次相転移と総称することも多い。高次相転移の過熱・過冷却は不可能と考えられている。

1.3 ガラス転移

ギブズエネルギーを適当な座標（分子配置など）の関数としてプロットしたとき，極小となっている状態が平衡状態である。極小が複数ある場合には，いずれに対しても平衡状態を考えることができる。ギブズエネルギーの「高い（平衡）状態」は「低い（平衡）状態」に対し準安定であるという。

これに対しプロットが傾きを持つ状態は，ギブズエネルギーが極小でないために自発的に変化が起こるはずであり，非平衡状態である。しかし，分子運動が遅くなって観測時間内に系が平衡状態に到達できなくなると，プロットに傾きのある状態があたかも"安定"に存在しているように見えてしまう。この"安定"な状態をガラス状態という。ガラス転移は平衡状態から非平衡状態への移行という特異な現象である。ガラス転移現象の研究では観測時間が極めて重要であり，それが長いほど低いガラス"転移点"が得られることになる。このような挙動は時間（あるいは周波数）に依存した実験，たとえば熱容量分光法（後述）によって確認することができる。凍結した非平衡状態がどのような平衡状態の近傍にあるかは一意的ではないから，同じ物質が（巨視的に見て異なる）複数のガラス状態をとる可能性があることがわかる。

1.4 化学平衡

化学反応が起きる場合も，ギブズエネルギーが最小という平衡の条件は変わらない。ただし，系内に複数の物質（C_i）が存在しているので純物質の単位質量あたりのギブズエネルギーではなく各成分 i の化学ポテンシャル

$$\mu_i = \left(\frac{\partial G}{\partial n_i}\right)_{T, p, n_j \neq n_i} \tag{4}$$

を用いて系のギブズエネルギー（上記の G）を表す必要がある。化学ポテンシャルを用いると系のギブズエネルギーは

$$G = \sum_i n_i \mu_i \tag{5}$$

と表すことができる。

一般化した化学量論係数 ν_i（反応系では負，生成系では正の符号をもつ）を用いて表した化学反応

第 2 章 熱測定

$$\sum_i \nu_i C_i = 0 \tag{6}$$

を考えると，平衡状態では

$$\sum_i \nu_i \mu_i = 0 \tag{7}$$

となる必要があることが示される．これが化学平衡の一般的な条件である．

化学反応に関わる化合物がすべて結晶性固体で固溶体を作らない場合には，反応の進行とは無関係に，どの物質についても化学ポテンシャルは純物質のモルギブズエネルギーに等しい．したがって式(7)の左辺は一定の大きさをもつ．このため，式(7)の左辺の符号により，全く反応が起きないか，完全に反応が進行するかのいずれかになる．純物質の相転移と同じ状況である．実際，黒鉛とダイヤモンドの間の移り変わりは相転移と考えても化学反応と考えても熱力学的に不都合は生じない．

気相が反応に関わる場合には事情が全く異なっている．理想気体で近似できる気体の化学ポテンシャルは

$$\mu_i(T, p_i) = \mu_i^\circ(T) + RT \ln p_i \tag{8}$$

と書くことができる．ここで p_i は成分 i の分圧であり，基準圧力を単位としている．

具体的な問題として結晶化溶媒（S）の解離を考える．反応は

$$\mathrm{X} \cdot \mathrm{S}_n(\mathrm{s}) \longrightarrow \mathrm{X} \cdot \mathrm{S}_m(\mathrm{s}) + (n-m)\mathrm{S}(\mathrm{g}) \tag{9}$$

と表すことができる．気相にあるのは S の蒸気だけであるから，全体の圧力は平衡蒸気圧（解離圧）（p_S）で決まっている．平衡の条件（式(7)）は

$$\mu_{X_n}(T, p_\mathrm{S}) = \mu_{X_m}(T, p_\mathrm{S}) + (n-m) \cdot [\mu_\mathrm{S}^\circ(T) + RT \ln p_\mathrm{S}] \tag{10}$$

と書くことができる．ここでは添え字 Xn で X の n 溶媒和物を，S で溶媒蒸気を表した．ところで，一般に固体の化学ポテンシャルの圧力依存性は，気体のそれに比べて非常に小さい．このため，気体が関与する現象を取り扱う場合，固体の化学ポテンシャルの圧力依存性は無視できることが多い．すると，

$$(n-m) \ln p_\mathrm{S} = \frac{\mu_{X_n}^\circ(T) - \mu_{X_m}^\circ(T) - (n-m)\mu_\mathrm{S}^\circ(T)}{RT} = -\frac{\Delta_\mathrm{r} G^\circ(T)}{RT} \tag{11}$$

となる．最右辺の $-\Delta_\mathrm{r} G^\circ(T)$ は標準反応ギブズエネルギーである．

平衡蒸気圧よりも低い蒸気圧に保てばすべての溶媒が解離してしまうので，平衡蒸気圧の温度依存性を示す図は各溶媒和結晶の安定領域を示した「相図」のようなものである．この「相図」で注意したいのは，結晶を指定しても解離して生じる先を指定しなければ平衡蒸気圧が決まらないことである．さらに，純物質の単純な相図とは異なり，物質が存在できるのは，事実上，蒸気

圧曲線上に限られている。それ以外の圧力での平衡は実現しない。

一般に $[\partial(G/T)/\partial(1/T)]_p=H$ だから，平衡蒸気圧の自然対数を温度の逆数に対してプロットすると，勾配から解離反応のエンタルピー（$\Delta_r H°$）の $(n-m)^{-1}$ 倍，つまり脱離する溶媒分子 1 mol あたりの解離エンタルピーが得られる。これは化学反応を考えた解離平衡に限らず，吸着においても成立する。吸着ではプロットは直線とはならないのが普通であり，その温度における微分からその吸着量における解離エンタルピー［＝－（吸着エンタルピー）］が得られることになる。

配位高分子化合物では，構造の柔軟性を反映してしばしば，他の化合物の吸着・吸蔵によって異なる構造の結晶構造があらわれる。これに伴って吸着量が急激に増加するのでゲート効果などと呼ばれることがある。2種類の結晶構造を考慮するだけで，吸着量の跳びが，起きない場合，1回起きる場合，2回起きる場合が可能なことが簡単な統計モデルにより示されている[1]。

2　熱量測定

熱容量測定は，先に説明した通り，熱量測定の中でも物質科学にとって特別な位置を占めている。熱容量の測定法は大きく分けて4種類ある。それぞれに特徴があり，使い分ける必要がある。示差走査熱量分析（DSC）によっても熱容量を決定できるが，これについては3節で述べる。

2.1　断熱法による熱容量測定[2]

孤立系に一定量のエネルギー（ΔE）を加え，それによって生じた温度上昇（ΔT）を測定することにより熱容量を測定するのが断熱法による熱容量測定の原理である。孤立系の熱容量（C）は

$$C = \lim_{\Delta T \to 0} \frac{\Delta E}{\Delta T} \tag{13}$$

で定義されるから，加えるエネルギーを小さくすれば良い近似で $C \approx \Delta E/\Delta T$ とすることができる。

孤立系を実現するために，通常，試料は試料容器に充填されるので，試料容器を熱的に孤立させる時間が充分長くできれば，どのような試料でも熱力学平衡状態に到達する。このため，試料容器に封入さえできれば試料の性状によらず測定の対象とできる。ただし，固体を試料とする場合には試料容器内の熱伝導を確保するために熱伝導ガス（多くはHe）を導入するのが普通であり，多孔性の試料では熱伝導ガスが低温で吸蔵されてしまって測定ができなくなる場合もある。そのような試料では温度センサーと直接に熱交換できるタイプの熱量計（後述の緩和法や交流法など）の方が望ましい。

断熱法では，温度上昇の過程に相転移が存在したり化学反応が起きる場合にも，系を孤立系として記述できるかぎり，それに関係した熱量が測定できる。したがって，断熱型熱容量測定装置

は同時に相転移の潜熱や化学反応熱の測定装置にもなる。さらに，平衡測定であるため測定結果の信頼性を試料の性状によらず一定にできる。これは，試料自身の熱伝導性が測定結果に直結する動的測定法と比較した場合，断熱法の際だった特徴といえる。

実際には真の孤立系は実現できず，また，熱力学平衡の実現のために費やすことのできる時間も装置の安定性などにより制約を受ける。それでも，断熱法は通常実行される物性測定実験の中では最も長い時間をかけて行われる実験であり，得られる熱容量の信頼度は他の測定法に比べて最も高い。実際，熱力学第三法則の実験的検証にも用いられた。その一方で，結果の信頼度が昇温幅に逆比例するため，温度分解能を高めるには特別の工夫が必要である。また，断熱制御の現実的制約から必要とされる試料量も多い（約 1 g 程度）。市販の装置がほとんど存在しないことも普及を妨げている。

2.2 緩和法による熱容量測定[2]

試料と熱浴を熱的に弱く結合しておき，定常状態から定常状態への温度応答（緩和）を解析して熱容量を求めるのが緩和法である。実際には，①試料内の熱伝導は十分大きく温度分布は無視できる，②緩和の過程では単一の経路で熱が試料から熱浴へ移動する，という強い条件を満たすと考えて実験を行うのがほとんどである。この条件では，試料（熱容量 C）に一定のエネルギー（Q）を供給している場合としていない場合の定常状態の温度を T_on と T_off とすると，ある時刻（t_off）でエネルギー供給を停止した後に定常状態にいたる試料温度の変化は

$$T(t - t_\mathrm{off}) = (T_\mathrm{on} - T_\mathrm{off}) \exp\left(-\frac{t - t_\mathrm{off}}{RC}\right) + T_\mathrm{off} \tag{14}$$

と表される。ここで R は熱浴と試料の熱抵抗で

$$Q = \frac{1}{R}(T_\mathrm{on} - T_\mathrm{off}) \tag{15}$$

により温度測定から決定できる。したがって，エネルギー供給停止後の試料温度の緩和挙動を観測して，緩和時間を決定すれば熱容量を決定することができる。いうまでもないが，エネルギー供給を行っていない状態からエネルギー供給開始後の温度緩和を解析しても同じように熱容量を決定できる。

実際の測定では試料の温度を直接測定することはできず，温度計などを備えた試料台（アデンダ）が必要になる。試料のアデンダへの固定にはグリースが用いられる。このため，通常の実験では，アデンダとグリース，アデンダとグリースと試料という2回の測定を行い，その熱容量差から試料の熱容量を求める。アデンダと試料の熱接触が理想的でない可能性もあるが，最近普及した市販の緩和法熱容量測定装置では，モデルにその効果を取り入れた解析が行われている[3]。ただし，モデルから期待される通りの温度応答が実現しているかどうかを実験結果から判定するのが困難であるという欠点は改善しようがない。複数回の試料セットなどによる確認が必要である。

試料内の温度分布を小さくするには試料そのものを小さくするのが有利であり，実際，緩和法では少量の試料（数 mg）で絶対値が決定できる。試料をアデンダに直接貼り付けるので熱交換ガスは不要であり，（試料セット時の操作上の問題点をクリアできれば）多孔性試料についても測定が可能である。一方，粉末しか得られない場合にはペレットをつくって測定を行うことになるが，粒界の影響で熱伝導性が悪いことが多いので注意が必要である。

温度センサーの制約から緩和法の温度分解能は断熱法と同程度である。また，式(14)は有限の熱容量を仮定しているから，一次相転移の潜熱は，（過熱・過冷却が生じない理想的な場合でさえ）特別な解析を行わなければ決定できない。また，緩和法は熱量測定を行っているわけではないから，化学反応による吸・発熱は測定できない。

2.3　交流（ac）法による熱容量測定[2,4]

緩和法と同様，試料と熱浴を熱的に弱く結合しておき，一定の振幅で周期的にエネルギーを試料に印加すると，やがて試料の温度はエネルギー印加と同じ周期で振動するようになる（動的定常状態）。このとき，試料の熱容量が大きければ温度振幅は小さく，熱容量が小さければ温度振幅が大きくなる。この振動的温度変化を利用して熱容量を測定するのが交流加熱法による熱容量測定（ac カロリメトリー）である。ロックインアンプを使うと，温度振幅を 0.01 K 程度としても，熱容量に 0.1% あるいはそれ以上の分解能が得られる。得られる熱容量は温度振幅内の平均値であるから，温度分解能が非常に高く，臨界点（高次相転移点）近傍での臨界現象の研究に特に適している。一方で，この特長を生かすために熱容量の絶対値の決定に困難があることが多い。

交流法は定常的とはいえ動的方法であるから，試料内の熱伝導，試料からの熱漏れの大きさなどに依存したモデル化と解析が必要である。振動的温度変化の間中，試料温度は均一で，しかも振動1周期程度の時間では外部への熱漏れを考えなくてよい（動的断熱条件）という，最も単純なモデルでは，熱容量（C）は温度振幅（ΔT_{ac}）と測定振動数（ω）に逆比例する。

$$C \propto \frac{1}{\omega \Delta T_{ac}}$$

このような実験条件は小さな試料で実現することができ，装置も市販されている。

振動的摂動に対する応答という立場で交流法をみると，誘電応答などと同じ枠組みで議論が展開できる[4]。このとき周波数に依存した熱容量は複素数になり，実部と虚部の間には（形式的には）Kramers-Kronig の関係がなりたつ。エンタルピー緩和の特性時間（緩和時間）と測定周波数の逆数が同程度の領域（ガラス転移領域）では熱容量の虚部が大きな値を持つようになる。交流法による熱容量測定を利用して熱容量の分散を観測する方法を熱容量分光法ということがある。ただし，熱伝導が有限であるため，誘電率と平行した議論が成立する周波数には上限があることを忘れてはならない[5]。

交流法は，緩和法同様熱容量を求める方法であって，真の意味の熱量測定ではない。測定温度領域内に1次相転移があっても，熱容量に不連続な認められない場合には見落とす可能性もある。

第 2 章　熱測定

試料の分解なども測定結果の「熱容量」だけからは判定できない可能性がある。

2.4　生成熱など反応熱の測定について

　定圧条件では物質は吸収した熱をエンタルピーとして蓄える。このため，通常，反応熱は反応エンタルピーに等しい。反応エンタルピーは結合の強さなど化合物の（相対的）安定性を直接に表すから物質科学にとって非常に重要である。

　化学反応では体積が変化することが多い。一定体積で測定を行い熱力学関係式によってエンタルピーに変換する燃焼熱測定のような場合を除くと，体積可変の環境での測定の方が容易である。これは熱容量測定とは異なる事情である。実際の測定は，分解反応などについてはDSCなどでその反応について直接的な測定を行うこともできるが，それ以外の場合には燃焼熱や溶解熱を測定し，ヘスの法則（熱力学第一法則）に基づき標準生成エンタルピーを求め議論を行う。燃焼熱や溶解熱の測定法については専門書[2]を参照されたい。

3　熱分析

　既述の通り本節では「温度変化をさせながら物性測定を行う」技法を対象として解説を行う。熱分析としては測定する物理量によって多くの技法がある。そのすべてを取り上げることはできないので，全体的な特徴と，代表的かつ使用頻度が高いと思われる示差熱分析（DTA）・示差走査熱量測定（DSC）と熱重量測定（TG）について説明を行う。それ以外の技法については他書を参照されたい。幸い，我が国は熱分析について研究の歴史もあり，成書も多い[6〜8]。

3.1　熱分析の特徴

　温度を変化させながら測定を行うことで直接に得られる利点は，広い温度範囲にわたる物質の挙動が短時間に得られるという簡便性である。一般的な熱分析では$\pm 10\,\mathrm{K\,min^{-1}}$程度の温度変化速度を用いるのが普通であるから，詳細な物性測定に比べ遙かに短時間で物質の挙動の概略を知ることができる。一方で，不可避的に生じる欠点もある。物性量の多くは一定の温度における平衡量として定義されているが，温度変化を行っている場合には平衡状態は決して実現しない。したがって，測定した物性量が平衡物性量とどれだけ同じであるかについて常に注意を払う必要がある。また，温度変化を生じるためには測定系内に温度勾配が存在する必要がある。このため，試料内に温度勾配が生じる危険性が常にある。さらに，測定系の熱的応答に巨視的な時間を要するため，瞬間の情報を分析信号が反映しない場合もある。

　熱分析の最大の利点は上述の簡便性であるから，物理量の測定には最高精度の実験手法を使うことはまれである。このことは，測定方法の簡素化をもたらし，複数の測定を同時に行うことをも可能にしている（TG-DTAなど）。別々に複数の熱分析技法を適用しても動的性格を反映して，試料の状態が同じになるとは限らないのに対し，こうした複合技法は，観測されている試料が同

一であるため，総合的な知見が得られ，有用性は高い。

最近の熱分析装置はコンピュータの進歩と普及によりブラックボックス化している。機械的で誤ったデータ解析の一因ともなっている。注意が必要である。

3.2 示差熱分析（DTA）と示差走査熱量測定（DSC）

示差熱分析（Differential Thermal Analysis；DTA）と示差走査熱量測定（Differential Scanning Calorimetry；DSC）は，いずれも物質からの熱の出入りに注目した熱分析技法である。「示差」の言葉が示すとおり，複数（多くの場合は2個）の試料の一方に性質既知の物質を，他方に未知物質を用い，両者の示す挙動の差を測定することで測定感度を高めている。

DTAでもDSCでも実験で直接（一次的に）測定されている量は温度差である。このため，DTAとDSCには共通点が多い。DSCには測定原理の異なる2種類の装置があり，その一方は定量DTAとも呼べるものである。古典的DTAは試料と基準（参照）物質の温度差を記録する。熱流束DSCは試料と基準物質の外側にある温度計の示す温度差を記録する。記録している量が温度差なので定量DTAということもできる。入力補償（熱補償）DSCでは試料と基準物質側にそれぞれヒーターが備えられていて，両者の外側にある温度計が同じ温度を示す状態を保つのに必要な入力エネルギーの差を記録する。

DTA・DSCでヒーターの温度を一定の速さで変化させると，やがて系内の各部分は同じ速さで変化するようになる（定常状態）。このときの信号（「基線」あるいは「ベースライン」という）は，試料と参照物質の熱容量の差に比例する。これを利用すると熱容量を測定することができる。ただし，市販の装置では基線の零点がどこにあるか不明なものがある。相転移前後の熱容量の大小比較には問題ないが，独立した複数の測定を比較する場合には注意が必要である。

相転移などが起きると信号にはピークが現れる。ピークの始まりから終わりまでを時間に対して積分したピーク面積は，ピークの現れる方向に依存して発熱量または吸熱量に比例する。古典的DTAでは試料そのものの温度を測定するため，比例定数が試料の熱伝導性に依存し定量性が得られないが，温度測定を試料の外側で行い比例係数が試料自身に依存しないようにすれば定量的な測定が可能になる（定量DTA）。これが熱流束DSCである。ここで積分の範囲がピークの全領域であって，ピークをもたらす熱異常現象の最初から最後（の時刻）ではないことに注意しよう。相転移が終了しても信号は基線に直ちに復帰することはなく，ほぼ指数関数的に緩和するからである。この緩和の時定数を応答時間とか緩和時間という。応答時間は試料の性質にも依存し[9]，装置定数ではない。なお，以上の説明はピークの前後で基線が一致していることを前提としていた。実際の実験でこれが必ずしも実現するとは限らない。この場合には目的に応じた取り扱いが必要である[10]。

DTAやDSCは本質的に動的な実験なので，加熱・冷却速度が大きすぎても小さすぎてもうまくいかない。一般的な装置では$1 \sim 20\,\mathrm{K\,min^{-1}}$程度が普通である。1次相転移によるピークは加熱・冷却速度が大きいほど高くなるので[11]，相転移進行の速さが問題にならない範囲では加

第 2 章　熱測定

熱・冷却速度が大きいほど未知の相転移を検出するには有利である。ただし，複数の相転移によるピークが重畳する可能性が高まるし，相転移温度の決定にとって不利になることはいうまでもない。

最近では加熱・冷却に周期的な温度変調を重畳する温度変調 DSC が発展しつつある[12]。通常の DSC に比べ，より簡便に熱容量を求めることができるし，その周波数依存性から相転移の速度論的解析に有用な情報も得られる[12,13]。

3.3　熱重量測定（TG）

温度を測定しながら物質の温度を測定する熱測定技法を熱重量測定（Thermogravimetry；TG）という。これは本多光太郎が 1915 年に熱天秤（Thermobalance）として創案したものであり[14]，国産の技法である。測定対象は質量という示量性の量であり，測定装置の電気回路（およびデータ処理系）の時定数を無視すれば，試料の状態を即時的に反映した測定値を記録しているといえる。これは熱伝導を介する DTA・DSC とは大きな相違点である。このため，吸・脱着を含めた化学反応の解析に適している[9]。結晶化溶媒や吸蔵化学種の量の決定や解離（脱離）挙動の解析に用いることができる。

固体反応には表面・界面が関与するので，試料の性状や雰囲気に敏感である。実験上は，試料そのものの性状（結晶性，粒径分布など）に加え，雰囲気（気体の組成，流動性など）を制御しないと意味のある結果が得られない。高感度測定では浮力補正が必要となる。可能であれば試料の置かれている環境の圧力そのものを変化させると，得られる情報量は飛躍的に多くなる[15]。

温度を一定にした TG（等温熱重量測定）を行うと，固体反応の速度論的な解析（反応機構の議論）が容易になる。気体が関与する反応では，雰囲気の流動性に留意する。一次元性の強い多孔性化合物では吸着・脱着の速度論的データからチャネルの長さの分布，すなわちチャネル方向の粒径（粒長）分布を得ることもできる[16,17]。

3.4　装置の較正

熱分析装置では実験をはじめる前に装置の較正を行わなければならない。基本的には標準物質を試料として本実験と同じ測定を実行することで較正を行う。米国 NIST の標準物質などを用いることができる。DSC（DTA も）では決まった温度で相転移を示す物質が基準物質となっている。一次相転移を利用することが多いが，過熱に比べ過冷却が起きやすいから，加熱時に較正を行う。TG-DTA など複合技法においても相転移が利用できる。一方，（純粋な）TG では相転移における熱の出入りは測定結果に影響しないので，磁気転移が較正に用いられる。磁気転移を示す物質を試料とし磁石により余分な力を秤に印加しておき，磁気転移温度における急激な力の変化（磁化の変化による）を検出する。いずれの場合も，メーカーから供給される標準物質を用いてもトレーサビリティーを問題にしない限り問題はない。

温度較正は，温度計の較正と等価であるから加算・減算による補正となるが，DSC では次の

ような原理的問題がある。入力補償DSCと熱流束DSCでは，温度測定を（有限の熱抵抗を介して）試料の外部で行うことが，定量性を実現する要である。ところが，こうした有限の熱抵抗は温度測定の観点からは明らかに邪魔な存在である。しかも，最終的に求めたいのは試料の温度であるから，試料自体の性質にも依存することになり，装置の較正をいくら万全にしてもこの難点から逃れることはできない。原理的には，較正，本実験とも昇温速度依存性を検討し，速度0へ外挿する以外に手だてがない。便法としては，試料とできるだけ似た性状の物質を用いて（装置ではなく）実験全体を較正することができる。すなわち，同程度の相転移温度を示し相転移温度が既知である物質について，本実験と同量の試料について，同じ加熱・冷却速度で実験を行うのである。こうすることにより，試料毎の熱伝導度のわずかな違いを無視することにすれば，装置の表示する「温度」と実際の温度のずれの大きさを求めることができる。この目的に利用できるデータ集は現在のところ見あたらないので，実験者が適当な物質を選び出す必要がある。較正に用いるピークを特徴づける点としてはピークではなく補外開始点を用いるのが再現性の点で優れているとされている[18]。市販の装置に内蔵されたソフトウェアにより補外開始点は容易に求められる。

　DSCでは熱量の絶対値は熱抵抗の逆数（熱伝達係数）に比例している。しかも，較正で用いるのは熱異常によるピーク面積だけだから，較正は実測値に掛ける係数を決定することになる。TGにおける天秤の感度の較正に対応している。

文　献

1) F. -X. Coudert, M. Jeffroy, A. H. Fuchs, A. Boutin and C. Mellot-Draznieks, *J. Am. Chem. Soc.*, **130**, 14294 (2008)
2) 第5版実験化学講座, 「温度・熱, 圧力」, 丸善 (2003)
3) J. S. Hwang, K. Lin and C.Tien, *Rev. Sci. Instrum.*, **68**, 94 (1997)
4) Y. Kraftmakher, *Phys. Rep.*, **356**, 1 (2002)
5) N. O. Birge, *Phys. Rev. B*, **34**, 1631 (1986)
6) 日本熱測定学会編, 熱量測定・熱分析ハンドブック, 丸善 (1998)
7) Comprehensive Handbook of Calorimetry and Thermal Analysis, ed. by Jpn. Soc. Calor. Therm. Anal., Wiley (2004)
8) 小澤丈夫・吉田博久編, 最新熱分析, 講談社サイエンティフィク (2005)
9) Y. Saito, K. Saito and T. Atake, *Thermochim. Acta*, **99**, 299 (1986)
10) Y. Saito, K. Saito and T. Atake, *Thermochim. Acta*, **104**, 275 (1986)
11) Y. Saito, K. Saito and T. Atake, *Thermochim. Acta*, **107**, 277 (1986)
12) M. Reading, D. Elliot and V. L. Hill, *J. Therm. Anal.*, **40**, 949 (1993)
13) A. Toda, C. Tomita, M. Hikosaka and Y. Saruyama, *Thermochim. Acta*, **324**, 95 (1998)

第 2 章　熱測定

14) K. Honda, *Sci. Rep. Tohoku Imp. Univ.*, **4**, 97 (1915)
15) H. Kawaji, K. Saito, T. Atake and Y. Saito, *Thermochim. Acta*, **127**, 201 (1998)
16) K. Uemura, K. Saito, S. Kitagawa and H. Kita, *J. Am. Chem. Soc.*, **128**, 16122 (2006)
17) K. Saito and Y. Yamamura, *J. Therm. Anal. Calorim.*, **92**, 391 (2008)
18) G. W. H. Höhne, H. K. Cammenga, W. Eysel, E. Gmelin and W. Hemminger, *Thermochim. Acta*, **160**, 1 (1990)

第3章 理論

1 気体吸蔵

太田雄介[*1]，長岡正隆[*2]

　凝集化学反応系における構造化学や反応機構を物理学の第一原理にもとづいて非経験的に理解することは，理論化学・計算化学分野の最終的な目標である[1]。今日，コンピュータの高速化などにより，溶液や表面および生体高分子などの超多自由度な凝集化学反応系を粗視化モデルではなく，より現実に近いモデルを用いて，その運動を原子レベルで追跡して統計的観測量やその時間変化を調べることができるようになってきた[1,2]。このような状況の中，非常に現実味を帯びてきたのは，凝集化学反応系におけるダイナミクスや，固体表面および固体内への小気体分子吸着・吸蔵過程を，実験結果を踏まえた上で非経験的に解析し，その妥当性を吟味したり，未だ行われていない実験結果を予測したりして，新規物質の合成設計の指針を提示することである[3～5]。本節では，電子状態計算や分子力学（Molecular Mechanical；MM）シミュレーションおよびモンテカルロ（Monte Carlo；MC）シミュレーションを利用した，配位空間化学における応用例を紹介する。本節で紹介する対象系は，金属—有機骨格（Metal-Organic Frameworks；MOFs）の一種であるCPL-1結晶（図1）[6]である。以降，簡便のためCPL-1をCpPyと表記する。1.1項，1.2項でそれぞれ電子状態計算，MMシミュレーションによるCpPy結晶中における小気体分子吸着状態について述べる。そして，1.3項でMCシミュレーションによる吸着酸素分子の熱力学的特性について解説する。

1.1 CpPy中における小気体分子吸着状態：電子状態計算

　本節で取り扱うCpPy結晶は，気体酸素分子や気体アセチレン分子を吸着する[6a,7]。前者はCpPy結晶の基本セル当り2分子（以降，CpPy・2O_2と表記）を，一方で，後者は1分子（以降，CpPy・C_2H_2と表記）を吸着することが実験的に知られている（図2，3）[6a,7]。本節では，CpPy結晶中における両者の吸着に関する微視的状態を電子状態計算を通して明らかにする。特に，全電子密度解析によって吸着状態の詳細を理解するために，平面波基底の密度汎関数理論（Density Functional Theory；DFT）[8～12]計算プログラムCASTEP[13]を使って，PW 91汎関数[14]を用いた一般化勾配近似（Generalized Gradient Approximation；GGA）法[15]で求めた最適化構造に対して解析した。

[*1]　Yusuke Ohta　名古屋大学　大学院情報科学研究科　博士後期課程3年
[*2]　Masataka Nagaoka　名古屋大学　大学院情報科学研究科　教授

第 3 章 理論

(a)

(b)

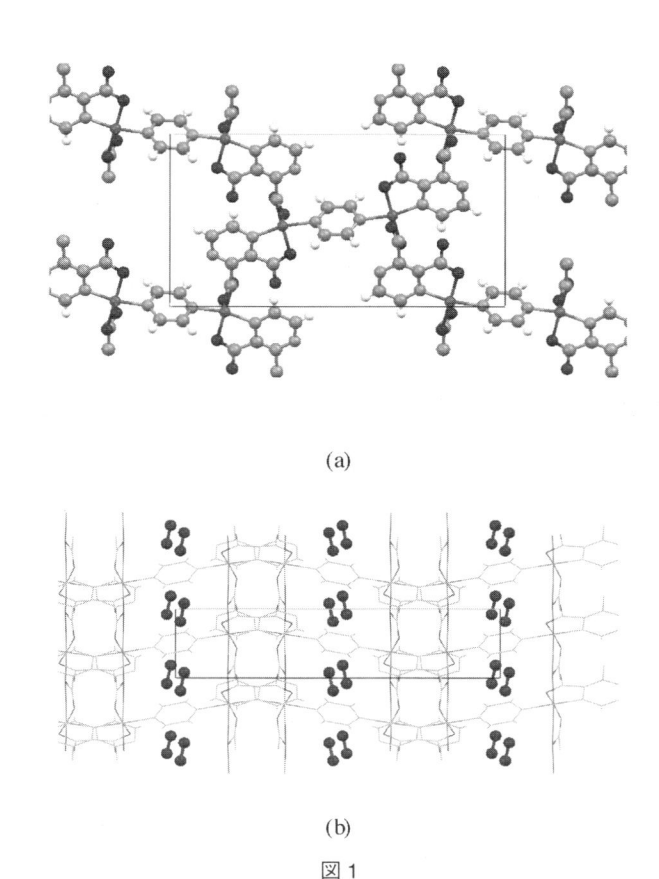

図 1
(a)CPL-1 (CpPy) 結晶構造 (a 軸方向), (b)例として, 酸素分子 (黒色) 吸着後 CpPy 結晶構造 (c 軸方向)(空間群 $P2_1/c$ (no. 14))。

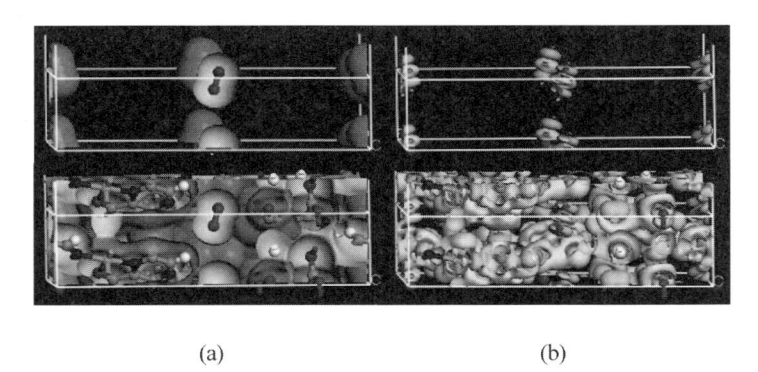

(a) (b)

図 2 Apo-O_2 二量体（上）および CpPy・2 O_2（下）に関する(a)全電子密度分布と(b)差電子密度分布
(Isodensity value：(a)0.035 $e/Å^3$, (b)0.035 $e/Å^3$, －0.035 $e/Å^3$)。Lattice ranges：0.00〜1.47（a 軸），0.00〜1.00（b 軸）0.00〜1.00（c 軸）；Isodensity ranges：0.00〜1.47（a 軸），0.00〜1.00（b 軸），0.00〜1.00（c 軸）。

配位空間の化学—最新技術と応用—

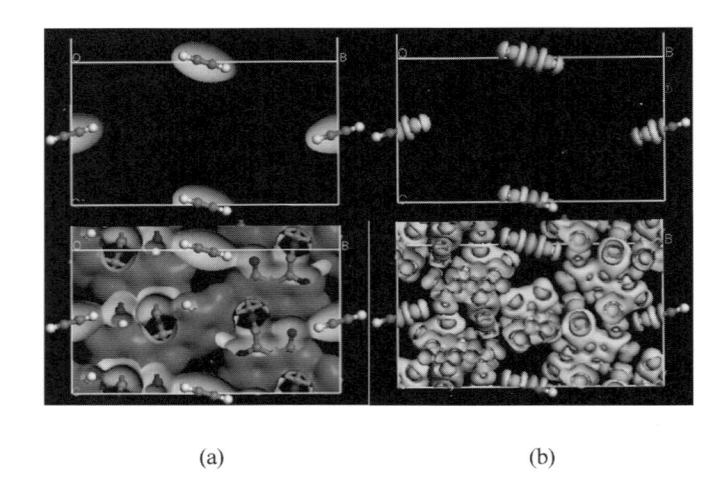

|(a)|(b)|

図3 Apo-C$_2$H$_2$ 単量体（上）および CpPy・C$_2$H$_2$（下）に関する(a)全電子密度分布と(b)差電子密度分布
(Isodensity value：(a)0.035 e/Å^3，(b)0.035 e/Å^3，-0.035 e/Å^3)。Lattice ranges：-0.12〜1.00（a 軸），0.00〜1.00（b 軸）-0.17〜1.00（c 軸）；Isodensity ranges：-0.30〜1.47（a 軸），0.00〜1.00（b 軸），0.00〜0.96（c 軸）。

　まず，CpPy 中における吸着酸素分子は，周りに CpPy 骨格が存在しない場合（Apo-O$_2$ 二量体（図2(a)の上）と存在する場合（CpPy・2 O$_2$（図2(a)の下））のいずれも，吸着酸素分子の全電子密度分布に大きな変化は見られない（図2(a)）。すなわち，物理吸着していると考えられ，実験事実[6a]と合致する。一方，CpPy 中における吸着アセチレン分子は，周りに CpPy 骨格が存在すると，アセチレン分子の水素原子（白色）と CpPy 骨格の酸素原子（黒色）との間で電荷移動あるいは電子の非局在化が生じる（図3(a)の下）。これも実験事実[7]と合致した結果である。したがって，この場合は電子の非局在化効果によって生じる静電相互作用の評価が必要不可欠なことを示唆している。

　次に，これら2つの小気体分子が CpPy 結晶へ吸着する時の微視的機構を考察する（図4，5）。いずれの場合も，吸着の際に CpPy 骨格内のピラジン環（図4，図5の点線で囲んだ部分）の傾斜角が変化している（Empty CpPy 骨格（図4(a)，5(a)）から Apo-CpPy 骨格（図4(c)，5(c)）への変化）。より詳細に議論するため，各吸着分子に関する，0 K における1分子当りの吸着エネルギーを見積もってみよう。各小気体1分子当りの吸着エネルギーを以下の式で定義する。

$$\Delta E_{\text{bind}}^{\text{O}_2} = \frac{1}{2}\left[E_{\text{CpPy}\cdot 2\text{O}_2} - (E_{\text{Apo-CpPy}}^{\text{O}_2} + E_{\text{Apo-2O}_2})\right] \tag{1}$$

$$\Delta E_{\text{bind}}^{\text{C}_2\text{H}_2} = E_{\text{CpPy}\cdot \text{C}_2\text{H}_2} - (E_{\text{Apo-CpPy}}^{\text{C}_2\text{H}_2} + E_{\text{Apo-C}_2\text{H}_2}) \tag{2}$$

　実際，CASTEP を使って，PW 91 汎関数を用いた GGA 法で求めた最適化構造をもとにエネルギー計算を行うと，各構造エネルギーはそれぞれ $E_{\text{CpPy}\cdot 2\text{O}_2} = -24436.961$ eV, $E_{\text{Apo-CpPy}}^{\text{O}_2} = -20945.534$ eV, $E_{\text{Apo-2O}_2} = -3490.863$ eV, $E_{\text{CpPy}\cdot\text{C}_2\text{H}_2} = -21630.084$ eV, $E_{\text{Apo-CpPy}}^{\text{C}_2\text{H}_2} = -20945.392$ eV, $E_{\text{Apo-C}_2\text{H}_2} = -683.840$ eV となり，酸素1分子当りおよびアセチレン1分子当りの吸着エネルギーは -6.497

第 3 章　理論

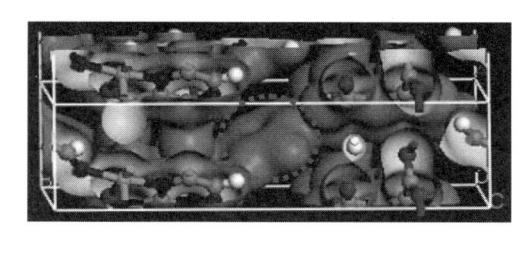

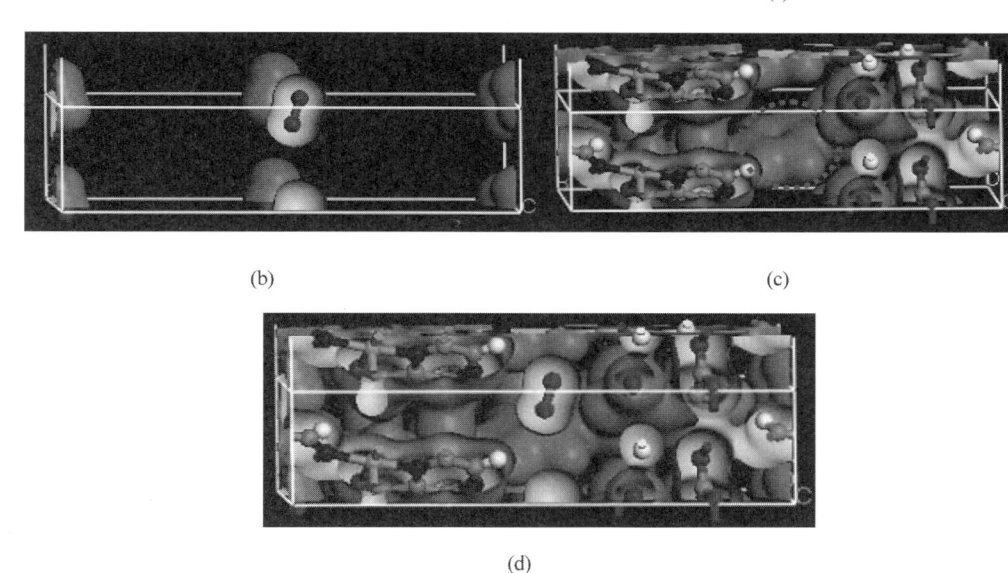

図 4　CpPy 中における O_2 の微視的吸着機構
(Isovalue：$0.09\,e/\text{Å}^3$，(a)Empty CpPy 骨格，(b)Apo-O_2 二量体，(c)Apo-CpPy 骨格，(d)CpPy・2 O_2)
Lattice ranges：$-0.12\sim1.00$（a 軸），$0.00\sim1.00$（b 軸），$-0.17\sim1.00$（c 軸）；Isodensity ranges：$-0.30\sim1.47$（a 軸），$0.00\sim1.00$（b 軸），$0.00\sim0.96$（c 軸）。

kcal/mol，-19.65 kcal/mol と見積もることが出来る。特に，アセチレン分子に関しては，先行研究の結果[7]と良く対応している。小気体分子が吸着することで，骨格構造変化によるエネルギー的不安定化を補償し，結晶全体でエネルギー安定化をもたらすための 1 吸着分子当りの寄与がこれらの数値である。

1.2　CpPy 中における酸素分子吸着状態：MM シミュレーション

1.1 項において，CpPy 中における吸着酸素分子は物理吸着している一方で，吸着アセチレン分子は CpPy 骨格分子との間で電子の非局在化による電荷移動が生じていた。したがって，後者の場合に対して熱力学的特性を明らかにするためには，吸着分子付近の環境を量子力学（QM）的に扱った分子シミュレーションを実行する必要がある。ただし，現時点ではこのシミュレーションは計算負荷の理由から非常に難解な課題である。一方，前者の場合では，系全体を MM 的

配位空間の化学—最新技術と応用—

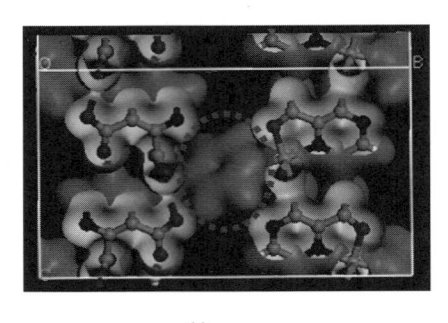

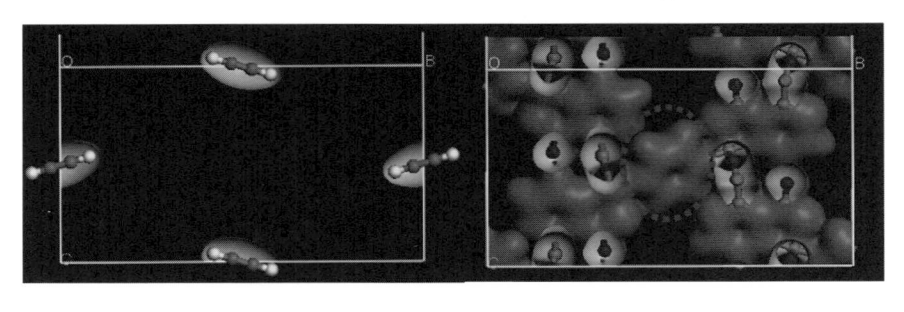

(a)

(b) (c)

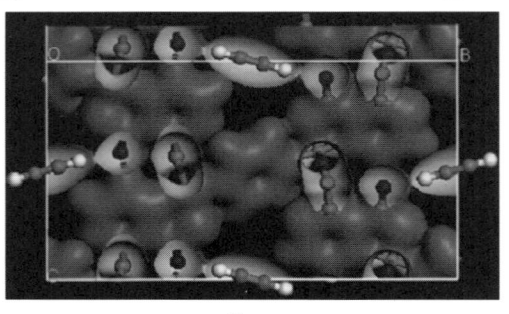

(d)

図5 CpPy 中における C_2H_2 の微視的吸着機構
(Isovalue：0.09 $e/Å^3$，(a)Empty CpPy 骨格，(b)Apo–C_2H_2 単量体，(c)Apo–CpPy 骨格，(d)CpPy・C_2H_2)
Lattice ranges：$-0.12 \sim 1.00$（a 軸），$0.00 \sim 1.00$（b 軸），$-0.17 \sim 1.00$（c 軸）；Isodensity ranges：$-0.30 \sim 1.47$（a 軸），$0.00 \sim 1.00$（b 軸），$0.00 \sim 0.96$（c 軸）。

に扱えるので，本項および1.3項では CpPy 結晶中における吸着酸素分子の熱力学的特性に注目する。

一般に，無機化合物や有機化合物を構成する原子は，その原子特有の特徴的な化学結合（例えば，炭素ならば，sp^3，sp^2 など）を形成するため，汎用力場では，その結合様式に応じて，原子毎に数種の力場パラメータが準備され，異なる原子との様々な組み合わせの化学結合に対応している。これらの関数形については，通常行われる分子シミュレーションでは，分子内原子間ポテンシャルとして調和型関数が良く用いられ，分子間原子間ポテンシャルとして有効ポテンシャル

第3章　理論

関数，特にファンデルワールス（van der Waals；vdW）相互作用と静電相互作用とを考慮した次式が利用されることが多い。

$$U(X^L, x^N) = \sum_{i<j} D_{ij}\left[\left(\frac{R_{ij}^e}{R_{ij}}\right)^{12} - 2\left(\frac{R_{ij}^e}{R_{ij}}\right)^6\right] + \sum_{i<j}\frac{q_i q_j}{\varepsilon_0 R_{ij}} \tag{3}$$

ここで，右辺第一項はレナード・ジョーンズ（Lennard-Jones；LJ）12-6 ポテンシャル，第二項は点電荷間クーロンポテンシャルを表し，X^L は基本セルを構成する L 個の原子座標全体を表し，R_{ij} は原子 i と原子 j との間の距離を表す。q_i は原子 i 上の有効電荷を，ε_0 は真空の誘電率を表す。D_{ij} と R_{ij}^e は原子 i と原子 j との解離エネルギーと平衡核間距離とを表す。また，いわゆる LJ パラメータ A_{ij} と B_{ij} とは，

$$A_{ij} = D_{ij}\cdot R_{ij}^{e12},\ B_{ij} = 2D_{ij}\cdot R_{ij}^{e6} \tag{4}$$

という関係がある。ただし，異原子タイプ間のパラメータは，ローレンツ—ベルテロー（Lorentz-Berthelot；LB）則，あるいは幾何平均を適用して，同原子タイプ間のパラメータから評価されることが多い[16]。

これまでに開発されてきた汎用力場は，その目的と対象さえ選べば，かなり良い結果を与えるものが多い。しかしながら，配位空間化学に分子シミュレーションを適用する場合には注意が必要である。なぜなら，配位空間化学で対象となる分子やその結晶構造などは，従来，知られていなかった新規合成化合物であることが多いからである。そこで，以下では特に第一種の力場として開発されたユニバーサル力場（Universal Force Field；UFF）[17]を基礎に，電子状態計算や実験結果を踏まえて，CpPy 系を想定した力場パラメータの再調製について説明する。CpPy 結晶中における酸素分子は細孔中で2分子並行配列して一次元ラダー構造を形成することが知られている[6a]。このような場合，ペアリング構造を生み出す vdW 相互作用を再現できる LJ ポテンシャル関数等の調製が必要である。例えば，酸素分子や窒素分子などの二原子分子は，多くの汎用力場では，これらは非極性中性分子として扱われている。しかしながら，中性かつ双極子モーメントをもたない二原子分子吸着状態の記述には，vdW 相互作用に加えて，四極子（あるいは，さらに高次の多極子）相互作用の寄与が重要な場合がある。そのためのポテンシャル力場には四極子テンソルから生じる相互作用項を取り入れる必要がある[16,18]。

そこで，有効ポテンシャル力場として，①vdW 相互作用（V_{vdW}）のみ，②V_{vdW} と電気四極子—四極子（Electric Quadrupole-Quadrupole；EQQ）相互作用（V_{EQQ}）の和，で表現した二種類を用意する。そして，静電相互作用の取り込みの有無による，実験事実の再現性の良し悪しを吟味する。ただし，V_{EQQ} において，O_2 分子をその重心点にダミー原子（X）を仮定した有効三点電荷モデルとして扱う（図6）。力場パラメータは高精度の第一原理電子状態計算[19]に対してフィッティングし，信頼性の高い値を得た[20]。そして CpPy 骨格原子には UFF 1.02[17]を採用し，LB 則を用いて再調製した O_2 力場と組み合わせ，CpPy·nO_2（$0 \leq n \leq 2$）に対する全有効ポテンシャル力場を完成させた[20]。

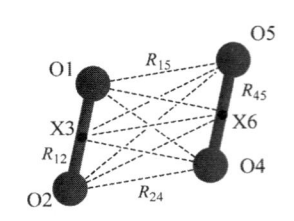

図6 O₂二量体におけるO原子と相互作用点との間の相対距離

表1 CpPyの各格子軸とO₂分子に対する配向角 (deg.)

	V_{vdW}	$V_{vdW} + V_{EQQ}$	X線構造
a 軸	24.61	11.82	11.56
b 軸	67.19	78.36	78.48
c 軸	87.64	94.76	97.71

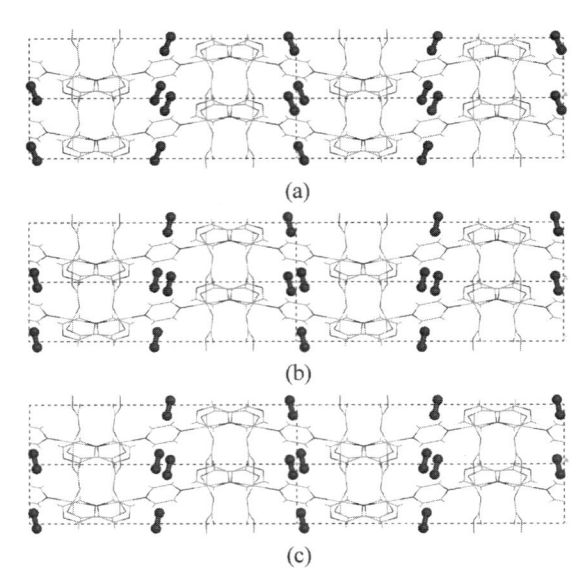

図7 CpPy·2O₂の分子力学（MM）的最適化構造（c軸方向）
(a)V_{vdW}のみ，(b)$V_{vdW} + V_{EQQ}$，(c)X線構造（実験値）

これらの力場を用いて，CpPy·2O₂に対するO₂位置のMM的構造最適化をCpPy骨格を固定して実行すると，図7のような最適化構造が得られる。より詳細に解析するため，吸蔵O₂分子とCpPy各格子軸との配向角を計算すると，V_{EQQ}を含んだ力場$V_{vdW} + V_{EQQ}$（図7(b)）が，V_{vdW}のみの力場（図7(a)）よりも実験値（図7(c)）をより良く再現していることが分かる（表1）。したがって，O₂分子に四極子相互作用を考慮することが非常に重要であると考えられる[20]。

1.3 CpPy中における酸素分子吸着状態とその熱力学的特性：MCシミュレーション

1.2項において，CpPy·2O₂系には吸着酸素分子の四極子相互作用を考慮することの重要性を指摘した。そこで本項では，その結果を踏まえて，特にCpPy結晶中における吸着酸素分子の熱力学的特性を理解するために，MCシミュレーションを通して見ていくことにする。

今日，MCシミュレーションそのものは広く認知されるようになってきた[1,2,21]。本項では，CpPy結晶中における酸素分子の吸着の熱力学的振る舞いを見るため，特にグランドカノニカルモンテカルロ（Grand Canonical Monte Carlo；GCMC）シミュレーションを適用する。GCMC法は，系の粒子数（今の場合は，吸着分子数）の揺らぎを取り扱うことが可能なMC法である。GCMC法では，化学ポテンシャルμ，体積V（今の場合は，基本セルのサイズ），温度Tの三つが，MCシミュレーションのために設定する外部パラメータである。今，体積Vの基本セルを仮定し，初めはその中にN個の粒子が存在しているとする。GCMC法では，MCシミュレーションステップに伴って，基本セル内に存在する吸着分子数が変化する。特に，ゼオライトなどの結晶中への分子の吸蔵を考えるときには，基本セルに対して三次元周期境界条件を仮定する。こ

第 3 章　理論

のとき，実験で得られる，ある物理量 A の測定値は，GC アンサンブル平均

$$\langle A \rangle = Z^{-1} \sum_{N=0} \frac{a^N}{N!} \int_\Omega A(x^N) \exp\left(-\frac{U(x^N)}{k_B T}\right) dx^N \tag{5}$$

で与えられる。ただし，x^N は N 個の同種吸着分子の位置座標全体を表し，$U(x^N)$ は吸着分子が感じるポテンシャル力場を表す。また，

$$Z = \sum_{N=0} \frac{a^N}{N!} \int_\Omega \exp\left(-\frac{U(x^N)}{k_B T}\right) dx^N \tag{6}$$

は，GC 分配関数である。ここで，式(5)と(6)で，

$$a = \left(h^2/2\pi m k_B T\right)^{-\frac{3}{2}} \cdot \lambda \tag{7}$$

であり，m は吸着分子の質量，因子 λ は，絶対活量

$$\lambda = \exp(\mu/k_B T) \tag{8}$$

を表す。

N 個の粒子を含む基本セル中のランダムな位置に，吸着分子を 1 個追加して（あるいは削除して），粒子数を $N+1$ 個（あるいは $N-1$ 個）にする場合を考えると，その確率は，

$$P(x^{N \pm 1}) = Z^{-1} \left[a^{N \pm 1}/(N \pm 1)! \right] \cdot \exp\left(-U(x^{N \pm 1})/k_B T\right) \tag{9}$$

となる。ただし，複号は，付け加える場合を +，取り出す場合を − とする（複合同順）。そして，粒子数の追加と削除の実現確率は，

$$W(x^N, x^{N \pm 1}) = \min\left[1\,;\,P(x^{N \pm 1})/P(x^N)\right] \tag{10}$$

で与えられる。

　まず，図 8 に GCMC シミュレーションによって得られた酸素分子の吸着構造 CpPy·2 O_2 について，各々の結晶軸方向から見た構造を示す。計算条件はガス圧 80 kPa/O_2gas，温度 90 K として，8 M ステップ実行し，CpPy 骨格構造は Apo–CpPy 骨格に固定している。比較のため，図 8 右下に X 線構造解析から得られた吸着構造（a 軸方向）も掲げた。本シミュレーションにより，ピーナッツ型で表された酸素分子が 2 分子平行で細孔内に吸蔵されており，実験結果（図 8 右下）が良く再現されたものと考えられる[20]。

　次に，図 9 に，基本セル当りの酸素分子の平均吸着分子数と平均吸着エネルギーを示す。これは酸素分子に vdW 相互作用のみならず，四極子相互作用も考慮した結果である。しかしながら，ここで得られた各結果は実験事実を厳密に再現出来ているとは言えない（図 9(a),(b)）。これは，酸素分子吸着前後で CpPy 骨格構造が変化しているため（1.1 項参照），骨格構造を固定した本シミュレーションでは，このような構造変化の効果を考慮することが出来ない。そこで，これらの結果を合成してみると（図 10），酸素分子の吸着は約 130 K から始まり，約 110 K で飽和（基本

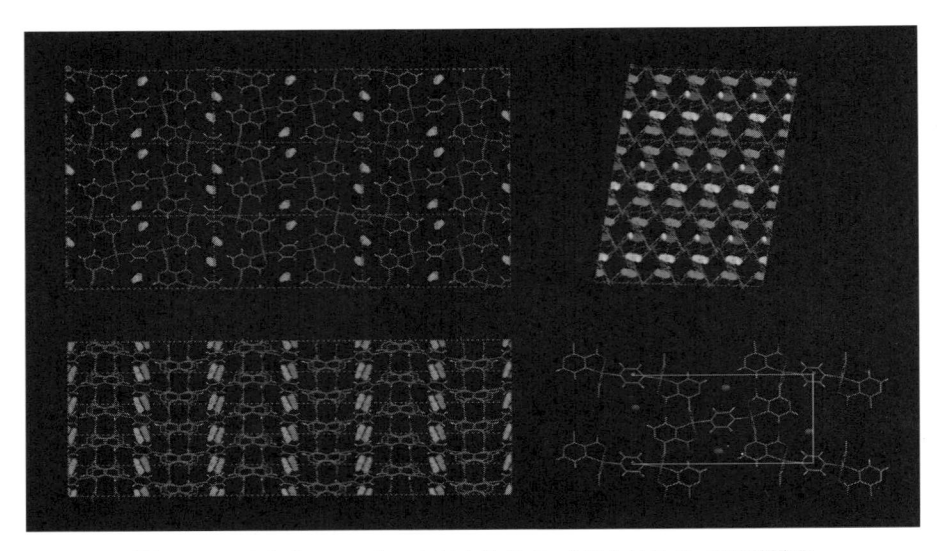

図8 GCMC シミュレーションによる CpPy 中における O_2 の吸着構造
（80 kPa/O_2gas，90 K）
a 軸方向：（左上），b 軸方向：（右上），c 軸方向：（左下），XRPD 構造（a 軸方向）（右下）

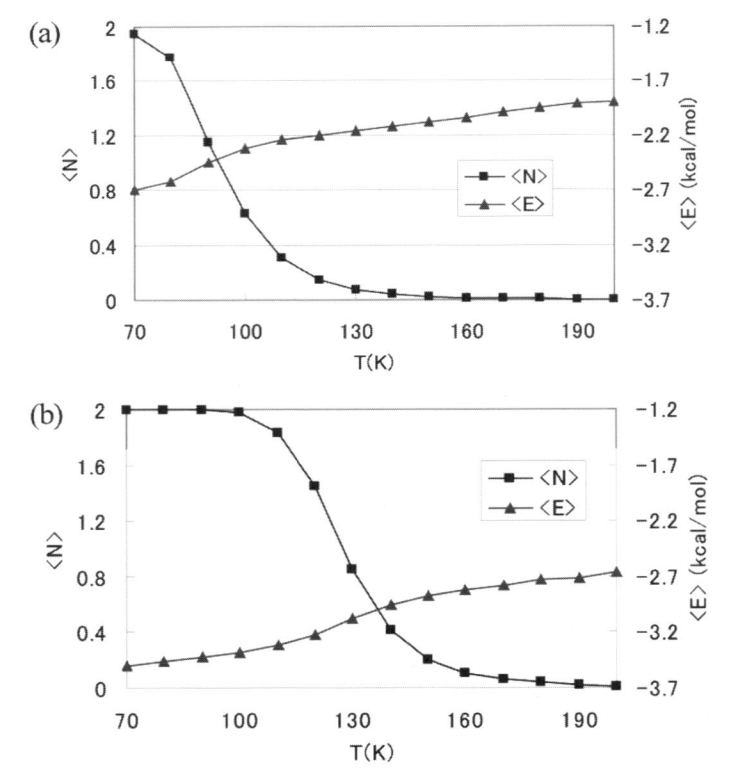

図9 基本セル当りの O_2 分子の平均吸着分子数$<N>$と平均吸着エネルギー$<E>$
用いた CpPy 骨格は，(a)Empty CpPy，(b)Apo-CpPy

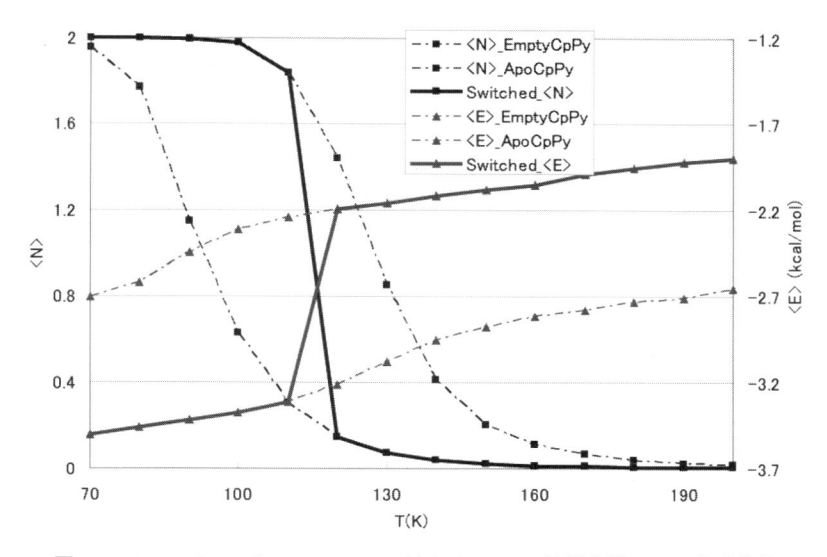

図10 Empty CpPy と Apo-CpPy に対する GCMC 結果を踏まえた合成曲線
高温側では，O_2 分子吸着を想定した Apo-CpPy 骨格を，低温側では，O_2 分子吸着を想定していない Empty CpPy 骨格をそれぞれ仮定。

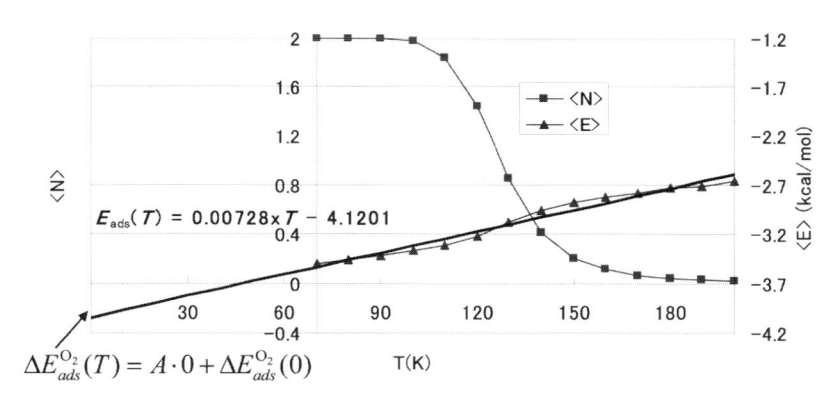

図11 Apo-CpPy 骨格を仮定した，酸素一分子当たりの平均吸着エネルギー（0 K への外挿値）

セル当り吸着分子数二個）する結果が得られ，実験事実[6a]におおむね一致する特徴を予測できる[20]。一方，1分子当りの平均吸着エネルギーは温度低下に伴い，線形的な減少を示す。そこで0 K への外挿値を求めると，-4.120 kcal/mol となり（図11），電子状態計算から求めた0 K での結合エネルギー -6.497 kcal/mol と比較的良く対応する。このように，再調製した力場パラメータを用いた GCMC シミュレーションにより，実験事実を旨く説明できることから，CpPy・2 O_2 系のモデル化には O_2 分子の四極子相互作用を考慮することが重要であると再確認できる。

以上，本節では，電子状態計算や分子力学（MM）シミュレーションおよびモンテカルロ（MC）シミュレーションを利用して，配位空間化学における応用例の一つを紹介した。具体的

な適用例として，本節では，金属—有機骨格（MOF）の一種であるCPL-1結晶を例に採り，CPL-1結晶内細孔のミクロ物性を電子状態計算およびMMシミュレーションを通して評価した。さらに，酸素分子の吸蔵過程について，グランドカノニカルモンテカルロ（GCMC）シミュレーションにより吸着分子数の温度依存性などが実験結果と良く一致することを示した。また，実験的に知られる酸素分子の一次元ラダー構造についても再現することができた。今後は，分子動力学（MD）シミュレーションも導入して，吸着・吸蔵現象の動的振る舞いなど，より深い理解に繋げていくことが，配位空間化学の分野における計算化学の一つの課題と言えよう。

文　　献

1) 日本化学会編，第5版 実験化学講座 第12巻"計算化学"，丸善（2004）
2) M. P. Allen and D. J. Tildesley, *"Computer Simulation of Liquids"*, Clarendon, Oxford (1987)
3) S. P. Bates, W. J. M. van Well, R. A. van Santen and B. Smit, *J. Phys. Chem.*, **100**, 17573 (1996)
4) A. Nakamura, N. Ueyama and K. Yamaguchi, Eds., *"Organometallic Conjugation"*, Springer, Berlin (2002)
5) (a)B. Smit and J. I. Siepmann, *Science*, **264**, 1118 (1994)；(b)*J. Phys. Chem.*, **98**, 8442 (1994)
6) (a)R. Kitaura, S. Kitagawa, Y. Kubota, T. C. Kobayashi, K. Kindo, Y. Mita, A. Matsuo, M. Kobayashi, H. -C. Chang, T. C. Ozawa, M. Suzuki, M. Sataka and M. Takata, *Science*, **298**, 2358 (2002)；(b)T. C. Kobayashi, A. Matsuo, M. Suzuki, K. Kindo, R. Kitaura, R. Matsuda and S. Kitagawa, *Prog. Theor. Phys. Supplement*, **159**, 271 (2005)
7) R. Matsuda, R. Kitaura, S. Kitagawa, Y. Kubota, R. V. Belosludov, T. C. Kobayashi, H. Sakamoto, T. Chiba, M. Takata, Y. Kawazoe and Y. Mita, *Nature*, **436**, 238 (2005)
8) P. Hohenberg and W. Kohn, *Phys. Rev. B*, **136**, 864 (1964)
9) W. Kohn and L. J. Sham, *Phys. Rev. A*, **140**, 1133 (1965)
10) V. Milman, B. Winkler, J. A. White, C. J. Pickard, M. C. Payne, E. V. Akhmatskaya and R. H. Nobes, *Int. J. Quant. Chem.*, **77**, 895 (2000)
11) M. C. Payne, M. P. Teter, D. C. Allan, T. A. Arias and J. D. Joannopoulos, *Rev. Mod. Phys.*, **64**, 1045 (1992)
12) M. D. Segall, P. J. D. Lindan, M. J. Probert, C. J. Pickard, P. J. Hasnip, S. J. Clark and M. C. Payne, *J. Phys. Cond. Matt.*, **14**, 2717 (2002)
13) M. D. Segall *et al.*, *Material Studio CASTEP*, Accelrys Inc., San Diego (2001)
14) P. Ziesche and H. Eschrig, Eds., "Electronic Structure of Solids '91", Akademie Verlag, Berlin (1991)
15) (a)J. P. Perdew, K. Burke and M. Ernzerhof, *Phys. Rev. Lett.*, **77**, 3865 (1996)；(b)**78**, 1396 (1996)

第3章　理論

16) C. A. English and J. A. Venables, *Proc. R. Soc. Lond. A*, **340**, 57 (1974)
17) (a)A. K. Rappé, C. J. Casewit, K. S. Colwell, W. A. Goddard, III and W. M. Skiff, *J. Am. Chem. Soc.*, **114**, 10024 (1992)；(b)C. J. Casewit, K. S. Colwell, A. K. Rappé, *ibid.*, **114**, 10035 (1992)；(c)**114**, 10046 (1992)
18) C. A. English, J. A. Venables and D. R. Salahub, *Proc. R. Soc. Lond. A*, **340**, 81 (1974)
19) B. Bussery-Honvault and V. Veyret, *J. Chem. Phys.*, **108**, 3243 (1998)
20) M. Nagaoka, Y. Ohta and H. Hitomi, *Coord. Chem. Rev.*, **251**, 2522 (2007)
21) D. W. Heermann, *"Computer Simulation Methods"*, Springer, Berlin (1990)

2 電荷移動型吸蔵

杉本　学*

2.1 はじめに

　水素分子のような安定な気体分子をいかに高密度に吸蔵するかは，基礎科学的に興味深い研究課題であるとともに工学的にも大変重要である[1]。分子吸蔵材料として，近年，図1のような配位高分子[2]あるいはMetal-Organic Framework（MOF）[1,3]と呼ばれる多孔性物質が注目を集めている。配位高分子は様々な金属や有機分子を構成成分とするため，多様な電子状態を実現できる。従って，配位高分子内部の空間（"配位空間"）の表面電荷分布を制御し，表面と吸蔵分子の相互作用を設計・制御できる自由度があり，様々な展開が期待できる。

　本節では，これまで行われた実験研究と理論研究，および筆者らが最近行った理論計算の成果を紹介し，配位空間で電荷移動を利用した分子吸蔵（電荷移動型吸蔵）の可能性について議論したい。電荷移動は材料内部での荷電状態の部分的変化を引き起こす。荷電状態の変化が生体系の分子認識（ホスト―ゲスト化学）で重要であることはよく知られている[4]。このためホスト―ゲスト化学の一つのターゲットと言える分子吸蔵でも同様の重要性を有するものと考えられる。題目の「電荷移動型吸蔵」は本書での造語であり確立した学術用語ではないが，このような背景から，今後の研究展開への期待を込めてここで用いることにする。

2.2 表面―分子相互作用と分子吸蔵

　まず始めに，吸蔵される気体分子と細孔内表面との相互作用の強さが細孔内での吸着構造にどのような影響を与えるかを調べた筆者らのモンテカルロ・シミュレーションの結果[5]を紹介しよう。通常気体分子の吸蔵に関するシミュレーションではグランドカノニカルアンサンブル[6]に基づくシミュレーションが行われているが[7]，ここではカノニカルアンサンブル[6]に基づく計算結果を紹介する。これは，一定量の気体分子が細孔内に封入された状況に関する計算である。シミュレーション過程において物質移動が起これば吸蔵量に依存した構造変化が起こる。このため，本シミュレーションでは閉鎖空間を検討対象とすることによって，物質移動が起こらない条件下で，表面と気体分子の相互作用が本質的にどのように吸着構造に影響を与えるかを議論したい。

　このシミュレーションでは，まず細孔表面を構成する原子を正方格子上に置き，初期構造では気体分子をランダムに配置した（図2）。表面原子と気体分子の相互作用，および気体分子間の相互作用はLennard-JonesポテンシャルV_{LJ}

$$V_{\mathrm{LJ}}(r) = 4\varepsilon\left\{\left(\frac{\sigma}{r}\right)^{12} - \left(\frac{\sigma}{r}\right)^{6}\right\} \tag{1}$$

で表わされるものとし，そのパラメーターには，表面原子を金原子，気体分子をプロパンとして決定されたもの[8]を用いた。ただし，プロパンは球形分子と仮定している。シミュレーションで

---

*　Manabu Sugimoto　熊本大学　大学院自然科学研究科　准教授

第3章 理論

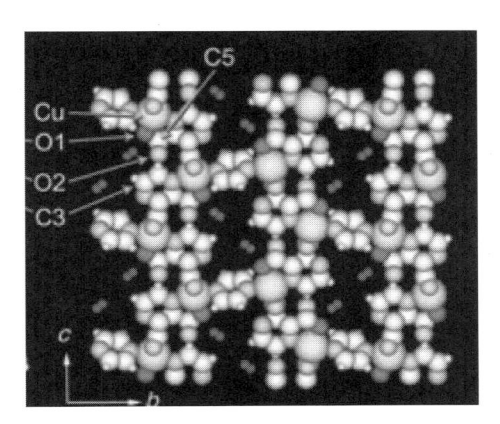

図1 配位空間での分子吸蔵の例
（Cu 錯体 CPL-1 における水素分子の吸蔵）[2]

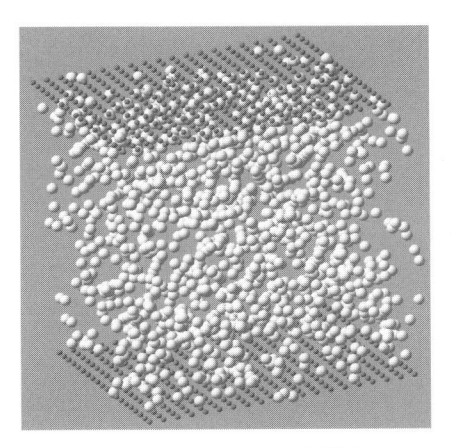

図2 固体表面に挟まれた空間内での
プロパン分子の初期位置

は温度を 300 K に設定して行った。シミュレーションセルは1辺が 58.58Å の立方体で，底面に Au 原子を 400 個正方格子上に配置している。プロパン分子の数は，数密度が自由気体に対する実験値に等しくなるようにした。この計算では周期境界条件を採用しているため，プロパン分子は 5.858 nm の間隔で2つの Au 原子層に挟まれた状況にある。

気体分子と表面との相互作用の強さと吸蔵状態の相関を調べるため，両者の間に更にクーロン相互作用が働く状況について検討した。すなわち，クーロン相互作用を V_C とすると，気体分子と表面との相互作用が

$$V = V_{LJ} + xV_C \tag{2}$$

であるとした。ここで，気体分子と表面原子の電荷はそれぞれ -1，$+1$ とした。x はクーロンポテンシャルの重みを表している。これは表面原子と気体分子がそれぞれ $-x^{1/2}$，$x^{1/2}$ だけわずかに帯電したとみなしてもよい。ただし，帯電によって気体分子間に付加的に作用するクーロン反発は無視しているので，これはあくまで表面—気体分子の相互作用の影響を調べるためのモデルとなっている。

x の変化に伴う細孔内の状態を図3に示す。表面原子と気体分子の相互作用を強める（x の値を大きくする）につれて，気体分子の構造はランダムなものから表面に吸い寄せられるような構造になり，$x = 0.005$ 程度になると明瞭な分子層が数層形成されることがわかる。表面上に形成された多分子層の厚さは，さらにクーロン相互作用の寄与を大きくするにつれて薄くなっている。気体分子が表面に引き寄せられた結果，セルの中央付近は真空になる。従って，表面と気体分子との相互作用が強くなるにつれて，より多くの気体分子を吸蔵できることは明らかである。

表1に x の値と気体分子と表面原子の間の結合エネルギー（BE：相互作用ポテンシャル V の深さに相当）および気体分子1つあたりのポテンシャルエネルギー（PE：気体分子と表面原子

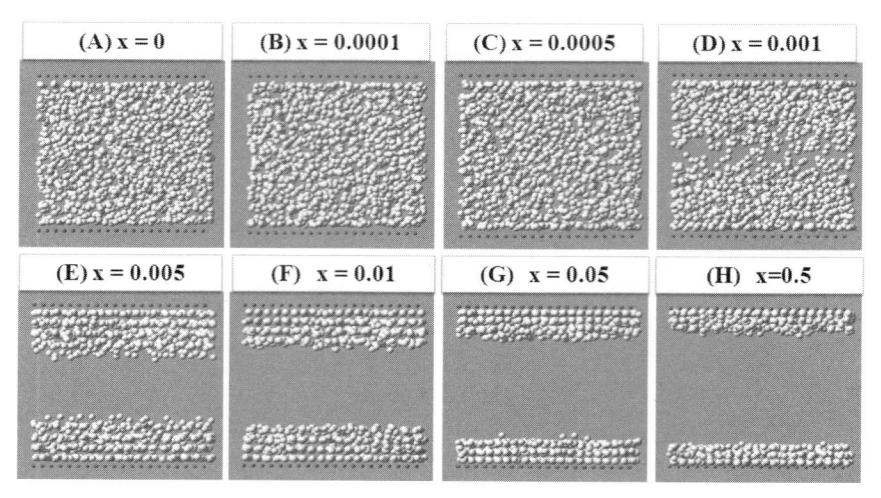

図3　正準モンテカルロ・シミュレーションにより得られた平衡状態での気体分子
　　　（プロパン）の分子配置
黒い球は金原子，白色の球はプロパン分子を表す。xはクーロンポテンシャルの
重みを表し，xの値が大きいほど表面と気体分子の相互作用が強くなる。

表1　クーロン相互作用の重み（x）と気体分子—基板原子間の
　　結合エネルギー（BE），および気体分子あたりのポテンシ
　　ャルエネルギー（PE）の相関

x	BE (kcal/mol)	PE (kcal/mol)
0.0	0.147	−0.4
0.0001	0.154	−0.8
0.0005	0.186	−2.3
0.001	0.225	−4.6
0.005	0.542	−25.6
0.01	0.946	−53.4
0.05	4.378	−287.6
0.5	48.996	−309.7

の2体ポテンシャルの総和を気体分子数でわったもの）を示す。$x=0$の場合，BEは0.1 kcal/mol程度と小さく，エネルギー的にも物理吸着の範疇にあることがわかる。この際のPEは−0.4 kcal/mol程度とやはり小さい。従って，図3(A)では相互作用が弱く，気体分子が適当に距離を保ってランダムに配置されていると理解できる。

多層構造が明瞭に見られる$x=0.005$の場合，PEは−25.6 kcal/mol程度と大きくなっている。BEは0.5 kcal/mol程度と$x=0$の場合と比べてそれほど大きくなっているわけではないが，ある程度の秩序構造を形成できる程度の強さであり，密につまった構造をとるためにPEが著しく増大しているものと理解できる[9]。この結果はBEとしては小さな変化（0.4 kcal/mol程度）であっても，吸蔵分子の配列構造の秩序化が助長され，分子全体の占める体積がコンパクトになることを示唆している。従って，分子吸蔵においては気体分子と表面原子（分子）との間の2体相

第3章　理論

互作用ポテンシャルを少しでも強く，相互作用点を少しでも多くするような工夫が必要であり，少しの変化で分子吸蔵特性には大きな変化が現れる可能性があると思われる。

　温度と分子吸蔵構造との相関を調べる目的で，相互作用強度を一定（$x = 0.001$）とし低温（200 K，100 K）状態で計算を行ったところ，$x = 0.005$ の場合と類似した多層構造が得られた。従って，高温で高密度に分子を吸蔵するためにも，やはり吸蔵分子とホスト表面との相互作用を少しでも強くすることが重要である。

2.3　分子吸着の制御因子
2.3.1　表面の電荷の重要性

　物理吸着は表面と吸着子の間の電荷移動が生じない吸着過程であり，吸着エネルギーが小さい[10]。この相互作用は表面原子（あるいは表面全体）と吸着子の間に働く分散力によるものとされ，その起源は両者が互いの電子分布を感じる結果生ずる誘起双極子モーメントに由来するものと説明される。誘起双極子モーメント間の相互作用は，普通 Lennard–Jones ポテンシャルで表わされる。

　一方，表面原子が電荷 Z を有する場合，分極率 α の吸着分子には電荷を反映した誘起双極子モーメントが生ずる。この場合，相互作用は（原子単位で）

$$V(r) = \frac{-\alpha Z}{2 r^4} \tag{3}$$

と表される[11]。前項の計算で用いたプロパン分子の Lennard–Jones ポテンシャルの引力項（(1)式第2項），および $Z = 1$ とし，プロパン分子の分極率を代入した(3)式による相互作用ポテンシャルを図4に示す。この図から，点電荷とそれによる誘起双極子の相互作用は，互いの影響によって生ずる誘起双極子間の相互作用よりも強いことがわかる。従って，吸着材料の表面に大きな電荷が生じている場合は前者の相互作用が重要になると考えられる。これはホスト材料が分極しにくい場合は特に重要となると思われる。

　電子状態計算を用いて電荷の重要性を検討した結果[12]を図5に示す。図5は Li 原子，F 原子の電荷を変えた際の H_2 および CO との相互作用ポテンシャルの違いを調べたものである。ここで Li 原子，F 原子は分子軸上に配置している。

　Li の場合，+1価の電荷をもつと H_2，CO と相互作用するいずれの場合もポテンシャル曲線に極小ができる。F の場合も，中性状態よりもアニオン状態の方が相互作用が強い。特に水素分子の場合にその差が顕著である。

　これらの結果から，ホスト材料内部の表面が電荷をもっていれば分子吸蔵はより効率よく起こると思われる。表面電荷はホスト材料の組成と構成元素の電気陰性度に依存することは明らかであるので，表面における元素配列の制御が鍵となる。更に外的制御因子によって電荷分布を積極的に制御すれば，興味深い分子吸蔵を実現できるであろう。

　配位高分子の作る配位空間での分子吸蔵において静電的相互作用が重要となることは，

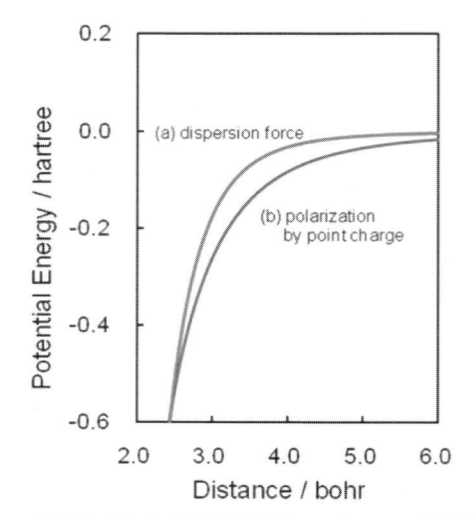

図4 (a)分散力による相互作用ポテンシャルの引力項と(b)電荷によって誘起された引力ポテンシャル

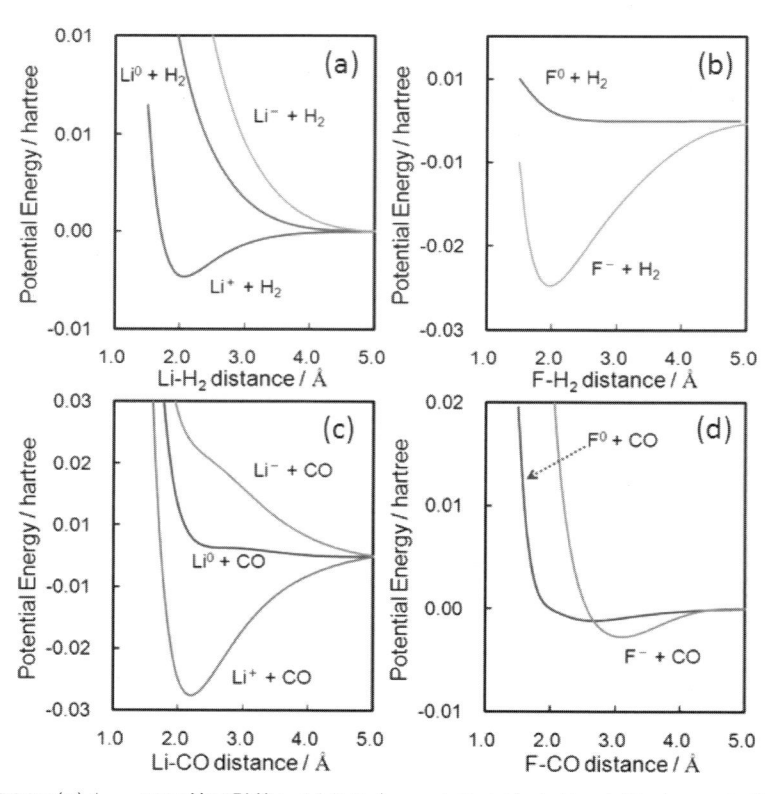

図5 CCSD(T)/cc-pVTZ法で計算した(a)Li^q($q=-1, 0, +1$)とH$_2$, (b)F^q($q=-1, 0$)とH$_2$, (c)Li^q($q=-1, 0, +1$)とCO, (d)F^q($q=-1, 0$)とCOの相互作用ポテンシャル曲線
H$_2$, COの平衡核間距離は孤立分子に対するCCSD(T)/cc-pVTZ計算により最適化した。横軸はH$_2$, COの分子軸方向のLi, Fの距離を示す。実際の計算は[A-M]^q(A=H$_2$, CO)に対して行った。

第3章 理論

LochanとHead-Gordon[13]およびNicholsonとBhatia[14]が電子状態計算の結果に基づいて指摘している。

2.3.2 吸着分子への電荷移動の重要性

前項では，分子吸蔵におけるファンデルワールス相互作用と，表面電荷に由来する表面—分子相互作用について説明した。ここでは，更に強い表面—分子相互作用を実現する条件について考えるために，金属錯体と気体分子の相互作用に注目しよう。

金属錯体における気体分子の捕獲は金属原子上で起こる。固体表面の分子吸着と同様，捕獲のタイプとしては，物理吸着に相当する弱い相互作用（結合エネルギーが数 kcal/mol 程度のもの）と化学吸着に相当する強い相互作用（結合エネルギーが 10 kcal/mol 以上のもの）がある[10]。ここでは化学吸着的な強い相互作用について考えたい。

金属錯体と気体分子の相互作用の中で化学吸着に相当する強い相互作用の代表例としては，Fe(Ⅱ)ポルフィリン錯体による O_2 分子の捕獲があげられる[15]。図6に Fe(Ⅱ)ポルフィリン錯体と O_2 分子が相互作用した際の構造の模式図を示す。この場合，Fe 原子は3価となって電子を失い，失われた電子は O_2 分子に移動して O_2^-（superoxide）に相当するものとなる。すなわち，基質（気体分子）の還元，金属の酸化といった"電荷移動"が起こる。同様の特徴はAg表面上に O_2 分子が吸着する場合にも見られる[16]。この様な電荷移動は亜硝酸還元酵素の Cu(Ⅰ) 活性中心での NO_2 捕獲でも同様に起こることが，モデル錯体に対する理論計算で確かめられている[17]。

このような電荷移動は，金属カルボニル錯体でも本質的に重要である。金属へのCO配位はDewar-Chatt-Duncanson モデル（図7）で説明される[18]。これは金属イオンとCOの炭素の位置にある孤立電子対が d_σ 軌道に電子を供与するように相互作用し（σ供与），同時に電子の入った金属の価電子 d_π 軌道からCOの π^* 軌道へと電子が流入する（π逆供与）。酸素捕獲の場合との違いは，σ供与とπ逆供与の両方のために金属原子は酸化されず，COの電荷も増加しない。

このように，O_2，COのような多重結合を有する分子ではエネルギー的に低い空軌道である π^* 軌道のために，電荷の流入が重要となる。その結果，金属と気体分子の相互作用は強くなる。

ヒドロシランのように多重結合を有しない分子においても，金属への配位には(a)電荷移動を伴わない物理吸着的な場合と，(b)金属から気体分子への電荷移動が起こる場合の両方がある（図8参照）。有機金属錯体による不飽和炭化水素のヒドロシリル化反応に関する理論解析では，構造最適化において(a)，(b)両方に相当する化学種が計算される[19]。(b)の場合，気体分子と金属の相互

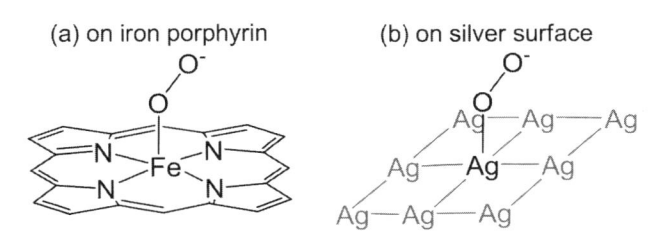

図6 O_2 分子を吸着する(a)鉄ポルフィリン錯体と(b)銀表面の模式図

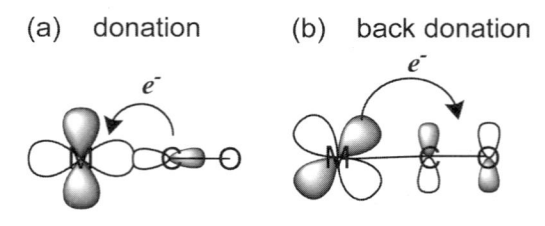

(a) donation　　(b) back donation

図7　金属原子（M）とCO分子の相互作用メカニズム

(a) (van der Waals interaction)　(b) (oxidative addition)

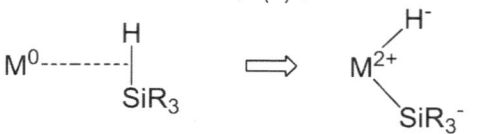

図8　金属原子（M）とヒドロシラン（HSiR$_3$）の相互作用の模式図
両者の間には(a)物理吸着に相当するvan der Waals相互作用が働くが，Si–H結合活性化反応では(b)Si–H結合が解裂してM–H，M–Si結合ができる。(b)では形式的にMの価数が増加するので，電荷移動を伴う化学吸着に相当する。

作用過程は酸化的付加と呼ばれる化学結合の切断と形成が起こる。

以上の例からわかるように，一般に気体分子が金属錯体によって強く捕獲（吸着）される過程では，電荷移動が極めて重要である。

2.4　電荷移動型吸蔵の実例

分子吸蔵については，最近水素吸蔵に関する検討が精力的になされている[1]。例えばLiをドープした多孔性配位高分子での水素吸蔵能に関するgrand canonical Monte Carlo（GCMC）計算がHanとGoddard[20]，およびFroudakisら[21]によって行われている。どちらのグループもピレンなどの多環芳香族分子を架橋部位としたMOFにおいて，Liドープが水素吸蔵量の著しい増加に寄与することを示した（図9）。検討された分子系では，Liは架橋芳香族分子の分子面に対して上方に位置する。電子密度解析から，吸蔵量の増加はLiから架橋配位子への電子の流入（電荷移動）によると結論された。

Liの効果を導入する別の分子系として，最近Froudakisら[22]はベンゼン，ナフタレン，ピレンを母骨格とするリチウム・アルコキシドに注目し，それを架橋部位に導入した多孔性配位高分子に関するGCMC計算を行った。この場合，Li$^+$はピレンと同一面内に位置し，Li$^+$自身とピレンの両方が水素分子の吸着サイトになる可能性が指摘された。リチウム・アルコキシドの場合もLiドープのみの場合と同様に水素吸蔵量が増加する結果が得られている。

実験的にLiの導入が分子吸蔵特性の向上に寄与することは，最近Huppら[23]によって実験的にも示されている。彼らはLi金属を利用してホストである配位高分子を還元することによって水素分子の吸着熱が増加し，それにともなって吸蔵量が増加することを示した（図10）。同様の

第3章 理論

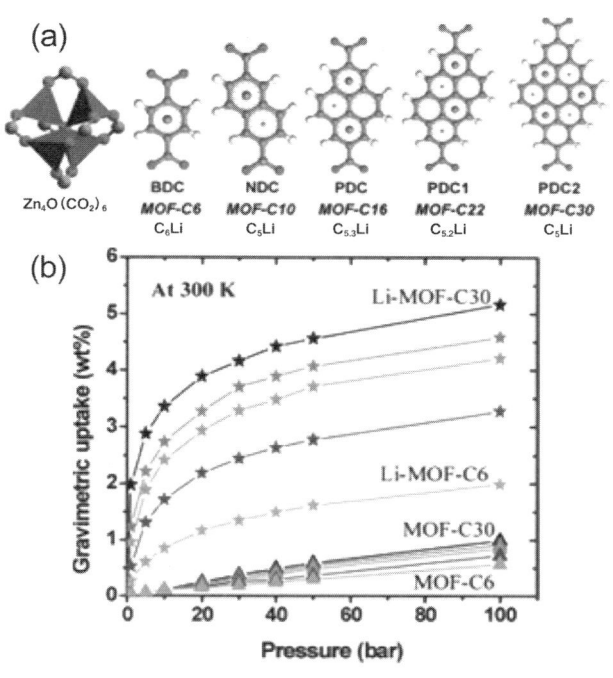

図9 Goddardらによって理論的に検討された(a)LiドープしたMOFと(b)水素吸蔵特性の予測結果[20]

効果はLi naphtalenideを用いても観測された[24]。

以上の結果から，ドーパントからホスト材料への電荷移動によって配位空間の分子吸蔵能を高められることは明らかである。ここで紹介した報告例は電荷によって相互作用を強めた物理吸着を利用したものと見ることができる。化学吸着に分類できる相互作用，すなわち吸着分子への電荷移動は考慮されていない。

このような状況を考えると，分子吸蔵をより強い相互作用によって実現するための配位空間設計ないしはその機能制御の指針が思い浮かぶ。次項でそのうちのいくつかを考えてみよう。

2.5 電荷移動型吸蔵のタイプ

配位空間を構成する材料は，金属イオンあるいはそれを取り囲むサブユニット，および架橋分子である。分子吸蔵では，吸着分子および前項で紹介したようなドーパントの導入も考えられる。従って電荷移動としては，これら4つのいずれかを電子ドナー，電子アクセプターとするように設計することが考えられる。

この観点から，電荷移動型吸蔵のパターンを考えると図11(c)〜(f)で図示されるような状況が考えられる。(c)は上で紹介したドーパントによるホストへの電荷移動を利用するものである。(d)は"ホスト内電荷移動"を意味する。(e)は"ホスト—ゲスト間電荷移動"を利用するものである。例えば電気化学的に架橋配位子を還元し，それを介して吸着分子への電荷移動が起こるようにする

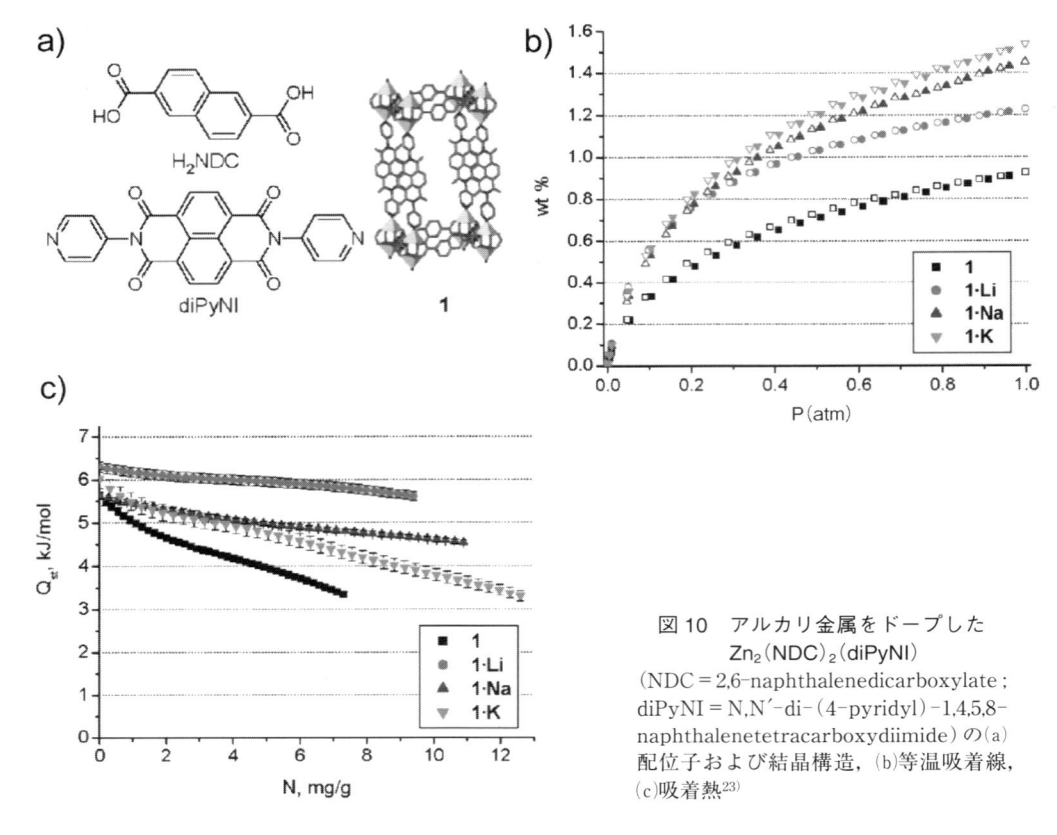

図10 アルカリ金属をドープした Zn$_2$(NDC)$_2$(diPyNI)
(NDC = 2,6-naphthalenedicarboxylate；diPyNI = N,N′-di-(4-pyridyl)-1,4,5,8-naphthalenetetracarboxydiimide) の(a)配位子および結晶構造，(b)等温吸着線，(c)吸着熱[23]

場合もこの範疇に含めてよかろう。(f)は(d)と(e)を組み合わせたものであり，光電気化学的プロセスでの実現が期待される。

このような電荷移動の自由度を利用して分子吸蔵を制御できれば，外部刺激（摂動）によって分子の吸蔵と放出が制御できることになろう（図12[25]）。今後，このような分子吸蔵の自在制御に関する研究が進展することを期待したい。

2.6 電荷移動の制御手法

状態変化の自由度があれば現象を制御する可能性が生まれる。電荷移動は複数の電子状態の存在により可能になる。金属錯体では，構成部品（金属と配位子）が互いに相互作用しつつも個性（独立性）を保持しているために，状態変化を比較的容易に実現できる。

既に読者には自明と思われるが，以下に配位空間における分子吸蔵の制御法として可能性のあるものを整理したい。

2.6.1 電子ドーピング／正孔ドーピング

ABO$_3$型のペロブスカイト型金属酸化物結晶においてAサイトイオンの価数を変えるとBサイトイオンの価数が変化する[26]。例えば，SrTiO$_3$においては2価イオンであるSr^{2+}の一部をLa^{3+}で置換すると，もともと4価であったTiが3価になる。これはTiO$_3$骨格に電子を注入し

第 3 章 理論

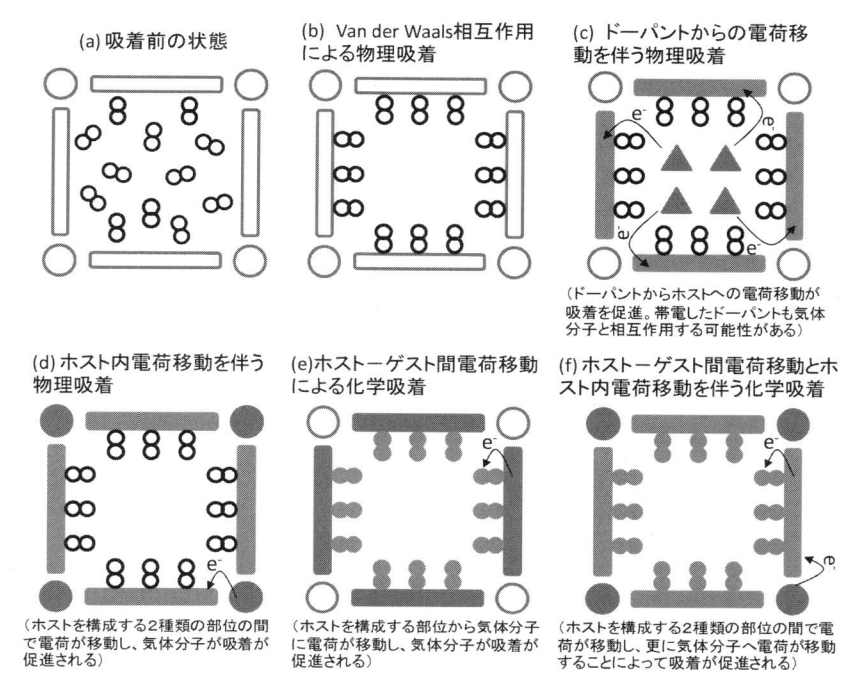

図 11 配位空間での実現が予想される分子吸蔵のタイプ

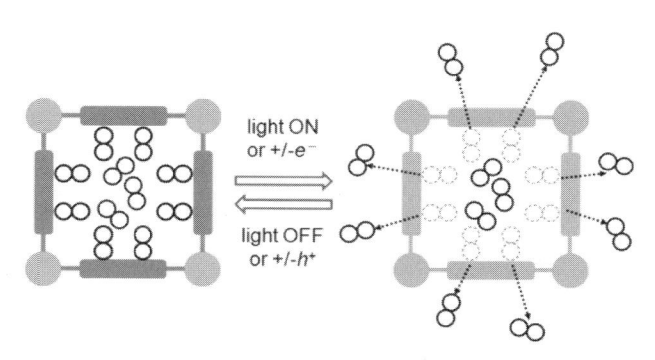

図 12 光および電気化学スイッチによる分子吸蔵制御の概念図[25]

たような状態変化であり，電子ドーピングと呼ばれる。同様の電子状態制御は，絶縁体であるセメント材料でも可能であることが細野らによって示されている[27]。細野らは Ca を用いて電子ドーピングを実現している。Hupp らによる配位高分子への Li ドーピングはこの範疇に入る。

2.6.2 電気化学的酸化還元による電荷移動

遷移金属錯体にはレドックス活性なものが多い[28]。酸化還元による金属配位子の価数制御は，特異な物性発現に繋がることはフォトニック錯体では実証済みであり[29]，電子ドーピングと同様の効果が期待できる。例えば，配位高分子に含まれる金属イオンを酸化すれば，図 5 の結果の類推から H_2 や CO とより強く相互作用すると予想される。

101

2.6.3 光による電子励起の利用

Ru(Ⅱ)トリスビピリジン錯体のように，金属錯体には電荷移動型励起状態が紫外・可視領域に存在するものが多数存在する[30]。低酸化数の後周期金属錯体では金属—配位子電荷移動（metal-to-ligand charge transfer：MLCT）遷移，高酸化数の前周期遷移金属錯体では配位子—金属電荷移動（ligand-to-metal charge transfer：LMCT）遷移が観測される。複数の配位子を有する錯体では配位子間電荷移動（ligand-to-ligand charge transfer：LLCT）遷移，混合原子価状態（Robin-Dayの分類でのClass Ⅱ型[31]）にある複核金属錯体では金属間電荷移動励起（metal-to-metal charge transfer：MMCT）などが起こる。従って，金属錯体の集合体である配位高分子でも同様の電荷移動型励起が期待される。配位高分子の光物理／光化学的性質については，最近いくつかの報告がある[32]。酸化亜鉛クラスターを構成ユニットとするMOF-5では量子ドット的挙動が見られるなど，特異な光学的性質なども明らかにされつつある点でも興味深い。

2.6.4 通電による電荷移動状態の生成

有機エレクトロルミネッセンス（EL）素子に用いられる錯体 Alq_3（q＝8-quinolinol）は，それを含む薄膜デバイスへの通電によって電子励起状態を形成し，発光する[33]。この発光は錯体の第一励起状態から起こる。この励起状態は配位子のπ-π*励起に帰属される[34]。このような励起状態はアニオンラジカルと性質が類似しているので，気体分子とある程度強い相互作用をすると考えられる。実際，溶液中の Ptq_2 錯体では酸素の存在によって発光が抑制される[35]。一方，有機EL素子の青色発光材料として注目される $Ir(ppy)_3$ 錯体では，通電によってMLCT励起状態が形成され発光する[36]。従って，配位高分子でも通電によって電子励起状態を形成することができれば，光励起と同様に電荷移動を引き起こすことができると思われる。

有機EL素子で実証されているように，バルク材料の導電性が低くても薄膜化によって通電が可能になる[37]。従って，薄膜化された配位高分子の配位空間の分子吸蔵特性が通電によってどのように変化するかは興味深い研究課題であるように思われる。

2.7 まとめと展望

本節では，理論計算による知見を中心として，配位空間における電荷移動型吸蔵の可能性と実例を紹介した。よく指摘されているように，より高い分子吸蔵能を実現するためには表面と気体分子の相互作用を強める必要がある。ここでは，その一つの戦略として，配位空間を構成するホスト材料が関与する電荷移動に注目することが重要であることを指摘した。電荷移動が起これば，静電的相互作用が増強されるとともに，場合によっては気体分子へ（から）の電荷の流入（流出）を促進する可能性も期待できる。これは，配位空間内部で実現されていない化学吸着の実現に繋がる。電荷移動は光照射など外部からの摂動によって制御できる可能性があり，配位空間における気体分子の吸蔵と放出の自在制御の可能性も見えてくる。いずれにしても，電荷移動型吸蔵とはホスト材料の電子励起状態を積極的に利用するものであり，それを実現する試みはいわば"電子自由度"を分子吸蔵において最大限に利用する試みとも言える。

第 3 章 理論

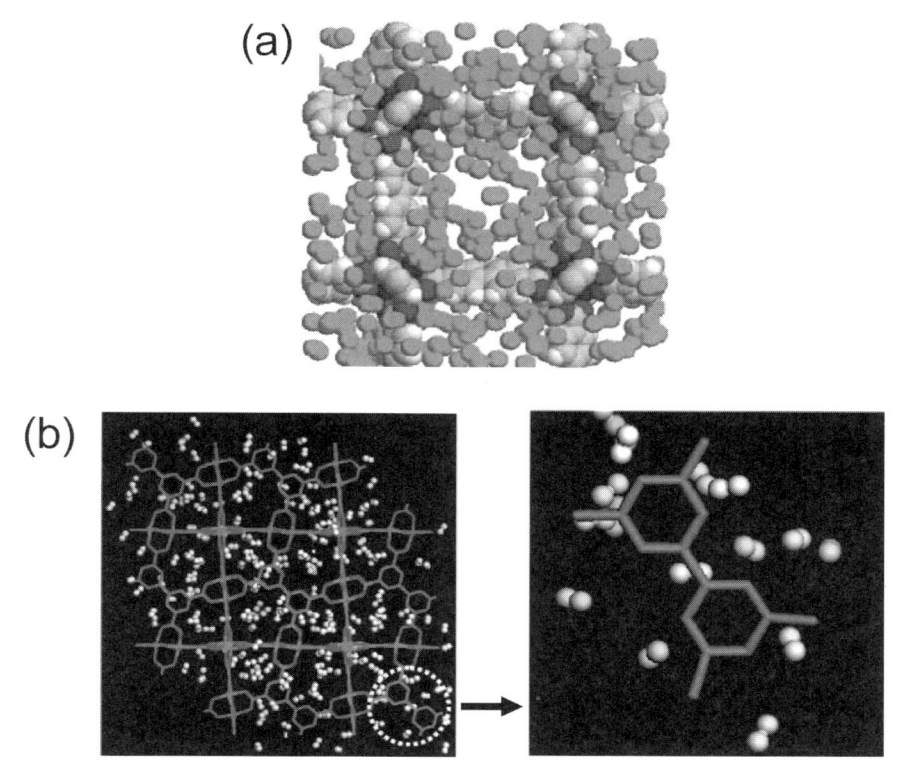

図 13 GCMC 計算により予測された(a)MOF-5[7]および(b)MOF-505[38]の配位空間における水素分子の分布

最後に MOF-5[7]および MOF-505[38]での水素吸蔵に関する GCMC 計算のスナップショットを紹介しよう（図 13）。ある種の規則性が見えているようにも思われるが，水素分子の向きはバラバラである。いわば"規則性が内在した"無秩序状態であるともみなせる。2.2 項で示したように，ホスト―ゲスト相互作用を強くすれば，より構造秩序の高い多層分子吸蔵が配位空間においても期待できよう。この意味でも，配位高分子による配位空間はまだまだ大きな可能性を秘めている。理論研究と実験研究が高いレベルで相互作用しながら，ワクワクする感動を与え，高い学術性と実用性を有する配位空間研究がますます進展することを期待したい。

文　献

1) J. L. C. Rowsell, O. M. Yaghi, *Angew. Chem. Int. Ed.*, **44**, 4670（2005）
2) (a)S. Kitagawa. R. Kitaura, S. Noro, *Angew. Chem. Int. Ed.*, **44**, 2334（2004）; (b)Y. Kubota, M. Takata, R. Matsuda, R. Kitaura, S. Kitagawa, K. Kato, M. Sakata, T. C. Kobayashi,

Angew. Chem. Int. Ed., **44**, 920 (2005)

3) (a)O. M. Yaghi, M. O'Keeffe, N. W. Ockwsig, H. K. Chae, M. Eddaoudi, J. Kim, *Nature*, **423**, 705 (2003); (b)H. M. El-Kaderi, J. R. Hunt, J. L. Mendoza-Cortes, A. P. Cote, R. E. Taylor, M. O'Keeffe, O. M. Yaghi, *Science*, **316**, 268 (2007); (c)H. Li, M. Eddaoudi, M. O'Keeffe, O. M. Yaghi, *Nature*, **402**, 276 (1999)
4) A. Niemz and V. M. Rotello, *Acc. Chem. Res.*, **32**, 44 (1999)
5) M. Sugimoto and M. Fujita, 未発表
6) 岡崎進, コンピュータシミュレーションの基礎, 化学同人 (2000)
7) H. Frost, T. Düren, R. Q. Snurr, *J. Phys. Chem. B*, **110**, 9565 (2006)
8) Q. Pu, Y. Leng, X. Zhao, P. T. Cummings, *Nanotechnology*, **18**, 424007 (2007)
9) (a)金子克己, 表面における理論Ⅱ (塚田捷編), 第1章, 丸善 (1995); (b)金子克美, コロイド科学Ⅰ, 基礎および分散・吸着 (日本化学会編), 第11章, 第13章, 東京化学同人 (1995)
10) 松島龍夫, 表面の化学 (岩澤康裕, 小間篤編), 第2章, 丸善 (1994)
11) 幸田清一郎, 大学院講義物理化学 (近藤保編), p. 248, 東京化学同人 (1997)
12) M. Sugimoto, 未発表
13) R. C. Lochan, M. Head-Gordon, *Phys. Chem. Chem. Phys.*, **8**, 1357 (2006)
14) T. M. Nicholson, S. K. Bhatia, *J. Phys. Chem. B*, **110**, 24834 (2006)
15) M. Radoń and K. Pierloot, *J. Phys. Chem. A*, **112**, 11824 (2008)
16) H. Nakatsuji and H. Nakai, *J. Chem. Phys.*, **98**, 2423 (1993)
17) H. Yokoyama, K. Yamaguchi, M. Sugimoto, S. Suzuki, *Eur. J. Inorg. Chem.*, 1435 (2005)
18) 渡部正利, 矢野重信, 碇屋隆雄, 錯体化学の基礎, p. 74, 講談社サイエンティフィク (1989)
19) (a)H. Sakurai, M. Sugimoto, *J. Organomet. Chem.*, **689**, 2236 (2004); (b)M. Sugimoto, I. Yamasaki, N. Mizoe, M. Anzai, S. Sakaki, *Theor. Chem. Acc.*, **102**, 377 (1999); (c)S. Sakaki, N. Mizoe, M. Sugimoto, *Organometallics*, **17**, 2510 (1998)
20) S. S. Han, W. A. Goddard III, *J. Am. Chem. Soc.*, **129**, 8422 (2007)
21) A. Mavrandonakis, E. Tylianakis, A. K. Stubos, G. E. Froudakis, *J. Phys. Chem. C*, **112**, 7290 (2008)
22) E. Klontzas, A. Mavrandonakis, E. Tylianakis, G. E. Froudakis, *Nano Lett.*, **8**, 1572 (2008)
23) K. L. Mulfort, J. T. Hupp, *J. Am. Chem. Soc.*, **129**, 9604 (2007)
24) K. L. Mulfort, J. T. Hupp, *Inorg. Chem.* **47**, 7936 (2008); *Langmuir*, **25**, 503 (2009)
25) 杉本学, *ENEOS Technical Review*, **50**, 96 (2008)
26) 勝藤拓郎, 十倉好紀, 固体物理, **30**, 15 (1995)
27) (a)S.-W. Kim, S. Matsuishi, M. Miyakawa, K. Hayashi, M. Hirano, H. Hosono, *J. Mater. Sci.: Mater. Electron.*, **18**, S5 (2007); (b)P. V. Sushko, A. L. Shluger, M. Hirano, H. Hosono, *J. Am. Chem. Soc.*, **129**, 942 (2007); (c)P. V. Sushko, A. L. Shluger, K. Hayashi, M. Hirano, H. Hosono, *Phys. Rev. Lett.*, **91**, 126401 (2003); (d)S. Matsuishi, Y. Toda, M. Miyakawa, K. Hayashi, T. Kamiya, M. Hirano, I. Tanaka, H. Hosono, *Science*, **301**, 626 (2003)
28) 西原寛, 集積型金属錯体の科学 (大川尚士, 伊藤翼編), p. 51, 化学同人 (2003)
29) M. Kurihara, A. Hirooka, S. Kume, M. Sugimoto, H. Nishihara, *J. Am. Chem. Soc.*, **124**,

8800 (2002)
30) 佐々木陽一，石谷治編；金属錯体の光化学，三共出版 (2007)
31) K. Y. Wong, P. N. Schatz, *Prog. Inorg. Chem.*, **28**, 369 (1981)
32) (a)F. X. Llabrés i Xamena, A. Corma, H. Garcia, *J. Phys. Chem. C*, **111**, 80 (2007); (b)M. Alvaro, E. Carbonell, B. Ferrer, F. X. Llabrés i Xamena, H. Garcia, *Chem. Eur. J.* **13**, 5106 (2007); (c)T. Tachikawa, J. R. Choi, M. Fujitsuka, T. Majima, *J. Phys. Chem. C*, **112**, 14090 (2008); (d)S. Bordiga, C. Lamberti, G. Ricchiardi, L. Regli, F. Bonino, A. Damin, K.-P. Lillerud, M. Bjorgen, A. Zecchina, *Chem. Commun.*, 2300 (2004)
33) C. W. Tang, S. A. VanSlyke, *Appl. Phys. Lett.*, **51**, 913 (1987)
34) (a)M. Sugimoto, S. Sakaki, K. Sakanoue, M. D. Newton, *J. Appl. Phys.*, **90**, 6092 (2001); (b)M. Sugimoto, M. Anzai, K. Sakanoue, S. Sakaki, *Appl. Phys. Lett.*, **79**, 2348 (2001)
35) R. Ballardini, G. Varani, M. T. Indelli, F. Scandola, *Inorg. Chem.*, **25**, 3858 (1986)
36) S. Lamansky, P. Djurovich, D. Murphy, F. Abdel-Razzaq, R. Kwong, I. Tsyba, M. Bortz, B. Mui, R. Bau, M. E. Thompson, *Inorg. Chem.*, **40**, 1704 (2001)
37) 筒井哲夫，鄒徳春，有機EL素子とその工業化最前線（宮田清蔵監修），第1編第1章，エヌ・ティー・エス (1998)
38) Q. Yang, C. Zhong, *J. Phys. Chem. B*, **110**, 655 (2006)

3 水素吸蔵体：分子間相互作用の解析と分子設計への展望

長谷川淳也*

3.1 はじめに

　配位空間の水素分子吸着能の設計，すなわち細孔を構成する配位子と水素分子の分子間相互作用の設計は，有能な水素吸蔵体を構築するうえで重要な課題の一つである。これまでに報告されている水素吸蔵材料を水素と材料の相互作用という観点で分類すると，水素分子の結合が解離する化学吸着型（あるいは原子状吸着型，化学反応型），材料表面との van der Waals（vdW）力による物理吸着型（あるいは分子状吸着型）に大別することができる。前者の化学反応型には金属やアルカリ金属の水素化物などが含まれる[1,2]。化学結合の組み替えにより安定な水素化物が生成し，単位体積あたりの水素原子濃度が高いことが特徴である。しかし，水素の脱離は吸熱過程であり，多くのエネルギーを要し，吸着の可逆性が課題とされている[1〜3]。他方，物理吸着型の材料としてはカーボンナノチューブなどの炭素材料やゼオライトが知られている[1,2]。一般にvdW 相互作用の反応熱は 1 kcal/mol 未満であり[3]，化学反応型と比較すると可逆的な吸脱着が容易と考えられる。しかし，吸着エネルギーが小さいため温度上昇に伴い吸蔵能が低下する問題点が知られている[2]。これら二つの材料群は吸着エネルギーの観点で分類すると両極をなすが，その中間に分類される材料があれば常温・常圧領域においても可逆的な吸脱着が可能な水素吸蔵体を開発できる可能性がある。

　本節では静電的な相互作用により水素分子が分極することで，単純な vdW 相互作用を超えた吸着エネルギーが得られる可能性について，我々が行った量子化学計算の結果[4]とこれまでに報告された研究例について報告する。最初に分子間相互作用について簡単に説明を行い，次に電荷単極子，電荷双極子による静電ポテンシャルが存在する系において，有機配位子への水素分子吸着エネルギーについて述べる。行った計算の内容については簡単に appendix で述べるが，詳細は原著[4]を参照されたい。

3.2 水素吸着系の分子間相互作用に関する分子軌道描像

　水素分子の物理吸着と化学吸着に関与する分子間相互作用を軌道間の電子過程という観点で説明する。最初に化学結合の解離・生成が起きる化学吸着について，軌道間相互作用の典型的な例を図 1(a)に示す。水素分子の占有軌道である結合性の $1s\sigma$ 軌道は，対称性が一致する吸蔵材料の空軌道に電子を提供して結合を生成する。同時に，水素分子の空軌道である反結合性の $1s\sigma^*$ 軌道に対して，対称性が合う吸蔵材料の占有軌道から電子が流れ込み結合が生成する。反結合性軌道への電子流入は水素原子間の結合を弱めるため結合が伸長し，遷移金属原子などに対しては結合解離に至る場合がある。

　次に分子状吸着の起源について，軌道間の電子励起過程の模式図を図 1(b)に示す。二分子間に

---

* Jun-ya Hasegawa　京都大学　工学研究科　合成・生物化学専攻　講師

第3章 理論

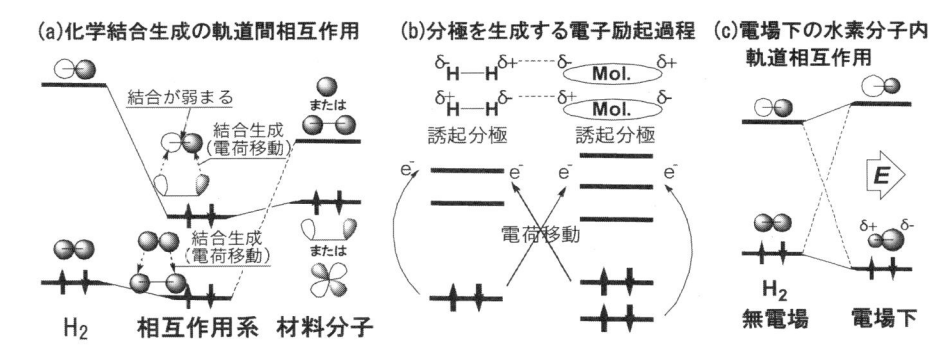

図1 水素分子吸着系の分子間相互作用に関する分子軌道描像
(a)化学結合生成の軌道間相互作用。材料分子の軌道は元素によってs, p, d軌道などの種類がありうる。(b)分極を生成する電子励起過程。vdW相互作用の起源となる。(c)電場下の水素分子内軌道相互作用による水素分子の分極。

働くvdW相互作用は，電子相関すなわち分子内や分子間の電子励起に由来する[5]。分子の電子構造は電子配置の重ね合わせ（配置間相互作用）として記述されるが，その電子配置には分子内励起や電荷移動励起によって水素分子や材料分子が電気的に分極する電子構造を表現するものが含まれている。このような電子励起配置由来の分極が，分子間のクーロン相互作用を通してvdW引力の起源となる。全波動関数において，このような電子励起配置の重みは小さいのでvdW相互作用の寄与は高々1 kcal/mol程度になる。

また，材料分子が電荷を持つ場合や外部電場が存在する場合，水素分子は分子内の軌道間相互作用によって分極した電子構造になる（図1(c)）。電場の摂動により占有軌道と空軌道が混成することで，分極した電子波動関数が表現される。電場下での分子分極によるエネルギー安定化は，多極子展開に基づくと，分子分極率と外部電場の二乗に比例する[5]。例えば3Å離れた位置にある+1の点電荷が作る電場により，水素分子のエネルギーの安定化は約1.5 kcal/molと見積もられる。つまり，外部電場による水素分子の分極安定化は，吸着エネルギーに対してvdW相互作用と同等以上に寄与する可能性がある。また，vdW相互作用とは起源が異なるので，相互干渉効果は小さいと期待できる。本節においては，幾つかの計算例を挙げて，このような外部電場下における分子内分極が水素吸着エネルギーに寄与することを説明する。

3.3 モノポール静電場の効果

水素を吸蔵することが知られている多孔性高分子CPL-1[6]において，細孔を構成する有機配位子と水素分子の相互作用について計算を行った。まずpyrazine（pz）と水素分子の相互作用について，結果を図2(a)〜(d)に示す。幾つかの配向を試したが，吸着エネルギーは0.19〜0.66 kcal/molと非常に弱く，結合距離も2.8〜3.1Åであった。また，dimethyl-pyrazine（dmpz，図2(b)）についても同様の結果を得た。ベンゼン環に対する吸着については，環中心へのend-on吸着が最も安定であり，1.17 kcal/molの吸着エネルギーが報告されている[7]。我々もトルエンにおける

配位空間の化学―最新技術と応用―

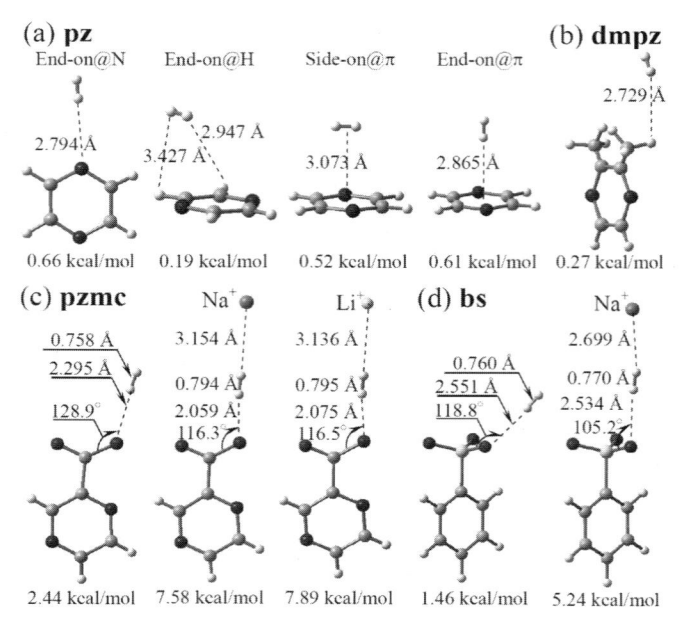

図2 幾つかの有機配位子に対する水素分子の分子状吸着エネルギーと吸着構造

環（ph）中心への吸着エネルギーを計算したところ，1.02 kcal/mol と算出された[4]。これらの分極の小さい系では，vdW 相互作用を主たる駆動力として吸着している。

次に pyrazine-monocarboxylate（pzmc，図2(c)左）への酸素原子への吸着を調べたところ，end-on 構造で分子状吸着した際に，最も大きな吸着エネルギーが得られることが分かった。CPL-1 の X 線結晶構造解析の結果においてもほぼ同様の吸着構造が報告されている[6]。計算された吸着エネルギーは 2.44 kcal/mol であり，pz 配位子より 4～13 倍，ph よりも 2.4 倍大きな吸着エネルギーを示した[4]。この原因を調べるために reduced variational space（RVS）解析[8,9]を行い，吸着エネルギーを種々の物理効果（vdW，静電，交換反発，分極，電荷移動，その他[10]）に分割した[4]。結果を図3に示す。vdW 相互作用が駆動力になっているベンゼン環への end-on 吸着の場合（図3，ph）と比較すると，分極効果が吸着エネルギーに大きく寄与している。この分極効果を確認するために水素吸着前後における電子密度差を計算した。図4(a)より明らかなように，pzmc との相互作用により，吸着水素分子の電子密度が分極している様子が理解できる。これによりカルボキシレート基の負電荷に近い側の水素原子が正に，遠い側が負に帯電し，クーロン相互作用により吸着エネルギーが増加することが明確になった。

電荷モノポールによる効果の有効性を示唆する理論計算結果はこれまでにも報告されている。特に炭素材料に対するアルカリ・ドープの効果が議論されてきた。Single-wall carbon nanotubes モデルにおいてカリウム（K）をドープさせ，正に帯電した K による水素分極の効果が検討された[11]。一つの K 原子サイトに5分子までの水素が吸着でき，水素1分子あたりの吸着エ

第3章 理論

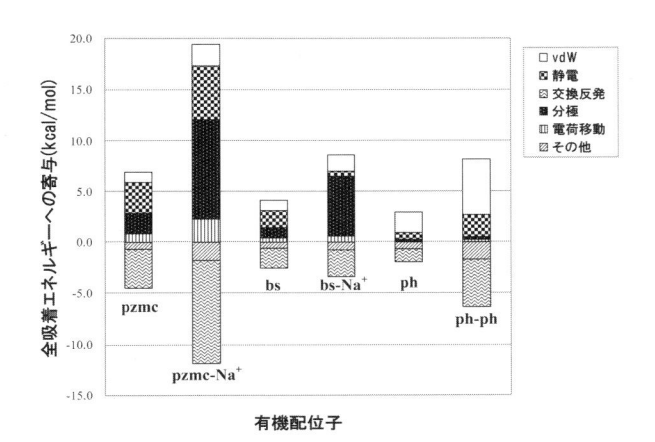

図3 幾つかの有機配位子について，吸着エネルギーの
RVS解析の結果

ネルギーは 1.1 kcal/mol と報告されている。ただ，基底関数の重ね合わせ誤差を考慮していないので，吸着エネルギーを過大評価している可能性がある[4]。同様に，芳香族系の有機配位子に Li をドープし，配位高分子として用いることも提案されている[12]。ただし，古典力学的な計算であり，吸着分子数の増加に伴い吸着エネルギーが減衰する効果が含まれていない。最近では，古典力学計算の分子力場に水素分子の分極を考慮した計算も行われている[13]。また，フラーレンへのアルカリ金属ドープも提案されている[14,15]。アルカリ金属と水素分子との相互作用[15]には軌道間相互作用の効果も含まれている。ドープによりイオン性を帯びたアルカリ金属の空軌道に水素分子の $1s\sigma$ 軌道が相互作用する。この時，軌道間の重なりが大きいほど相互作用が大きくなるので side-on 吸着の方が安定な構造を与えることが知られている[16]。

3.4 ダイポール静電場の効果

水素分子の分極により吸着エネルギーが増大することが示されたので，次に正負に分極した静電環境下での吸着エネルギーを計算した。理想系として，カチオンである Na^+ をカルボキシレート基の酸素原子から6Å離れた位置に導入し（図2(c), pzmc-Na^+），正と負の電荷により分極した静電ポテンシャル場をつくり，正負に分極した水素原子とのクーロン相互作用がより有効に吸着エネルギーに反映されるようにした。その結果は図2(c)に示したように，吸着エネルギーは 7.58 kcal/mol となり，カチオンが存在しない場合と比較して約3倍に増大した。この効果の起源を同様に RVS 法により解析した（図3）。pzmc と比較すると，Na^+ の導入より分極効果の寄与が増大している。即ち，電荷分極した空間の導入により，更に水素分子が分極し，負に帯電した水素原子とカチオンとの相互作用が導入され，吸着エネルギーが増加している。図4には Na^+ 存在下における水素吸着前後の差電子密度を比較した。Na^+ が存在しない場合と比較すると，水素分子が更に大きく分極したことを確認できる。また，図3の RVS 解析の結果において，Na^+ の導入が電荷分離効果の寄与も増大させたことが分かる。この効果は，図4において酸素原

(a)Without Na⁺

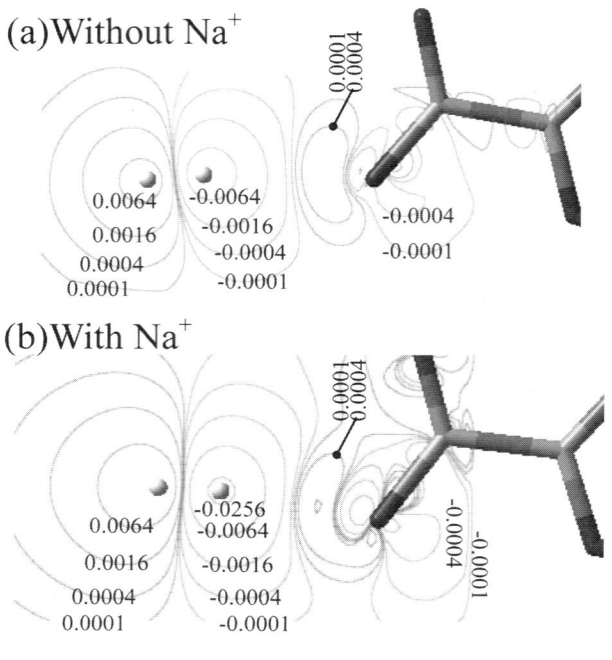

(b)With Na⁺

図4　pzmc に対する水素吸着前後における差電子密度
(a)Na⁺が存在しない場合。(b)pzmc の酸素原子から6Å 離れた位置に Na⁺が存在する場合。酸素原子と Na⁺の およそ線上に水素分子の吸着サイトができる。

子からカルボキシレート基への電子流入が若干生じていることからも確認することができる。水素とカルボキシレート基が接近することで，軌道間相互作用も増大したと考えられる。

水素分子の分極に由来する吸着エネルギーの増大は物理的原理が明確であるので，同様の静電ポテンシャルを提供する系でも同効果が期待できる。カチオン種として Li^+ を用いた場合，吸着エネルギーは 7.89 kcal/mol に増大する。その起源についても Na^+ と全く同様であることがRVS解析により明らかになっている[4]。異なるアニオン性配位子である benzene-sulfonate（bs）においては，bs 単独での水素吸着エネルギーが 1.46 kcal/mol であったが，カウンターカチオン Na^+ の導入により 5.24 kcal/mol となり，3.8 kcal/mol の増大が示された。

また，このような水素吸着エネルギーの増加には非加成性がみられる[4]。単独の Na^+ イオンに水素分子が end-on 吸着した場合の吸着エネルギーは 0.48 kcal/mol と計算され，pzmc に対しては 2.44 kcal/mol である。これは吸着場の静電ポテンシャルの勾配が大きいほど水素分子の分極が大きくなり，クーロン相互作用による安定化効果が大きくなると考えられる。比較として，面間距離 6Å として平行に並べた2枚のベンゼン環に挟みこむように水素分子を end-on 吸着させた場合の計算を行った[4]。吸着エネルギーは1枚では 1.0 kcal/mol（ph），2枚で挟み込むと 1.9 kcal/mol（ph-ph）と増加したが，加成性を満たす程度である。図3にRVS解析の結果を示した。ph と ph-ph を比較すると，vdW 相互作用による寄与が増加することで吸着エネルギーに寄

第3章 理論

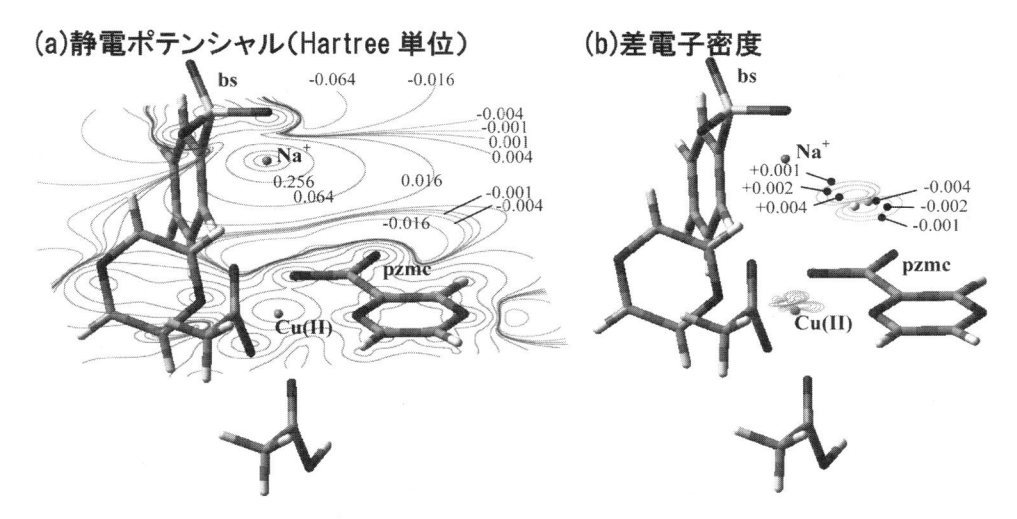

(a) 静電ポテンシャル（Hartree 単位）　**(b) 差電子密度**

図5　Cu（Ⅱ）錯体と bs–Na$^+$ 錯体から形成される配位空間モデルにおける
(a)静電ポテンシャル，及び(b)水素吸着前後における差電子密度

与しており，分極によるメカニズムと明らかに異なっている。

　実際の多孔性高分子においては上記のような理想的な系はまだ実現されていない。負に帯電したカルボキシレート基が単独に存在しうることは困難で，金属イオンに配位して錯体を形成していることが多い。また単独のイオンを導入することも困難で，配位子などと錯形成することが多い。そこで，このような状況下で水素の分極効果が見込めるか否かの検証を行った[4]。構造が同定されている既存の配位高分子から，カルボキシレート基を持つCu（Ⅱ）錯体[6]，Na$^+$をカウンターイオンとして持つベンゼンスルホン酸[17]を取り出し，仮想的な配位空間を構成した[4]。二つの錯体はそれぞれ電荷中性である。カルボキシレート基はCu（Ⅱ）イオンに，Na$^+$イオンはbs基にそれぞれ対となり電荷が相殺されている。図5(a)にはこのような系における静電ポテンシャルを示す。空間的な電荷の偏りにより静電ポテンシャルに分極が生じていることが分かる。この空間に水素分子を吸着させたところ，2.02 kcal/mol の吸着エネルギーが計算された[4]。左側の bs–Na$^+$錯体が存在しない場合の吸着エネルギーは 0.86 kcal/mol であり，単独の Na$^+$への吸着エネルギーは 0.48 kcal/mol であることから，静電的に分極した吸着場の効果により，吸着エネルギーが約 0.7 kcal/mol 増大したことを示している。実際に吸着前後における電子密度の変化を計算すると，図5(b)に見られるように，水素分子における分極が確認できる。

3.5　軌道間相互作用を導入した物理吸着系の可能性

　ここまではvdW相互作用を超える吸着エネルギーを導入するために静電的に分極した場の効果について述べてきた。更に強い相互作用を導入するならば，軌道間相互作用をいかに導入するかが次の課題となろう。我々の研究においては，pzmc系にNa$^+$を導入した際，吸着エネルギーが大きく増加したことを上述した。これは水素分子の分極が主な原因であるが，図2(c)でわかる

ように水素とpzmcとの距離が約0.3Å近接したため,軌道間相互作用である電荷移動項の寄与も増大している(図3)[4]。

また,密度汎関数理論によるモデル計算[18]であるが,2つの遷移金属原子がエチレンのπ軌道に分子面の両側から錯形成したモデルが提案されている。Ti原子に対して水素分子が吸着しKubas錯体[19,20]を形成した場合,エチレンあたり10分子の水素を吸着し,その吸着エネルギーは水素分子あたり1.4 kcal/molと見積もられた[18]。運搬が容易な水素吸蔵材料を考えた場合,遷移金属元素は材料の質量を増加させる欠点が指摘されているが[1],Ti-エチレン系では最高で14 wt%と単位質量あたり高い水素濃度を実現できるとしている[18]。この系では遷移金属のd軌道にある電子が水素分子の1sσ*軌道と相互作用することで弱い結合を生成する[18]。ごく最近,エチレン・ガス中でTiをレーザーで気化させて得た反応物にTi原子1個あたり5分子の水素が吸着したという報告がなされた[21]。水素分子の取り出しに課題が残るようだが[21],軌道間相互作用を導入する指針として示唆的な研究成果である。

3.6 まとめ

容易に持ち運びが可能な水素吸蔵体の開発は,環境負荷を低減した水素エネルギー・システムを構築するうえでは乗り越えなければならない課題の一つである。これまでの研究では,水素化物を生成する化学吸着やvdW相互作用による物理吸着する系が報告されているが,吸着エネルギーの観点から,それらの中間に位置する吸着材料を構築できるならば新しい展開が開ける可能性がある。即ち,強い軌道間相互作用と弱いvdW相互作用の中間に位置する相互作用であり,分極した静電場による水素分子の分極がその候補として考えられる。水素分子は等核分子であることから双極子による相互作用はあまり考慮されてこなかったが,外部電場により双極子が誘起されることでvdW相互作用以上の安定化が見込まれ,分子設計において考慮すべきポイントになると考えられる。vdW,静電分極,軌道間相互作用をうまく合わせた配位空間の水素吸蔵特性には関心がもたれるところである。

3.7 Appendix:計算内容

行った計算方法[4]について簡単に述べる。量子化学計算プログラムGaussian 03[22]を用いてポテンシャルエネルギー(以下,単にエネルギーと呼ぶことにする)の計算を行った。計算方法について検討し,電子相関理論としてMP2法,基底関数としてaug-cc-pVDZ基底[23]を用い,基底関数重ね合わせ誤差(basis sets superposition error;BSSE)補正を行った計算が最低限必要であることを確認した[4]。B3LYPを用いた密度汎関数法による計算ではvdW相互作用によるエネルギー極小は得られず,定性的にも誤った結果を与えた[4]。

第3章 理論

文　献

1) 水素エネルギー協会，水素エネルギー読本，オーム社，東京，（2007）
2) M. Fichtner, *Adv. Eng. Mater.*, **7**, 443-455（2005）
3) R. C. Lochan and M. Head-Gordon, *Phys. Chem. Chem. Phys.*, **8**, 1357-1370（2006）
4) J. Hasegawa, M. Higuchi, Y. Hijikata and S. Kitagawa, *Chem. Mater.*, **21**, 1829-1833（2009）
5) 米沢貞次郎，永田親義，加藤博史，今村詮，諸熊奎治，三訂　量子化学入門（下），化学同人，京都（1983）
6) Y. Kubota, M. Takata, R. Matsuda, R. Kitaura, S. Kitagawa, K. Kata, M. Sakata and T. C. Kobayashi, *Angew. Chem. Int. Ed.*, **44**, 920-923（2005）
7) O. Hülbner, A. Glöss, M. Fichtner and W. Klopper, *J. Phys. Chem. A*, **108**, 3019-3023（2004）
8) K. Morokuma, *J. Chem. Phys.*, **35**, 1236-1244（1971）
9) W. J. Stevens and W. H. Fink, *Chem. Phys. Letters*, **139**, 15-22（1987）
10) 静電および交換反発効果は孤立系における水素と配位子の波動関数をそのまま相互作用系に用いて算出する。分極および電荷移動効果は相互作用系において波動関数を緩和させて算出する。分極効果の算出ではそれぞれの分子内に限定して波動関数を緩和させ，電荷移動効果では互いの分子への電子移動を許容する。
11) G. E. Froudakis, *Nano Lett.*, **1**, 531-533（2001）
12) S. S. Han and W. A. Goddard_III, *J. Am. Chem. Soc.*, **129**, 8422-8423（2007）
13) J. L. Belof, A. C. Stern, M. Eddaoudi and B. Space, *J. Am. Chem. Soc.*, **129**, 15202-15210（2007）
14) Q. Sun, P. Jena, Q. Wang and M. Marquez, *J. Am. Chem. Soc.*, **128**, 9741-9745（2006）
15) K. R. S. Chandrakumar and S. K. Ghosh, *Nano Lett.*, **8**, 13-19（2008）
16) K. Sawabe, N. Koga and K. Morokuma, *J. Chem. Phys.*, **97**, 6871-6879（1992）
17) S. Horike, R. Matsuda, D. Tanaka, M. Mizuno, K. Endo and S. Kitagawa, *J. Am. Chem. Soc.*, **128**, 4222-4223（2006）
18) E. Durgun, S. Ciraci, W. Zhou and T. Yildirim, *Phys. Rev. Letters*, **97**, 226102（2006）
19) G. J. Kubas, R. R. Ryan, B. I. Swanson, P. J. Vergamini and H. J. Wasserman, *J. Am. Chem. Soc.*, **106**, 451（1984）
20) *Metal dihydrogen and bond complexes-structure, theory and reactivity*, ed. by G. J. Kubas (Kluwer Academic/Plenum Publishing, New York（2001）
21) A. B. Phillips and B. S. Shivaram, *Phys. Rev. Letters*, **100**, 105505（2008）
22) M. J. Frisch, Gaussian 03（Revision C. 02）. Gaussian, Inc., Pittsburgh PA（2003）
23) J. T. H. Dunning, *J. Chem. Phys.*, **90**, 1007（1989）

第Ⅲ編　機能

第 1 章　貯蔵

近藤　篤[*1]，加納博文[*2]

1　はじめに

　配位空間への貯蔵は，第 3 編第 3 章に記述されているように，気体の吸蔵や電荷移動型吸蔵によるエネルギーの貯蔵が一般的に挙げられる。気体の貯蔵においては，貯蔵という概念をその機構から分類することが重要なので，最初にナノ空間の特徴と貯蔵のメカニズムについて記述し，次に気体貯蔵において重要な配位空間におけるポテンシャル場について説明する。エネルギー貯蔵として重要になる気体としてはメタンや水素があり，特に水素に関しては膨大な量の研究報告がある。それらのうち，代表的な報告内容をまとめて報告する。また，配位高分子の特徴である柔軟構造に起因する動的変化がもたらす特異的な貯蔵機構と，地球温暖化物質の代表である CO_2 の貯蔵との関連について述べる。

　電荷移動型吸蔵によるエネルギーの貯蔵としては，リチウムイオン 2 次電池や電気二重層キャパシタなどイオンの電気化学的貯蔵が対象となるが，配位空間を使用したこれらの報告は気体の吸蔵ほど多くはない。そのうちの代表例を簡単に紹介することにする。

2　集合構造がもつ空間の機能

　配位高分子の最も重要な機能の 1 つとして，集合構造から生み出される空間（細孔）の機能が挙げられる。この空間の特徴として結晶構造に起因する規則性がある。また，構成物質である金属イオンや配位子，対イオンを多様に選択することができるため，この規則的細孔のサイズや形状，表面の化学的性質などを原子や分子レベルで精密にコントロールでき，多彩な細孔構造を構築できるようになった。細孔性物質の具体的な機能に吸着や触媒がある。配位高分子はその細孔径に依存してサイズの異なる分子を細孔内に取り込むことができ，細孔空間の特異なポテンシャル場のために，従来にない反応場としても注目を集めている。現在までに報告されている配位高分子は細孔径が 1 nm 程度のミクロ孔をもつものが多いが，水素や窒素といった小分子の分子サイズは 0.3〜0.4 nm 程度であり，これらの大きさの小分子を吸着するのに適している。また，大きな配位子を用いた配位高分子では細孔径が 2〜3 nm 程度のメソ孔をもつものもあり，小分子

[*1]　Atsushi Kondo　信州大学　ナノテク高機能ファイバーイノベーション連携センター　特任助教
[*2]　Hirofumi Kanoh　千葉大学　大学院理学研究科　化学コース　教授

から比較的大きなサイズの分子を内包できる。

2.1 貯蔵のメカニズム

　固体と気体分子に関する現象は，それらが相互作用する前後の固体全体の構造変化と気体分子における化学結合の変化を含む構造変化の組み合わせにより，物理吸着（physical adsorption），化学吸着（chemical adsorption），吸収（absorption），吸蔵（occlusion）の4つの種類に大別される[1]。物理吸着では，固体および気体分子共に吸着前後で構造を変えない。骨格が強固な配位高分子の吸着はほとんどが物理吸着である。化学吸着では，気体分子が構造を変え固体表面と化学結合を生じるが，固体の構造変化は表面のみに限られ，固体全体の構造は変わらない。吸収では，気体分子は構造を変えず，固体全体が大きな構造変化を生ずる。モンモリロナイトが水蒸気を吸収して膨潤するのがその代表例である。吸収を示す配位高分子は近年その動的機能性が注目されている。吸蔵では，気体分子，固体共にその前後で構造が変わる。水素吸蔵合金による水素の吸蔵がこれに当たる。水素やメタンなどのクリーンエネルギーの貯蔵には，上記のいずれかの機構もしくはハイブリッド機構による貯蔵量増加の取り組みが世界中で検討されている。化学吸着や吸蔵では高い吸着力や吸着量を示すが，脱着の際大きなエネルギーが必要とされる。一方，物理吸着と吸収は化学吸着などと比べて吸着力が低いが，脱着エネルギーも低く容易に回収できるという利点をもつ。物理吸着の対象となるのは通常は蒸気であり，その吸着状態は液体密度に近い凝縮状態である。本章では配位高分子において盛んに研究が行われている物理吸着や柔軟構造性を利用した吸収について中心に述べる。

2.2 配位空間における特異ポテンシャル場

　細孔はその細孔径にしたがってマクロ孔（細孔径 $w>50$ nm），メソ孔（$2<w<50$ nm），ミクロ孔（$w<2$ nm）に分類される。細孔壁が全く同じ化学的性質をもつ場合，一般に細孔径が小さいほど強く分子は引き付けられる。これは，細孔壁からのポテンシャルの重なりにより深いポテンシャルを形成するからである。細孔性配位高分子の多くはミクロ孔をもつため，77 K での N_2 吸着のような蒸気吸着では低圧部から立ち上がるI型の等温線を示す。また，一般的にバルク状態では高圧下でも凝縮せず，吸着が困難である超臨界気体をもミクロ孔特有の深いポテンシャル場により吸着できるようになる。

　配位高分子はそのほとんどが結晶性物質であり規則的構造を有する。そのため，規則的な配位空間が形成される。また，結晶構造を形成する原子・分子の大部分が表面に露出しており，分子壁1枚により隔てられた空間を形成できる。通常の固体では構成原子や分子が多数集合・凝集して表面に露出しているのはごくわずかであり，配位高分子において形成される空間は非常に特異的な空間であるといえる。また，近年注目を集めている単層カーボンナノチューブも配位高分子と同様にほとんどすべての原子が表面に露出しているが，配位高分子ではさらに構成分子のエッジ面も露出表面であり，このような特異的な構造は配位高分子によって初めて実現可能となった。

第 1 章　貯蔵

この配位高分子特有の構造は吸着や触媒の作用場である表面を増加させる。ゼオライト中で最大の表面積を示すゼオライト Y の Brunauer-Emmett-Teller（BET）比表面積は 904 m^2/g[2]であり，軽量な材料である炭素材料では 4100 m^2/g[3]に達するものも報告されている。一方，配位高分子の最大 BET 比表面積は MIL-101 の 4100 m^2/g[4]であり，細孔性炭素材料に匹敵する表面積を有する規則的空間を配位高分子内に実現できることがわかる。

3　水素の貯蔵

特有な配位空間を有する配位高分子の気体貯蔵特性が近年注目されている。一般的に貯蔵が困難な超臨界気体でさえもナノ細孔における深いポテンシャルにより吸着可能となる。近い将来枯渇すると予想されている化石燃料に代わる次世代エネルギーとして水素やメタンが注目されているが，それらは室温では超臨界気体であり，いくら圧縮しても液化しない。しかし，ナノ細孔内では強いポテンシャル場の効果で凝縮状態と同様の高密度状態での貯蔵が可能となる。それらの分子を貯蔵する通常の手段としては低温液化，高圧圧縮などが挙げられるが，経済性や安全性を考慮に入れると細孔体への貯蔵が有効な手段であるといえる。配位高分子の水素貯蔵への展開は 2003 年から始まったが，初期の水素貯蔵量は 77 K，1 atm の条件下で IRMOF-11 の 1.6 wt%[5]であった。その後高圧貯蔵が評価され，その過程で水素貯蔵量と表面積の相関が注目された。図 1 に Langmuir plot または BET 法により評価された比表面積と水素貯蔵量のグラフを示す[6]。このように，77 K では比表面積が大きいほど水素貯蔵量が多い傾向がある。配位高分子の高比表面積化には巨大配位子を用いた空隙率増加が 1 つの手法として用いられ，現在までに報告されている配位高分子の最大 Langmuir 比表面積は MOF-177 の 5500 m^2/g であり，水素貯蔵量の最大

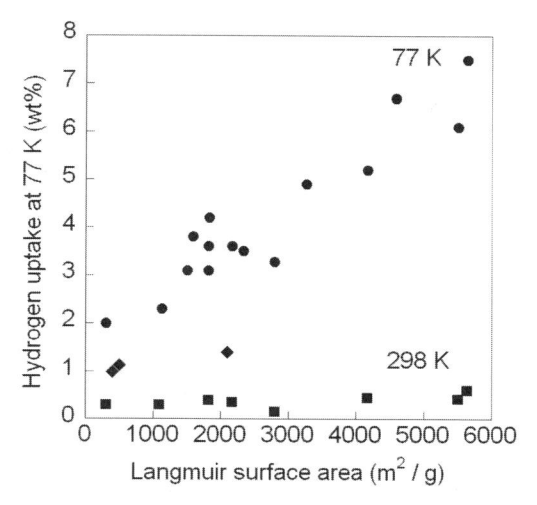

図 1　水素貯蔵量と比表面積の関係
Langmuir 比表面積（●：77 K，■：298 K），BET 比表面積（◆：298 K）

値は 77 K, 70 atm で 7.5 wt%と報告されている[7]。

アメリカエネルギー省（Department of Energy）が公表している 2010 年の目標値は −30〜80 ℃の温度範囲で 6 wt%であり，常温で高い貯蔵量を示す材料が望まれている。77 K で最高貯蔵量を示す MOF-177 でさえ 298 K，100 atm における貯蔵量は 0.62 wt%と低い[8]。図1を見ると，77 K では比表面積と水素貯蔵量との間に相関が見られるが，常温ではこれらの間に相関が見られず，比表面積の低い配位高分子でもある程度の貯蔵量を示すものがある。上で述べたように比表面積の増加には大きな配位子を用いて空隙率を増加させる戦略がとられているが，一般的傾向として細孔径が大きくなると細孔空間のポテンシャルは浅くなる。そこで，比表面積だけを考慮するのではなくポテンシャルも考慮に入れた研究が進められている。現在までに報告されている 298 K における最大水素貯蔵量は，$[Mn(CH_3OH)_6]_3[(Mn_4Cl)_3BTT_8(CH_3OH)_{12}]_2 \cdot 42 CH_3OH$ (BTT = 1, 3, 5-benzenetristetrazolate) を脱溶媒処理したもので 1.4 wt%である[9]。この物質は BET 比表面積が約 2200 m^2/g であり，報告されている最大比表面積値を大きく下回るが，室温付近の水素貯蔵量は大きく上回っている。この配位高分子は不飽和金属配位サイトを有しており，その特異的相互作用を利用している。重水素を用いた中性子回折測定やシミュレーションにおいて，配位空間内でも不飽和配位サイトは深いポテンシャルをもち，水素分子と強く相互作用することが明らかになっている[10〜12]。また，水素貯蔵量を増加させるための手法として，配位高分子の軽量化も進められている。配位高分子の多くに用いられている金属イオンは Co，Ni，Cu，Zn などの遷移金属であるが，より軽量な Mg，Al などの金属イオンを用いて合成した配位高分子は単位重量当たりの水素貯蔵量が上昇する傾向にある[13]。

しかし，物理吸着だけでは DOE の目標値を達成することは難しいともいわれており，物理吸着と化学吸着，吸蔵などを組み合わせた複合的手法による水素貯蔵が進められている。具体的な例としては金属原子の配位子への導入，配位高分子と炭素材料—金属微粒子複合体などが挙げられる。配位子にリチウムアルコキシドを導入した IRMOF-8 では 100 bar，298 K で 4.5 wt%[14]のシミュレーション結果が報告されており，5 wt%のプラチナを付与した活性炭と IRMOF-8 の複合体では同条件において 4 wt%[15]の実験値が報告されている。今後，複合化貯蔵材による水素貯蔵の研究がより一層求められる。

4　配位空間の動的変化がもたらす機能

配位高分子が研究され始めた当初は，いかに強固かつ安定な骨格をもつ物質を合成できるかが焦点となっていたが，近年ではそれらに加えて配位高分子のもつ柔らかさを積極的に利用しようという研究も盛んに行われている。配位高分子の中には共有結合やイオン結合，配位結合だけでなく水素結合やπ-π相互作用といった弱い結合を併せもつものがある。それらの中には外的刺激に応答して構造変化する動的応答物質がある。この構造変化型配位高分子の特筆すべき機能は分子認識・分子選択性である。現在までに様々な構造変化型配位高分子が報告されているが，そ

のうちのいくつかを示す。

4.1 構造変化型配位高分子の特異吸着

2次元格子シート型配位高分子である$[Cu(bpy)_2(BF_4)_2]_n$は，2次元シート間にπ-π相互作用や水素結合といった弱い相互作用をもつ物質である[16]。この物質は潜在細孔を有するためLatent Porous Complexと呼ばれており，ここではその略として以下LPCと記述する。LPCは図2に示すように低圧領域では吸着しないがある特定圧力になるとシート間距離を大きく拡張して細孔性物質へと変化するため，急激に分子を吸着する[17]。この吸着メカニズムは吸着材自体が構造変化し，吸着気体は不変であることから厳密な意味において吸収に分類される（図3）。この構造変化はゲスト―ホスト骨格間相互作用により誘起され，表1に示すようにゲスト分子の物性に依存した圧力で吸着するという分子選択性を示す[18,19]。また，脱着において吸着圧力より低圧で吸着と同様に急激にゲスト分子を放出するという特徴をもつ。

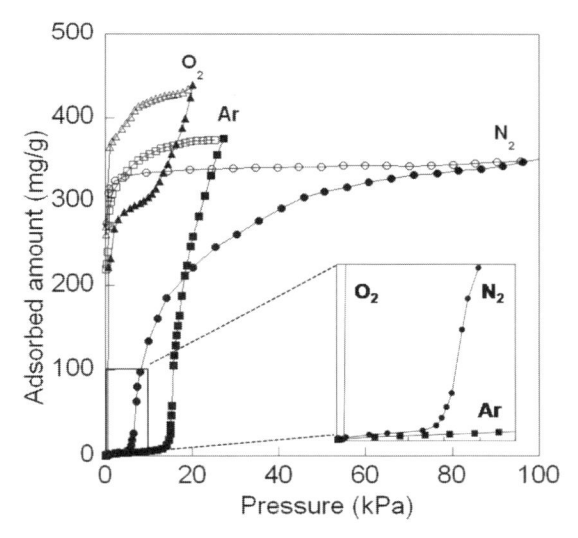

図2　LPCの77KにおけるO$_2$，N$_2$およびAr吸着等温線

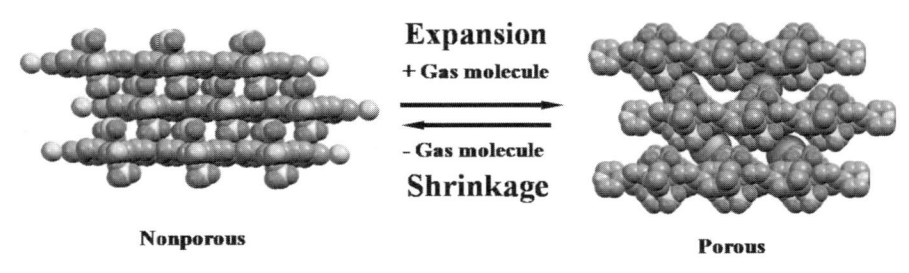

図3　気体吸脱着に伴うLPCの構造変化

表1　LPCの各種気体の吸着開始圧力

気　　体	立ち上がり圧力（kPa）
O_2	0.4
N_2	6.4
Ar	15±2

　LPCは非共有結合性相互作用由来の構造柔軟性を示すが，配位結合のような比較的強い結合の切断・生成による構造変化も報告されている。$[Cu_2(pzdc)_2(dpyg)]_n$（pzdc＝pyrazine-2, 3-dicarboxylate，dpyg＝1, 2-di(4-pyridyl)glycol）は相互作用の小さいメタンや窒素などの分子は吸着しないが，H_2OやMeOHのような水素結合性分子に対してはCu^{II}とpzdcのカルボン酸のO原子との可逆的な切断・生成を通して構造変化するため，LPCと類似形状の吸着等温線を示す[20]。

4.2　CO_2貯蔵の比較

　構造変化型配位高分子はその特有な分子吸着機構により，分子貯蔵材としての可能性を秘めている。ここでは，地球温暖化の主な要因である温室効果ガスのCO_2の貯蔵について述べる。温室効果ガスは二酸化炭素やメタン，一酸化二窒素，トリフルオロカーボン類，パーフルオロカーボン類など様々な種類があるが，CO_2はその排出量の圧倒的な多さゆえに地球温暖化の主原因とされている。そのため，CO_2の貯蔵・回収が問題となっている。先に挙げたLPCは比較的高温である室温付近においても選択的かつ多量にCO_2を吸着する。LPCは1 atm以下，298 Kで空気の主成分であるN_2やO_2を全く吸着しないがCO_2を吸着する。構造変化しない配位高分子や細孔性炭素材料，ゼオライトなどへのCO_2，N_2，O_2吸着において，室温付近では分子物性の差により比較的CO_2を吸着しやすいが，N_2やO_2も少なからず吸着する傾向にある。つまり，LPCは一般的な細孔性物質と比較して高い選択性をもつ。また，実用面を考えると，吸着した気体を比較的温和な条件で容易に回収できることが望ましい。図4に196 Kから室温付近における様々な非構造変化型細孔性物質とLPCの1 atmでのCO_2の貯蔵量，また各温度で1 atmから0.2 atmに減圧した時に回収しうる量を示す。1 atmでの貯蔵量を比較するとLPCを上回る貯蔵量を示す非構造変化型細孔性物質があり，その貯蔵能の高さがうかがえる。これらはポテンシャルの深い細孔場をもつ物質であり，低圧からの吸着のあるI型，もしくはLangmuir型の等温線を示す。一方，1 atmから0.2 atmに減圧した時に回収しうる量を比較すると，LPCのCO_2回収量は現在気体分離剤として実用化されているゼオライトを大きく上回り，高い貯蔵能を示す非構造変化型配位高分子と比較しても同等，もしくはそれらを上回る。また，減少圧力幅を小さくすればするほど非構造変化型細孔性物質のCO_2回収量は減少するが，LPCはある圧力範囲内ではCO_2回収量はほとんど減少しないという性質を示す。これは，構造変化型配位高分子が示す特有な貯蔵特性によるものでありその有用性を明確に示している。前述したように室温付近では分子

第1章　貯蔵

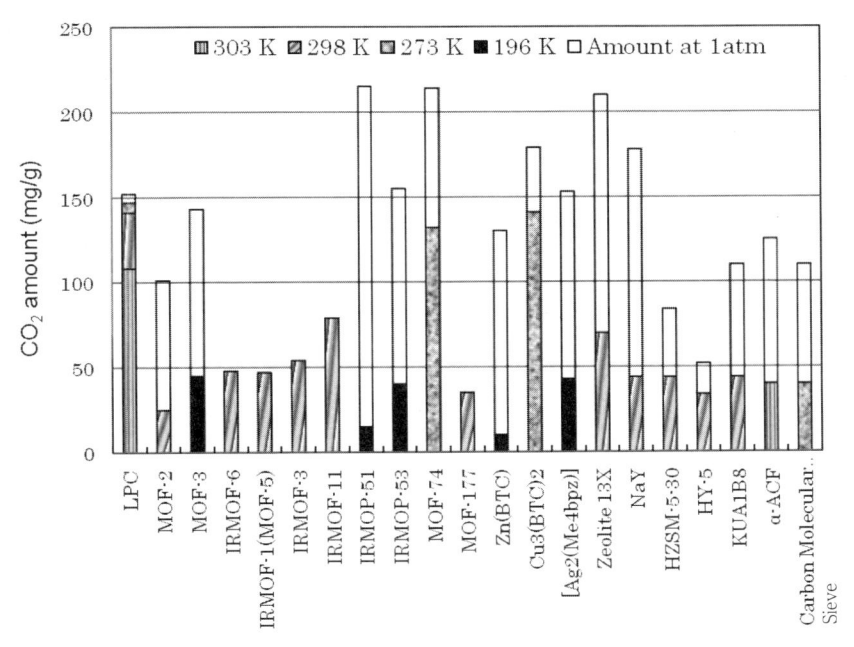

図4　様々な細孔性物質の196 Kから室温付近での1 atmでの貯蔵量（白抜きバー）と，各温度において1 atmから0.2 atmに減圧した時に回収しうる量（色つきバー）[21〜31]

の高いエネルギーを捕捉できる深いポテンシャルが不可欠であり，多量貯蔵のためには深いポテンシャル場を多く有する細孔場が必要になる。LPCの場合，ゲスト分子の種類や数に対応して構造変化し，CO_2分子を強い相互作用で捕捉できる吸着サイトを有効に形成すると考えられる。

4.3　構造変化型配位高分子の可能性

比較的高い温度での分子貯蔵には深いポテンシャルを有する吸着場が必要であり，一般的には細孔径が小さいものにそのような吸着場は多い。しかし，多量に貯蔵するためにはゲスト分子を内包できる広い空間が必要であり，そのような物質は大きい細孔径をもつものとなる。非構造変化型細孔性物質ではこの相反する2つの特徴を併せもつことは不可能であった。一方，構造変化型配位高分子ではゲスト分子に応じた構造変化を示し，細孔空間を拡大できる。ゲスト分子は最も安定な吸着サイトから順次取り込まれ，更なる細孔空間拡大により生じた深いポテンシャル場をもつ吸着サイトに吸着できる。この特徴は非構造変化型細孔性物質では実現できないユニークなものである。また，分子の種類に依存した構造変化を示すため選択的分子貯蔵が可能であり，これらの特性を生かしたインテリジェントマテリアルとして今後の展開が期待できる。

5　イオン貯蔵

エネルギー貯蔵として，イオンの貯蔵を考えるとリチウムイオン2次電池におけるリチウムイ

オン貯蔵や電気二重層キャパシタにおける電解質イオンの貯蔵が対象となる。しかしながら，配位高分子のほとんどは電気伝導度が小さく絶縁体であるため電池材料としての応用を目的とした研究は少ない。その中でも混合原子価を導入して酸化還元機構を利用したリチウムイオン貯蔵材の研究報告例がある[32]。この論文では，$[Fe(III)(OH)_{0.8}F_{0.2}(O_2CC_6H_4CO_2)]\cdot H_2O$ を正極として，Fe^{3+}/Fe^{2+} の酸化還元を利用して，リチウムイオンの挿入・抽出を電気化学的に行ったものである。ただし，リチウムイオン 2 次電池の正極材としての性能は，開回路電圧が 3 V 級で放電容量が 70 mAh g^{-1} であるので，応用の観点からは優れた材料とはいえない。しかしながら，配位空間におけるイオンの移動や貯蔵という観点からの研究は興味深いものであるので，今後多くの研究がなされるであろう。

6 おわりに

配位空間が有する機能としての「貯蔵」について，特に水素や CO_2 について物理吸着という立場から記述した。当然 2.1 において定義された吸蔵（occlusion）という観点からの研究例も多くある。その多くは，水素吸蔵合金や水素化物による水素吸蔵である。しかしながら，研究報告の数は膨大であり，第 3 編第 3 章 3 節にも水素吸蔵体について述べられているので，ここでは全く触れなかった。

また，CO_2 の選択分離貯蔵の研究は地球温暖化対策の観点からも重要であるし，省エネルギー技術との関係から吸脱着熱を用いたヒートポンプ用材料への応用も検討されてよいであろう。ヒートポンプでは，水蒸気やアルコールを吸着質として用いるのが有効なので，水蒸気の吸脱着による熱エネルギーの貯蔵という観点からの研究も始められている[33]。今のところ，配位空間における分子吸着を利用した熱エネルギー貯蔵に関する研究はそれほど多くはないようであるが，目的に応じた機能をもつ配位高分子の創製は，近年の研究の発展から比較的容易にできるようになっているので，今後の研究に期待する。

文　献

1) Y. Hanzawa and K. Kaneko, in Carbon Alloys, E. Yasuda, M. Inagaki, K. Kaneko, M. Endo, A. Oya and Y. Tanabe, Eds. Elsevier, Amsterdam, Chap. 20, 319 (2003)
2) S. S. Kaye and J. R. Long, *J. Am. Chem. Soc.*, **127**, 6506 (2005)
3) K. Matsuoka *et al.*, *Carbon*, **43**, 855 (2005)
4) G. Férey *et al.*, *Science*, **309**, 2040 (2005)
5) J. L. C. Rowsell *et al.*, *J. Am. Chem. Soc.*, **126**, 5666 (2004)

第1章 貯蔵

6) D. J. Collins and H. -C. Zhou, *J. Mater. Chem.*, **17**, 3154 (2007)
7) A. G. Wong-Foy *et al.*, *J. Am. Chem. Soc.*, **128**, 3494 (2006)
8) Y. Li and R. T. Yang, *Langmuir*, **23**, 12937 (2007)
9) M. Dincă *et al.*, *J. Am. Chem. Soc.*, **128**, 16876 (2006)
10) V. K. Peterson *et al.*, *J. Am. Chem. Soc.*, **128**, 15578 (2006)
11) Q. Yang and C. Zhong, *J. Phys. Chem. B*, **110**, 655 (2006)
12) J. L. Belof *et al.*, *J. Am. Chem. Soc.*, **129**, 15202 (2007)
13) S. S. Han *et al.*, *Angew. Chem. Int. Ed.*, **46**, 6289 (2007)
14) E. Klontzas *et al.*, *Nano Lett.*, **8**, 1572 (2008)
15) Y. Li and R. T. Yang, *J. Am. Chem. Soc.*, **128**, 8136 (2006)
16) A. Kondo *et al.*, *Nano Lett.*, **6**, 2581 (2006)
17) D. Li and K. Kaneko, *Chem. Phys. Lett.*, **335**, 50 (2001)
18) H. Noguchi *et al.*, *J. Phys. Chem. B*, **109**, 13851 (2005)
19) H. Noguchi *et al.*, *J. Phys. Chem. C*, **111**, 248 (2007)
20) R. Kitaura *et al.*, *Angew. Chem. Int. Ed.*, **41**, 133 (2002)
21) M. Eddaoudi *et al.*, *J. Am. Chem. Soc.*, **122**, 1391 (2000)
22) A. C. Sudik *et al.*, *J. Am. Chem. Soc.*, **127**, 7110 (2005)
23) A. R. Millward and O. M. Yaghi, *J. Am. Chem. Soc.*, **127**, 17998 (2005)
24) H. Li *et al.*, *J. Am. Chem. Soc.*, **120**, 8571 (1998)
25) J. -P. Zhang *et al.*, *Angew. Chem. Int. Ed.*, **46**, 889 (2007)
26) B. D. Chandler *et al.*, *Chem. Mater.*, **19**, 4467 (2007)
27) S. Cavenati *et al.*, *Energy Fuels*, **20**, 2648 (2006)
28) P. J. E. Harlick and F. H. Tezel, *Micropor. Meso. Mater.*, **76**, 71 (2004)
29) D. Lozano-Castello *et al.*, *Chem. Eng. Technol.*, **26**, 852 (2003)
30) K. Kaneko *et al.*, *Colloid Polymer Sci.*, **265**, 1018 (1987)
31) R. Arriagada *et al.*, *Micropor. Meso. Mater.*, **81**, 161 (2005)
32) G. Férey *et al.*, *Angew. Chem. Int. Ed.*, **46**, 3259 (2007)
33) S. K. Henninger *et al.*, *J. Am. Chem. Soc.*, **131**, 2776 (2009)

第2章 分離

植村一広*

1 はじめに

多孔性配位高分子で現在特に注目されている機能は，水素吸蔵と分離といえる。水素吸蔵と分離のいずれも，産業的ニーズを満たせば実用化に近づくため，産学が手を組み進められる機能研究といえるだろう[1]。水素吸蔵では，2003年に初めて報告されて以来，多くの多孔性配位高分子で水素吸着の検討がされ[2]，不飽和金属サイトやアルカリ金属を細孔内へ導入することで，水素との親和性を向上させ，効果的に吸蔵できるシステムの開発が続いている。一方，分離に関しては開拓中といえる。かつて，先駆的な多孔性配位高分子である$[Cd(4,4'\text{-}bpy)_2(NO_3)_2]_n$ ($4,4'\text{-}bpy = 4,4'\text{-}bipyridine$)[3]と$[Co(C_6H_3(COOH_{2/3})_3)]_n$[4]で，それぞれジブロモベンゼンのオルト選択性と芳香族選択性が示され，分離応用への提案がされるものの，その後新規化合物の合成研究に集中し，研究が進展してきた感がある。多孔性配位高分子の合理的な合成指針が，おおむね確立した今，機能とくに分離機能に注目がシフトし，多成分系での分離シミュレーションが多く報告されるようになってきた。本章では，多孔性配位高分子を用いた分離検討の最近の動向について述べる。

2 多孔性配位高分子の流通式分離の検討

多孔体の細孔は，細孔径によってミクロ孔（～2 nm），メソ孔（2～50 nm），マクロ孔（50 nm）に分類され，多孔性配位高分子は架橋配位子の長さを変えることで，ミクロ孔域を中心に細孔径を制御することが可能である。一方，吸着質の動力学的直径は，代表的なガス分子で，H_2：2.89 Å，CO_2：3.30 Å，N_2：3.64 Å，CH_4：3.8 Åであり[5]，細孔径の大きさで，これらを篩い分けるためには，小分子サイズにフィットしたウルトラマイクロ孔（～0.7 nm）が効果的と考えられる（図1）。図2に示す，$[Zn_2(BDC)_2(4,4'\text{-}bpy)]_n$ (**MOF-508**, BDC = 1,4-benzenedicarboxylate) は 4.0×4.0 Å^{2}のウルトラマイクロ孔を有し，初めて，流通式分離性能が実証された多孔性配位高分子である[6]。**MOF-508**は，ランタン型亜鉛二核錯体をBDCが架橋することで2次元格子を形成し，それらを$4,4'\text{-}bpy$で連結することで3次元構造を構築する（図2a）。この3次元構造は，2重に相互貫入することで，骨格と骨格の隙間に4.0×4.0 Å^{2}の細孔を与える。分離実験では，C5/C6炭化水素を**MOF-508**結晶が充填されたカラムを用いて，ガスクロマト

---

* Kazuhiro Uemura　岐阜大学　工学部　応用化学科　助教

第2章　分離

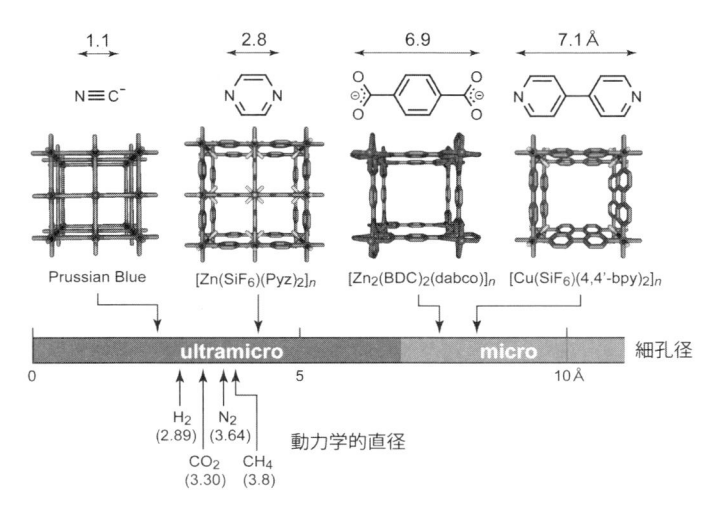

図1　代表的な多孔性配位高分子の細孔径と，ガス分子の動力学的直径との関係

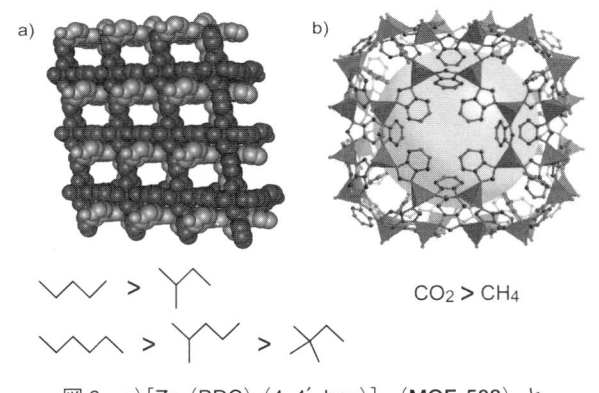

図2　a) $[Zn_2(BDC)_2(4,4'\text{-bpy})]_n$ (**MOF-508**) と
b) $[Zn(Pur)_2]_n$(**ZIF-20**) の結晶構造
ⓒ Nature Publishing Group ref 7.

グラフィーで追跡している．その結果，直鎖状炭化水素の方が吸着しやすく，遅く透過することが確認された．また，$[Zn(Pur)_2]_n$（**ZIF-20**，Pur＝purinate）はゼオライトに類似した LTA 構造を形成し，内部に 15.4 Å の大きさの細孔を有するものの，その細孔口部は 2.8 Å と，非常に狭い入口を持つ多孔性配位高分子である[7]（図2b））．**ZIF-20** において，CO_2/CH_4 の破過曲線（breakthrough curve）を求めたところ，動力学的直径の小さい CO_2 が競争的に細孔内へ吸着するため，CH_4 が先に結晶粒界を透過し，流れ出ることが確認された．さらに，同様の小さな細孔口部を持つ $[Zn(cbIM)_2]_n$（**ZIF-95**，cbIM＝5-chlorobenzimidazolate）と $[Zn_{20}(cbIM)_{39}(OH)]_n$（**ZIF-100**）でも CO_2 選択性が見られ，分離係数 α を算出している[8]（表1）．分離係数 α とは，A，B 2 成分気体の透過流量比（q_A/q_B）を供給流量比（p_A/p_B）で割った値であり，値が大きいほど分離性能が高いことを示す．**ZIF-95** と **ZIF-100** の CO_2 選択性の分離係数 α は，いずれも

表1 多孔性配位高分子の流通式分離の検討例

化合物	細孔径（Å）	分離系	分離係数 α	参考文献
$[Zn_2(BDC)_2(4,4'\text{-bpy})]_n$ (**MOF-508**)	4.0×4.0	C_5, C_6 炭化水素	—	6)
$[Zn_2(BDC)_2(4,4'\text{-bpy})]_n$ (**MOF-508**)	4.0×4.0	CO_2/N_2	3〜6	9)
$[Zn_2(BDC)_2(4,4'\text{-bpy})]_n$ (**MOF-508**)	4.0×4.0	CO_2/CH_4	3〜6	9)
$[Zn(Pur)_2]_n$ (**ZIF-20**)	2.8	CO_2/CH_4	—	7)
$[Zn(cbIM)_2]_n$ (**ZIF-95**)	3.65	CO_2/CH_4	4.3 ± 0.4	8)
$[Zn(cbIM)_2]_n$ (**ZIF-95**)	3.65	CO_2/CO	11.4 ± 1.1	8)
$[Zn(cbIM)_2]_n$ (**ZIF-95**)	3.65	CO_2/N_2	18.0 ± 1.7	8)
$[Zn_{20}(cbIM)_{39}(OH)]_n$ (**ZIF-100**)	3.35	CO_2/CH_4	5.9 ± 0.4	8)
$[Zn_{20}(cbIM)_{39}(OH)]_n$ (**ZIF-100**)	3.35	CO_2/CO	17.3 ± 1.5	8)
$[Zn_{20}(cbIM)_{39}(OH)]_n$ (**ZIF-100**)	3.35	CO_2/N_2	25.0 ± 2.4	8)
$[VO(BDC)]_n$ (**MIL-47**)	11.0×10.5	$p\text{-}X/m\text{-}X$	2.07	10, 11)
$[VO(BDC)]_n$ (**MIL-47**)	11.0×10.5	$p\text{-}X/EB$	1.83	10, 11)
$[VO(BDC)]_n$ (**MIL-47**)	11.0×10.5	thiophen/CH_4	—	12)
$[Al(OH)(BDC)]_n$ (**MIL-53**)	8.5	$o\text{-}X/m\text{-}X$	2.2	13)
$[Al(OH)(BDC)]_n$ (**MIL-53**)	8.5	$o\text{-}X/EB$	11.0	13)
$[Zn_2(BDC)_2(dabco)]_n$	7.5×7.5	C_6 炭化水素	—	14)

略語：BDC = 1,4-benzenedicarboxylate, 4,4'-bpy = 4,4'-bipyridine, Pur = purinate, cbIM = 5-chlorobenzimidazolate, dabco = 1,4-diazabicyclo[2.2.2]octane, X = xylene, EB = ethylbenzene.

有効な値を示している。

上記の先駆的な他成分流通式分離能の追跡に続いて，表1に示すように，他の多孔性配位高分子でも同様の検討がなされている。一方で，単成分の吸着選択性を検討した多孔性配位高分子は，表2に示すように多く存在する。表1，2ともに，ファンデルワールス半径を考慮した細孔径と吸着（もしくは分離）可能な吸着質の動力学的直径を記載してあるが，それをプロットしたものが，図3である。本来なら，分子サイズが細孔径よりも小さい分子のみ細孔内へ吸着し，大きい分子は吸着しないはずだが，必ずしもこれに従わない。多孔性配位高分子では，CO_2 (3.30Å) は吸着し，N_2 (3.64Å) は吸着しない報告例が多いようである。

また，芳香族化合物の分離に関して興味深い報告例がある[10,11,13)]。$[VO(BDC)]_n$ (**MIL-47**)[10,11)] と $[Al(OH)(BDC)]_n$ (**MIL-53**)[13)] は，それぞれ V^{4+} と Al^{3+} が BDC によって架橋されて3次元構造を形成し，11.0×10.5Å^2 と 8.5Å のマイクロ孔を有する。**MIL-47** と **MIL-53** はキシレンに対しオルト選択性があり，特に **MIL-47** は，$o\text{-}X \sim p\text{-}X > m\text{-}X > EB$（X = xylene, EB = ethylbenzene）の分離性能が確認されている[13)]。この選択性は，$o\text{-}X$ もしくは $p\text{-}X$ 分子が，細孔内で π-π 相互作用を介して対を形成するために誘起される。つまり，単分子の形状のみで篩い分けるのではなく，複数の会合した分子によって選択性が生まれる好例である。さらに，$[Zn(\mu_4\text{-}TCNQ\text{-}TCNQ)(4,4'\text{-bpy})] \cdot 1.5 C_6H_6]_n$（TCNQ = 7,7,8,8-tetracyano-p-quinodimethane）は，TCNQ を骨格に有する珍しい多孔性配位高分子であり，蛇腹型細孔にベンゼンを強い H-π 相互

第2章　分離

表2　選択的吸着を示す多孔性配位高分子

化　合　物	細孔径（Å）	吸着可能	吸着不可	参考文献
$[Zn(FMA)(4,4'-bpee)_{0.5}]_n$	3.2×2.0	H_2^g, CO_2^g, CH_4^c	Ar^a, $N_2^{g,e}$, CO^a	15)
$[Cu(hfipbb)(H_2hfipbb)_{0.5}]_n$	3.2	$C_3H_6^h$, $C_3H_8^h$, n-$C_4H_{10}^h$	C^h	16)
$[Zn(ADC)(4,4'-bpee)_{0.5}]_n$	3.4×3.4	H_2^g, CO_2^g, CH_4^c	N_2^g, CO^a	17)
$[Er_2(PDA)_3]_n$	3.4	CO_2^g	Ar^a, N_2^g	18)
$[Zn_4O(H_2O)_3(adc)_3]_n$	3.5×3.5	H_2^g, CO_2^g, O_2^g	N_2^g, CO^a	19)
$[Mg_3(NDC)_3]_n$	4.2×2.5	H_2^g, O_2^g	N_2^g, CO^a	20)
$[Cd(pzdc)(4,4'-bpee)]_n$	4.5×3.5	H_2O^h, $MeOH^h$	$EtOH^h$, Me_2CO^h, THF^h	21)
$[Co_3(2,4\text{-}pdc)_2(\mu_3\text{-}H_2O)_2]_n$	4.5×4.5	H_2^g, CO_2^f, O_2^g	N_2^g, CH_4^d	22)
$[Zn(SiF_6)(pyz)_2]_n$	4.5×4.5	$MeOH^h$, $EtOH^h$, Me_2CO^h	i-$PrOH^h$	23)
$[Mn(HCO_2)_2]_n$	4.9	H_2^g, $CO_2^{g,h}$, $C_2H_2^h$	Ar^b, $N_2^{b,e}$, CH_4^c	24, 25)
$[Cu_2(pzdc)_2(pyz)]_n$	6×4	$C_2H_2^j$	CO_2^j	26)
A	6.2	$C_3H_8^i$, n-$C_4H_{10}^i$	$C_2H_6^i$, n-$C_5H_{12}^i$, n-$C_6H_{14}^i$	27)
B	6.78×4.78	H_2O^h, CO_2^g, $MeOH^h$, $EtOH^h$, Me_2CO^h	O_2^g, N_2^g, Xe^e	28)

A＝[(perfluoro-ortho-phenylenemercury)(1,3,5-$(Me_3SiC\equiv C)_3C_6H_3$)]，B＝{[Ni(bpe)$_2$(N(CN)$_2$)](N(CN)$_2$)}$_n$，C＝2-methylpropane，$n$-$C_5H_{12}$，3-methylbutane，$n$-$C_6H_{14}$，3-methylpentane.
測定温度：^{a}77 K，^{b}78 K，^{c}87 K，^{d}186 K，^{e}195 K，^{f}196 K，^{g}273 K，^{h}298 K，^{i}室温，^{j}310 K.
略語：FMA＝fumarate，4,4'-bpee＝$trans$-bis(4-pyridyl)ethylene，H$_2$hfipbb＝4,4'-(hexafluoroisopropylidene)bis(benzoic acid)，ADC＝4,4'-azobenzenedicarboxylate，H$_2$PDA＝1,4-phenylendiacetic acid，adc＝9,10-anthracenedicarboxylate，NDC＝2,6-naphthalenedicarboxylate，pzdc＝pyrazine-2,3-dicarboxylate，2,4-pdc＝2,4-pyridinedicarboxylate，pyz＝pyrazine，bpe＝1,2-bis(4-pyridyl)ethane.

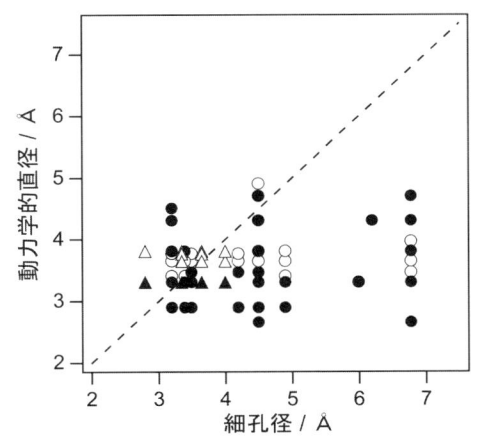

図3　吸着選択性のある多孔性配位高分子での細孔径（Å）と吸着質動力学的直径（Å）との関係性
▲：表1の良吸着質，△：表1の貧吸着質，●：表2の吸着可能吸着質，○：表2の吸着不可吸着質

作用で補足している[29]。ベンゼンを取り除くと結晶構造が変化するが，諸性質が類似しているベンゼン（動力学的直径：5.85Å，沸点：80.1℃）とシクロヘキサン（6.0Å，80.7℃）では，ベンゼンを選択的に吸着することが確認されており，結晶構造変化と吸着質認識サイトを持つ架橋配位子を巧みに用いた好例といえる。

3　多孔性配位高分子の膜分離

　膜分離は，蒸留法，吸収法，吸着法に次ぐ4番目の分離技術として期待を集めている。これまでに，気体分離や液体混合物の膜分離法である浸透気化分離に主に用いられてきた膜材料は高分子材料であり，気体分子は高分子膜中へ溶解し，高分子鎖の熱運動で生じる間隙を高圧側から低圧側に拡散する。前述の多孔体を充填したカラム分離では吸着法を利用しているため，吸着しやすい物質（A）が遅れてカラムを透過するのに対し（図4a)），膜分離では，吸着（収着）しやすい透過成分（A）が先に透過する（図4b)）。

　高性能な気体分離膜素材を得ることを目的に，これまでに様々な高分子膜で気体の透過選択性と化学構造の関係性が調べられている。膜の透過性能は2つのパラメーター，透過係数 P [cm^3(STP)cm/(cm^{2}scmHg)] と，A, B 2成分気体の透過選択性（理想分離係数（透過係数比）=P_A/P_B）で表すことができる。良い性能を持つ膜は，透過係数と分離係数が共に大きい（つまり，速く効果的に分離できる）ことが挙げられるが，高分子膜では透過係数と分離係数の間に相反関係があり（図4c)），透過係数の大きな膜は分離係数が小さくなる傾向がある。そのため，より高選択かつ高透過性の分離膜を得るために，分子ふるい膜に関する研究が進められ，ゼオライト膜[30]など，ナノメートルサイズの細孔を持つ無機多孔質膜が研究されるに至っている。

　多孔質膜の分離機構と細孔径の関係は，透過する物質の種類，条件，膜の孔径などにより，ク

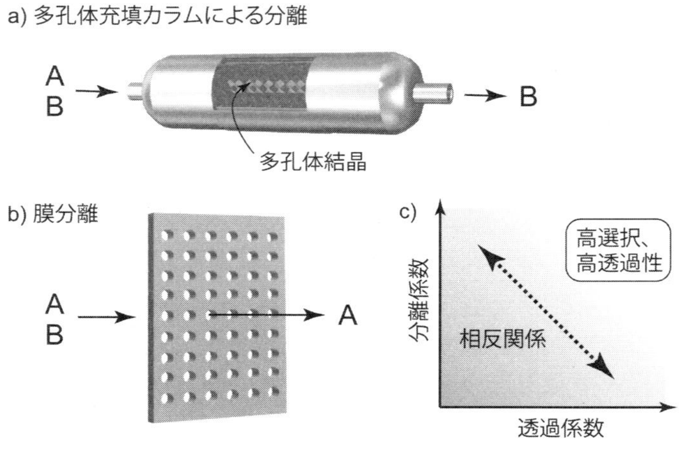

図4　a)カラム分離，b)膜分離，c)膜分離における相反関係のスキーム

第2章 分離

ヌーセン拡散, 表面拡散, 毛管凝縮またはミクロポアフィリング, 分子ふるいの分離機構に分類される. 数 nm～数十 nm の細孔内を気体が透過するとき, 細孔半径が分子の平均自由行程に比べて相対的に大きい場合は, 分子と分子の衝突が中心となり, 分離作用は生じない. 一方, 細孔径が相対的に小さくなると分子と細孔壁との衝突による抵抗が律速となり, クヌーセン拡散となる. クヌーセン拡散では透過速度は気体の分子量 M と温度の積の平方根の逆数および細孔径に比例する. 従って, 気体分子 A, B の理想分離係数 $\alpha_{A/B}$ は, それぞれの分子量 M_A, M_B の平方根の比で表され, 大きな分離性は得られない.

細孔壁に気体分子が吸着して起こる表面拡散は, 細孔径が比較的大きい場合は前述のクヌーセン拡散と同時に起こるが, 細孔径がミクロ孔のように小さくなると, クヌーセン拡散による移動が極めて小さくなるため, 表面拡散による分離が発現する. 一方, メソ細孔中の蒸気は細孔中に凝縮し, 毛管凝縮が起こり, ミクロ孔内では細孔の壁からのポテンシャルが重なり, 吸着質はより強く吸着されてミクロポアフィリングが生じる. さらに, 細孔径が分子径程度になると, 分子径の大小あるいは構造の違いによる分離, つまり, 分子ふるいによる分離が可能になる. 従って, 大きな分離性は, 透過成分の表面拡散, 毛管凝縮, ミクロポアフィリング, 分子ふるいで発現する.

上記のような背景のもと, 自在なミクロ孔細孔設計性を持つ多孔性配位高分子を膜化することの意味は大きい. 表3に, 2009年3月までの膜化の検討例をまとめた.

$[Mn(HCO_2)_2]_n$[31,32], $[Cu_3(BTC)_2]_n$(BTC = 1,3,5-benzenetricarboxylate)[32~34], $\{[Cu_2(PF_6)(NO_3)(4,4'-bpy)_4](PF_6)_2 \cdot 2H_2O\}_n$[35], $[Cu(SiF_6)(4,4'-bpy)_2]_n$[36], $[Zn_4O(BDC)_3]_n$[37,38], $[Zn_2(BDC)_2(dabco)]_n$ (dabco = 1,4-diazabicyclo[2.2.2]octane)[39] の6種類である. $\{[Cu_2(PF_6)(NO_3)(4,4'-bpy)_4](PF_6)_2 \cdot 2H_2O\}_n$ と $[Cu(SiF_6)(4,4'-bpy)_2]_n$ は, 常温の自己組織化法で合成するため, 合成直後に瞬時に微結晶として得られる. それ以外の4種類は, 水熱合成 (solvothermal)

表3 多孔性配位高分子膜化の検討例

化合物	細孔径 (Å)	支持体	有機高分子	透過実験	参考文献
$[Mn(HCO_2)_2]_n$	4.9	グラファイト	—	無	31)
$[Mn(HCO_2)_2]_n$	4.9	—	PSf	有	32)
$[Cu_3(BTC)_2]_n$	9×9	—	PSf	有	32)
$[Cu_3(BTC)_2]_n$	9×9	α-アルミナ	—	無	33)
$[Cu_3(BTC)_2]_n$	9×9	酸化銅	—	有	34)
A	4×3	—	PSf	有	35)
$[Cu(SiF_6)(4,4'-bpy)_2]_n$	8×8	—	Matrimid®	有	36)
$[Zn_4O(BDC)_3]_n$	11.2×11.2	—	Matrimid®	有	37)
$[Zn_4O(BDC)_3]_n$	11.2×11.2	α-アルミナ	—	有	38)
$[Zn_2(BDC)_2(dabco)]_n$	7.5×7.5	ムライト	—	無	39)

A = $\{[Cu_2(PF_6)(NO_3)(4,4'-bpy)_4](PF_6)_2 \cdot 2H_2O\}_n$
略語: BTC = 1,3,5-benzenetricarboxylate, 4,4'-bpy = 4,4'-bipyridine, BDC = 1,4-benzenedicarboxylate, dabco = 1,4-diazabicyclo[2.2.2]octane.

法で合成し，合成溶液を加熱することで，時間の経過ともに結晶が析出してくる。多孔質支持体上に膜化（もしくは微結晶凝集化）に成功しているのは，いずれも水熱合成法で得られる多孔性配位高分子であり，支持体を合成溶液に浸漬させて，徐々に結晶を析出させる方法が有用であることがわかる。また，自己組織化で得られるものは，有機高分子との複合化で膜化している。一般に，高分子膜は簡便で低コストであるが，前述した相反関係がある。一方で，無機多孔質膜は高性能だが，高コストや再現性がないなどの問題点があり，無機多孔体と有機高分子をブレンドし，問題点を補償し合うことが狙われている。多孔性配位高分子は有機部分を含んでいるため有機高分子との親和性が期待でき，欠陥の少ない複合膜の形成が期待できる。

図5に，膜化を検討した多孔性配位高分子のSEM像をまとめた。$[Cu_3(BTC)_2]_n$では5～10 μmの大きさの微結晶が緻密に密集し，60 μmほどの厚みの膜を形成している（図5a），b)）[34]。また，$[Zn_4O(BDC)_3]_n$では，50 μmほどの微結晶が25～85 μmの膜厚の膜を形成している（図5e），f)）[38]。特に，$[Cu_3(BTC)_2]_n$では，支持体に酸化銅を選択しており，支持体の種類が重要であることがうかがえる。一方，$[Zn_2(BDC)_2(dabco)]_n$では微結晶が密に凝集してはいるものの，結晶粒界が大きく膜としての機能を果たしていない（図5g），h)）[39]。これは，$[Zn_2(BDC)_2(dabco)]_n$が比較的フレキシブルな多孔性配位高分子であり，膜化には，$[Cu_3(BTC)_2]_n$や$[Zn_4O(BDC)_3]_n$のように，剛直で安定なものが適していると考えられる。また，$[Cu(SiF_6)(4,4'-$

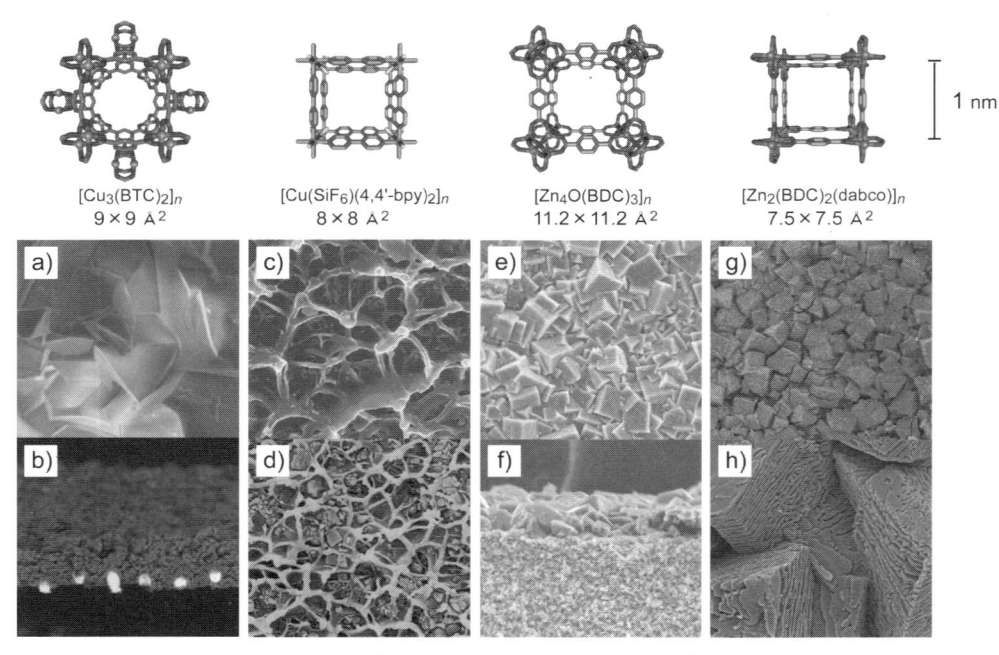

図5 多孔性配位高分子膜化例のSEM像

$[Cu_3(BTC)_2]_n$の a) 膜表面と b) 膜断面 © American Chemical Society ref 34，$[Cu(SiF_6)(4,4'-bpy)_2]_n$のMatrimid®への c) 10 wt%分散膜表面と d) 40 wt%分散膜表面 © Elsevier ref 36，$[Zn_4O(BDC)_3]_n$の e) 膜表面と f) 膜断面 © Elsevier ref 38，$[Zn_2(BDC)_2(dabco)]_n$の g)，h) 支持体上の凝集物表面 © Elsevier ref 39．

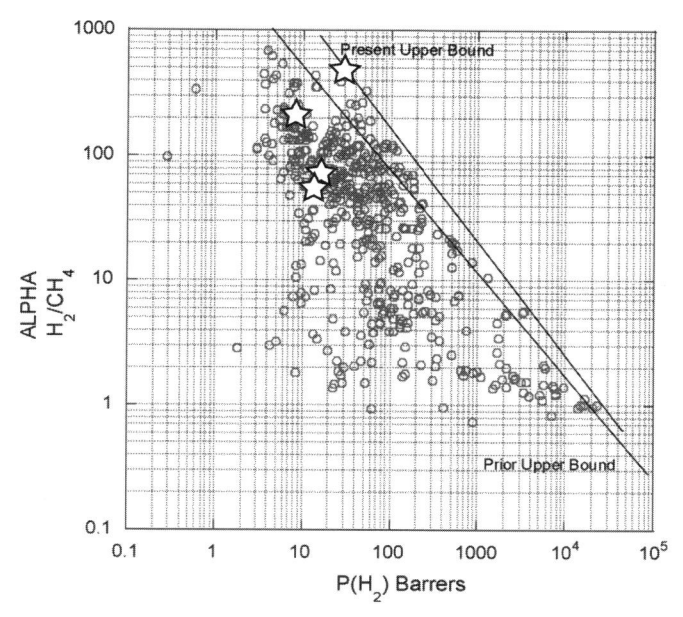

図6 H$_2$/CH$_4$のロブソン上限線と，表3中の多孔性配位高分子膜の結果（星印）
ⓒ Elsevier ref 40.

bpy)$_2$]$_n$とMatrimid®の複合膜では，[Cu(SiF$_6$)(4,4'-bpy)$_2$]$_n$の含有量が10 wt%では[Cu(SiF$_6$)(4,4'-bpy)$_2$]$_n$の微結晶は確認できないが，40 wt%に増加すると微結晶とMatrimid®が相分離し，膜に欠陥をもたらす（図5 c），d））。複合膜では，多孔性配位高分子の含有量も，1つのポイントであると考えられる。

図6のグラフは，過去の膜素材で，分離係数（α）を透過係数（P〔Barrer＝cm^3(STP)cm/(cm^{2}scmHg)〕）に対してプロットしたもので，線はロブソン上限線とよばれる境界線である[40]。この上限線を超える膜が高性能として認められ，図6では，H$_2$/CH$_4$の分離系で，表3中の検討例（星印）と比較した結果を示す。いずれも上限線を下回る結果で，過去の膜素材と同等の性能であるといえる。ただし，透過係数は膜厚を考慮したパラメーターで，多孔性配位高分子のみで構成された膜では，圧力差あたりの透過流束（単位 GPU＝10^{-6}cm^3(STP)/(cm^{2}scmHg)）で比較する必要があるので，単純に比較はできない。今後，多くの多孔性配位高分子膜の検討に期待したい。

文　　献

1) U. Mueller *et al.*, *J. Mater. Chem.*, **16**, 626（2006）

2) 北川　進ほか，有機貯蔵材料とナノ技術―水素社会に向けて―, p. 243, シーエムシー出版 (2007)
3) M. Fujita *et al.*, *J. Am. Chem. Soc.*, **116**, 1151 (1994)
4) O. M. Yaghi *et al.*, *Nature*, **378**, 703 (1995)
5) D. W. Beck, *Zeolite Molecular Sieves*, Wiley & Sons (1974)
6) B. Chen *et al.*, *Angew. Chem. Int. Ed.*, **45**, 1390 (2006)
7) H. Hayashi *et al.*, *Nature Mater.*, **6**, 501 (2007)
8) B. Wang *et al.*, *Nature*, **453**, 207 (2008)
9) L. Bastin *et al.*, *J. Phys. Chem. C*, **112**, 1575 (2008)
10) L. Alaerts *et al.*, *Angew. Chem. Int. Ed.*, **46**, 4293 (2007)
11) V. Finsy *et al.*, *J. Am. Chem. Soc.*, **130**, 7110 (2008)
12) X. Wang *et al.*, *Angew. Chem. Int. Ed.*, **45**, 6499 (2006)
13) L. Alaerts *et al.*, *J. Am. Chem. Soc.*, **130**, 14170 (2008)
14) P. S. Bárcia *et al.*, *J. Phys. Chem. B*, **111**, 6101 (2007)
15) B. Chen *et al.*, *Inorg. Chem.*, **46**, 1233 (2007)
16) L. Pan *et al.*, *Angew. Chem. Int. Ed.*, **45**, 616 (2006)
17) B. Chen *et al.*, *Inorg. Chem.*, **46**, 8490 (2007)
18) L. Pan *et al.*, *J. Am. Chem. Soc.*, **125**, 3062 (2003)
19) S. Ma *et al.*, *Inorg. Chem.*, **46**, 8499 (2007)
20) M. Dincă *et al.*, *J. Am. Chem. Soc.*, **127**, 9376 (2005)
21) T. K. Maji *et al.*, *Angew. Chem. Int. Ed.*, **43**, 3269 (2004)
22) S. M. Humphrey *et al.*, *Angew. Chem. Int. Ed.*, **46**, 272 (2007)
23) K. Uemura *et al.*, *Eur. J. Inorg. Chem.*, 2329 (2009)
24) D. N. Dybtsev *et al*, *J. Am. Chem. Soc.*, **126**, 32 (2004)
25) D. G. Samsonenko *et al.*, *Chem. Asian J.*, **2**, 484 (2007)
26) R. Matsuda *et al.*, *Nature*, **436**, 238 (2005)
27) T. J. Taylor *et al.*, *Angew. Chem. Int. Ed.*, **45**, 7030 (2007)
28) T. K. Maji *et al.*, *Nature Mater.*, **6**, 142 (2007)
29) S. Shimomura *et al.*, *J. Am. Chem. Soc.*, **129**, 10990 (2007)
30) M. A. Snyder *et al.*, *Angew. Chem. Int. Ed.*, **46**, 7560 (2007)
31) M. Arnold *et al.*, *Eur. J. Inorg. Chem.*, 60 (2007)
32) A. Cara *et al.*, *Desalination*, **200**, 424 (2006)
33) J. Gascon *et al.*, *Micropor. Mesopor. Mater.*, **113**, 132 (2008)
34) H. Guo *et al.*, *J. Am. Chem. Soc.*, **131**, 1646 (2009)
35) J. Won *et al.*, *Adv. Mater.*, **17**, 80 (2005)
36) Y. Zhang *et al.*, *J. Membr. Sci.*, **313**, 170 (2008)
37) E. V. Perez *et al.*, *J. Membr. Sci.*, **328**, 165 (2009)
38) Y. Liu *et al.*, *Micropor. Mesopor. Mater.*, **118**, 296 (2009)
39) K. Uemura *et al.*, *Desalination*, **234**, 1 (2008)
40) L. M. Robeson, *J. Membr. Sci.* **320**, 390 (2008)

第3章　配位高分子におけるプロトン伝導性

山田鉄兵[*1]，北川　宏[*2]

1　はじめに

本章では，プロトン伝導を有する配位高分子について紹介する。

2　イオン伝導とプロトン伝導

　プロトン伝導は，プロトンが担体（キャリア）である電気伝導であり，固体電解質や電池，センサーなどの電気化学的なデバイスにおいて本質的な役割を果たしている。特に近年，エネルギー問題が大きな脚光を浴びるにつれて，その応用・利用に注目を集めている[1,2]。電子伝導が波動関数の重なりに起因する量子的な現象であるのに対し，イオン伝導は電界の効果によるキャリアイオンの拡散現象である。イオン種に対する伝導度の変化は，ナトリウム-βアルミナに，イオン交換により取り込んだ種々のイオンを用いて調べられており，イオン半径が中くらいの銀やナトリウムイオンのイオン伝導度が良いことが報告されている[3]。大きすぎると，遷移状態において隣のイオンとの斥力を生じ，小さすぎるとクーロンポテンシャルの底に沈むため，どちらも活性化エネルギーが大きくなるためであると説明されている。このことは，移動経路の形状や性質によって，良伝導イオン種が変化する可能性を否定しない。また，移動するイオンもしくは伝導パス上の他の電荷担体が高い分極率を持つ場合，遷移状態のエネルギーを低下させることが可能になり，イオンの移動度を大きくする可能性がある。実際銀イオンのようにイオン半径が大きく柔らかい（共有結合性の）イオンでは，高いイオン伝導度が観測される[4]。

　水素は電気陰性度が中程度のために，プロトン（H^+）からプロチウム（$H\cdot$），ヒドリドイオン（H^-）まで様々な電荷をとり，その状態に応じてイオン半径が大きく変化することが知られている。ヒドリドイオンでは半径が大きいのに対して，核子のプロトンではイオン半径は極端に小さくなる。そのためプロトンでは，結晶中の安定なサイトから隣接サイトへのホッピング伝導は起こりにくい。むしろ，水素結合を媒介として分子の回転・伸縮運動と連動して伝導するGrotthuss機構や，プロトンが水やアンモニアに「乗り」移り，オキソニウムイオンH_3O^+やアンモニウムイオンNH_4^+として移動するVehicle機構による伝導が提唱されている[5]。このように，プロトン伝導体中のプロトンは，裸の陽子（完全な陽イオン）として存在するのではなく，

[*1]　Teppei Yamada　九州大学　大学院理学研究院　化学部門　助教
[*2]　Hiroshi Kitagawa　京都大学　大学院理学研究科　化学専攻　教授

少なからず電子の衣を羽織っており，電子の波動関数の広がり（共有結合性）を有する粒子として理解される。この共有結合性が強すぎても弱すぎてもプロトンは局在化してしまい，中程度の場合にしばしば高い伝導性が観測される。このことは，オキソ酸の O—H の共有結合が容易に切れてプロトンが拡散すること，共有結合性を有するヨウ化銀の超イオン伝導性，金属中の水素の高い拡散係数などに如実に現れている。固体中における水素の共有結合性の制御が高いプロトン伝導体の開発の鍵を握っていると言っても過言ではない。

　これまでに種々のプロトン伝導体が開発され，一部は既に実用化されている。中でも最も重要なのはパーフルオロアルキル骨格にスルホン酸基を導入したパーフルオロアルキルスルホン酸ポリマー類である。これらは元来イオン交換膜として開発されたが，Nafion を筆頭に固体プロトン伝導体としての応用も見出され，燃料電池やセンサーに使用されている。その伝導度は加湿時に室温で $2\times10^{-2}\mathrm{Scm^{-1}}$ と高く，その伝導機構は Grotthuss 機構と Vehicle 機構の両方が影響しているといわれている。パーフルオロアルキルスルホン酸ポリマー類は，親水性の高いスルホン酸基と撥水性のあるパーフルオロアルキル基が相分離した構造を有し，親水部が取り込まれた水分子と共にクラスターを形成している。この水クラスター部位が「スルホン酸を含んだ水路」を形成し，プロトン伝導に寄与していると考えられている。水分子の含有量は湿度に依存し，それに伴って水クラスターのサイズも大きく変化する。また取り込まれた水分子もいくつかの種類に分かれていると言われている。Nafion では，湿度に応じて水和水の量が大きく変わり，通常の水と同様の性質を示す自由水（free water），吸脱着はするものの 0℃ でも凍らない不凍水（non-freezing water），そして低湿度下でも脱着しない束縛水と呼ばれる水の存在が知られている。高湿度雰囲気下では Nafion 中のスルホン酸残基あたり 6 から 7 個の水分子を含み，水クラスターのサイズも水含有量に応じて 3 nm から 6 nm 程度まで変化することが，電子顕微鏡観察，X 線小角散乱（SAXS），中性子小角散乱（SANS）や，核磁気共鳴（NMR），特にパルス磁場勾配スピンエコー NMR（PGSE-NMR）の実験から明らかにされている。多くのポリマー電解質で，イオン交換容量（Ion Exchange Capacity）とプロトン伝導性との間に相関がみられており，キャリア濃度がプロトン伝導に大きく影響することが知られている[6~9]。Nafion は，高いプロトン伝導性に加えて透明性，耐久性，化学的安定性などに優れ，燃料電池の固体電解質として既に実用化されているが，複雑な水分子やポリマーの構造を有するため，プロトン伝導の機構解明や制御に困難な面もある。

3　配位高分子への酸性残基の導入

　多孔性配位高分子は，有機配位子と金属イオンからなる規則的な構造とナノ細孔（配位空間）を有している。また細孔のサイズや形状，細孔周辺の親水性・疎水性の制御が可能であることから，多孔性配位高分子はプロトン伝導材料を設計するうえで高い自由度を有する。配位高分子を用いてプロトン伝導体を構築するには，酸性残基の導入が重要となる。

第3章　配位高分子におけるプロトン伝導性

　最近，機能性配位空間の構築のため，様々な官能基の導入が積極的に図られている。フレームワーク内にゲスト分子を導入する際，内表面の設計がホスト―ゲスト相互作用に決定的な影響を与え，ひいては吸着特性を大きく支配することが知られており，Froudakis らによる計算化学からもこのことが支持されている。特にイオン結晶中でみられる大きなクーロンポテンシャル勾配の空間場を設計することで，ゲスト分子の誘起双極子との相互作用を形成し，水素のような分子間相互作用の弱い分子や，二酸化炭素のような無極性分子に対しても，吸着エンタルピーを稼ぐことができると予想され，実際いくつかの例で実証されている[10~13]。

　高いプロトン伝導体を得るために酸性残基を導入することは不可欠であるが，その一方で，酸性残基はしばしば錯形成をするため，その導入は難しい。たとえば，5-スルホキシイソフタル酸を用いた配位高分子では，68種類が The Cambridge Crystallographic Data Centre の結晶データベースに登録されているが，そのうち48種類は金属に配位しており，フリーのものは20種類しかなく，プロトンが配位せずに残っているものは皆無である。本章ではこれまでに報告された，配位していない酸性残基の導入例と導入方法，そして保護―脱保護を用いた新たな酸性残基の導入法について述べる。

3.1　反応溶液の pH の制御による酸性残基の導入

　酸性残基を有する架橋配位子は，架橋部位と酸発生部位の2種類の官能基を同時に有する。これらの官能基の pK_a にある程度の差があれば，反応溶液の pH を制御することでそれぞれの官能基ごとの配位力を制御することが可能である。

　Liu らは5-スルホイソフタル酸とカドミウムからなる配位高分子の合成に際し，反応溶液の pH を変えながら水熱合成を行った。その結果，酸性条件（pH＝2）における反応からは，配位子中のスルホ基及び一つのカルボキシル基が配位していない配位高分子が得られた。一方，中性での反応により，全ての官能基が金属に配位したものが得られた[14]。酸性条件でカルボキシル基の配位が抑制されたのは，酸性下でカルボキシル基がプロトン化されており，配位反応が抑制されたためと考えられる。一方，堀毛，北川進らは同様の手法により，2-スルホテレフタル酸を用いて配位高分子を合成し，塩基性条件で非配位性のスルホ基の導入に成功している[15]。pH は連続的に変化させることが可能なことから，この方法を用いることで多様な官能基の配位能を制御できる。一方，架橋官能基と残った官能基の酸性度には，ある程度の pK_a の差がないと，pH による配位力の制御は難しいという問題点がある。

3.2　金属イオンのサイズによる制御

　配位子の種類によっては配位方向の自由度に制限があり，空間の充填の仕方に制約があるため金属イオンの配位方向やサイズにより配位の制御が可能になる場合がある。

　Liu と Xu は，5-スルホキシイソフタル酸ナトリウムとランタノイド塩を水熱条件で反応させることにより，種々の配位高分子を得た。その際ルテチウム，イッテルビウム，ツリウム及びエ

ルビウムを用いた場合には，一次元の配位高分子を得，スルホ基は金属に配位せず，水分子と水素結合ネットワークを形成していた。一方，ホルミウム，ジスプロシウム，テルビウム，サマリウム，プラセオジム，ネオジム及びランタンを用いた場合には，2次元もしくは3次元の配位高分子を形成し，スルホ基もランタノイドに配位した構造を作ることがわかった[16]。ランタノイドを変えた以外の合成条件がまったく同じであることから，上記の結果は金属イオンの大きさと，それに伴う配位様式の違いを利用することにより，特定の酸性残基を配位させずに残すことができるということを示している。同様に金属イオンのサイズによる残基の制御の例として，亜鉛で錯形成を行った場合にはスルホ基は金属イオンに配位せず，カドミウムを用いた場合には配位するという報告もある[17]。

3.3 Post Synthesis（PS）法による官能基の導入[18～24]

近年配位高分子の合成を行った後に，有機反応を用いて官能基を導入する方法が盛んに研究されている。PS法においては，金属イオンへの配位能が小さい官能基と，配位力のある架橋官能基との両方を有する配位子を用いて，二段階の反応により官能基を導入する。まず配位力のある官能基を，通常の配位高分子の合成法と同様に金属に配位させ，配位高分子を合成する。続いて，得られた配位高分子の内表面に導入された，配位力の弱い官能基に，有機反応を行うことで種々の官能基を導入する。配位力が弱く，ある種の有機反応に対する活性の高い官能基がPS法において重要である。sp^2アミン及びアルデヒド基は，配位力が弱くかつ適度な反応活性を有することから，現在のところ最も盛んに研究されている[18～24]。佐田らはアジド基を導入した配位高分子を合成し，"click chemistry"を用いて種々の官能基を導入することに成功している[25]。

さらに最近では導入された残基に金属イオンを導入することも行われ，その近傍における大きなクーロンポテンシャル勾配を利用することで水素吸蔵エンタルピーを向上させることに成功したことが報告されている。

Post Synthesis法の長所は，一つの方法で多様な官能基を導入した同型の細孔を作成することが可能な点にある。また反応基質を制御することで，配位空間のサイズや形状を自在かつ合目的的に制御することが可能になる。一方，空孔のサイズがPS反応により小さくなり，場合によってはガス吸着に必要な孔径が確保できなくなるという欠点がある。最初から長い配位子を用いれば大きな空孔が得られそうだが，実際には相互貫入を起こし，穴が埋まってしまうことが多い。

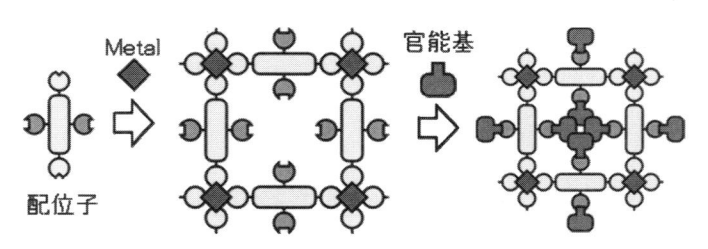

図1 PS法による官能基の導入の概念図

第3章 配位高分子におけるプロトン伝導性

また空孔への官能基の充填に伴い，反応基質および副生物の移動が遅くなり，場合によっては反応が完結しない。

3.4 Protection–Complexation and Deprotection（PCD）法による官能基の導入[26]

上記PS法の問題点からPCD法が考案された。PCD法は三段階の反応である。具体的には，まず配位子の官能基のうち，配位してほしくない官能基を保護（Protect）する。続いて錯形成反応を行い，配位してほしい官能基の部位で錯形成（Complexate）を行わせる。最後に配位高分子の内部で脱保護（Deprotect）を行い，所望の官能基を骨格表面に露出させる。

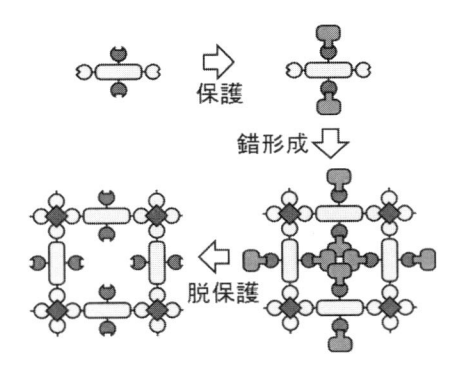

図2 PCD法による官能基導入の概念図

この方法のメリットは，以下の通りである。

① 酸性残基はしばしば金属イオンに配位しやすい部位である。しかし，PCD法によると，錯形成時には官能基が保護されており，また，脱保護時にはフレームワークに固定されているため，酸性残基と金属サイトが接触することを完全に防ぐことが可能である。
② 脱保護反応により細孔径が大きくなることから，反応の自由度が高く，また基質や副生物の移動がより容易になる傾向にあることから，反応の完結がより期待できる。
③ 相互貫入しやすい配位子の組み合わせでも相互貫入を防ぐことも可能になる。

PSD法の例として以下の合成が行われた（図3）。まず2,5-ジヒドロキシテレフタル酸（2,5-dihydroxyterephthalic acid；H_2dhybdc）の二つのヒドロキシル基を，無水酢酸を用いてアセチル基で保護し，2,5-ジアセトキシテレフタル酸（2,5-diacetoxyterephthalic acid；H_2dacobdc）

図3 2,5-ジアセトキシテレフタル酸の合成スキーム

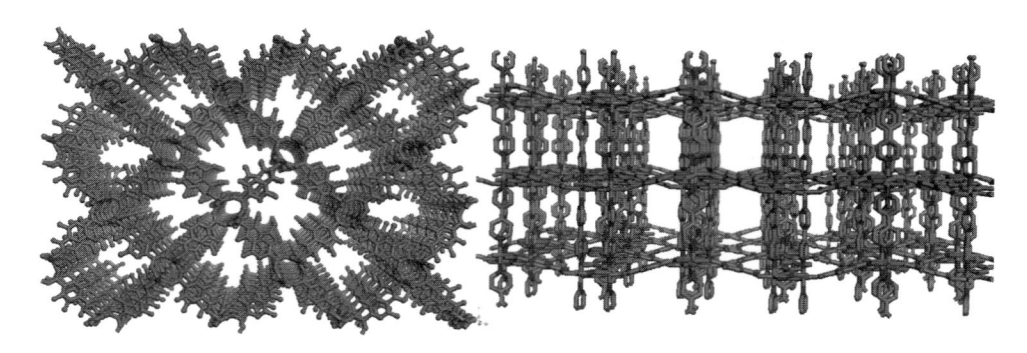

図4 ［Zn(dhybdc)(bpy)］・4 DMF の構造
溶媒および水素原子は省略している。

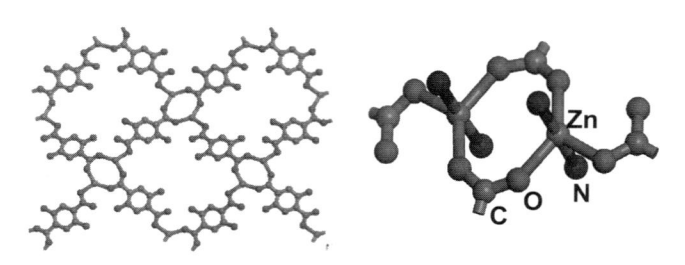

図5 （左）bc 面内の構造，（右）亜鉛の配位構造

が得られた。

次に H$_2$dacobdc と硝酸亜鉛，4,4′-ビピリジン（4,4′-bipyridine；bpy）を適当な条件で混合することにより，下記の配位高分子［Zn(dhybdc)(bpy)］・4 DMF を得，単結晶 X 線構造解析により構造が決定された（図4）。

図4より，［Zn(dhybdc)(bpy)］・4 DMF は pillared-layer 型の構造をとることが示された。二次元面内は亜鉛のダイマーを dhybdc 配位子が架橋し，四角格子を形成していた（図5(左)）。一つの dhybdc の片側のカルボキシル基は一つの酸素原子で2つの亜鉛イオンを架橋し，反対側のカルボキシル基は2つの酸素イオンが別々の亜鉛イオンに配位して架橋していた。また，亜鉛イオンの上下は bpy がピラーとして配位しており，亜鉛イオンは三方両錐構造をとっていた（図5(右)）。

アセチル基は錯形成反応と同時に脱保護され，ワンポットでヒドロキシル基がフレームワークに導入されていることが結晶構造解析から明らかになった。赤外吸収スペクトルから 3450 cm^{-1} 付近に OH 伸縮振動と帰属されるピークが見られ（図6），ヒドロキシル基の存在を裏付けられた。ヒドロキシル基は分子内及び分子間で水素結合をしており，二次元構造をゆがませていると考えられる。溶媒の DMF 分子が亜鉛あたり4つ入っており，TG から 100℃ 付近で脱離することがわかった（図7）。

錯形成反応と脱保護反応のどちらが先に起こっているかを調べるため，反応速度の解析が行わ

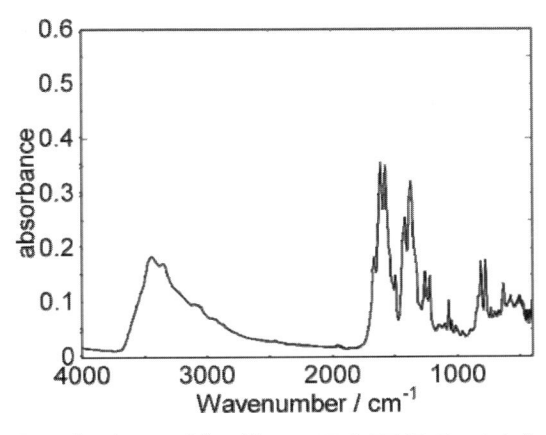

第3章 配位高分子におけるプロトン伝導性

図6 ［Zn(dhybdc)(bpy)］・4 DMF の FT-IR スペクトル

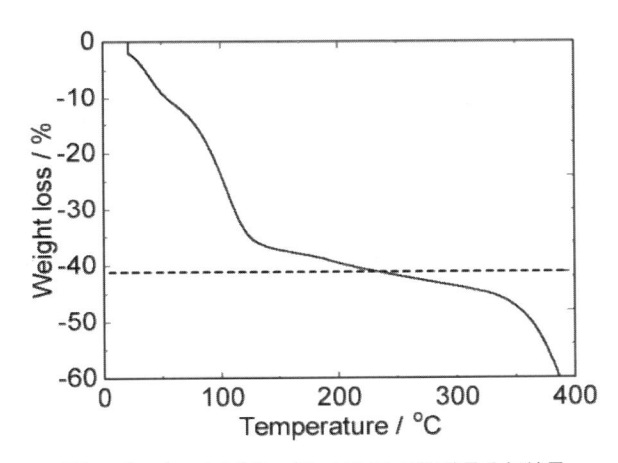

図7 ［Zn(dhybdc)(bpy)］・4 DMF の熱重量分析結果

れた。脱保護反応の反応速度は，溶液の ^{1}H-NMR を用いて調べられた。重 DMF と H$_2$dacobdc，bpy を結晶作成時と同濃度で混ぜて 55℃ で静置し，^{1}H-NMR を用いて追跡したところ，1週間たっても6割以上が脱保護を受けておらず，2つの官能基がともに脱保護を受けた H$_2$dhybdc は 0.5% 程度しか生成していないことがわかった（図8）。よって錯形成時に H$_2$dhybdc がほとんど存在していなかったことから，脱保護反応は錯形成より後に起こっていると示唆された。一方，錯形成後の配位高分子中には，アセチル基は見られていないことから，錯形成により細孔構造を作ることで，脱保護反応が加速されていることが示唆された。

また，亜鉛，テレフタル酸及び 4,4′-ビピリジンからなる配位高分子は，相互貫入構造をとることが知られており，一般に 1×1Å 程度の小さい細孔しか見られない[23]。今回得られた化合物はそのような相互貫入構造を示さず，8×11Å 程度の比較的大きな細孔を有することがわかった。この理由として，上述の通り錯形成時にはアセチル基が残っており，相互貫入現象が妨げられた

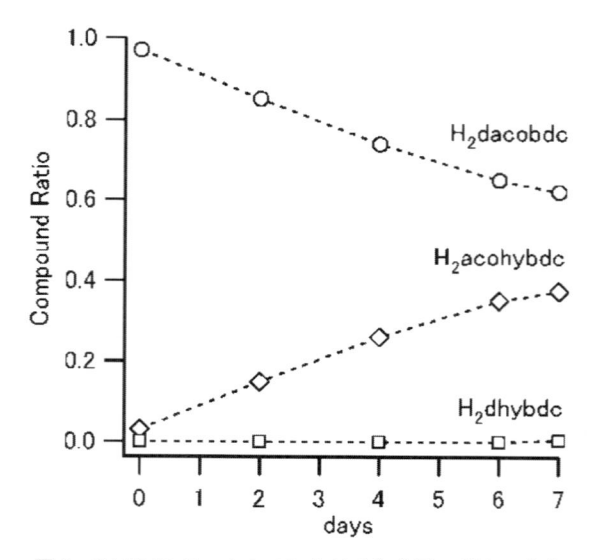

図8 ¹H-NMR スペクトルにおける各分子の割合の変化

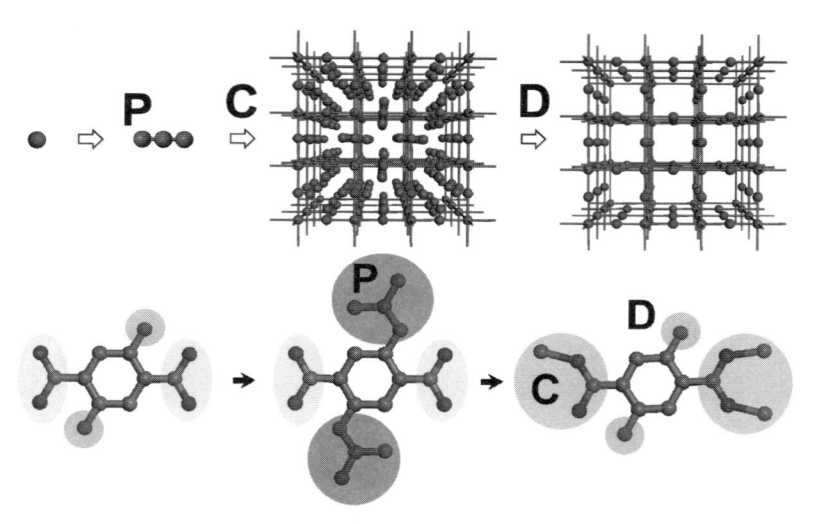

図9 PCD 法の模式図

という可能性がある。もしそうであれば，この反応においてBulkyな保護基を用いることで相互貫入を防ぎ，後で保護基を外すことで開口径の大きな配位高分子を作製した初めての例を達成したことを意味する。

以上，官能基の保護—脱保護を利用したPCD法では，

① 酸性残基を錯形成反応から保護することができ，プロトンや，イオン交換により他のアルカリ金属イオンを導入することで，イオン伝導性の配位高分子を作製するために良い一つの方法を提供する。

第3章 配位高分子におけるプロトン伝導性

② 立体的に大きな保護基を用いることで，相互貫入を防ぐことができ，開口径の大きな配位高分子の合成ができる。開口径は物質輸送や分子認識を行う際，決定的な役割を果たすと考えられるために重要である。
③ 酸性基を出すために，細孔を拡大する脱保護反応を利用することで，反応基質や副生物の輸送を阻害せず，酸性基の周囲に水分子などの水素結合ネットワークの自由度を向上することが可能である。

といった，特徴を有する（図9）。今後この方法で，ヒドロキシル基だけでなく，酸性度のより高いスルホ基，ホスホ基などの官能基を導入し，また部分的に脱プロトン化させることや，CO_2，アンモニアといった酸性もしくはアルカリ性ガスを吸着させた，プロトン伝導に適した水素結合ネットワークの構築が期待される。

4　配位高分子のプロトン伝導特性

配位高分子に酸性基を導入した配位高分子を用いたプロトン伝導度の測定は，未だ報告例は少ない[27〜35]。しかし，Nafionなどの例から，非配位のスルホ基を導入した配位高分子の構築により，高いプロトン伝導性の配位高分子が得られるものと期待される。

一方で，近年プロトン伝導体を燃料電池の固体電解質膜に利用する研究が盛んにおこなわれるとともに，強酸性の残基を用いないプロトン伝導体の構築が期待されている。強酸性条件下では，酸化還元反応に伴い電極触媒を腐食することが大きな問題となっているためである。また酸性残基があるために，ニッケルやコバルトといった卑金属を触媒として用いることはできないため，燃料電池では白金などの貴金属を用いる。しかし燃料電池の使用に伴い，貴金属が溶解してしまってはコスト面での大きな損失であるとともに，元素戦略の観点から大きな環境負荷となってしまう。近年アルカリ性固体イオン電解質膜を用いることで，卑金属電極触媒を用いた燃料電池の開発も行われているが，CO_2などの大気中の酸性ガスによりイオン伝導性の低下がみられ，実用化は難しい。

プロトン伝導のメカニズムを鑑みれば，ちょうどいい距離に水素結合ネットワークを構築することで，強酸・強アルカリ性でなくてもある程度のプロトン伝導性が出る可能性はあり，そうすれば，上記問題を解決できるために有用であると考えられる。

最近，もっとも簡単な配位高分子の一つであるシュウ酸金属二水和物において，加湿下におけるプロトン伝導性が評価され，Nafionには及ばないものの中性化合物としては極めて高いプロトン伝導性を示すことが報告された[36]。

4.1　背景

シュウ酸鉄二水和物はフンボルタイトと呼ばれる鉱物として産出し，19世紀にタールなどから発見された非常に歴史の古い金属錯体である[37]。そのシンプルな構造から，早くからX線構

図10　シュウ酸鉄2水和物の結晶構造

造解析が行われ，磁性や熱分析の研究が広く行われてきて来た[38~40]。その構造はシュウ酸と鉄イオンが直鎖状に交互に並び，鉄の上下に水分子が配位した一次元配位高分子の構造をとる。配位水は鉄イオンのルイス酸性により酸性がある程度あると考えられ，一次元に並んだ水分子がプロトン伝導のパスになりうると期待される。

4.2 結果

シュウ酸鉄二水和物は，水溶液中で鉄イオンとシュウ酸イオンを混ぜることで容易に得られる。土中では単斜晶と斜方晶の混合物として得られるが，室温での液相合成により斜方晶のみ得られることが報告されている。電子伝導性は既報の通り非常に低い。このプロトン伝導度が調べられた。プロトン伝導度は恒温恒湿器を用いて一晩以上加湿した後，交流インピーダンス法により測定された。伝導度の測定結果より，シュウ酸鉄二水和物は高いプロトン伝導性を示すことがわかった（図11）。

固体プロトン伝導体として様々な材料が報告されている。しかし，かなり多くの報告例で，硫酸もしくは塩酸で洗浄したサンプルを測定している点には注意を要する。硫酸水溶液そのものが高いプロトン伝導性を有するため，例えばろ紙を硫酸水溶液に浸せば非常に高いプロトン伝導性を示す。特にポリマー鎖に酸性基がなくても，硫酸等の酸性水溶液に浸すことで硫酸水素イオンなどのアニオンが取り込まれうる場合，ポリマーが「硫酸を浸したろ紙」と同様に高いプロトン伝導性を示す。このため我々は，多数の報告例の中でも純水による洗浄を最後に十分行っているか，もしくは酸性残基と同程度のpK_aを持つ酸による洗浄を行った材料（例えばNafionはスルホン酸を有するため，純水で洗浄した場合と，硫酸での洗浄では，内部の水クラスターに対するプロトン付加の量は大きく変化しないと考える）のプロトン伝導性を調べてみた。すると，スルホン酸基を持つもので10^{-1}~10^{-5} Scm^{-1}程度という報告例があった。つまり，非常に伝導度の高いものもある一方で，決して高いとはいえないものもあることがわかる。同様にホスホン酸基を持つもので10^{-1}~10^{-5} Scm^{-1}程度，カルボン酸基を持つもので10^{-5}~10^{-6}程度，イミダゾールで10^{-6}~10^{-8}程度である[41~49]。これらの結果から，シュウ酸鉄二水和物は，酸性残基が残っ

第 3 章　配位高分子におけるプロトン伝導性

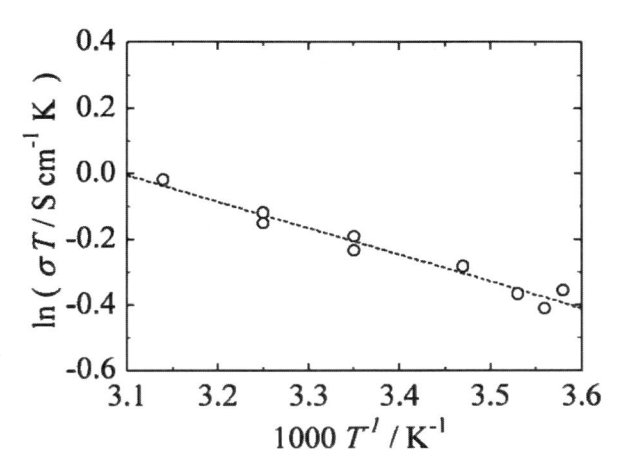

図 11　伝導度の Arrhenius プロット

ていない材料としては，極めて高い伝導性を示すことがわかる。

　また，プロトン伝導度の温度依存性を測定することにより，プロトン伝導の活性化エンタルピーを求めた（図 11）。図 11 より，活性化エンタルピーはおよそ 0.37 eV 程度であることがわかった。高プロトン伝導体と呼ばれる材料は，通常 10^{-4} Scm^{-1} 以上のプロトン伝導性と，0.4 eV 以下の活性化エンタルピーを持つものを指すとされることから[3,4]，シュウ酸鉄二水和物は高プロトン伝導体の領域に属することがわかった。高いプロトン伝導性を示す原因については現在わかっていないが，これまでの結果からは金属に配位した水分子が存在すると比較的高い伝導性を示すという傾向が得られている。また同型構造のプロトン伝導体を調べると，ルイス酸性の強い金属で比較的高いプロトン伝導性が見られるという傾向もある。以上より，金属に配位した水分子がプロトン伝導に寄与しているということが推測されている。

5　まとめ

　以上，配位高分子に酸性残基を導入する手法，ならびに配位高分子のうち最も単純なシュウ酸架橋配位高分子のプロトン伝導性について述べた。配位高分子は，化学量論的な細孔内環境を自在に構築できるため，これらイオン伝導性の研究において重要な知見を今後も与え続けると期待される。

　今後，イオン伝導度及び伝導メカニズムの研究に続き，センサなどに向けた応用が期待される。

文　　献

1) B. Smitha, S. Sridhar, A. A. Khan, *J. Memb. Sci.*, **259**, 10–26 (2005)
2) C. Stone, A. E. Morrison, *Solid State Ionics*, **152–153**, 1–13 (2002)
3) 固体の高イオン伝導，JME 材料科学，内田老鶴圃
4) Boone B. Owens, Gary R. Argue, *Science*, **157**, 310–312 (1967)
5) Ph. Colomban, A. Novac, *J. Mol. Struct.*, **177**, 277–308 (1988)
6) K. A. Mauritz, R. B. Moore, *Chem. Rev.*, **104** (10), 4535–4586 (2004)
7) Schmidt-Rohr, K. & Chen, Q. *Nature Mater.*, **7**, 75–83 (2008)
8) H. Yoshida, Y. Miura, *J. Memb. Sci.*, **68**, 1–10 (1992)
9) P. C. van der Heijden, L. Rubatat, O. Diat, *Macromolecules*, **37**, 5327–5336 (2004)
10) E. Klontzas, A. Mavrandonakis, E. Tylianakis, G. E. Froudakis, *Nano Lett.*, **8** (6), 1572–1576 (2008)
11) S. Yang, X. Lin, A. J. Blake, K. M. Thomas, P. Hubberstey, N. R. Champness, M. Shröder, *Chem. Commun.*, 6108–6110 (2008)
12) K. L. Mulfort, J. T. Hupp, *J. Am. Chem. Soc.*, **129**, 9604–9605 (2007)
13) K. L. Mulfort, O. K. Farha, C. L. Stern, A. A. Sarjeant, J. T. Hupp, *J. Am. Chem. Soc.*, **131**, 3866–3868 (2009)
14) Q. -Y. Liu, Y. -L. Wang, L. Xu, *Eur. J. Inor. Chem.*, 4843–4851 (2006)
15) S. Horike, S. Bureekaew, S. Kitagawa, *Chem. Commn.*, 471–473 (2008)
16) Q. -Y. Liu, L. Xu, *Eur. J. Inor. Chem.*, 3458–3466 (2006)
17) J. Tao, X. Yin, Z. -B. Wei, R. -B. Huang, L. -S. Zheng, *Eur. J. Inor. Chem.*, 125–133 (2004)
18) Song, Y. F., Cronin, L. *Angew. Chem. Int. Ed.*, **47**, 4635–4637 (2008)
19) Ingleson, M. J., Guilbaud, J. -B., Khimyak, Y. Z., Rosseinsky, M. J. *Chem. Comm.*, 2680–2682 (2008)
20) Costa, J. S., Gamez, P., Black, C. A., Roubeau, O., Teat, S. J., Reedijk, J. *Eur. J. Inorg. Chem.*, 1551–1554 (2008)
21) Haneda, T., Kawano, M., Kawamichi, T., Fujita, M. *J. Am. Chem. Soc.*, **130**, 1578–1579 (2008)
22) Wang, Z., Cohen, S. M. *J. Am. Chem. Soc.*, **129**, 12368–12369 (2007)
23) Morris, W., Doonan, C. J., Furukawa, H., Banerjee, R., Yaghi, O. M. *J. Am. Chem. Soc.*, **130**, 12626–12627 (2008)
24) W. Morris, C. J. Doonan, H. Furukawa, R. Banerjee, O. M. Yaghi, *J. Am. Chem. Soc.*, **130**, 12626–12627 (2008)
25) Goto, Y., Sato, H., Shinkai, S., Sada, K. *J. Am. Chem. Soc.*, **130**, 14354–14355 (2008)
26) T. Yamada, H. Kitagawa, *J. Am. Chem. Soc.*, **131**, 6312–6313 (2009)
27) Tao, J., Tong, M. -L., Chen, X. -M. *J. Chem. Soc., Dalton Trans.*, 3669–3674 (2000)
28) Nagao, Y., Ikeda, R., Kanda, S., Kubozono, Y., Kitagawa, H. *Mol. Cry. Liq. Cry.*, **379**, 89–94 (2002)
29) Nagao, Y., Ikeda, R., Iijima, K., Kubo, T., Nakasuji, K., Kitagawa, H. *Synth. Met.*, **135–136**, 283–284 (2003)

30) Nagao, Y., Kubo, T., Nakasuji, K., Ikeda, R., Kojima, T., Kitagawa, H. *Synth. Met.*, **154**, 89–92 (2005)
31) Fujishima, M., Ikeda, R., Kanda, S., Kitagawa, H. *Mol. Cry. Liq. Cry.*, **379**, 581–586 (2002)
32) Fujishima, M., Enyo, M., Kanda, S., Ikeda, R., Kitagawa, H. *Chem. Let.*, **35**, 546 (2006)
33) Fujishima, M., Kitagawa, H. *Solid State Phenomena*, **111**, 107–110 (2006)
34) Kitagawa, H., Nagao, Y., Fujishima, M., Ikeda, R., Kanda, S. *Inorg. Chem. Comm.*, **6**, 346–348 (2003)
35) G. Albertia, M. Casciolaa, U. Costantinoa, A. Peraiob, E. Montoneric, *Solid State Ionics.*, **50**, 315–322 (1992)
36) Yamada, T., Sadakiyo, M., Kitagawa, H. *J. Am. Chem. Soc.*, **131**, 3144–45 (2009)
37) Manasse, E. *Rend. Accad. Lincei.*, **19**, 138–145 (1911)
38) Bidard-Vigouroux, D., Carel, C., Vallet, P. *Comptes Rendus des Seances de l'Academie des Sciences C*, **268** (10), 951–954 (1969)
39) Lagier, J. P., Pezerat, H. *Comptes Rendus des Seances de l'Academie des Sciences C*, 264 (1967)
40) Rane, K. S., Nikumbh, A. K., Mukhedkar, A. J. *J. Mater. Sci.*, **16**, 2387–2397 (1981)
41) Schuster, M., Meyer, W. H., Wegner, G., Herz, H. G., Ise, M., Schuster, M., Kreuer, K. D. Maier, *J. Solid State Ionics.*, **145**, 85 (2001)
42) Lia, G. H., Leeb, C. H., Leeb, Y. M. and Cho, C. G. *Solid State Ionics.*, **177**, 1083–1090 (2006)
43) Karadedeli, B., Bozkurt, A., Baykal, A. *Physica B*, **364**, 279–284 (2005)
44) Maruitz, K. A., Moore, R. B. *Chem. Rev.*, **104**, 4535–4586 (2004)
45) Gebel, G., Moore, R. B. *Macromolecules*, **33**, 4850–4855 (2000)
46) T. D. Gierke, G. E. Munn. F. C. Wilson. *J. Polym. Sci., Polym. Phys.*, **19**, 1687–1704 (1981) ; Gebel, G., Lambard, J. *Macromolecules*, **30**, 7914–7920 (1997)
47) Woundenberg, R. C., Yavuzcetin, O., Tuominen, M. T., Coughlin, E. B. *Solid State Ionics.*, **178**, 1135–1141 (2007)
48) Kreuel, K. D. *J. Membrane Sci.*, **185**, 29–39 (2001)
49) McKeen, J. C., Yan, Y. S., Davis, M. E. *Chem. Mater.*, **20**, 5122–5124 (2008)

第 4 章　磁性

1　外場応答磁性体

大越慎一*

1.1　はじめに

　金属錯体を集積化した分子磁性体では，種々の外場応答性が期待できる。外場応答性としては，光，電場，磁場，圧力といった物理的刺激が挙げられる。本節ではシアノ架橋金属錯体磁性体を用いた外場応答性磁性体として，RbMnFe プルシアンブルー類似体の光磁性と強誘電―強磁性に関して紹介する。

1.2　RbMnFe プルシアンブルー類似体における可視光可逆光磁性

　光磁性を実現するには，双安定構造を備えた磁性材料に光照射するのが有効であると考えられる。双安定物質では，双安定状態間に存在するエネルギー障壁が光相転移後に生成した状態を維持するため，持続的な光誘起状態を観測することが可能となる。このような観点から，プルシアンブルー類似体[1〜11]の一つである RbMnFe プルシアンブルー類似体は，光磁性現象を観測するのに適した系である[12〜21]。この物質は，$Mn^{II}(S=5/2)$―NC―$Fe^{III}(S=1/2)$［高温相］から $Mn^{III}(S=2)$―NC―$Fe^{II}(S=0)$［低温相］への電荷移動相転移を示すことが知られている[12, 17]。この電荷移動相転移では，Mn^{III} のヤーン・テラー歪に基づき立方晶系から正方晶系への構造相転移を伴う。

　$Rb_{0.88}Mn[Fe(CN)_6]_{0.96}\cdot 0.5 H_2O$ は茶色粉末であり，高温相と低温相の間で 222 K（$=T_{1/2\downarrow}$：高

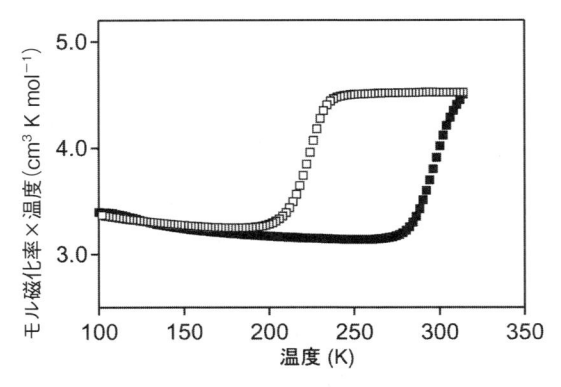

図 1　$Rb_{0.88}Mn[Fe(CN)_6]_{0.96}\cdot 0.5 H_2O$ のモル磁化率×温度の温度依存性
冷却時（■）と昇温時（□）。

---

*　Shin-ichi Ohkoshi　東京大学　大学院理学系研究科　化学専攻　教授

第 4 章 磁性

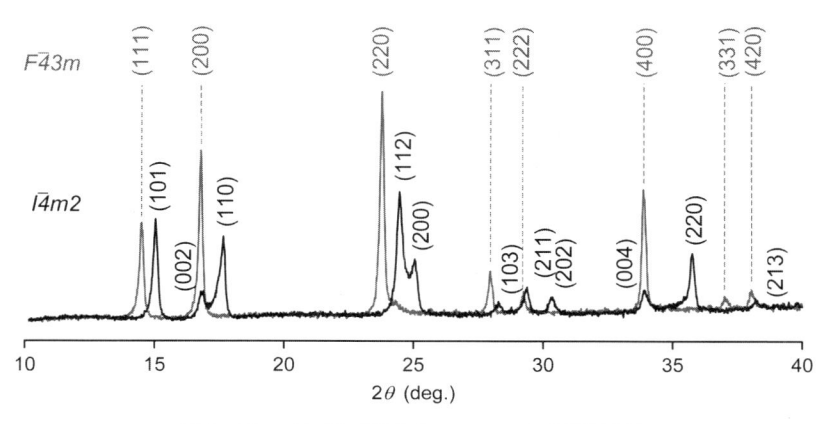

図 2 $Rb_{0.88}Mn[Fe(CN)_6]_{0.96}\cdot 0.5\,H_2O$ の高温相と低温相の XRD パターン

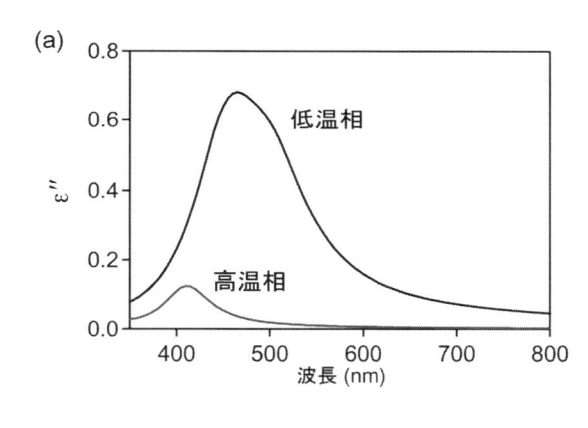

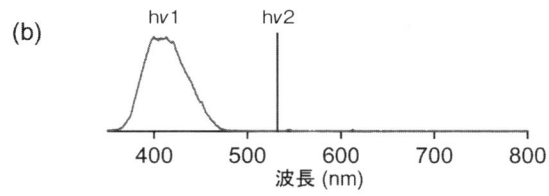

図 3 $Rb_{0.88}Mn[Fe(CN)_6]_{0.96}\cdot 0.5\,H_2O$ の(a)低温相と高温相における誘電率の虚部 (ε''),(b)照射光の波長
hν1:$\lambda = 532$ nm;hν2:$\lambda = 410 \pm 30$ nm。

温相→低温相)と 298 K(= $T_{1/2\uparrow}$:低温相→高温相)で温度誘起相転移を示す(図 1)。高温相と低温相の電荷状態はそれぞれ $Rb^{I}_{0.88}Mn^{II}[Fe^{III}(CN)_6]_{0.96}\cdot 0.5\,H_2O$ と $Rb^{I}_{0.88}Mn^{II}_{0.04}Mn^{III}_{0.96}[Fe^{II}(CN)_6]_{0.96}\cdot 0.5\,H_2O$ である。XRD パターンの温度依存性から,300 K における高温相は格子定数 $a = 10.547(7)$ Å の立方晶系(空間群:$F\bar{4}3m$),100 K における低温相は格子定数 $a = b = 7.099(2)$ Å,$c = 10.568(5)$ Å の正方晶系($I\bar{4}m2$)である(図 2)[12,17,20]。

$Rb_{0.88}Mn[Fe(CN)_6]_{0.96}\cdot 0.5\,H_2O$ の低温相と高温相の可視光領域における分光エリプソメトリー

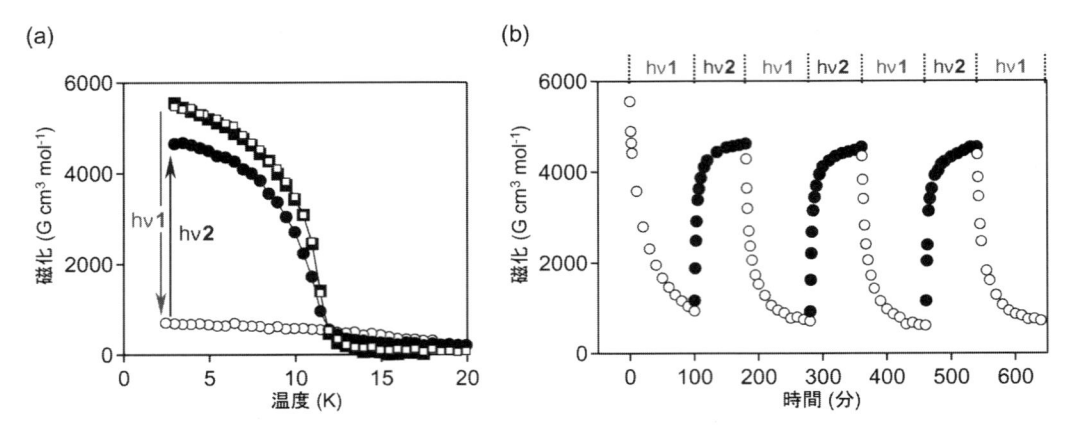

図4 Rb$_{0.88}$Mn[Fe(CN)$_6$]$_{0.96}$・0.5 H$_2$O における可視光可逆光磁性
(a)外部磁場 200 Oe における磁化—温度曲線；光照射前（■），hν1
（λ=532 nm，30 mW cm^{-2}）光 100 分照射後（○），hν2（λ=410
nm，13 mW cm^{-2}）光 80 分照射後（●），180 K の熱処理後（□）。
(b)hν1 光（○）と hν2 光（●）を交互に光照射した時の 3 K にお
ける磁化の光照射時間依存性。

による誘電率（ε）スペクトルの測定を行なったところ[18]，低温相の誘電率虚部（ε″）スペクトル（図3(a)）には，470 nm を中心として強い吸収型のピークが現れており，これは金属—金属間電荷移動（MM'CT）バンドに帰属される（正確には，CN$_{2px}$，CN$_{2py}$→Mn$_{3dx2-y2}$，Mn$_{3dz2}$）。一方，高温相の ε″スペクトルには 410 nm に ε″=0.13 の吸収型ピークが観測され，このピークは [Fe(CN)$_6$]$^{3-}$（$^2T_{2g}$→$^2T_{1u}$，CN$^-$→Fe^{III}）の配位子金属間電荷移動（LMCT）と帰属された。

低温相の ε″スペクトルにおいて MM'CT バンドが 420〜540 nm で観測されたので，CW ダイオードグリーンレーザー光（hν1；λ=532 nm，図3(b)）を低温相に照射した。外部磁場 200 Oe における光照射前の磁化—温度曲線は，低温相がキュリー温度（T_c）=12 K のフェロ磁性体であることを示している（図4(a)，白四角）。温度 3 K で hν1 光（532 nm）を照射すると，磁化は 5600 から 700 Gcm^3 mol^{-1} に減少し（図4(a)，白丸），引き続いて光誘起相に hν2 光（140 nm）を照射すると，磁化が 4700 Gcm^3 mol^{-1} にまで増加した。このような磁化の光可逆性は hν1 光と hν2 光を交互に照射することにより繰り返し観測された（図4(b)）。

光誘起相の磁気秩序を決定するために，類似物質 Rb$_{0.58}$Mn[Fe(CN)$_6$]$_{0.86}$・2.3 H$_2$O の粉末中性子回折を行った。この系は電荷移動相転移を示さず，高温相が低温においても維持され，その高温相は反強磁性を示す。30 K における Rb$^I_{0.58}$Mn^{II}[Fe^{III}(CN)$_6$]$_{0.86}$・2.3 H$_2$O の中性子粉末回折パターンから，結晶構造は格子定数 $a=b=7.424(6)$ Å，$c=10.51(1)$ Å の正方晶系（$P4/mmm$）である。図5(a)と図5(b)に 2 K と 30 K の差分パターンとして磁気ブラッグ反射を示す。磁気ブラッグ反射を解析すると，この系は図5(c)のような層間の磁気相互作用が反強磁性的な層状反強磁性体であることが分かった。Rb$_{0.58}$Mn[Fe(CN)$_6$]$_{0.86}$・2.3 H$_2$O の磁気秩序は Rb$_{0.88}$Mn[Fe(CN)$_6$]$_{0.96}$・0.5 H$_2$O における光誘起相と同様であると考えられるから，光誘起相は層状反強磁性体であると

第4章 磁性

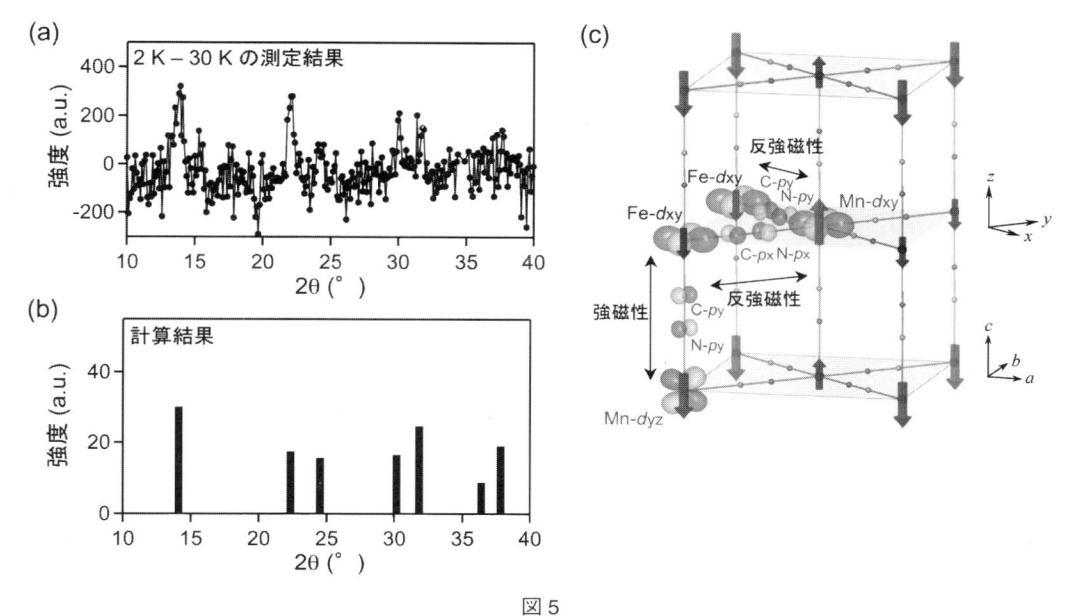

図5
(a)2 K と 30 K の中性子粉末回折パターンの差分として示すブラッグ磁気反射。
(b)反強磁性的スピン秩序のブラッグ磁気反射の計算強度。(c)スピン秩序のイラスト。長い矢印と短い矢印はそれぞれ Mn^{II} と Fe^{III} 上のスピンを表している。超交換相互作用を考慮して考えると，xy（ab）面では Fe-d_{xy} と Mn-d_{xy} 磁気軌道で反強磁性的相互作用が働く。一方で，z（c）軸に沿って Fe-d_{xy} 軌道と Mn の d 軌道（ここでは Mn-d_{yz} のみを描いた）の間で強磁性的相互作用が働く。

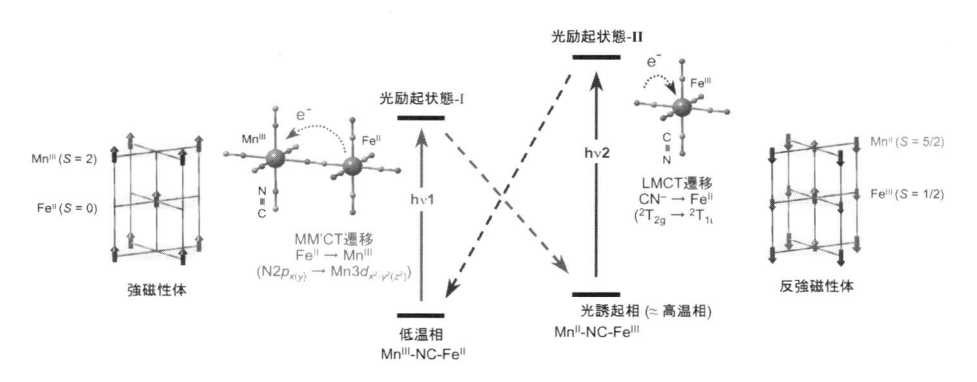

図6 ルビジウム・マンガン・ヘキサシアノ錯体における可視光可逆光磁気効果の略図
Mn^{III}-NC-Fe^{II} と Mn^{II}-NC-Fe^{III} 状態間の可逆電荷移動のスキームと低温相と光誘起相のスピン秩序。低温相は Mn^{III} サイト間の強磁性的相互作用による強磁性体である一方で，光誘起相は反強磁性体である。低温相上の黒矢印は Mn^{III} のスピンを表している。光誘起相上の長い矢印と短い矢印はそれぞれ Mn^{II} と Fe^{III} のスピンを表している。

考えられる。

観測された可逆光磁気効果は図6に示すスキームで説明できる。hν1光を照射することにより MM'CT（$Fe^{II} \to Mn^{III}$）バンドを励起し，これにより低温相は光励起状態Ⅰに光励起される。光励起状態Ⅰは，高温相と同じ電子状態を持つ光誘起相へと進む。準安定相である光誘起相から安定相である低温相への緩和は，熱エネルギーによって抑制される。一方，hν2光照射による $[Fe(CN)_6]^{3-}$ のLMCT（$CN^- \to Fe^{III}$）バンド励起により，光誘起相は光励起状態Ⅱへと励起され，初期状態の低温相へと転移する。低温相は Mn^{III}（$S=2$）サイト間の強磁性的相互作用により強磁性体であるが，光誘起相は反強磁性体である。このような強磁性体と反強磁性体間の光スイッチングの初めての例である。

1.3 RbMnFe プルシアンブルー類似体における強誘電強磁性

強誘電性と強磁性の両方の性質を有する強誘電強磁性体は，電気分極と磁気分極間の相互作用によって多様な機能性の発現が期待される。配位化合物の分野においても，強誘電強磁性の実現は重要な課題となっている。著者らは RbMnFe プルシアンブルー類似体に着目し，強誘電強磁性の達成を試みた[21]。

研究対象に用いた $Rb_{0.82}Mn[Fe(CN)_6]_{0.94} \cdot H_2O$ は，184 K（$T_\downarrow$）および276 K（$T_\uparrow$）において温度ヒステリシスを伴う電荷移動型相転移を示す（図7）。この高温相および低温相の電子状態はそれぞれ，$Rb^I_{0.82}Mn^{II}[Fe^{III}(CN)_6]_{0.94} \cdot H_2O$ および $Rb^I_{0.82}Mn^{II}_{0.20}Mn^{III}_{0.80}[Fe^{II}(CN)_6]_{0.80}[Fe^{III}(CN)_6]_{0.14} \cdot H_2O$ である。粉末X線回折の温度依存性より，高温相の結晶構造は立方晶系（$a=10.567(8)$ Å）であり，低温相は斜方晶系（$a=10.18(4)$ Å，$b=10.04(5)$ Å，$c=10.53(4)$ Å）である。磁気物性を検討したところ，低温相は T_c が11 Kの強磁性体であった（図8，挿入図）。こ

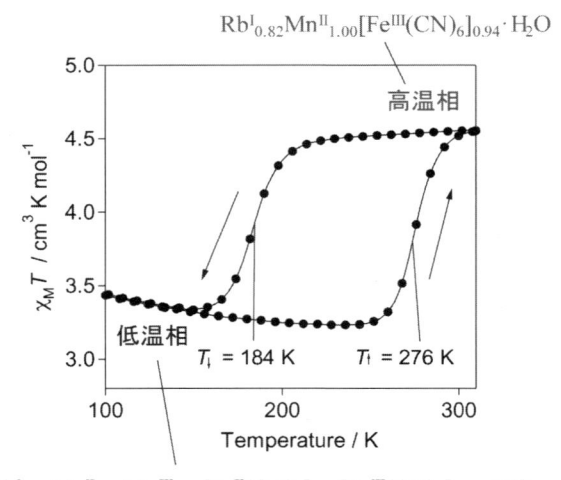

図7 $Rb_{0.82}Mn[Fe(CN)_6]_{0.94} \cdot H_2O$ におけるモル磁化率×温度の温度依存性

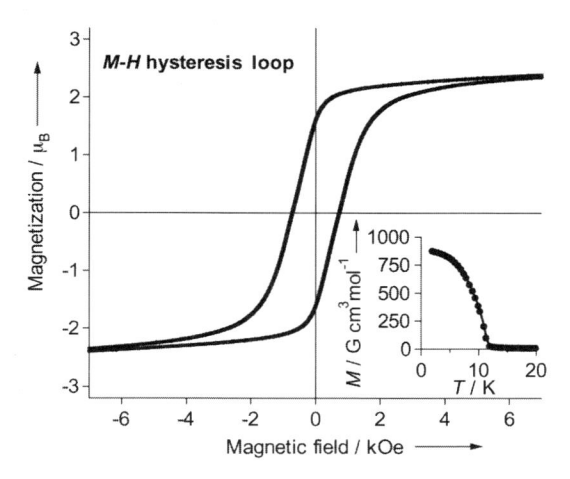

第4章 磁性

図8 $Rb^{I}_{0.82}Mn^{II}_{0.20}Mn^{III}_{0.80}[Fe^{II}(CN)_6]_{0.80}[Fe^{III}(CN)_6]_{0.14}\cdot H_2O$
低温相の磁気ヒステリシスループ（3 K）
（挿入図）磁場中冷却磁化曲線。

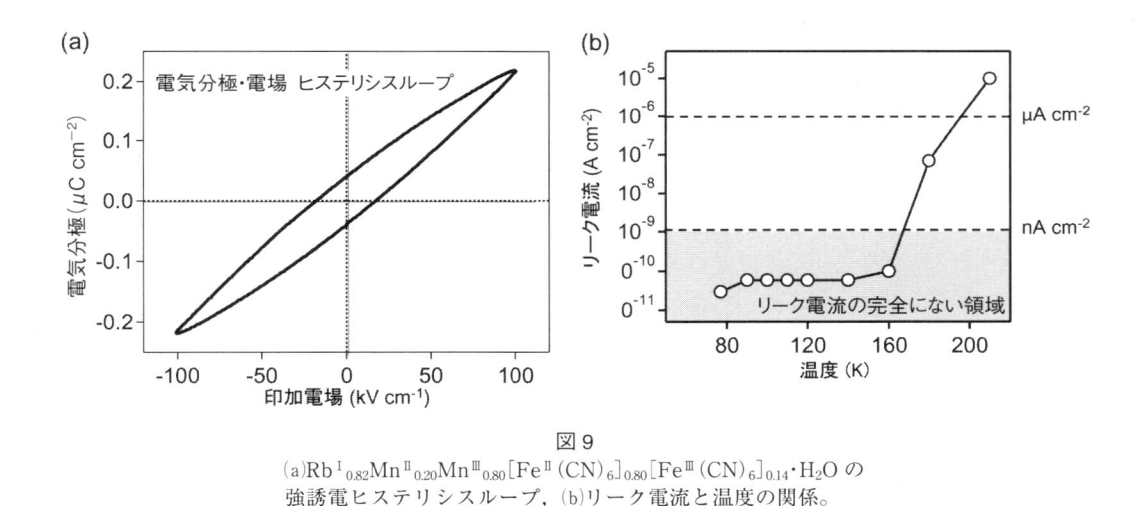

図9
(a)$Rb^{I}_{0.82}Mn^{II}_{0.20}Mn^{III}_{0.80}[Fe^{II}(CN)_6]_{0.80}[Fe^{III}(CN)_6]_{0.14}\cdot H_2O$ の
強誘電ヒステリシスループ，(b)リーク電流と温度の関係。

の低温相ではMn^{III}のスピンが平行に配置しており，2 K における保磁力は 800 Oe である（図8）。この低温相に 77 K において ±100 kV 印加した際の強誘電性の測定を行った。その結果，残留電気分極が（P_r）0.041 μCcm^{-2} であり，抗電界（E_c）が 17.5 kVcm^{-1} である強誘電ヒステリシスループが観測された（図9(a)）。測定条件下において，リーク電流は 10^{-10}Acm^{-2} と，装置の測定下限値の 10^{-9}Acm^{-2} 以下と非常に小さく，観測したヒステリシスループは明らかに強誘電性に由来するものであるといえる（図9(b)）。P_r および E_c は電界が小さいときはほぼ0であり，大きな電界を加えるに従って増大したことから，観測された強誘電ヒステリシスループはP_r および E_c の増大する途中であり，まだ飽和していない状態と考えられる。なお，強誘電ヒステリシ

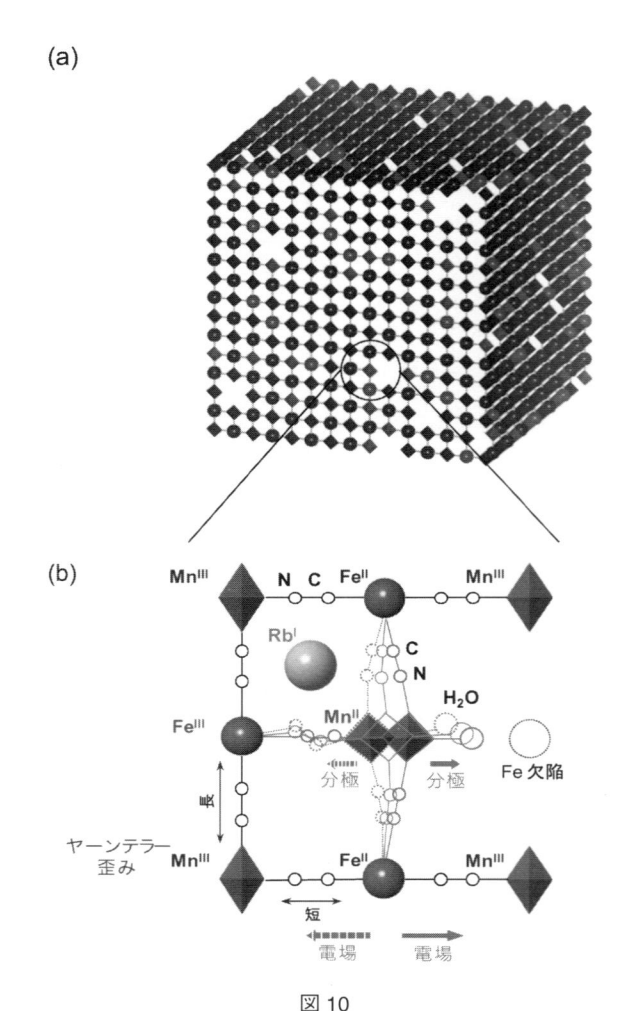

図 10
(a) $Rb^{I}_{0.82}Mn^{II}_{0.20}Mn^{III}_{0.80}[Fe^{II}(CN)_6]_{0.80}[Fe^{III}(CN)_6]_{0.14}\cdot H_2O$ の乱数計算を用いた模式図。Mn^{II}（◆），Fe^{III}（●），Mn^{III}（◆），Fe^{II}（●）。(b) 強誘電性発現のメカニズム。

スループの確認を行うため，参照実験として類似の錯体である $Rb_{0.94}Mn[Fe(CN)_6]_{0.98}\cdot 0.4\,H_2O$，$Rb_{0.28}Mn[Fe(CN)_6]_{0.76}\cdot 3.6\,H_2O$，および $K_{0.10}Mn[Fe(CN)_6]_{0.70}\cdot 4.5\,H_2O$ において分極（P）—電場（E）ヒステリシスを観測したが，ヒステリシスループが著しく小さかった。

本錯体において強誘電性が観測されたメカニズムは，Fe^{II}，Fe^{III}，シアノサイトの欠陥，Mn^{II}，およびヤーン・テラー歪みを示す Mn^{III} が，格子の中で混合していることによると考えている。図 10(a) に，$Rb^{I}_{0.82}Mn^{II}_{0.20}Mn^{III}_{0.80}[Fe^{II}(CN)_6]_{0.80}[Fe^{III}(CN)_6]_{0.14}\cdot H_2O$ の配置を乱数によって計算した模式図を示す。$Rb^{I}_{0.82}Mn^{II}_{0.20}Mn^{III}_{0.80}[Fe^{II}(CN)_6]_{0.80}[Fe^{III}(CN)_6]_{0.14}\cdot H_2O$ は，多元系のプルシアンブルー類似体であるため，$[Fe(CN)_6]$ サイトの欠陥によって局所的な電気分極が存在する。さらに，4種の金属イオンのイオン（Mn^{II}，Mn^{III}，Fe^{II}，Fe^{III}）半径の違い，および Mn^{III} のヤー

第4章 磁性

ン・テラー歪み，水分子の存在などによって，構造的なひずみが内在されていると考えられる。このような構造に電場を印加したため，自発電気分極が生じ，シアノ基によって架橋された柔軟性のある3次元構造によって，その分極した構造が保たれると考えている（図10(b)）。いわゆる，アモルファス強誘電と現在考えている。

文　　献

1) A. Ludi, H. U. Güdel, *Struct. Bonding*（*Berlin*）, **14**, 1 (1973)
2) M. Verdaguer, T. Mallah, V. Gadet, I. Castro, C. Hélary, S. Thiébaut, P. Veillet, *Conf. Coord. Chem.*, **14**, 19 (1993)
3) S. Ohkoshi, K. Hashimoto, *Electrochem. Soc. Interface fall*, **34**, (2002)
4) T. Mallah, S. Thiébaut, M. Verdaguer, P. Veillet, *Science*, **262**, 1554 (1993)
5) W. R. Entley, G. S. Girolami, *Science*, **268**, 397 (1995)
6) S. Ferlay, T. Mallah, R. Ouahès, P. Veillet, M. Verdaguer, *Nature*, **378**, 701 (1995)
7) S. Ohkoshi, A. Fujishima, K. Hashimoto, *J. Am. Chem. Soc.*, **120**, 5349 (1998)
8) S. M. Holmes, G. S. Girolami, *J. Am. Chem. Soc.*, **121**, 5593 (1999)
9) S. Ohkoshi, Y. Abe, A. Fujishima, K. Hashimoto, *Phys. Rev. Lett.*, **82**, 1285 (1999)
10) S. Ohkoshi, K. Arai, Y. Sato, K. Hashimoto, *Nat. Mater.*, **3**, 857 (2004)
11) S. S. Kaye, J. R. Long, *J. Am. Chem. Soc.*, **127**, 6506 (2005)
12) S. Ohkoshi, H. Tokoro, K. Hashimoto, *Coord. Chem. Rev.*, **249**, 1830 (2005)
13) S. Ohkoshi, H. Tokoro, M. Utsunomiya, M. Mizuno, M. Abe, K. Hashimoto, *J. Phys. Chem. B*, **106**, 2423 (2002)
14) T. Yokoyama, H. Tokoro, S. Ohkoshi, K. Hashimoto, K. Okamoto, T. Ohta, *Phys. Rev. B*, **66**, 184111 (2002)
15) H. Tokoro, S. Ohkoshi, K. Hashimoto, *Appl. Phys. Lett.*, **82**, 1245 (2003)
16) K. Kato, Y. Moritomo, M. Takata, M. Sakata, M. Umekawa, N. Hamada, S. Ohkoshi, H. Tokoro, K. Hashimoto, *Phys. Rev. Lett.*, **91**, 255502 (2003)
17) H. Tokoro, S. Ohkoshi, T. Matsuda, K. Hashimoto, *Inorg. Chem.*, **43**, 5231 (2004)
18) S. Ohkoshi, T. Nuida, T. Matsuda, H. Tokoro, K. Hashimoto, *J. Mater. Chem.*, **5**, 3291 (2005)
19) H. Tokoro, S. Miyashita, K. Kazuhito, S. Ohkoshi, *Phys. Rev. B*, **73**, 172415 (2006)
20) H. Tokoro, T. Matsuda, T. Nuida, Y. Moritomo, K. Ohoyama, E. D. L. Dangui, K. Boukheddaden, S. Ohkoshi, *Chem. Mater.*, **20**, 423 (2008)
21) S. Ohkoshi, H. Tokoro, T. Matsuda, H. Takahashi, H. Irie, K. Hashimoto, *Angew. Chem. Int. Ed.*, **3**, 857 (2007)

2 多孔性磁性体

大場正昭*

2.1 緒言

　配位高分子は，配位結合により連結された金属イオンと配位子からなる無限構造を有する金属錯体を指す。その中でも特に細孔構造を有する配位高分子は多孔性配位高分子（Porous Coordination Polymer；PCP）と呼ばれ，構造と構成成分の設計性と多様性を活かして，そのマイクロ孔サイズの内部空間を利用したガス吸蔵，特異的なゲスト配列，不均一触媒能などの研究が展開されている[1~5]。また，配位高分子の骨格に磁性や伝導性を付与する機能化も進められている[6]。そのような機能性配位高分子では，ゲスト吸着と物性がリンクする化学的物性変換が可能であり，新しい分子センサーやメモリー材料への展開が期待される。その観点から，磁気秩序と多孔性を併せ持つ「多孔性磁性体」は，多重機能性発現の最適な舞台と言える。常磁性分子を組み上げて磁気秩序を発現させる，いわゆる分子磁性体においては，スピンの長距離秩序配列の達成が第一の目的であり，そのための構造制御の設計概念は配位高分子とも共通する[7,8]。図1に示すように，多孔性骨格の結節点に常磁性金属イオンを導入して，架橋配位子を介した磁気的相互作用によりスピンを長距離にわたって整列させることが，多孔性磁性体の基本設計指針である。スピン間に働く超交換相互作用は，架橋原子の軌道と磁気軌道の重なりに大きく依存するため，金属イオン間の架橋構造の変化に敏感である。ここで，ゲスト分子と骨格の間に働く弱い相互作用（van der Waals 相互作用（～1 kJ/mol），CH-π, π-π 相互作用（～10 kJ/mol），静電相互作用，水素結合（～30 kJ/mol））を利用して，構造変化や電荷移動による磁性変換のシナリオが描かれる。しかし，磁気秩序が求める強い磁気的相互作用（短い架橋構造）に対して，多孔性構造は一般に長い架橋基を必要とするため，その構造的な要求の相克により目的物を得るのは困難である[6,9]。

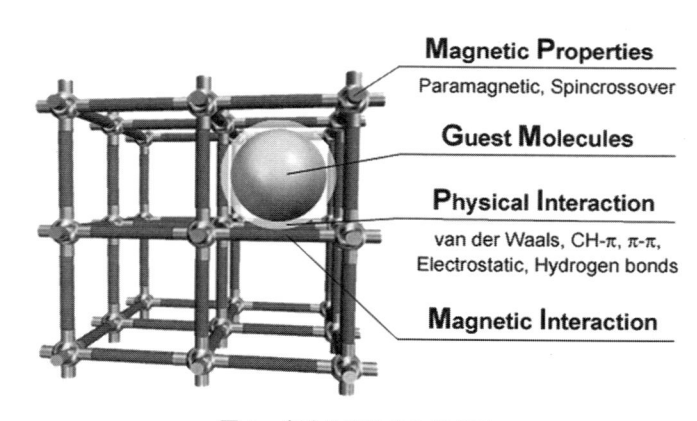

図1　多孔性磁性体の模式図

＊　Masaaki Ohba　京都大学　大学院工学研究科　合成・生物化学専攻　准教授

第4章 磁性

　分子磁性体におけるゲスト分子の吸脱着による磁気変換の概念は，Kahn らにより「magnetic sponge」として最初に提唱された[10,11]。この名称は，多孔性配位高分子に限らず，可逆的なゲスト溶媒分子の出し入れにより磁性が変化する化合物に対して用いられた。ゲスト吸着の機能と磁性の双方を活かして外場応答型の機能性材料へと展開するには，多孔性磁気骨格の構築は不可欠である。しかし，上述のように多孔性と磁気秩序の両立は，合成面での克服すべき課題がある。その解として，大きく分けて二つの手法が提案される。一つは，架橋基内に磁気中心（有機ラジカルまたは金属イオン）を配置する方法である[6]。磁気中心を含有する多架橋性の分子を用いることで，金属イオン間を配位結合により化学的に連結することに加えて，金属イオン間の磁気的相互作用をより強く中継することが可能となる。架橋配位子によって金属イオン間距離が伸びても，実質の金属イオンと架橋基の磁気中心間の距離は比較的短く保つことができる。第二の手法としては，従来の分子磁性体の設計指針と同様に短い架橋基を用いて配位高分子を合成するが，その際にゲスト分子として溶媒分子を共結晶化させ，溶媒分子を取り除いて多孔性骨格を得る方法が挙げられる。代表的化合物として，蟻酸架橋による多孔性磁性体 $[M^{II}_3(HCOO)_6]$（M = Fe, Co, Mn）が挙げられる[12〜14]。この手法は，第一の手法と比べて構造設計が困難であり，多孔性構造の構築には偶然性に頼る部分もあるが，多孔体及び磁性体として興味深い現象を発現する化合物がいくつか報告されている。本節では，前者の代表例であるポリシアノ錯体 $[M_A(CN)_n]^{m-}$ を用いた多孔性磁性体について，我々の成果を中心にその構造と磁気特性の化学的変換について紹介する。

2.2 設計指針

　架橋基を有する常磁性金属錯体を「錯体配位子」として用いる手法は，孤立した多核錯体の合成において以前から用いられている[7]。分子磁性体の合成では，複数の架橋基を有する多架橋性の錯体配位子を用いる構築法の有効性が実証されており，常套的手段の1つとなっている[7,8]。多架橋性錯体配位子の代表例には，ポリシアノ錯体やトリスオキサラト錯体などがある。これらの錯体配位子では，常磁性金属イオンの周りに架橋可能な配位子を立体的に配置することで，その構造情報を基に多次元構造を設計・構築することが可能である。ポリシアノ錯体は，図2に示すように中心金属イオンに対して複数のシアン化物イオンが炭素で配位結合している。このシアノ基は他の金属イオンに結合して架橋構造を形成できるため，ポリシアノ錯体は容易に配位高分子骨格を与える[15〜17]。最古の配位高分子と言われ，300年以上前に発見されて顔料として利用されている Prussian Blue（$Fe^{III}_4[Fe^{II}(CN)_6]_3 \cdot nH_2O$）[18]では，六方向に架橋を展開可能なヘキサシアノ鉄（II）酸イオン $[Fe^{II}(CN)_6]^{4-}$ が錯体配位子に相当する。この場合は，$[Fe^{II}(CN)_6]^{4-}$ は反磁性だが，これを常磁性に変えたヘキサシアノ金属（III）酸イオン $[M^{III}(CN)_6]^{3-}$（M = Cr, Mn, Fe）や，シアノ基の数を増やしたオクタシアノ金属酸イオン $[M(CN)_8]^{n-}$（M = Mo, W）が分子磁性体の合成に数多く用いられている[15〜42]。

　ポリシアノ錯体 $[M_A(CN)_n]^{m-}$ を第2の金属イオン M_B と反応させると，M_A–CN–M_B から成

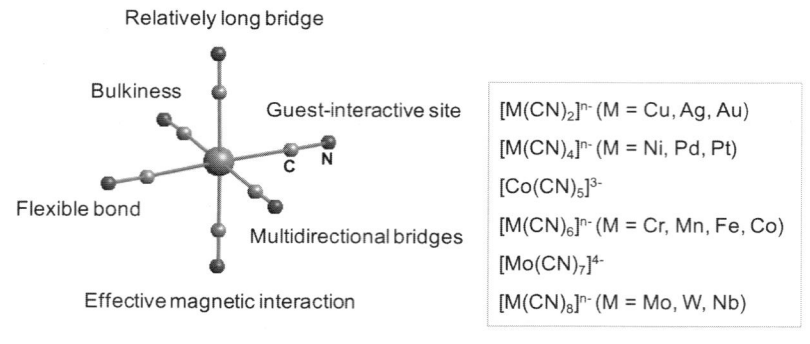

図2 代表的なポリシアノ錯体とその特徴

る架橋構造を形成する。この時の $M_A \cdots M_B$ 間距離は約 0.5 nm である。ポリシアノ錯体を架橋基と見なすと $M_B \cdots M_B$ 間距離は約 1 nm であり，多孔性骨格を形成するために十分な長さである。磁気的には，$M_A \cdots M_B$ 間はシアン化物イオンによる二原子架橋であるため，強い磁気的相互作用が期待される。また，M_A がシアノ炭素による強配位子場にあり，低スピン配置が基底電子配置となるため，電子配置を考慮した磁気的相互作用の制御が容易であるという利点もある。その他に多孔性磁性体におけるポリシアノ錯体の利点は，①柔軟なシアノ架橋によりゲスト分子に応じた構造変化が可能，②シアノ基とゲスト分子間に水素結合を形成可能，③立体的に張り出したシアノ基の嵩高さにより相互貫入による稠密充填構造の形成を妨げる，などが挙げられる。これらの特徴を活かし，さらに第2の金属イオン M_B の周りに「補助配位子」を配置することで，多様な多孔性磁気骨格を構築し，ゲスト分子との相互作用による磁性変換が可能となる。以下，ポリシアノ錯体を用いた多孔性磁性体の可逆的な構造と磁性の化学的変換について，①ゲストの吸脱着による変換[27]，②着脱可能な配位子を利用したトポケミカル構造変換[28]，③双方向の化学的スピン状態変換[43]を紹介する。補助配位子を含まない Prussian Blue 類縁体も多孔性磁性体であり，ゲスト吸脱着に伴う磁性変換の報告例[33,44,45]があるが，本節では紙面の関係で割愛する。

2.2.1　ゲストの吸脱着による変換

我々は，これまでにヘキサシアノ金属酸イオン $[M_A^{III}(CN)_6]^{3-}$（M = Cr，Mn，Fe）を用いて，第二の錯体ユニット $[M_B^{II}(L)_x]^{2+}$（M_B = Mn，Co，Ni，Cu：L = 補助配位子）間を架橋し，多次元ネットワーク構造を有する磁性体を系統的に合成してきた[17,19〜30]。これらの骨格構造は，補助配位子 L の置換基の位置や対イオンの種類により大きく変化する。この補助配位子に triamine（N,N-di(3-aminopropyl)amine；dipn）を用いると，多孔性磁性体 $[Ni(dipn)]_2[Ni(dipn)(H_2O)][Fe(CN)_6]_2 \cdot 11H_2O$（1）が得られる[27]。この化合物は，$[Fe(CN)_6]^{3-}$ の mer-位の3つのシアノ基が隣接する $[Ni(dipn)]^{2+}$ と架橋して2次元シートを形成し，さらに軸方向の1つのシアノ基が $[Ni(dipn)(H_2O)]^{2+}$ に結合して2次元シートを連結する形で3次元多孔性構造を構築している（図3(a)）。この構造は，約 0.4×0.4 nm^2 のハニカム型細孔を有しており，組成あたり11分子のディスオーダーした結晶水が細孔を満たしており，空隙率は29%と見積もられる。磁気的に

第4章　磁性

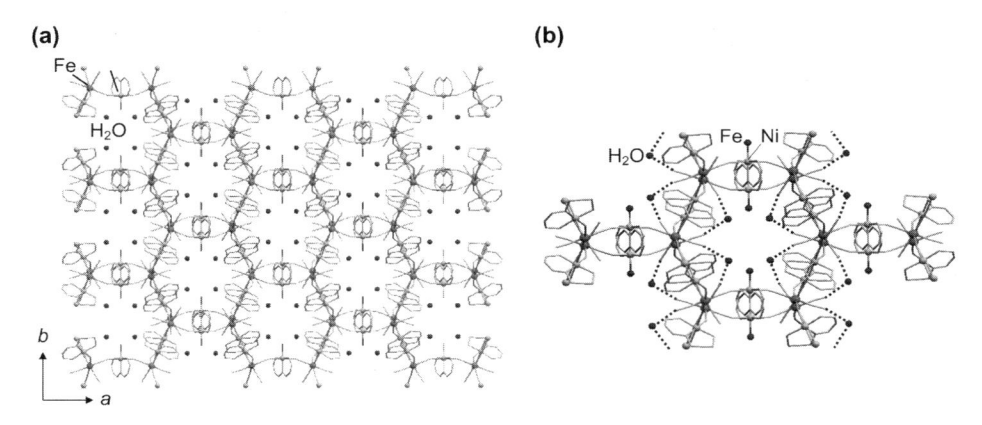

図3　化合物1の構造のc軸投影図（ディスオーダーした結晶水は省略）(a)，および水分子と非架橋シアノ基間の水素結合ネットワーク(b)

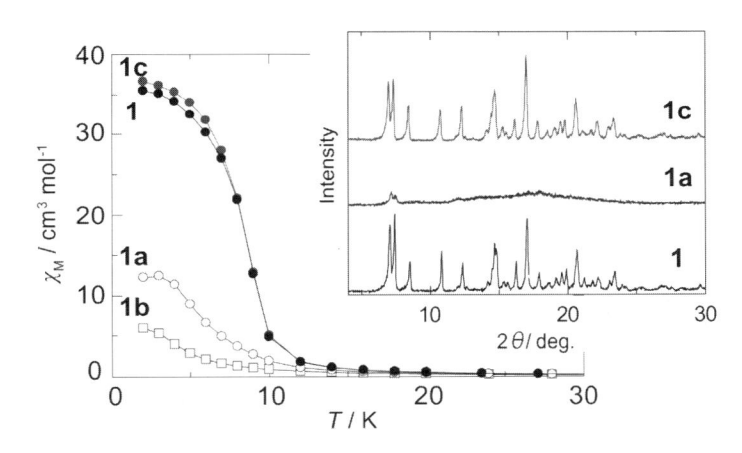

図4　化合物1の水の吸脱着による直流磁気挙動の可逆的変化，および粉末X線回折パターンの変化（Insert）

は，隣接するFe^{III}とNi^{II}が磁気軌道の厳密直交により強磁性的に相互作用し，8.5 K以下で強磁性を示す（図4）。この化合物は室温真空下で部分的にゲストの水分子が抜けて，アモルファス状態の $[Ni(dipn)]_2[Ni(dipn)(H_2O)][Fe(CN)_6]_2 \cdot H_2O$ （1a）へと変わり，さらに100℃に加熱すると無水物 $[Ni(dipn)]_3[Fe(CN)_6]_2$ （1b）を与える。部分脱水（1a）及び完全脱水（1b）状態では，構造のアモルファス化に伴って磁気秩序が消滅する。化合物1は3次元骨格を有するが，$[Fe(CN)_6]^{3-}$ の6つのシアノ基のうちの4つだけが骨格構造構築に与っており，かつシアノ架橋が柔軟であるため，脱水によって結合距離および結合角が不均一に変化してアモルファス化が進行する。部分脱水状態1aは組成当り約10分子の水を吸着し（1c），構造および磁気秩序を完全に回復する（図4）。一方，完全脱水状態1bは水を吸着しないため，構造も磁性も元には戻らない。1aと1bの水への応答性の違いは，部分的に残った結晶水が関係する。細孔中の水分子はほとんどがディスオーダーしているが，単位当り1分子だけは，図3(b)に示すような水素結

合を非架橋のシアノ基と形成している。部分脱水状態 1a におけるこの水分子の存在は，TGA により確認された。1a はアモルファス化しているものの，この水素結合により基本骨格が保持されるために，再吸湿による構造の復元が可能になったと考えられる。この化合物において，ゲスト分子の吸脱着をトリガーとする可逆的な結晶―アモルファス間の構造変換，および強磁性―常磁性間の磁気変換が達成された。この他にも，オクタシアノ錯体を用いた $Cu_3[W(CN)_8]$ $(pym)_2 \cdot 8 H_2O$ （pym = pyrimidine）[35]，$[Ni(cyclam)]_3[W(CN)_8]_2 \cdot 16 H_2O$（cyclam = 1, 4, 8, 11-tetraazacyclotetradecane）[46] や，ヘプタシアノ錯体を用いた $[Mn(HL)(H_2O)]_2Mn[Mo(CN)_7]_2 \cdot 2 H_2O$（L = N, N-dimethylalaninol）[47] などが，ゲストの吸脱着により可逆的な構造と磁性変化を示す多孔性磁性体として報告されている。

2.2.2 着脱可能な配位子を利用したトポケミカル構造変換

次に結晶溶媒ではなく配位溶媒の脱着による磁気特性変換の例を示す。ここでは，配位した「着脱可能」な溶媒分子が重要な役割を果たす。

$[Mn(NNdmenH)(H_2O)][Cr(CN)_6] \cdot H_2O$（2：NNdmen = N, N-dimethylethylenediamine）[28] は，$[Cr(CN)_6]^{3-}$ の面内の4つのシアノ基が隣接する Mn^{II} を架橋して2次元構造を形成している。Mn^{II} 上の軸位にはプロトン化した補助配位子と水が配位しており，配位水は隣接するシートから突き出した非架橋のシアノ基と水素結合を形成している（図5(a)）。化合物2の単結晶を100℃に加熱すると，無水物 $[Mn(NNdmenH)][Cr(CN)_6]$（2a）が単結晶性を保持したまま得られる。化合物を加熱して配位水分子を除くと，トポケミカル反応によりシート間に新たに Cr–CN–Mn 結合が生成し，3次元構造へと変化する（図5(b)）。2a はゲートサイズが $0.08 \times 0.16\ nm^2$ の非常に狭いチャンネル構造を形成しており，水とメタノールは吸着するが，それ以上のサイズの溶媒分子は吸着しない（図6(a)）。吸着曲線と粉末X線回折より 2a は速やかに水を再吸着し，その結果シート間の Cr–CN–Mn 結合が切れて元の2次元構造を復元していることが分かる。磁気的

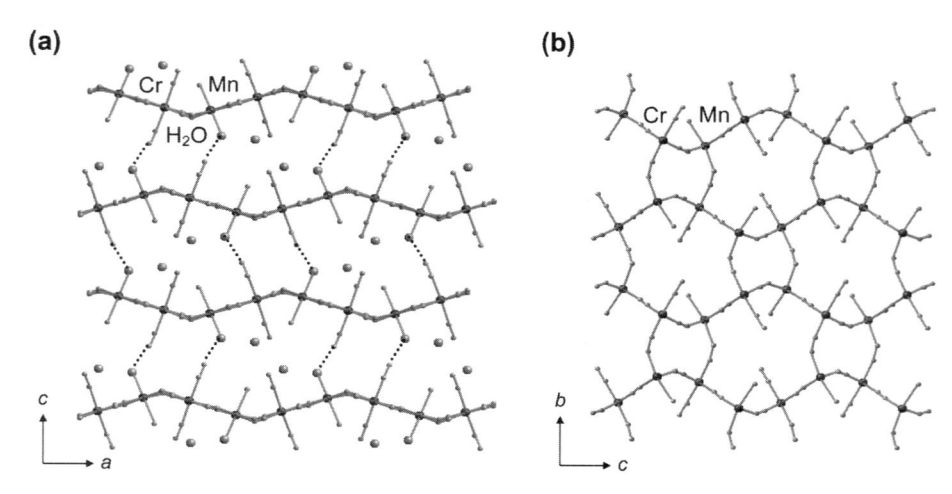

図5　化合物 2(a) および脱水相 2a(b) の構造
（補助配位子は省略，点線は配位水とシアノ基間の水素結合を示す）

(a)
2.5
2
1.5
1
0.5
0
Amount adsorbed / mol mol-1
H2O
MeOH
CH3CN
EtOH
0
0.2
0.4
0.6
0.8
1
Relative pressure P / Po
(b)
20
15
10
5
0
χM / cm3 mol-1
2b
2
2a
60
50
40
30
TC / K
2a
2a
2
2b
2b
0
20
40
60
80
100
T / K

図 6　脱水相 2a の室温における溶媒の吸着等温線(a)，および化合物 2 の配位水の吸脱着による可逆的磁気変化

には，化合物 2 は Cr^{III} と Mn^{II} 間の反強磁性的相互作用により，35.2 K でフェリ磁性を示す。脱水相 2a では磁気転移温度は 60.4 K に上昇し，再吸湿相 2b では元の磁気挙動に戻る（図 6(b)）。2 次元構造では空間を介したシート間の弱い磁気的相互作用が，脱水相ではシアノ架橋を介した相互作用に置き換わるため，3 次元的な磁気的相互作用が強まった結果，磁気転移温度が上昇する。補助配位子に 1,2-propanediamine と ethylenediamine を用いた類縁体も同様の構造と磁気変換を示す。また，$[K(18\text{-crown-}6)(MeOH)_2][Mn(L)(H_2O)(MeOH)]_2[Fe(CN)_6]\cdot MeOH$（L

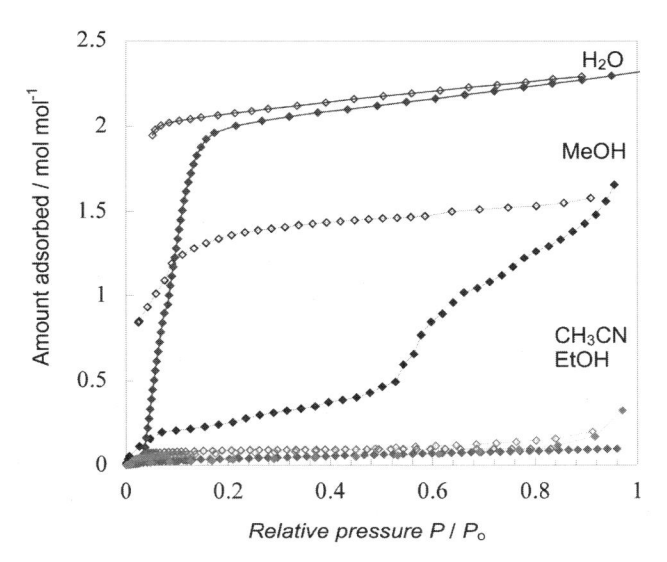

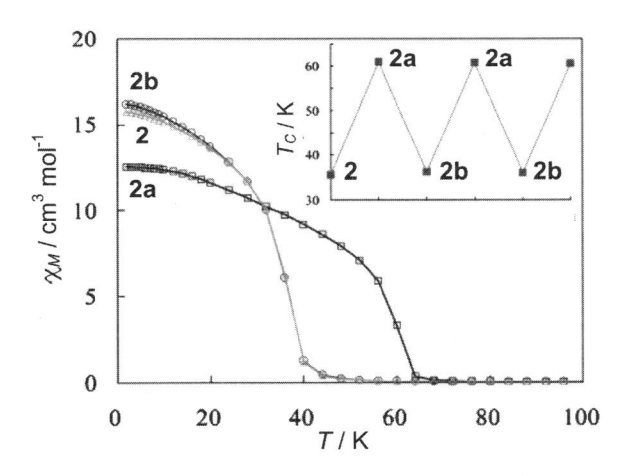

= N,N'-ethylenedi (5-chlorosalicylideneaminate)[38,39] と ［Ni(dmen)$_2$］［Ni(dmen)$_2$(H$_2$O)］［Fe(CN)$_6$］(bpds)$_{0.5}$・3H$_2$O (dmen = 1,1-dimethylethylenediamine, bpds^{2-} = 4,4'-biphenyldisulfonate)[23] も同様の設計戦略でトポケミカル反応を利用して，前者は孤立した常磁性三核錯体と2次元強磁性体の間を，後者は1次元メタ磁性体と2次元強磁性体の間の可逆的変換に成功している。いずれの場合も，初期構造は熱力学的に安定した構造であり，補助配位子とヘキサシアノ金属酸イオンの立体的反発により稠密充填構造の形成を妨げている。配位溶媒の脱離によりシアノ基と配位溶媒間の水素結合が誘導する形でトポケミカル固相反応が進行し，次元性が上がった準安定構造が形成される。この準安定構造は立体的に混み合っているため，溶媒の再配位によりシアノ架橋を切断して元の構造に戻ることで可逆的な変換が可能になっている。

これまでに紹介した多孔性磁性体では，シアノ架橋の柔軟性に加え，シアノ基とゲスト分子間水素結合を利用することで，ゼオライトなどの既存の剛直な多孔体では困難な構造変換とそれに伴う磁性変換が達成された。その点では，ポリシアノ錯体を用いた多孔性磁性体の設計指針の有効性が実証された。しかし，ゲスト分子の吸脱着と磁気秩序は異なる温度域で起きているため，構造の変化と磁性の変化には因果関係があるものの，「同時」に起きる相関した現象ではない。多孔性構造を保持したまま磁気転移温度を上げることが，今後の重要な課題である。安定性に難があるが，磁気転移温度が高い Prussian Blue 類縁体 M$^{II}_3$[Cr(CN)$_6$]$_2$・nH$_2$O (M = Cr で 240 K，V で 315 K)[16,48,49] の金属イオンの組み合わせによる多孔性骨格の構築は，1つの解決策である。また，最近報告された ［Mn(HL)(H$_2$O)］$_2$Mn[Mo(CN)$_7$]$_2$・2H$_2$O (L = N,N-dimethylalaninol)[47] は空隙率 9.2% の多孔性骨格を持ち，かつ 106 K で磁気秩序を示す。この化合物は [Mo(CN)$_7$]$^{4-}$ が不安定であるために取り扱いが困難であるが，脱水後も多孔性構造を保持しており，気体の吸着も可能であることから，O$_2$ や NO などの常磁性分子の導入によるホスト—ゲスト間での磁気的相互作用や，内部磁場によるゲスト分子の特異的な配列，分離などの機能発現が期待される。

2.2.3 双方向の化学的スピン状態変換

上述のゲスト吸脱着温度と磁気秩序温度間のギャップの問題に対して，磁気秩序に代わりスピンクロスオーバーの利用は1つの解と言える。スピンクロスオーバー (SCO) は，高スピン (HS) と低スピン (LS) のスピン多重度の異なる電子配置をもつ状態が基底状態として競合し，熱，圧力，光などの外部刺激によりスピン状態が一方から他方に変化する現象である[50]。この変化は協同的であり，これまでに数多くの SCO を示す化合物が研究され，精密な分子設計により室温以上での双安定なスピン状態も達成されている[50]。PCPs の骨格へのスピンクロスオーバー部位の組み込みは，Real や Kepert らを中心に試みられてきた[50~54]。多孔性骨格構築のために長い架橋配位子を用いると協同性が低くなるため，ゲスト分子の出し入れで磁気挙動は変わるものの，上記の多孔性磁性体同様に，ゲストの吸脱着と磁性の変化は異なる温度領域で起きていた。その中で，Real らは Fe(pz)[Pt(CN)$_4$]・2H$_2$O (3：pz = pyrazine) が 250 K 付近でスピン転移を起こすことを見出した[55~57]。この化合物は，[Pt(CN)$_4$]$^{2-}$ が4つの Fe^{II} のエカトリアル面内に結合して2次元シート構造を形成し，さらに Fe^{II} のアクシアル位を pz が架橋することで3次元

第4章 磁性

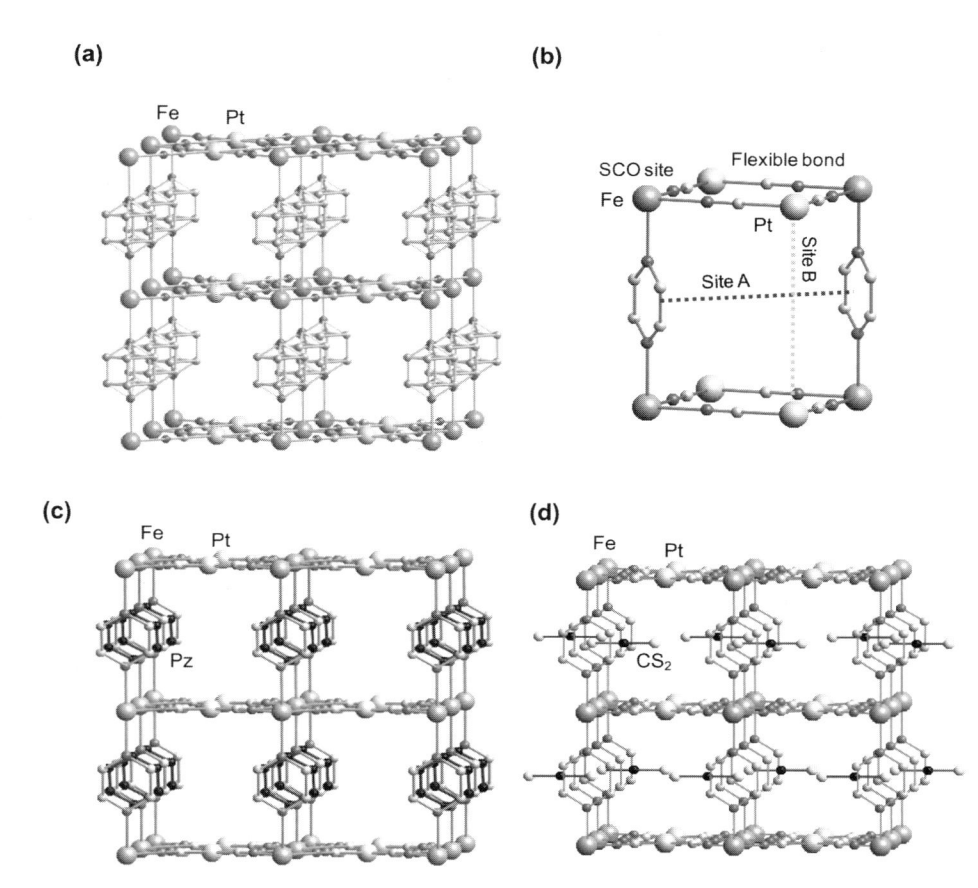

図7 化合物3およびゲスト吸着体の構造
高スピン状態のゲストフリー構造（pzがディスオーダーしている）(a)とユニット構造(b)，
高スピン状態のピラジン吸着体(c)，低スピン状態の二硫化炭素吸着体(d)

Hofmann 型の多孔性骨格構造を形成している[43]（図7(a)）。この構造は，図7(b)に示す Fe_2Pt_2 square を pz で架橋した構造がユニットになっており，4つの Fe^{II} で囲まれるゲートサイズおよび空隙率は HS 状態で 0.39×0.42 nm^2 と 22.4％，LS 状態で 0.34×0.39 nm^2 と 18.1％ である。この構造にはゲストと相互作用が可能なサイトが2つあり，2つの pz の間をサイト A，2つの Pt の間をサイト B と呼ぶ。化合物 3 は加熱脱水すると室温領域でスピン双安定性を示す。このスピン双安定領域におけるゲスト分子のスピン状態への影響を表1に示す[43]。クラスIのゲストは，吸着されるがスピン状態を変化しない。クラスIIは，吸着に伴い LS 状態から HS 状態を誘起する。逆にクラスIIIは LS 状態を安定化する。SQUID のサンプルチューブに直接ゲスト分子を導入する方法で，吸着に伴うスピン転移を確認した。図8に示すように，矢印で示す時間でゲスト分子の導入を開始すると，飽和蒸気圧の 10 分の 1 程度のガス雰囲気下でスムーズに磁化率は変化し，ベンゼンを導入した場合は HS 状態が，二硫化炭素を導入した場合は LS 状態が生じる。ベンゼンを吸着させた HS 相は，真空にしてベンゼンを抜いても HS 状態を保持する。また，ベ

表1 化合物3のゲスト分子によるスピン状態安定化

Class	Guest molecule	Effect
I	CO_2	No
	N_2	
	O_2	
II	H_2O	HS stabilized
	D_2O	
	MeOH	
	EtOH	
	2-PrOH	
	Acetone	
	Benzene	
	Pyrazine	
	Toluene	
	Thiophene	
	Pyrrole	
	Pyridine	
	Furan	
	THF	
III	CS_2	LS stabilized

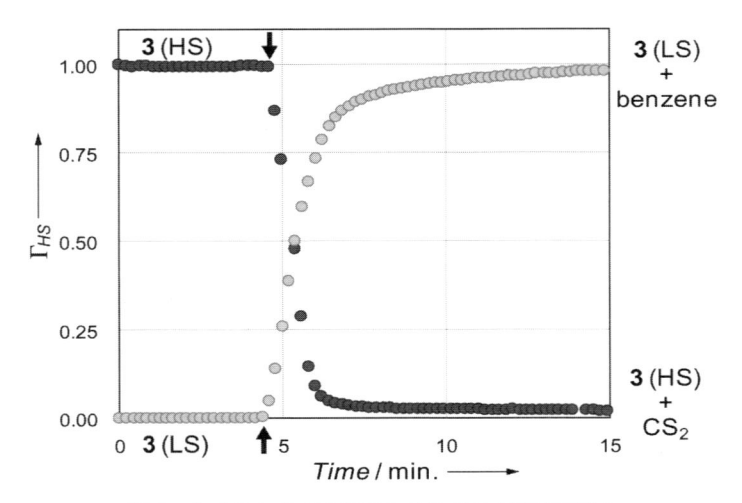

図8 化合物3の293 Kにおけるゲスト吸着に伴う
HSの割合 (Γ_{HS}) の時間変化
矢印で示した時間でゲスト導入を開始。ゲストの導入圧は，ベンゼンが $P/P_0 = 0.13$，二硫化炭素が $P/P_0 = 0.09$。

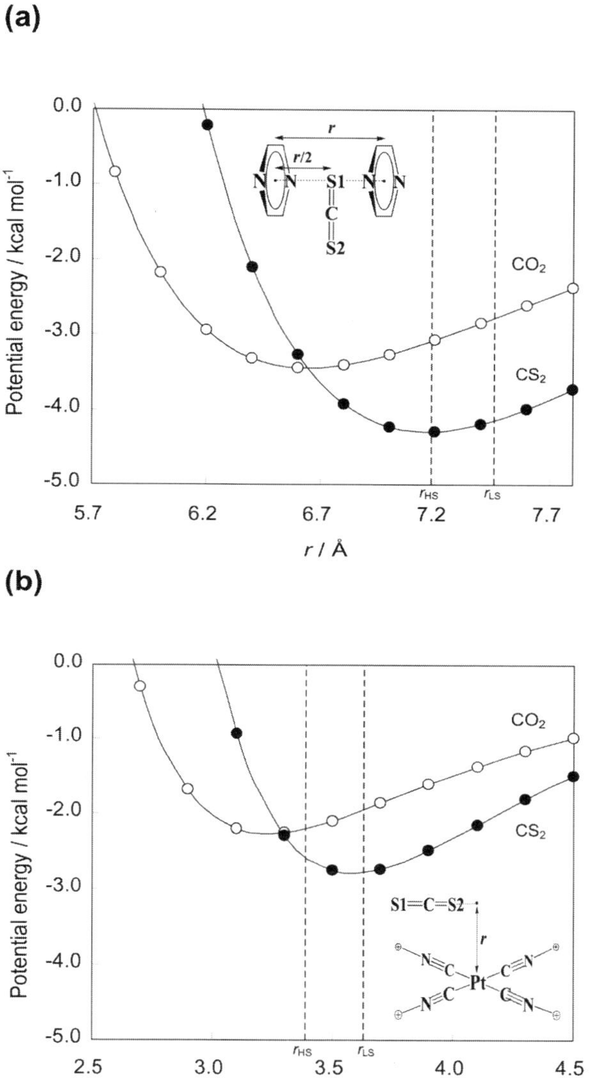

第4章 磁性

(a)

(b)

図9 化合物3とゲストの相互作用によるポテンシャル面
site A(a), site B(b) (r_{LS}, r_{HS} はそれぞれ, LS と HS 状態の結晶構造における距離)

ンゼンを吸着させた状態を二硫化炭素雰囲気に曝すと,ベンゼンと二硫化炭素が自然に入れ替わり,HS 状態から LS 状態に変化する。これにより,室温でゲスト分子による可逆的磁気変換が達成された。通常のゲスト吸着は構造を膨張させるため,Fe 周りの結合距離が長い HS 状態の安定化が有利である。また,LS 状態は HS 状態に比べてスピンエントロピーが減少するため,熱力学的にも LS 状態の誘起は不利である。ピラジン(クラスⅡ)および二硫化炭素(クラス

Ⅲ）の吸着体の構造から，ピラジンはサイトAのみで骨格と相互作用し，二硫化炭素は両方のサイトで相互作用していることが分かる（図7(c), (d)）。クラスⅡのゲスト分子は，分子サイズが大きい，もしくはユニット当たり複数の分子が吸着されることでHS状態を安定化する。また，CCSD（T）法による精密な量子化学計算により，二硫化炭素がLS状態を安定化する要因が，二硫化炭素と骨格間のvan der Waals相互作用であることが明らかとなった（図9）。分子構造とサイズが二硫化炭素と類似した二酸化炭素（クラスⅠ）と比較すると，二硫化炭素の方が両サイトで二酸化炭素よりも強く相互作用している。これらの結果により，細孔表面を形成するピラジンおよびPtと吸着分子間の3次元的な相互作用により，構造が収縮してLS状態が安定化される機構が提唱される。また，ゲストフリーの骨格においてはpzが回転しているが，ゲスト分子を吸着すると，その回転が止まる。この回転によるエントロピーの減少も低スピン状態の安定化に寄与すると考えられる。

2.3 結語

多孔性磁性体は多孔性の骨格に磁性が共存する新しい物質群であり，既存の無機材料，炭素材料では実現困難な可逆的な磁気特性変化を示す。磁石としての多孔性磁性体は，その転移温度が欠点となるものの，配位高分子の特徴である柔軟な骨格を活かして，化学的応答による構造と磁気特性の可逆的変換を実現した。またスピンクロスオーバー部位を導入した多孔性配位高分子では，室温においてゲスト吸着と連動した双方向かつ可逆的なスピン状態変換が可能となり，ゲスト分子の出し入れによるスピン状態の記録，書き換えが実現された。多孔性磁性体は，化学的および物理的刺激により磁気的，光学的，電気的物性を変換可能であり，ナノ結晶化や薄膜化も可能である。今後は，これらの化合物を基に，新しい化学物質センサーやスピントロニクス材料の開発が期待される。

文　　献

1) S. Kitagawa, R. Kitaura, S. Noro, *Angew. Chem. Int. Ed.*, **43**, 2334 (2004)
2) O. M. Yaghi, M. O'Keeffe, N. W. Ockwig, H. K. Chae, M. Eddaoudi, J. Kim, *Nature*, **423**, 705 (2003)
3) R. Matsuda, R. Kitaura, S. Kitagawa, Y. Kubota, R. V. Belosludov, T. C. Kobayashi, H. Sakamoto, T. Chiba, M. Takata, Y. Kawazoe, Y. Mita, *Nature*, **436**, 238 (2005)
4) G. Férey, C. Mellot-Dranznieks, C. Serre, F. Millange, J. Dutour, S. Surblé, I. Margiolaki, *Science*, **309**, 2040 (2005)
5) G. Férey, *Chem. Soc. Rev.*, **37**, 191 (2008)
6) D. Maspoch, D. Ruiz-Molina, J. Veciana, *J. Mater. Chem.*, **14**, 2713 (2004)

第4章 磁性

7) O. Kahn, Molecular Magnetism, WILEY-VCH, Weinheim (1993)
8) J. S. Miller, M. Drillon, Ed., Magnetism: Molecules to Materials Vol. 1-5, WILEY-VCH, Weinheim (2001-2005)
9) D. Maspoch, D. Ruiz-Molina, K. Wurst, N. Domingo, M. Cavallini, F. Biscarini, J. Tejada, C. Rovira, J. Veciana, *Nature Mater.*, **2**, 190 (2003)
10) J. Larionova, S. A. Chavan, J. V. Yakhmi, A. G. Frøystein, J. Sletten, C. Sourisseau, O. Kahn, *Inorg. Chem.*, **36**, 6374 (1997)
11) O. Kahn, J. Larionova, J. V. Yakhmi, *Chem. -Eur. J.*, **5**, 3443 (1999)
12) Z. M. Wang, B. Zhang, H. Fujiwara, H. Kobayashi, M. Kurmoo, *Chem. Commun.*, 416 (2004)
13) B. Zhang, Z. M. Wang, M. Kurmoo, S. Gao, K. Inoue, H. Kobayashi, *Adv. Func. Mater.*, **17**, 577 (2007)
14) H. B. Cui, Z. M. Wang, K. Takahashi, Y. Okano, H. Kobayashi, A. Kobayashi, *J. Am. Chem. Soc.*, **128**, 15074 (2006)
15) K. R. Dunbar, R. A. Heintz, *Prog. Inorg. Chem.*, **45**, 283 (1997)
16) M. Verdaguer, A. Bleuzen, V. Marvaud, J. Vaissermann, M. Seuleiman, C. Desplanches, A. Scuiller, C. Train, R. Garde, G. Gelly, C. Lomenech, I. Rosenman, P. Veillet, C. Cartier, F. Villain, *Coord. Chem. Rev.*, **190-192**, 1023 (1999)
17) M. Ohba, H. Ōkawa, *Coord. Chem. Rev.*, **198**, 313 (2000)
18) Anonymous, *Miscellanea berolinensia ad Incrementum scientiarum*, Vol. I, 377-378, Berlin (1710)
19) M. Ohba, N. Maruono, H. Ōkawa, T. Enoki, J. M. Latour, *J. Am. Chem. Soc.*, **116**, 11566 (1994)
20) M. Ohba, H. Ōkawa, N. Fukita, Y. Hashimoto, *J. Am. Chem. Soc.*, **119**, 1011 (1997)
21) M. Ohba, N. Usuki, N. Fukita, H. Ōkawa, *Angew. Chem. Int. Ed.*, **38**, 1795 (1999)
22) K. Inoue, H. Imai, P. S. Ghalsasi, K. Kikuchi, M. Ohba, H. Ōkawa, J. V. Yakhmi, *Angew. Chem. Int. Ed.*, **40**, 4242 (2001)
23) N. Usuki, M. Ohba, H. Ōkawa, *Bull. Chem. Soc. Jpn.*, **75**, 1693 (2002)
24) K. Inoue, K. Kikuchi, M. Ohba, H. Ōkawa, *Angew. Chem. Int. Ed.*, **42**, 4810 (2003)
25) T. Shiga, H. Ōkawa, S. Kitagawa, M. Ohba, *J. Am. Chem. Soc.*, **128**, 16426 (2006)
26) W. Kaneko, S. Kitagawa, M. Ohba, *J. Am. Chem. Soc.*, **129**, 248 (2007)
27) N. Yanai, W. Kaneko, K. Yoneda, M. Ohba, S. Kitagawa, *J. Am. Chem. Soc.*, **129**, 3496 (2007)
28) W. Kaneko, M. Ohba, S. Kitagawa, *J. Am. Chem. Soc.*, **129**, 13706 (2007)
29) W. Kaneko, M. Mito, S. Kitagawa, M. Ohba, *Chem. -Eur. J.*, **14**, 3481 (2008)
30) M. Ohba, W. Kaneko, S. Kitagawa, T. Maeda, M. Mito, *J. Am. Chem. Soc.*, **130**, 4475 (2008)
31) S. I. Ohkoshi and K. Hashimoto, *J. Am. Chem. Soc.*, **121**, 10591 (1999)
32) Y. Arimoto, S. I. Ohkoshi, Z. J. Zhong, H. Seino, Y. Mizobe, K. Hashimoto, *J. Am. Chem. Soc.*, **125**, 9240 (2003)
33) S. I. Ohkoshi, K. I. Arai, Y. Sato, K. Hashimoto, *Nature Mater.*, **3**, 857 (2004)

34) S. I. Ohkoshi, H. Tokoro, K. Hashimoto, *Coord. Chem. Rev.*, **249**, 1830 (2005)
35) S. I. Ohkoshi, Y. Tsunobuchi, H. Takahashi, T. Hozumi, M. Shiro, K. Hashimoto, *J. Am. Chem. Soc.*, **129**, 3084 (2007)
36) H. Miyasaka, N. Matsumoto, H. Ōkawa, N. Re, E. Gallo, C. Floriani, *Angew. Chem., Int. Ed. Engl.*, **34**, 1446 (1995)
37) H. Miyasaka, N. Matsumoto, H. Ōkawa, N. Re, E. Gallo, C. Floriani, *J. Am. Chem. Soc.*, **118**, 981 (1996)
38) H. Miyasaka, N. Matsumoto, N. Re, E. Gallo, H. Ōkawa, *Inorg. Chem.*, **36**, 670 (1997)
39) H. Miyasaka, H. Ieda, N. Matsumoto, N. Re, R. Crescenzi, C. Floriani, *Inorg. Chem.*, **37**, 255 (1998)
40) Y. Yoshida, K. Inoue, M. Kurmoo, *Chem. Lett.*, **37**, 586 (2008)
41) Y. Yoshida, K. Inoue, M. Kurmoo, *Chem. Lett.*, **37**, 504 (2008)
42) Y. Yoshida, K. Inoue, M. Kurmoo, *Inorg. Chem.*, **48**, 267 (2009)
43) M. Ohba, K. Yoneda, G. Agustí, M. C. Muñoz, A. B. Gaspar, J. A. Real, M. Yamasaki, H. Ando, Y. Nakao, S. Sakaki, S. Kitagawa, *Angew. Chem. Int. Ed.*, **48** (2009) online published.
44) S. S. Kaye and J. R. Long, *J. Am. Chem. Soc.*, **127**, 6506 (2005)
45) S. S. Kaye, H. J. Choi and J. R. Long, *J. Am. Chem. Soc.*, **130**, 16921 (2009)
46) B. Nowicka, M. Rams, K. Stadnicka and B. Sieklucka, *Inorg. Chem.*, **46**, 8123 (2007)
47) J. Milon, M. C. Daniel, A. Kaiba, P. Guionneau, S. Brandes, J. P. Sutter, *J. Am. Chem. Soc.*, **129**, 13872 (2007)
48) T. Mallah, S. Thiebaut, M. Verdaguer, P. Veillet, *Science*, **262**, 1554 (1993)
49) C. Férey, C. Mellot-Draznieks, C. Serre, F. Millange, J. Dutour, S. Surblé, I. Margiolaki, *Science*, **309**, 2040 (2005)
50) "Spin Crossover in Transition Metal Compounds" (Eds: P. Gütlich, H. A. Goodwin), *Top. Curr. Chem.*, **233-235** (2004)
51) J. A. Real, E. Andrés, M. C. Muñoz, M. Julve, T. Granier, A. Bousseksou and F. Varret, *Science*, **268**, 265 (1995)
52) J. A. Real, A. B. Gaspar and M. Carmen Muñoz, *Dalton Transactions*, 2062 (2005)
53) G. J. Halder, C. J. Kepert, B. Moubaraki, K. S. Murray and J. D. Cashion, *Science*, **298**, 1762 (2002)
54) C. J. Kepert, *Chem. Commun.*, 695 (2006)
55) V. Niel, J. M. Martinez-Agudo, M. C. Muñoz, A. B. Gaspar, J. A. Real, *Inorg. Chem.*, **40**, 3838 (2001)
56) V. Niel, A. L. Thompson, M. C. Muñoz, A. Galet, A. E. Goeta, J. A. Real, *Angew. Chem. Int. Ed.*, **42**, 3760 (2003)
57) S. Bonhommeau, G. Molnár, A. Galet, A. Zwick, J. A. Real, J. J. McGarvey and A. Bousseksou, *Angew. Chem. Int. Ed.*, **44**, 4069 (2005)

3 多核磁性体

3.1 単分子磁石の定義と歴史

大塩寛紀[*1]，志賀拓也[*2]

分子性化合物の中で，磁性を担う不対電子の磁気異方性と磁気的相互作用により磁石としての性質を示す物質が存在し，分子磁性体と呼ばれている。1980年代から分子磁性体の研究が盛んに行われ，高度な分子設計に基づく磁性体が合成されてきた。先駆的な研究例として，オキサマト架橋磁性体，フェロセン—TCNE 電荷移動型磁性体，および有機ラジカル架橋磁性体などが挙げられる[1]。分子性磁性体はバルク磁石と同じ磁性を示すが，合金や酸化物などの無機磁性体に比べ磁気的に希薄であるため磁気相転移温度は低い。しかし，バルク磁性体にはない特異的な磁性を示す系も存在する。単分子磁石は分子1つで磁石としての性質を示し，分子の超常磁性的挙動に関する研究が盛んに行われるようになった[2]。以下この節では単分子磁石の磁気的性質に関して説明する。

一般的な強磁性体は相転移により領域内（ドメインあるいは磁区）の電子スピンが全て平行に揃った磁気的秩序状態を示し，相転移温度（キュリー温度）以下で自発磁化をもつ磁石となる。強磁性体は磁化曲線（磁化の磁場依存性）を測定すると不可逆な磁化の変化，磁気ヒステリシスを示す。この履歴現象はドメイン境界の不可逆な移動や磁化の反転によるものである。ここで，常磁性体はスピン間の磁気的相互作用が熱エネルギーに比較して小さいため協同現象を示さない。すなわち，常磁性体の電子スピンは磁場によりある方向に揃うが，磁場を取り去ると電子スピンの方向はふたたび乱れた状態に戻る。強磁性体・常磁性体の磁化挙動を図1に示す。

強磁性体のドメインと同程度のサイズまで粉砕した微粒子は，超常磁性という特異な磁気挙動

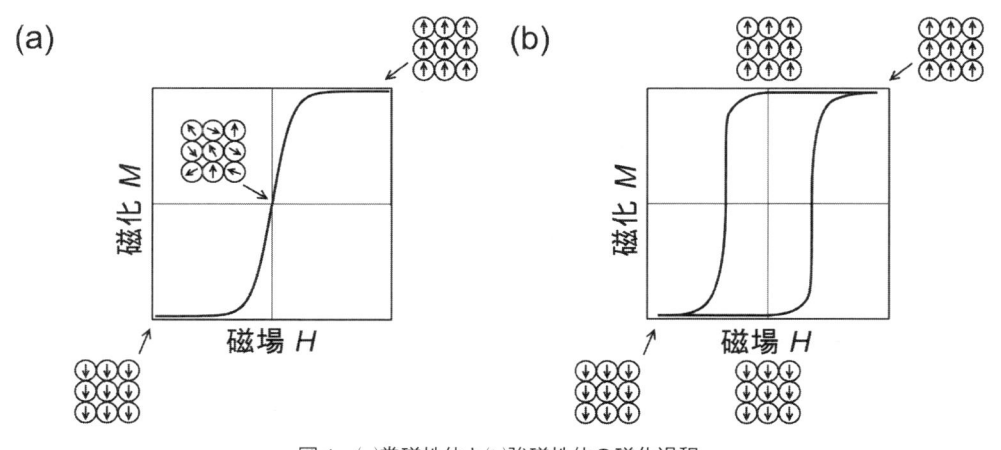

図1　(a)常磁性体と(b)強磁性体の磁化過程

[*1] Hiroki Oshio　筑波大学　大学院数理物質科学研究科　教授
[*2] Takuya Shiga　筑波大学　大学院数理物質科学研究科　助教

を示す.微粒子の内部では,電子スピン間の強い強磁性的相互作用により秩序状態に近いスピン配列をとるが,磁気ヒステリシスや残留磁化など強磁性体としての性質は示さない.これは,微粒子内では強磁性体としての磁気モーメントをもつが,微粒子間の磁気的相互作用がないため,それぞれの磁気モーメントの向きが熱により乱れ常磁性体のように振る舞うためである.このような磁気挙動を示す微粒子を超常磁性体と呼ぶ.

1993年にGatteschiらは,12個のマンガンイオンから成る多核錯体 $[Mn_{12}O_{12}(AcO)_{16}(H_2O)_4]\cdot 2AcOH$(以下 $[Mn12]$)が超常磁性体であり,しかも磁気ヒステリシスを示すことを報告した[3]。この分子は酸化物イオンで架橋された4つのマンガン(Ⅳ)イオン($S=3/2$)と,8つのマンガン(Ⅲ)イオン($S=2$)からなる金属多核錯体であり,金属イオン間のフェリ磁性的相互作用によって,$S_T=10$ の基底高スピン状態をもつ.$S_T=10$ のスピン状態は,一軸性磁気異方性(D)により副準位($M_S=\pm10, \pm9, \cdots, \pm1, 0$)の縮退は解け(ゼロ磁場分裂),図2に示す M_S が正(上向きのスピン)と負(下向きのスピン)に対して2極小ポテンシャルをもつ.

一軸性磁気異方性パラメータ D が負の場合,$|M_S|$ が大きいほうがエネルギーは低く,磁化(スピン)は2極小ポテンシャルのエネルギー障壁(ΔE)(式(1)と式(2))を乗越えアレニウス的

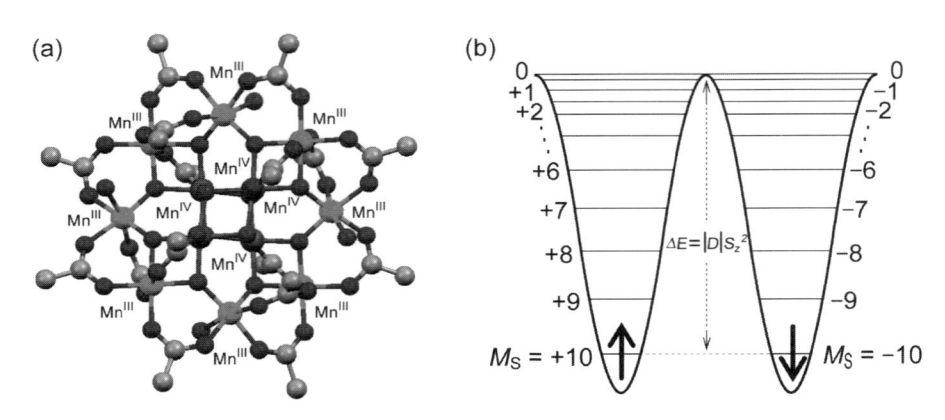

図2 (a) [Mn12] の構造と(b)二極小ポテンシャル

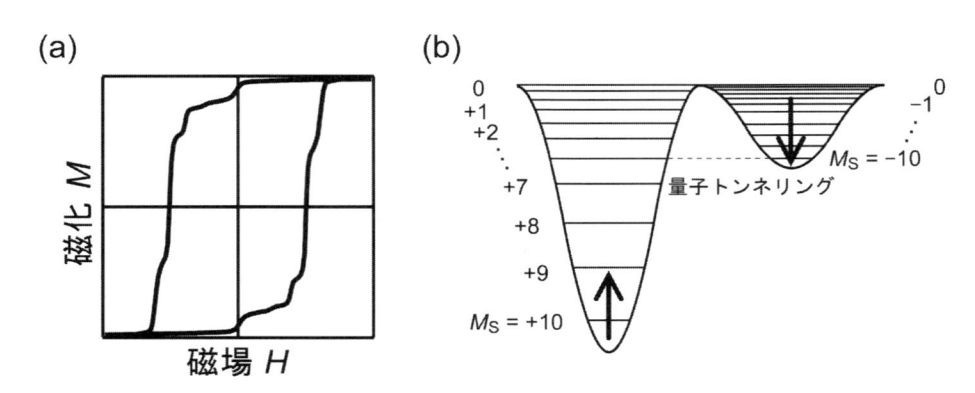

図3 (a)単分子磁石のヒステリシスと(b)磁場下の二極小ポテンシャル

第4章 磁性

に反転（緩和）する。

$$\Delta E = |D|S_z^2 \quad (S が整数) \tag{1}$$

$$\Delta E = |D|(S_z^2 - 1/4) \quad (S が半整数) \tag{2}$$

$$\tau = \tau_0 \exp(\Delta E / k_B T) \tag{3}$$

磁場印加（ゼーマン分裂）により副準位のエネルギーが等しい場合，磁化（スピン）は量子トンネリングによって反転し，その磁化過程はステップ状の磁気ヒステリシスを示す。これが単分子磁石の特徴である。

このような量子トンネルによるスピン反転などの動的磁気緩和を特徴とする単分子磁石は，分子の基底スピン量子数 S，磁気異方性（D, E）により，その磁気的状態を表すことができる。単分子磁石的挙動を示す分子を構築するためには，①分子が基底スピン多重度をもつ，②一軸性の負の磁気異方性をもつ，および③分子間の磁気的相互作用を無視できるほど小さくすることが必要である。分子が比較的高い基底スピン多重度をもつには，金属イオン間に強磁性的相互作用を発現させるか，フェリ磁性的にスピンを残すことが必要である。金属イオン間の磁気的相互作用は金属イオンの磁気的軌道の重なりで決まり，磁気的軌道が直接重なる直接交換相互作用（direct exchange）と橋架けを介して起こる超交換相互作用（super exchange）に大別できる。金属イオン M_A, M_B が架橋基 X で架橋された超交換相互作用の場合，その架橋角度に依存して相互作用が発現する（図4）。磁気軌道の対称性が異なる金属イオン間（図4(b)および(d)）の場合，磁気的軌道の重なりの程度を架橋角によりゼロにする（強磁性的相互作用を発現させる）ことができる。異なる金属イオンや異なる電子状態の金属イオンの組み合わせでは，反強磁性的相互作用が働いても，スピンが残ることになり，基底高スピン分子を構築することができる。

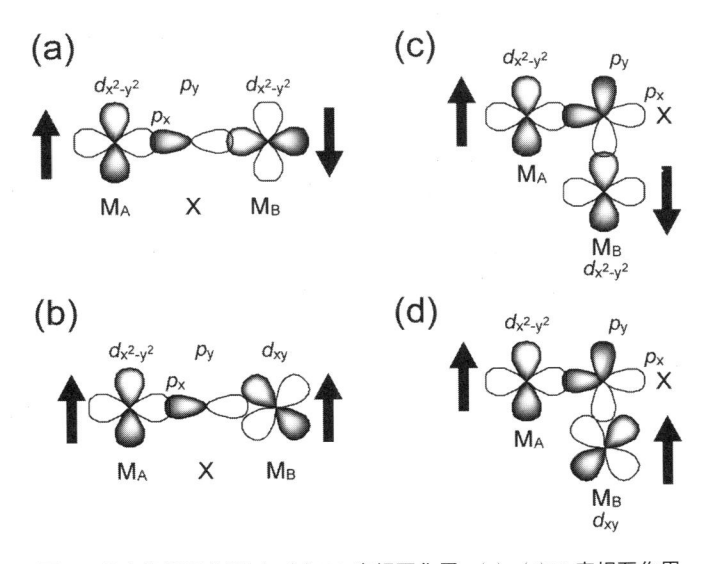

図4 超交換相互作用(a), (b)180度相互作用，(c), (d)90度相互作用

一方，磁気異方性は軌道角運動量，スピン軌道相互作用，磁気双極子相互作用により生じる。電子スピンが異方性をもつことは，異なった g 主値（g_x, g_y, g_z）をもつことである。自由電子は球対称なスピンで $g=2.0036$ であるが，Pryce の式が示すように g 値は磁気異方性により自由電子とは異なる値をもつことになる。

$$g_{\alpha\beta} = 2(1-\lambda\Lambda_{\alpha\beta})$$
$$\Lambda_{\alpha\beta} = \sum_{n\neq 0} \frac{\langle\varphi_0|\hat{L}_\alpha|\varphi_n\rangle\langle\varphi_n|\hat{L}_\beta|\varphi_0\rangle}{E_n - E_0} \quad (\alpha,\beta = x,y,z) \tag{4}$$

λ はスピン軌道結合定数であり，$\Lambda_{\alpha\beta}$ 混合パラメータと呼ばれエネルギー E_0 をもつ基底状態とエネルギー E_n をもつ励起状態の混合の程度を表している。この式から，配位子場の異方性が軌道角運動量を介し g 値の異方性に反映されることが分かる。また，磁気異方性はゼロ磁場分裂定数 D, E で表すことができ，以下の式で表される。

$$D = -\lambda^2 \left\{\Lambda_{zz} - \frac{1}{2}(\Lambda_{xx}+\Lambda_{yy})\right\}$$
$$E = -\lambda^2(\Lambda_{xx}+\Lambda_{yy})/2 \tag{5}$$

これらの関係式から，磁気異方性はスピン軌道相互作用により生じることが分かる。ゼロ磁場分裂定数 D, E の物理的意味は，式(6)と(7)で表されるように主軸方向とそれに垂直方向での磁気異方性を表している。

$$D = -\frac{3}{4}(\mu_0/4\pi)(g\beta)^2 \int \phi_T^* \frac{3Z^2-R^2}{R^5} \phi_T \mathrm{d}v_1 \mathrm{d}v_2 \tag{6}$$
$$E = -\frac{3}{4}(\mu_0/4\pi)(g\beta)^2 \int \phi_T^* \frac{X^2-Y^2}{R^5} \phi_T \mathrm{d}v_1 \mathrm{d}v_2 \tag{7}$$

ただし，$R=R_{12}$, $X=X_1-X_2$ 等で，これらは2つの電子間の相対座標である。

3.2 単分子磁石の磁気的性質と物性測定

単分子磁石の特徴として電子状態が量子化されていることと，磁化反転では単分散した磁気緩和を示すことが挙げられる。ここでは具体的な磁気挙動と単分子磁石の評価法に関して概説する。

3.1 で述べたように，スピン（S）は，副準位（m_s）のエネルギーが一致した時に量子トンネルにより反転する。磁化容易軸に平行に磁場（H）を印加すると，Zeeman 分裂により副準位が交差する磁場でスピンは反転し，このため階段状の磁化ステップが観測される。ヒステリシスに見られるステップ位置の間隔（ΔH）は，D 値により $\Delta H = |D|/g_{\mu B}$ で表すことができる。[Mn12] の磁気ヒステリシスループとステップ磁場，および Zeeman 分裂ダイアグラム（$S_T=10$, $g=1.9$, $D=-0.6$ K）を示した。

単分子磁石が熱的にスピン反転すると，その緩和はアレニウス的になるため，交流磁化率に周

第4章 磁性

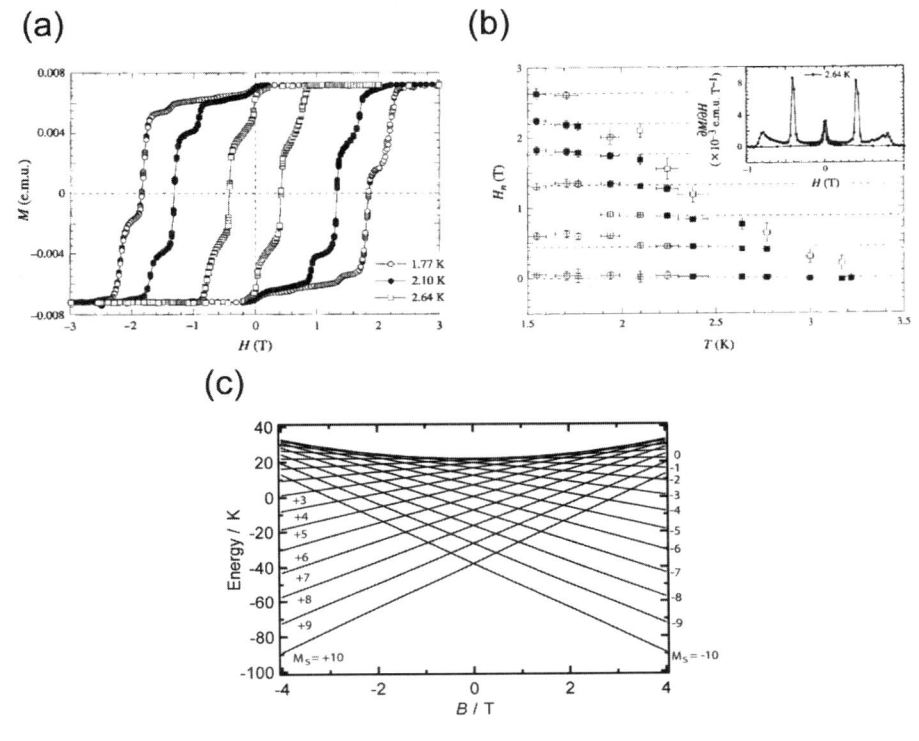

図5 磁化ステップとZeemanダイアグラム
[*Nature*, 383, 145 (1996)]

波数に依存した虚部（χ''）のピークが観測される。χ''のピークトップ温度の逆数を交流磁場の周波数ωの逆数（緩和時間τ）の自然対数に対してのプロット（アレニウスプロット式(3)）から，緩和の頻度因子τ_0および活性化障壁ΔEを見積もることができる。緩和時間が磁化測定のタイムスケールよりも長い温度領域では，直流磁化率でも磁化緩和を測定することができ，磁化—時間プロットを指数関数的に緩和するとみなして解析することにより，その温度での緩和時間を見積もることができる。例として，単分子磁石の1つである[$Mn_9O_7(O_2CCH_3)_{11}$(thme)$(py)_3(H_2O)_2$]・1.1 MeCN・1 Et$_2$O（H$_3$thme = 1, 1, 1-tris(hydroxymethyl)ethane）の交流磁化率，アレニウスプロット，および磁化緩和測定の結果を図6に示した[4]。この錯体は0.4 K以下で温度に依存しない磁化緩和を示しているが，これは熱的な緩和が起こらない純粋な量子トンネリングによるスピン反転が起こる温度領域である。また，磁化緩和の単分散性はχ_m' vs. χ_m''プロット（Argandプロットまたは Cole-Coleプロット）を行うことで評価できる。

単分子磁石の性質を表すためのパラメータとしては，基底スピン多重度S_T，ゼロ磁場分裂定数D（およびE），活性化障壁ΔE，頻度因子τ_0が挙げられる。基底スピン多重度S_T，およびゼロ磁場分裂定数D値は低温での磁化の磁場依存により決定できるが，高周波（HF-）EPRにより正確に決定することができる。また，非弾性中性子散乱（INS = Inelastic neutron scattering）

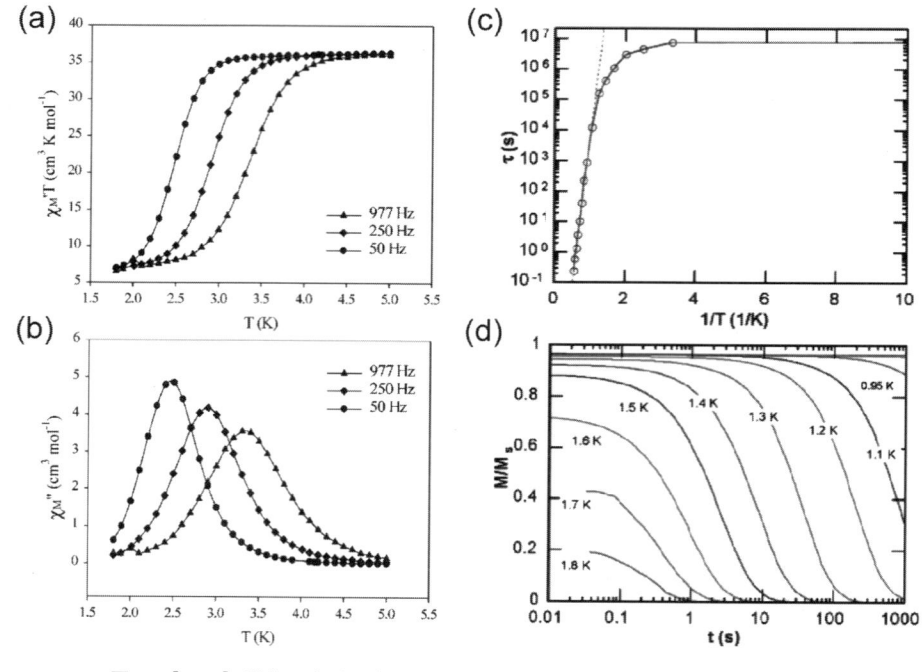

図6 ［Mn9］錯体の交流磁化率の(a)実部，(b)虚部，(c)アレニウスプロット，および(d)磁化緩和測定
［*J. Am. Chem. Soc.*, **127**, 5572（2005）］

も有力な決定法である。活性化障壁 ΔE，頻度因子 τ_0 は前述のアレニウスプロットにより決定されるが，緩和現象は μSR や NMR など別の手法によっても観測することができ，分子特有の磁性に関して詳細に研究が行われている。

3.3 各種単分子磁石の例

単分子磁石として知られている代表的な化合物について以下に記述する。［Mn12］は最も研究されている単分子磁石であり，[Mn$^{III}_8$Mn$^{IV}_4$O$_{12}$(OAc)$_{16}$(H$_2$O)$_4$]·2 AcOH·4 H$_2$O という組成をもち，図1に示すような対称性の良い構造をもっている。空間群 $I\bar{4}$ の結晶であり，分子は S_4 軸をもっている。$S_T=10$ のスピン基底状態をもち，交流磁化率から活性化障壁 $\Delta E=62$ K，頻度因子 $\tau_0=2.1\times10^{-7}$ sec と見積もられた。また，単結晶 HF-EPR，中性子非弾性散乱，トルク磁化測定などの詳細な物理測定からゼロ磁場分裂定数は $D\sim-0.66$ K と決定された。

鉄8核錯体 [Fe$^{III}_8$O$_2$(OH)$_{12}$(tacn)$_6$]Br$_8$·9 H$_2$O（図7(a)，tacn = 1, 4, 7-triazacyclononane)[5]は8つの Fe（III）イオンが2個の μ_3-O^{2-} イオンと12個の μ_2-OH$^-$ イオンにより架橋された構造をもつ。反強磁性的相互作用によるスピンフラストレーションにより基底スピン状態 $S_T=10$ をもち，磁気異方性パラメーターは $D=-0.295$ K，$|E/D|=0.19$ である。

キュバン型鉄4核錯体 [Fe$^{II}_4$(sae)$_4$(MeOH)$_4$]（図7(b)，H$_{2}$sae = 2-salicylideneamino-1-etha-

第4章 磁性

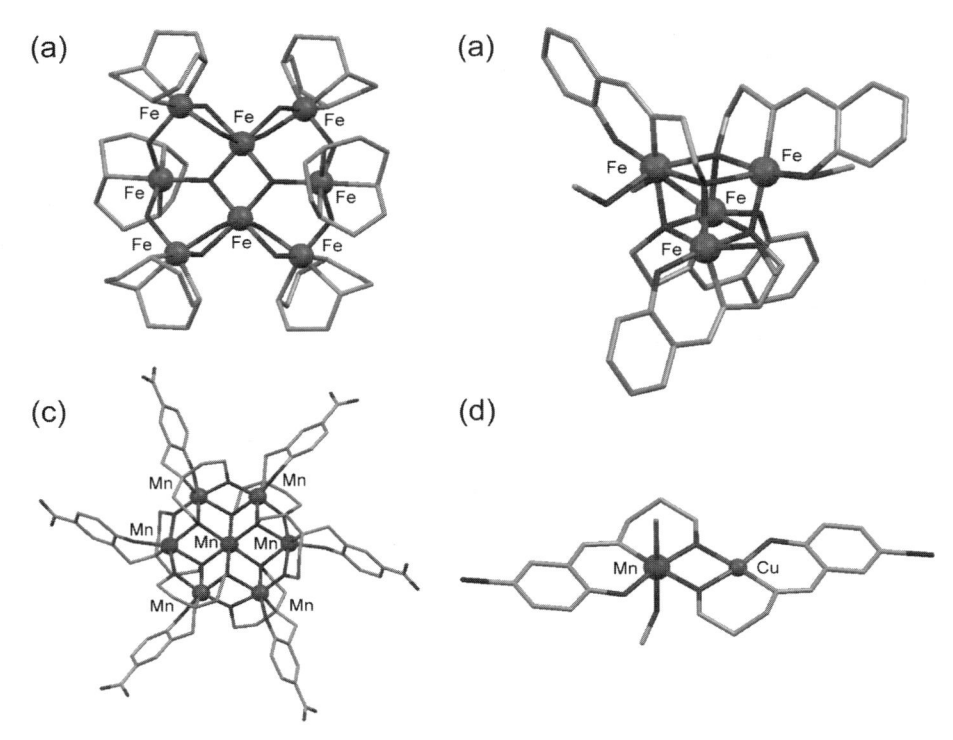

図7 単分子磁石の例
(a)Fe8錯体, (b)Fe4キュバン型錯体, (c)Mn7ホイール型錯体, (d)MnCu異種金属二核錯体

nol)[6]は4つの鉄(Ⅱ)イオンがSchiff-base型配位子H_{2sae}のアルコキソ基で架橋され, 金属イオン間が約90度で架橋され, 磁気軌道が偶然直交することにより分子内に強磁性的相互作用が働く。この鉄(Ⅱ)4核錯体は$S_T = 8$の基底スピン多重度をもち, $\Delta E = 28$ K, $\tau_0 = 3.63 \times 10^{-9}$ secの単分子磁石である。

Wheel型Mn7核錯体 $[Mn^{Ⅱ}_3Mn^{Ⅲ}_4(5\text{-}NO_2\text{-}hbide)_6] \cdot 5\,C_2H_4Cl_2$ (図7(c), $H_3(5\text{-}NO_2\text{-}hbide) = N\text{-}(2\text{-}hydroxy\text{-}5\text{-}nitrobenzyl)iminodiethanol)$[7]は配位子のアルコキソ基でマンガンイオンが架橋された混合原子価錯体である。基底スピン多重度$S_T = 19/2$をもち, HF-EPRから$D = -0.283$ Kと見積もられた。

$Mn^{Ⅲ}Cu^{Ⅱ}$異種金属二核錯体 $[Mn^{Ⅲ}Cu^{Ⅱ}Cl(5\text{-}Br\text{-}sap)_2(MeOH)]$ (図7(d), 以下 [MnCu], $H_2(5\text{-}Br\text{-}sap) = 5\text{-}bromo\text{-}2\text{-}salicylideneamino\text{-}1\text{-}propanol)$[8]では, 金属イオンの磁気軌道の対称性が異なるため(磁気軌道の直交性により), 金属イオン間に強磁性的相互作用が働き$S_T = 5/2$の基底スピン状態をとる。$\Delta E = 10.5$ K, $\tau_0 = 8.2 \times 10^{-8}$ secをもつ単分子磁石であり, HF-EPR測定から$D = -1.81$ cm^{-1}, $g_{Cu} = 2.179$, $g_{Mn} = 1.994$と決定されている。

文　　献

1) (a)O. Kahn, "Molecular Magnetism" VCH, (1993); (b)J. S. Miller, M. Drillon eds., "Magnetism; Molecules to Materials", Wiler-VCH (2001); (c)J. S. Miller, A. J. Epstein, W. M. Reiff, *Chem. Rev.*, **88**, 201 (1988); (d)O. Kahn, Y. Pei, M. Verdaguer, J. P. Renard, J. Sletten, *J. Am. Chem. Soc.*, **110**, 782 (1988); (e)A. Caneschi, D. Gatteschi, J. P. Renard, P. Rey, R. Sessoli, *Inorg. Chem.*, **28**, 1976 (1989)
2) (a)D. Gatteschi, R. Sessoli, J. Villain, "Molecular Nanomagnets", OXFORD university press (2006); (b)D. Gatteschi, R. Sessoli, *Angew. Chem. Int. Ed.*, **42**, 268 (2003); (c)E. Aromi, E. K. Brechin, *Struct. Bond.*, **122**, 1 (2006)
3) R. Sessoli, D. Gatteschi, A. Caneschi, M. A. Novak, *Nature*, **365**, 141 (1993)
4) S. Piligkos, G. Rajaraman, M. Soler, N. Kirchner, J. Slageren, R. Bircher, S. Parsons, H. -U. Güdel, J. Kortus, W. Wernsdorfer, G. Christou, E. K. Brechin, *J. Am. Chem. Soc.*, **127**, 5572 (2005)
5) K. Wieghardt, K. Pohl, I. Jibril, G. Huttner, *Angew. Chem. Int. Ed. Engl.*, **23**, 77 (1984)
6) (a)H. Oshio, N. Hoshino, T. Ito, *J. Am. Chem. Soc.*, **122**, 12602 (2000); (b)H. Oshio, N. Hoshino, T. Ito, M. Nakano, *J. Am. Chem. Soc.*, **126**, 8805 (2004)
7) S. Koizumi, M. Nihei, T. Shiga, M. Nakano, H. Nojiri, R. Bircher, O. Waldmann, S. T. Ochsenbein, H. U. Güdel, F. Fernandez-Alonso, H. Oshio, *Chem. Eur. J.*, **13**, 8445 (2007)
8) H. Oshio, M. Nihei, A. Yoshida, H. Nojiri, M. Nakano, A. Yamaguchi, Y. Karaki, H. Ishimoto, *Chem. Eur. J.*, **11**, 843 (2005)

4　酸素吸蔵磁性

小林達生*

4.1　O_2の磁性

　酸素分子O_2が磁性（スピン量子数$S=1$）をもつことは，古くから知られている。その起源は，縮退したp_π軌道の2個の電子が，フント則に従ってスピンの向きを揃えることによる。酸素分子の磁性の特徴は，分子間のファン・デア・ワールス力（電気的相互作用）と磁気的相互作用が同程度の大きさをもっていることにある。そのため，磁性と構造が絡んだ現象が起きるのである。固体酸素は3つの異なる結晶構造をもつ相（低温からα，β，γ）を示す。γ-β転移は分子回転の凍結による相転移であるが，β-α転移は磁気秩序による構造相転移である[1]。β相は二次元三角格子が積み重なった結晶構造で，磁気的フラストレーションの大きい三角格子反強磁性体である。α相では三角格子を歪ませてフラストレーションを解放し，反強磁性秩序を示す。固体酸素の場合，磁気的相互作用が三次元的に存在するため，反強磁性秩序状態が基底状態となる。一方，クラスターや一次元鎖のような低次元系では，低次元磁性体の一般論として，大きな量子ゆらぎのために秩序状態は現れず，量子効果を反映した基底状態をもつことになる。酸素分子の場合は，これに構造が絡んでくるため新しい量子現象が期待できる。

　低次元酸素の例としては，グラファイトの表面に吸着した二次元酸素の磁性研究が行われている[2]。酸素分子の配列構造とその磁性は固体酸素と類似している。すなわち，酸素分子はβ相同様の三角格子構造をもち，温度を下げていくと，α相と類似の相に転移し長距離秩序状態を形成するのである。ここで特筆すべきことは，純粋な二次元系での磁気長距離秩序状態であるという点である。二次元ハイゼンベルグモデル反強磁性体の基底状態が長距離秩序状態であることは理論的には明らかではない。では一次元系やクラスターの場合はどうなのか？

4.2　分子配列

　物質（ホスト）がつくる細孔中に目的となる物質（ゲスト）を凝集させ，その一次元系やクラスターを生成するアイデアは古くから提案されている。近年の例としては，ゼオライトやバイコールグラスを用いたヘリウムの超流動の研究[3]や，アルカリ金属クラスターの磁性研究[4]があげられる。ここで目的とする酸素分子の磁性研究を行う場合は，分子の配列を明らかにすることが必須である。その意味で，多孔性配位高分子がつくる配位空間において，酸素分子が整列することが示されたことは大変大きな意味をもつ[5]。他の多孔体との違いは，純良な結晶が得られ，細孔内に規則的な電場分布が存在することによると筆者は考えている。多くの多孔性配位高分子において酸素分子配列の探索を行ったが，配列する例は少なく，配位空間と分子の大きさのマッチングが重要であると考えられる。

　実験結果について述べる前に，見通しをよくするため，酸素分子の配列と磁気的相互作用に関

＊　Tatsuo C. Kobayashi　岡山大学　大学院自然科学研究科　教授

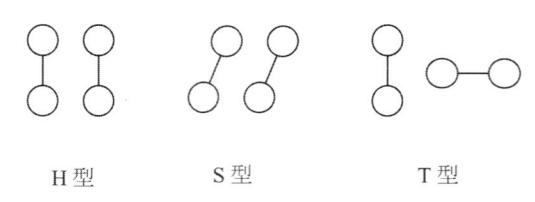

図1 二原子分子ダイマーの分子配列

する理論的研究を紹介しておく。いくつかのグループでO_2-O_2ダイマーの分子間ポテンシャルの第一原理計算が行われている[6,7]。これらの論文では，O_2-O_2ダイマーの全スピン量子数が$S_{total}=0$および2の場合（O_2分子の磁気モーメントが強磁性的に結合した場合と反強磁性的に結合した場合に対応する）の分子間ポテンシャルを，さまざまな分子配列について計算した結果が示されている。これから，O_2-O_2ダイマーの再安定状態はH型（図1参照）の配列でスピン状態は一重項状態（$S_{total}=0$）であることがわかる。分子間の距離は3.28Åであり，固体酸素での分子配列や分子間距離とよく一致している。一方，五重項状態（$S_{total}=2$）では，分子間に強磁性相互作用が働くT型やS型の配列で再安定状態をとるものと考えられる（論文[6]中ではT型の配列で再安定状態をとることが示されているが，S型について検討が行われていない）。このことから，十分な強磁場下で磁化を飽和させたときの分子配列はH型ではないこと，すなわち，メタ磁性とともに分子の再配列が誘起されることが予測される。

4.3 CPL-1に吸着した酸素分子の磁性

CPL-1（$Cu_2(pzdc)_2(pyz)$：pzdc = pyrazine-2, 3-dicaboxylate, pyz = pyrazine）は，その配位空間に酸素分子が配列することが示された初めての例である[5]。図2に吸着した酸素分子と窒素分子の配列構造を示す。実験および解析の方法については，「第Ⅱ編1章1節　配位空間科学のための粉末X線回折法」に記述があると思われるので省略する。CPL-1の配位空間では，分子ダイマーが形成されることがわかった。酸素分子はH型，窒素分子はS型の構造をとることが特徴的である[8]。窒素分子の場合は磁性をもたないため，電気四重極間の相互作用によりS型の構造をとるものと理解できる。一方，酸素分子は窒素に比べ電気四重極が小さいことが知られているが，観測されたH型の配列は四重極間の相互作用を考えるとエネルギーが高く，磁気的相互作用により配列が決まっていると考えることができる。吸着分子の配列構造を考えるときには，配位高分子との相互作用を考える必要がある。吸着は酸素や窒素の沸点より高い温度で起きるため，吸着分子間の相互作用より吸着酸素と配位高分子の間の相互作用が大きい可能性があるが，実験結果からCPL-1では吸着分子間の相互作用を反映した配列が実現していると言える。

酸素分子を吸着していない空のCPL-1と酸素分子を吸着したCPL-1の帯磁率の温度変化を図3に示す[5,9]。測定は粉末のCPL-1と適量の酸素ガスを封じきった試料セルを用いて行った。試料セルの作製は，まず粉末のCPL-1を石英管に入れ，液体窒素温度で等温吸着線を確認した後，O_2の吸着量を制御し，石英管を封じきることによって行った。測定はSQUID磁束計を用いて

第4章 磁性

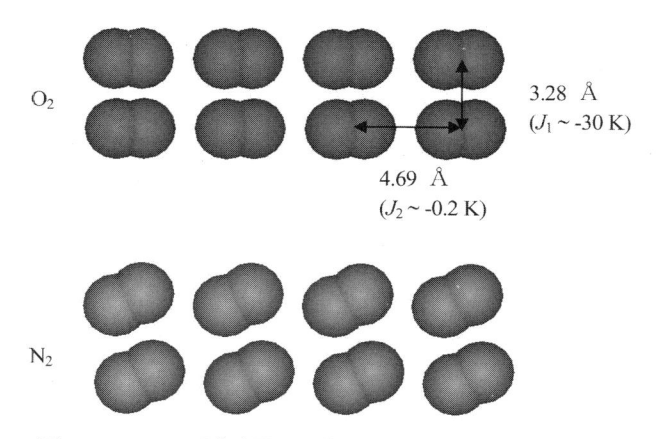

図2 CPL-1の配位空間に吸着したO_2およびN_2分子の配列

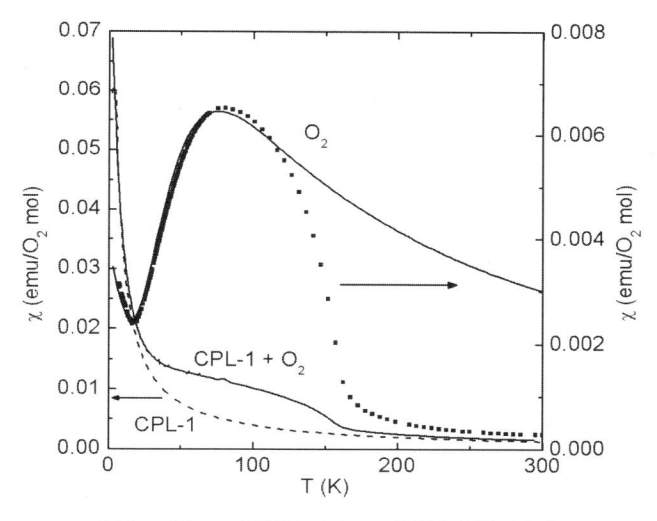

図3 CPL-1に吸着したO_2の帯磁率の温度変化
生データをともに示す。曲線はモデル計算の結果。

行われた。CPL-1単体ではCu^{2+}イオンの示す常磁性が観測される。この結果から，Cu^{2+}イオンのg-値は2.06，ワイス温度は-2.2 Kと求められた。酸素分子を吸着したCPL-1の帯磁率から，CPL-1単体の帯磁率を差し引くことにより，酸素分子からの寄与を見積もることができる。室温から冷却していくと，酸素分子の帯磁率は200 Kあたりから吸着が始まることに対応して上昇する。他の実験から，100 K近傍で吸着は完了していることがわかっている。さらに冷却すると，80 K近傍で最大値をとったあと，低温にむかって減少する。これは基底状態が一重項状態（全スピン量子数$S_{\text{total}}=0$）であることを示している。最低温でふたたび帯磁率は上昇するが，試料表面や内部に存在する孤立酸素分子の寄与であると考えている。

同じ試料セルを用いて行った4.2 Kでの磁化過程の実験結果を図4に示す[5,9]。実験は非破壊型

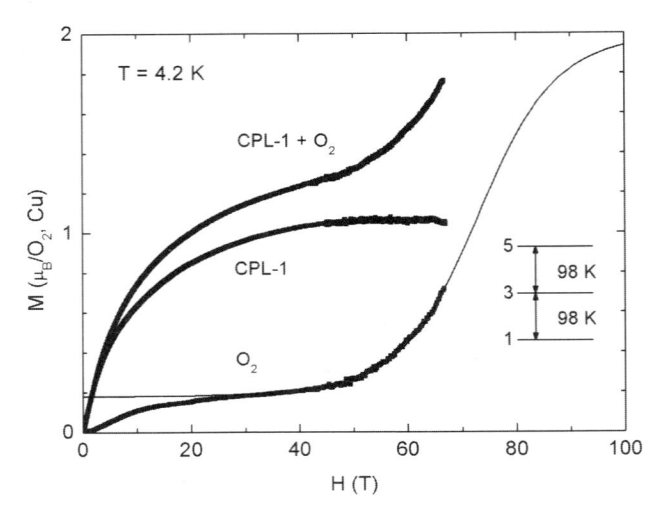

図4 CPL-1に吸着したO_2の強磁場磁化過程
生データをともに示す。曲線はモデル計算の結果。

パルスマグネットを用いて行われた。空のCPL-1では，常磁性的な振舞いが観測される。正確には常磁性のBrillouin関数には従わないが，試料が真空中に置かれているため，等温過程で測定できていないことが原因である。酸素分子を吸着したCPL-1では，50 T以上で磁化の上昇が観測される。これらのデータを差し引くことにより，酸素分子からの寄与を見積もることができる。帯磁率に対応して，低磁場では孤立した酸素分子による常磁性的な振舞いが観測される。50 T以下ではO_2-O_2ダイマーは一重項基底状態にあることが確認された。最高磁場でのO_2あたりの磁化は0.75 μ_Bで，$S=1$，$g=2.0$として期待される飽和磁化2 μ_Bには届かない。磁化過程の全貌を知るためには，さらなる強磁場が必要である。

CPL-1に吸着した酸素分子の配列から，おおまかな磁気的相互作用の大きさを予測することができる。ハイゼンベルグ反強磁性（HAF）モデル（$H = -2JS_1 \cdot S_2$）により磁気的相互作用を記述すると，O_2-O_2ダイマー内の分子間距離は固体酸素に近く，$J_1/k_B = -30$ K程度と予測され，ダイマー間の相互作用は第一原理計算の結果[6]から，ダイマー内相互作用の1/100程度と予測される。ダイマー間の距離はCPL-1の格子定数4.69 Åに等しく，配位空間の静電ポテンシャルがダイマー構造を安定化しているのである。このことから，CPL-1に吸着した酸素分子は磁気的にはO_2-O_2ダイマーとして近似できることがわかる。

上記磁気測定の結果は，通常の$S=1$ HAFダイマーモデルでは説明できない。このモデルでは，基底一重項（$S_{total}=0$）と励起三重項（$S_{total}=1$），三重項と五重項（$S_{total}=2$）の間のエネルギーギャップはそれぞれ$\Delta_{S-T}=2J$と$\Delta_{T-Q}=4J$であり，磁化過程と帯磁率の温度変化をともに再現できるJは存在しない。このことは，O_2-O_2ダイマーの分子間ポテンシャルを考えれば自明である。すなわち，基底状態とは異なる分子配列を考慮すると，励起状態のエネルギーが$S=1$ HAFダイマーに比べ低いエネルギーに存在することがわかる。いまCPL-1中の酸素分子はホス

トとの相互作用を受けているため，純粋な O_2–O_2 ダイマーの分子間ポテンシャルの計算結果をそのまま用いることはできないが，実験結果を説明するモデルとして基底一重項と励起三重項，三重項と五重項の間のエネルギーギャップ $\Delta_{S\text{-}T}$, $\Delta_{T\text{-}Q}$ を独立なパラメーターとして帯磁率や磁化過程のフィッティングを行う。この結果を図3，図4に曲線で示す。$\Delta_{S\text{-}T}/k_B = \Delta_{T\text{-}Q}/k_B = 98$ K とすると，実験データを再現することができる。帯磁率の温度変化については，低温部での上昇をキューリー・ワイス則で近似した。磁化過程の実験では真空中に試料が置かれているため，磁場中で温度が上昇していることを考慮し，温度もパラメーターとしてフィッティングを行った。このフィッティングでは $T = 13$ K としている。正確には，異なった配列すべてについての分子間ポテンシャルを考慮し，状態密度を計算しなければならないが，ホストとの相互作用があるため現実的ではない。ここで用いられたモデルは，基底一重項，励起三重項，五重項ともに，同じ形状の状態密度をもつと仮定した場合には厳密なモデルとなる。

最近，中性子非弾性散乱実験により，三重項励起状態が 7.8 meV に存在することが示された[10]。この実験では励起状態を直接観測しているため，信頼性が高いと思われるが，磁気測定の結果はコンシステントな値を示している。また，この実験では非弾性磁気散乱ピーク強度の温度変化が，$S = 1$ HAF ダイマーモデルと一致しないことが示されており，$\Delta_{T\text{-}Q} < 2\Delta_{S\text{-}T}$ であるという点で定性的には一致する。

4.4 Cu–CHD に吸着した酸素分子の磁性

Cu–CHD（Cu-1,4-cyclohexanedicarboxylic acid）に吸着した酸素分子の磁気測定は，CPL-1 より以前に行われた[11]。その当時の X 線構造回折実験の結果，結晶が多形であることから構造決定には至らなかったが，その後，160 K 以下で単相に転移することが発見され[12]，最近筆者らのグループで O_2 の配列決定に成功した。図5に吸着酸素分子と窒素分子の配列構造を示す。CPL-1 と同様に酸素分子は H 型，窒素分子は S 型のダイマー構造をもつ。CPL-1 の場合と異なり，ダイマー間の距離が近く，磁気的には反強磁性交替鎖とみなすべきである。理論計算から予

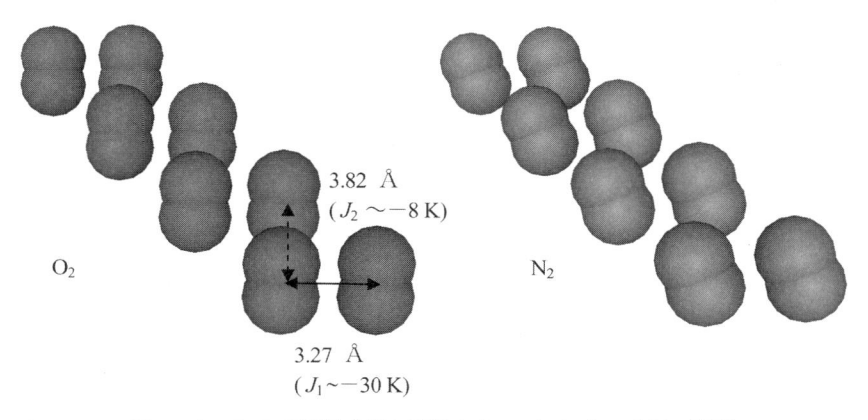

図5 Cu–CHD の配位空間に吸着した O_2 および N_2 分子の配列

測される相互作用はダイマー内が $J_1/k_B = -30$ K，ダイマー間が $J_2/k_B = -8$ K である。結晶構造解析から期待される吸着量は $O_2/Cu^{2+} = 1.0$ であるが，等温吸着線の測定から求められる吸着量は $O_2/Cu^{2+} \sim 1.1$ である。Cu–CHD 粉末試料表面への吸着だけでは，10% にもおよぶ過剰な吸着量は説明できない。Cu–CHD は二次元構造をもつため，O_2 分子が層間に侵入している可能性があげられる。

　吸着酸素の帯磁率の温度変化および磁化過程を図6，図7にそれぞれ示す[9]。ホストに含まれる Cu^{2+} イオンは，反強磁性ダイマー（$J/k_B = -248$ K）を形成しているため，100 K 以下での帯

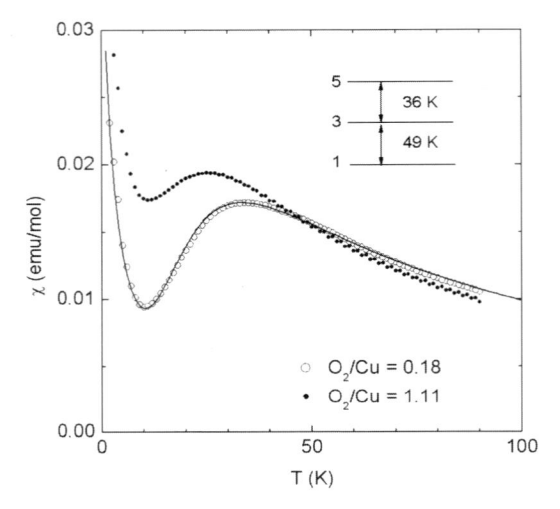

図6　Cu–CHD に吸着した O_2 の帯磁率の温度変化
二つの異なる吸着量について示す。曲線はモデル計算の結果。

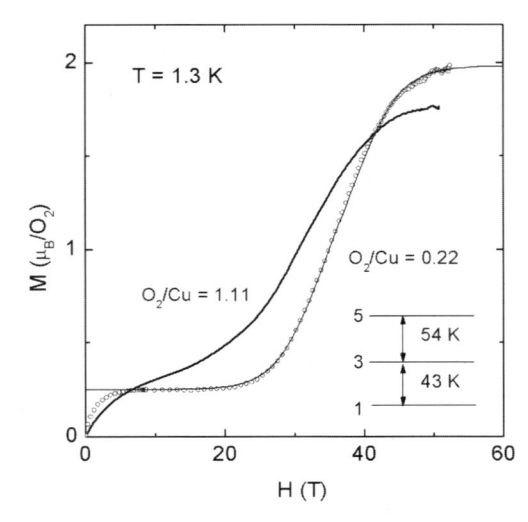

図7　Cu–CHD に吸着した O_2 の強磁場磁化過程
二つの異なる吸着量について示す。曲線はモデル計算の結果。

第4章 磁性

磁率は無視できるほど小さく,磁化過程においても反磁性磁化のみが観測される。測定は飽和吸着量と低吸着量の二つの場合について行われた。どちらの吸着量においても,磁化過程では25 T〜40 Tに磁化の増大が観測され,これに対応して,帯磁率では30 K近傍に山が観測された。飽和吸着量での帯磁率や磁化過程では,大きな常磁性成分が観測され,過剰な酸素分子により分子配列が乱されていると考えられる。そのため低吸着量のデータについて,CPL-1と同様のモデルで解析を行った。その結果,同じパラメーターで帯磁率の温度変化と磁化過程を再現することは不可能で,帯磁率からは,$\Delta_{\text{S-T}}/k_\text{B}$ = 49 K,$\Delta_{\text{T-Q}}/k_\text{B}$ = 36 K,磁化過程からは$\Delta_{\text{S-T}}/k_\text{B}$ = 43 K,$\Delta_{\text{T-Q}}/k_\text{B}$ = 54 K が得られた。低吸着量での分子配列は明らかでないが,低温で一重項基底状態を示しているため,吸着酸素分子は凝集し,図5に示した分子配列をとっているものと考えている。この解析では,ダイマー間の相互作用が考慮されていないのが一つの問題点である。また,ホストの熱収縮により,分子間ポテンシャルが温度変化している可能性もあげられる。

CPL-1とCu-CHDで得られたギャップパラメータを比較したときに,CPL-1の方が2倍近く大きくなっていることに気付く。CPL-1の方が,細孔径が小さいことを反映しているものと思われる。実際,Cu-CHDでは空のときと酸素分子を吸着したときで,格子定数はほとんど変化しないが,CPL-1では吸着による格子定数の増大が見られる[5]。

4.5 その他の吸着酸素の磁性研究

この他,筆者らのグループではCu(dhba)$_2$(bpy)[13]やCd(bpndc)(bpy)[14]についても,メタ磁性的振舞いの観測に成功しているが,分子配列の決定には至っていない[9,15]。これらの系で特徴的なのは,CPL-1やCu-CHDでも見られた常磁性的振舞いを示す酸素分子の割合が大きいこと,吸着量によってメタ磁性的振舞いが消失することである。これらの物質では,飽和吸着量が約4 O_2/unit cell と,CPL-1やCu-CHDにおける2 O_2/unit cell より大きい。また,これらの物質は吸着により結晶構造が大きく変化することが知られている。これらのことが,一様な分子配列を難しくしているのかもしれない。

最後に,他のグループによる研究例をあげておく。Rh$_2$(bza)$_4$(2-mpyz) に吸着した酸素分子の構造および磁性の研究が行われている[16]。ここでは,54 K および 104 K で構造相転移が起こり,酸素分子の磁性に変化が起きることが報告されている。特に,中間温度相ではヒステリシスを伴う磁化過程が観測されているのが特徴的で,このような異常磁性を説明するためには,本節で述べてきたこととは異なるシナリオが必要である。

4.6 まとめ

以上のように,酸素分子の示す特徴的な磁性が明らかになりつつある。これまでに,通常の磁性体とは異なり,分子配列を考慮する必要があることがわかった。今後の課題は,予測される磁場誘起分子再配列の実験的検証である。シンクロトロン放射光源の輝度向上とパルス強磁場発生技術の進歩によって,現在60 TまでのX線回折実験が可能となっている。酸素分子は電子数が

少ないために，回折実験による分子配列の決定は容易でないが，近い将来検証が可能になるものと期待できる。また，固体酸素についても，同様の機構による磁場誘起分子再配列が起きる可能性がある。隣接分子が多いためより強磁場が必要であるが，破壊型パルス磁場の発生磁場は300 T を超えると聞く。本節では，多孔性配位高分子を単なる細孔として用いた O_2 分子ダイマーの研究について紹介した。配位高分子の中には磁性を示す金属イオンが含まれる場合も多く，酸素分子がこれら金属イオンと磁気的相互作用をもつようなシステムも興味深い。

文　　献

1) C. Uyeda *et al.*, *J. Phys. Soc. Jpn*, **54**, 1107（1985）
2) Y. Murakami and H. Suematsu, *Phys. Rev. B*, **54**, 4146（1996）
3) K. Yamamoto *et al.*, *Phys. Rev. Lett.*, **100**, 195301（2008）
4) Y. Nozue *et al.*, *Phys. Rev. Lett.*, **68**, 3789（1992）
5) R. Kitaura *et al.*, *Science*, **298**, 2358（2002）
6) B. Bussery and P. E. S. Wormer, *J. Chem. Phys.*, **99**, 1230（1993）
7) K. Nozawa *et al.*, *J. Phys. Soc. Jpn.*, **71**, 377（2002）
8) R. Kitaura *et al.*, *J. Phys. Chem. B*, **109**, 23378（2005）
9) T. C. Kobayashi *et al.*, *Prog. Theor. Phys. Suppl.*, **159**, 271（2005）
10) T. Masuda *et al.*, *J. Phys. Soc. Jpn.*, **77**, 083703（2008）
11) W. Mori *et al.*, *Mol. Cryst. Liq. Cryst.*, **306**, 1（1997）
12) M. Inoue *et al.*, *Solid State Commun.*, **134**, 303（2005）
13) R. Kitaura *et al.*, *Angew. Chem. Int. Ed.*, **42**, 428（2003）
14) D. Tanaka *et al.*, *Angew. Chem. Int. Ed.*, **47**, 3914（2008）
15) A. Hori *et al.*, unpublished.
16) S. Takamizawa *et al.*, *Angew. Chem. Int. Ed.*, **45**, 2216（2006）

5 低次元構造磁性：単一次元鎖磁石

宮坂 等*

5.1 はじめに

三次元以外を厳密には"空間"とは言わないかもしれないが，例えば，一方向のみの自由度で反応や物性が規定されるならば，そのような物質は立派に「一次元空間に閉じこめられた特異物質系」として認識されるであろう。配位化合物では三次元結晶の中にそのような低次元方向（z方向のみなら一次元，xy方向なら二次元）の反応場や物性の異方性を合理的に取り入れたり，その空間で起こる機能を制御したりすることが可能である[1]。磁性という観点から見れば，その起源であるスピン（不対電子）はパウリ則に従うようにスピン量子数が $m_{spin} = \pm 1/2$ の"方向（状態）"に規定されている。また，同一方位量子数内では複数のスピンはフント則により方向が揃い，$\sum m_{spin} = \pm m_S$ を生じる。特に配位化合物の中では，スピン・軌道相互作用と配位子場により $\pm m_S$ は異方性（磁気異方性）を示す。この磁気異方性と化合物の空間を同時に制御すれば，三次元バルクとは異なる新しい現象が見出される場合がある。構造の観点から，ナノドット（ゼロ次元），ナノワイヤー（一次元），ナノシート（二次元）などがこれに当たり，一軸磁気異方性をそれらに組み込むと，それぞれ単分子磁石（Single-Molecule Magnets；SMMs）[2]や単一次元鎖磁石（Single-Chain Magnets；SCMs）[3]，二次元 Ising 磁性体となる。特に前者二つは，有限温度ではバルク磁石には成り得ない次元性であり，特異な遅い磁化緩和や量子現象を示す超常磁性ナノサイズ磁石として近年注目されている。このうち，ここでは単一次元鎖磁石について記したい。

5.2 Glauber ダイナミクスの理論的解釈

単一次元鎖磁石は，上述したように，一方向のみのスピン自由度で磁気物性が規定される孤立一次元磁気化合物であり，いわゆる Ising 一次元系としてみなすことができる（実際には，必ずしも厳密な Ising 系でなくてもよい。この点は後述する）。Ising 強磁性鎖におけるスピン反転磁化緩和現象は，古くは 1963 年に Roy J. Glauber によって理論予想され[4]，Glauber ダイナミクスとして知られている。ごく簡単にこのダイナミクスを考えてみよう[5]。

Ising 鎖におけるハミルトニアンは，

$$H = -2\sum_{-\infty}^{+\infty} J_z S_{i,z} \cdot S_{i+1,z} = -2 J_z S^2 \sum_{-\infty}^{+\infty} \sigma_i \cdot \sigma_{i+1} \tag{1}$$

で与えられる。ここで，$\sigma_i = \pm 1$ であるが，それぞれのスピンは確率論的な時間関数（すなわち，$\sigma_i(t)$）によって記述できる。そのため，一つのスピンがある時間に $+\sigma_i$ から $-\sigma_i$ に反転する確率 $W_i(\sigma_i)$ は，

---

* Hitoshi Miyasaka 東北大学 大学院理学研究科 准教授

$$W_i(\sigma_i) = \frac{1}{2\tau_i}\left(1 - \frac{\gamma}{2}\sigma_i(\sigma_{i-1} + \sigma_{i+1})\right) \tag{2}$$

で考えることができる。ここで $\gamma = \tanh(4J_zS^2/k_BT)$ は近接スピン間の相関関数で，τ_i はスピン間に相互作用がないときのスピン固有の緩和時間である。これをマスター方程式として解釈すれば，

$$\tau_i \frac{d\langle\sigma_i\rangle}{dt} + \langle\sigma_i\rangle = \left\langle\tanh\left(\frac{E_i}{k_BT}\right)\right\rangle \tag{3}$$

となる（$\langle\ \rangle$ は，鎖内における平均値を意味する）。ここで，$E_i = 2J_zS^2(\sigma_{i-1} + \sigma_{i+1}) = 4J_zS^2$ で，S_i スピンに対する局所的な分子場エネルギーを示している。(3)式は，

$$\tau_i \frac{d\langle\sigma_i\rangle}{dt} + \langle\sigma_i\rangle(1-\gamma) = 0 \tag{4}$$

のように簡単に書くことができ，即ち，スピン磁化は指数関数的に緩和することが理解できる。このときのある温度での緩和時間は，

$$\tau = \frac{\tau_i}{1 - \tanh\left(\dfrac{4J_zS^2}{k_BT}\right)} \tag{5}$$

と記述される。低温では，(5)式は近似的に，

$$\tau = \frac{\tau_i}{2}\exp\left(\frac{8J_zS^2}{k_BT}\right) \approx \tau_i \exp\left(\frac{8J_zS^2}{k_BT}\right) \tag{6}$$

のように表され，最終的に，緩和時間は非常に単純な Arrhenius 式として考えることができる。(6)式の $8J_zS^2 = \Delta_{\tau 1}$ は厳密 Ising 無限鎖におけるスピン反転に必要なエネルギーである。

次に磁区の成長とスピン反転の緩和時間との関係を見てみる。磁区の長さ（ξ）は，温度の低下と共に指数関数的に長くなる。実際，Ising 鎖に対する Glauber モデルは，(7)式のように緩和時間が相関 ξ の二乗に比例することを予期している（a はスピン間距離）。

$$\tau = 2\tau_i\left(\frac{\xi}{a}\right)^2 \tag{7}$$

つまり，相関長，すなわち磁区の長さが温度の低下とともに長くなるにつれて，相転移はしないものの，低温では臨界緩和に近い状態を作ることが可能であることを示している。

5.3　Glauber ダイナミクスの一般性への拡張

この Glauber ダイナミクスは無限 Ising 鎖であることが大前提となっている。しかし，実際の化合物でこのような現象を見出すには，必ずしも Ising 鎖である必要はない。実際の有限スピン量 S をもつ一次元鎖は "有限な一軸異方性を有する Heisenberg 鎖" であり，このような系でも，構成スピンの磁気異方性とそのスピン間に存在する一次元相関の組み合わせにより遅い磁化緩和現象を実現することができる。これこそが，実際の化合物（単一次元鎖磁石）における遅い磁化

第4章　磁性

緩和現象を説明している。例えば，単分子磁石はスピン基底状態とその（一軸）磁気異方性によって，孤立分子でありながら遅い磁化緩和を示すことは自明であるが，この単分子磁石のような一軸異方性の強い分子ユニットを磁気的な相互作用で連結すれば，交換相互作用に依存する同様な遅い磁化緩和現象を得ることができる（Glauberダイナミクスの一般性への拡張）[6]。

(6)式にある τ_i は，相互作用がないときのIsingスピン固有の緩和時間を仮定している。そのため，Isingスピンの代わりに有限な磁気異方性をもつ有限スピン S を考えた場合，τ_i は，

$$\tau_i = \tau_0 \exp\left(\frac{\Delta_A}{k_B T}\right) \tag{8}$$

となり，個々の有限スピン S ユニットは温度の関数として固有の緩和時間を持つ（単分子磁石に対するものと同意）。ここで，$\Delta_A = |D|S^2$ であり，D は一軸異方性パラメーター（ゼロ磁場分裂パラメーター；$D<0$）である。よって，Ising限界である $|D/J|>4/3$ の範囲にある実際の単一次元鎖磁石における緩和時間は $\Delta_\xi = 4JS^2$（S スピンに対する局所的な分子場エネルギー。すなわち，相関エネルギー）として，

$$\tau_1 = \tau_0 \exp\left(\frac{2\Delta_\xi + \Delta_A}{k_B T}\right) \tag{9}$$

のように近似できる（無限鎖領域 $2\xi < L$）。これがIsing鎖の(6)式に代わる，擬Ising鎖における緩和時間である。

実際の化合物で観測される磁化緩和を考える場合，もう一つ重要な点を考慮しなければならない。(6)式のGlauberダイナミクスや(9)式の擬Ising鎖におけるGlauberダイナミクスは，無限のスピン鎖を考えている。しかし，実際の化合物では，構造欠陥などにより鎖長は有限であり，温度の低下とともに相関長が指数関数的に広がった場合，ある有限温度（交差温度；T^*）で相関長は鎖長に達する。このような T^* 以下の有限鎖領域（$2\xi = L$）では末端スピンが反転する。そのため，相関エネルギー Δ_ξ は半分で済むので，

$$\tau_2 = \tau_0 \exp\left(\frac{\Delta_\xi + \Delta_A}{k_B T}\right) \tag{10}$$

として考えられ，スピン反転に対するエネルギー障壁は，(9)式の $2\Delta_\xi + \Delta_A = \Delta_{\tau 1}$ から(10)式の $\Delta_\xi + \Delta_A = \Delta_{\tau 2}$ となる[5,6]。

5.4　単一次元鎖磁石の合理的設計：一軸異方性分子素子を連結する

実際に，このような遅い磁化緩和を示す単一次元鎖磁石をどのように設計したらよいだろうか。一般的に以下の3つの条件を満たす一次元磁性鎖を合成する必要がある。

①　強磁性鎖やフェリ磁性鎖，キャンティング反強磁性鎖などの鎖内でスピンがキャンセルされない。

②　一軸磁気異方性が大きい。

③　鎖間の相互作用が無視できるほど小さい。

①の条件については特筆する必要もないが，実験的に有限な磁化を観察するため，磁化の消失する反強磁性鎖以外の一次元鎖が必要である。Glauberダイナミクスのモデルからわかるように，条件②では，Ising鎖，もしくは一軸磁気異方性の強いHeisenberg磁性鎖（擬Ising鎖）を構築する必要性が示されている。磁気的に等方的なHeisenberg鎖ではArrhenius型のスピン反転の機構は成り立たない。条件③は，長距離磁気秩序による相転移を示す古典的な磁石と区別しており，単一次元鎖磁石挙動は，あくまでも孤立鎖として鎖内相関に依存した磁気挙動であることを明示している。しかし，最近この条件③を打ち破る化合物が見出されている。鎖間の反強磁性相互作用により三次元的な反強磁性相に転移するにもかかわらず，転移温度以下で単一次元鎖磁石のような遅い磁化緩和が可能であることが示された（磁化緩和現象は単一次元鎖磁石のものに似ているが，あくまでもバルク磁石である）[7]。この特異な化合物については，後に触れたい。

2001年にイタリアのGatteschiらのグループは，[$Co^{II}(hfac)_2$]（hfac = hexafluoroacetylacetonate）とニトロニルニトロオキシドラジカルの交互鎖が，磁化相転移なしに，遅い磁化緩和によってあたかも磁石のように振る舞うことを発表した[8]。同時期に研究していた宮坂とCléracらのグループは，翌年［Mn^{III}-Ni^{II}-Mn^{III}］の$S=3$ユニットが強磁性的に配列した一次元磁性鎖 [$Mn^{III}_2(saltmen)_2Ni^{II}(pao)_2(py)_2$]$(ClO_4)_2$（saltmen = N,N'-(1,1,2,2-tetramethylethylene)bis(salicylideneiminate)；pao = pyridine-2-aldoximate；py = pyridine)（図1）が同様な現象を示すことを報告し，このような化合物に対してSingle-Chain Magnet（SCM；単一次元鎖磁石）と命名した[9]。以降，この種の遅い緩和時間を示す単一の一次元鎖化合物の通称となっている。Gatteschiらの化合物では，Co^{II}イオンが強い一軸異方性を誘導しており，後者の化合物では

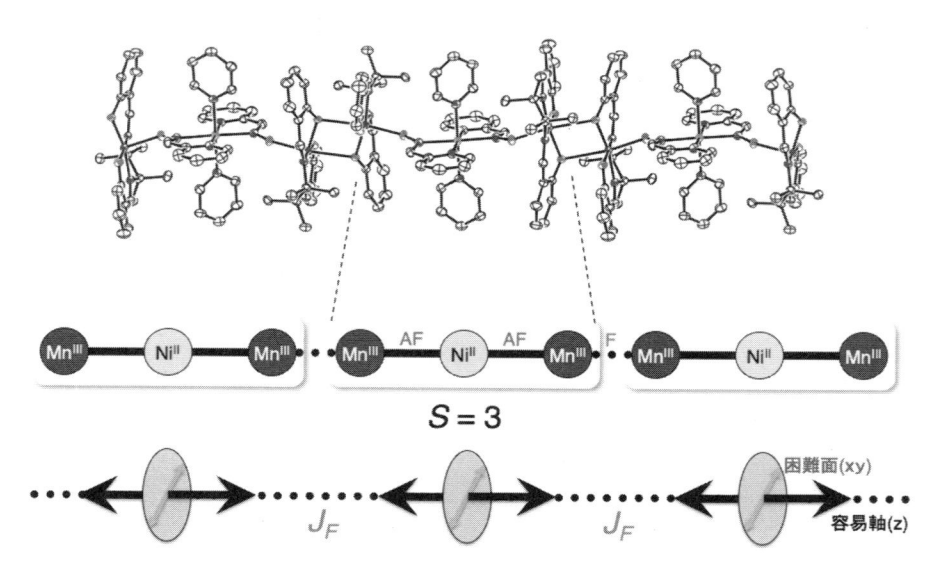

図1 $Mn^{III}_2Ni^{II}$ $S=3$ 強磁性単一次元鎖磁石 [$Mn^{III}_2(saltmen)_2Ni^{II}(pao)_2(py)_2$]$(ClO_4)_2$
 (saltmen = N,N'-(1,1,2,2-tetramethylethylene)bis(salicylideneiminate)；pao = pyridine-2-aldoximate；py = pyridine)
磁化容易軸は一次元鎖方向に向いており，その軸に対してxy面は均一に磁化困難面である。

第4章 磁性

Mn^{III}イオンが一軸異方性を担っている。Mn^{III}サレン系四座シッフ塩基錯体[Mn(SB)(S)$_x$]$^+$（SBはsalen^{2-}（=N,N'-ethylenebis(salicylideneiminate)）類似体，Sは溶媒分子，$x=1$ or 2）は，平面型サレン系四座配位子（SB）に軸位の配位子（ここではS）を伴った歪んだ八面体型錯体であるが，Mn^{III} 3d^{4}イオン由来のJahn-Teller歪みにより，一般に軸結合がエカトリアル結合よりも長くなっている。この構造は，この軸方向を磁化容易軸とする一軸磁気異方性を導き，負のゼロ磁場分裂エネルギー（$D<0$）を与える。Mn^{III}単核錯体のゼロ磁場分裂エネルギーは，SBや軸配位子の配位子場により異なるが，大体$D_{Mn}/k_B = -0.5$ K～-7 Kと比較的大きい。さらに，軸位は配位子置換活性部位であるため，この分子は配位受容型分子ユニットとみなすことができ，直線型の架橋様式が可能な有機配位子や配位供与性分子ユニットとの組み合わせにより，容易に一次元鎖方向に磁化容易軸を揃えた鎖状金属錯体を構築することができる[10]。このように，「自ら一軸異方性を保有する分子素子を交換相互作用で連結する」という方法により，合理的かつ多様のスピンの組み合わせで単一次元鎖磁石を設計することができる[3]。例えば，最も簡単な方法は，単分子磁石を一次元に連結することである（もっとも，単分子磁石のS_Tを交換相互作用Jで連結する必要があるため，JはS_Tを誘導する分子内交換相互作用よりも小さい必要がある）[11]。このような化合物が単一次元鎖磁石になることは，(9)式や(10)式からたやすく理解でき，次に記すように実験的に証明されている。

5.5 Glauberダイナミクスの実験的証明

Mn^{III}$_2$Ni^{II} $S=3$単一次元鎖磁石は，$S=3$ユニット間の強磁性的相互作用が$J/k_B \approx +0.7$ K程度であると同時に，ユニットのゼロ磁場分裂エネルギーが$D/k_B \approx -2.5$ Kであり，Ising限界である$|D/J|>4/3$を満足する（Mn^{III}-Ni^{II}間には$J/k_B \approx -20$ Kの強い反強磁性的相互作用が存在し，結果として[Mn^{III}-Ni^{II}-Mn^{III}]ユニットは10 K以下で$S=3$の基底状態をつくっている）[9]。そのため，その磁化緩和現象はまさに(9)式と(10)式のGlauberダイナミクスにより説明される。例えば，配位子を修飾することで，$S=3$ユニットの異方性を変えずに交換相互作用（J）を僅かに変化させた一連の化合物を合成することができる[12]。GlauberダイナミクスはJに依存するため，これら化合物のスピン反転エネルギー障壁（Δ_{eff}）は，Jに比例するはずである。また，有限スピンからなる擬Ising鎖である場合は，(9)式と(10)式にあてはまり，$J=0$のとき（孤立したユニットのとき）$\Delta_\tau = |D|S^2$になる。実際に，合成された化合物で得られた有効エネルギー障壁Δ_{eff}とJとの関係をプロットすると，図2のように，ほぼ$\Delta_{eff}=72J+22$（$S=3$として）の直線に乗る[12c]。切片の値$\Delta_\tau = |D|S^2 \approx 22$ Kは，上記の単一次元鎖磁石のユニットと同様な骨格をもつ[Mn^{III}-Ni^{II}-Mn^{III}]三核錯体が同様のスピン反転エネルギー障壁をもつ単分子磁石になることから証明された[13]。言い換えれば，$S_T=3$の[Mn^{III}-Ni^{II}-Mn^{III}]単分子磁石を弱い交換相互作用Jで連結した化合物がGlauberダイナミクスで解釈されるMn^{III}$_2$Ni^{II} $S=3$単一次元鎖磁石である[11]。このように，Ising限界（$|D/J|>4/3$）に則した擬Ising鎖は，Glauberダイナミクスを基とする遅い磁化緩和（磁化凍結）による磁化反転履歴（磁石）現象を示す。

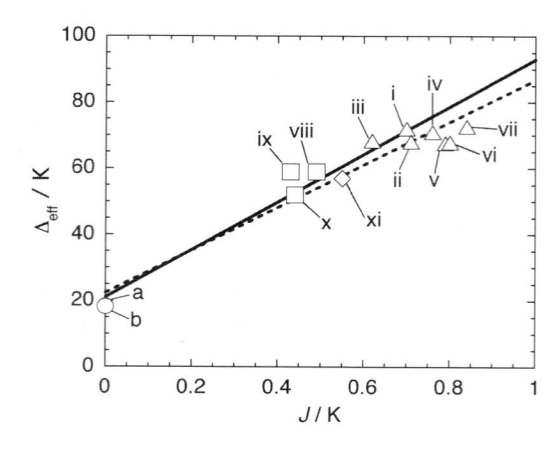

図2 強磁性単一次元鎖磁石における磁化緩和エネルギー障壁 Δ_{eff} と交換相互作用 J との関係

直線は三核錯体（aとb）の $|D|S^2/k_B = 21$ K を用いて $\Delta = |D|S^2 + 8J'S^2$ を基にした $D/k_B = 21 + 72 J'/k_B$ の理論線を示している。点線は，最小二乗法による適合線（$\Delta/k_B = 22.4 + 64.4 J'/k_B$）。i：[Mn$_2$(saltmen)$_2$Ni(pao)$_2(py)_2$](ClO$_4$)$_2$, ii：[Mn$_2$(saltmen)$_2$Ni(pao)$_2$(4-pic)$_2$](ClO$_4$)$_2$(4-pic = 4-picoline), iii：[Mn$_2$(saltmen)$_2$Ni(pao)$_2$(t-Bupy)$_2$](ClO$_4$)$_2$(t-Bupy = 4-*tert*-butylpyridine), iv：[Mn$_2$(saltmen)$_2$Ni(pao)$_2$(N-Meim)$_2$](ClO$_4$)$_2$(N-Meim = N-methylimidazole), v：[Mn$_2$(saltmen)$_2$Ni(pao)$_2$(py)$_2$](BF$_4$)$_2$, vi：[Mn$_2$(saltmen)$_2$Ni(pao)$_2$(py)$_2$](PF$_6$)$_2$, vii：[Mn$_2$(saltmen)$_2$Ni(pao)$_2$(py)$_2$](ReO$_4$)$_2$, viii：[Mn$_2$(saltmen)$_2$Ni(miao)$_2$(py)$_2$](ClO$_4$)$_2$(miao$^-$ = 1-methylimidazole-2-aldoximate), ix：[Mn$_2$(saltmen)$_2$Ni(miao)$_2$(py)$_2$](PF$_6$)$_2$, x：[Mn$_2$(saltmen)$_2$Ni(eiao)$_2$(py)$_2$](ClO$_4$)$_2$(eiao$^-$ = 1-ethylimidazole-2-aldoximate), xi：[Mn$_2$(saltmen)$_2$Ni(pao)$_2$(bpy)](BPh$_4$)$_2$, a：[Mn$_2$(5-Clsaltmen)$_2$Ni(pao)$_2$(phen)](ClO$_4$)$_2$, b：[Mn$_2$(5-Brsaltmen)$_2$Ni(pao)$_2$(phen)](ClO$_4$)$_2$

次に D と Δ との関係はどうだろうか。Ising鎖は無限の一軸異方性を持つため，(6)式のように D は磁化緩和には関係しない。しかし，一軸異方性強磁性Heisenberg鎖では，構成スピンの有限の異方性が単一次元鎖磁石挙動の本質を決めることは(9)式と(10)式から理解でき，上記の実験はそれを証明した。実際に，上記化合物と同様のスピン系でありながら，[Mn^{III}-Ni^{II}-Mn^{III}] ユニットがNi^{II}配位部で「く」の字（*cis* 配位）に折れ曲がったジグザグ鎖化合物 [Mn^{III}(saltmen)$_2$Ni^{II}(pao)$_2$(L)](PF$_6$)$_2$（L = bpy, phen）が合成され（図3），単一次元鎖磁石挙動の D 依存性が明らかになっている[3b]。この化合物の J は上記の単一次元鎖磁石とほぼ同等の大きさであり，D が同等であれば，図2の直線に乗るはずである。しかし，折れ曲がった [Mn^{III}-Ni^{II}-Mn^{III}] ユニットは，それぞれのMn^{III}配位部位でJahn-Teller軸がほぼ直交しており，$S=3$ のスピン基底状態をもつにもかかわらずユニット自身の異方性は上記の直線型 [Mn^{III}-Ni^{II}-Mn^{III}] ユニットとは大きく異なる（D が小さくなる）。単結晶磁化測定を行うと，単一次元鎖磁石になる化合物では

第 4 章 磁性

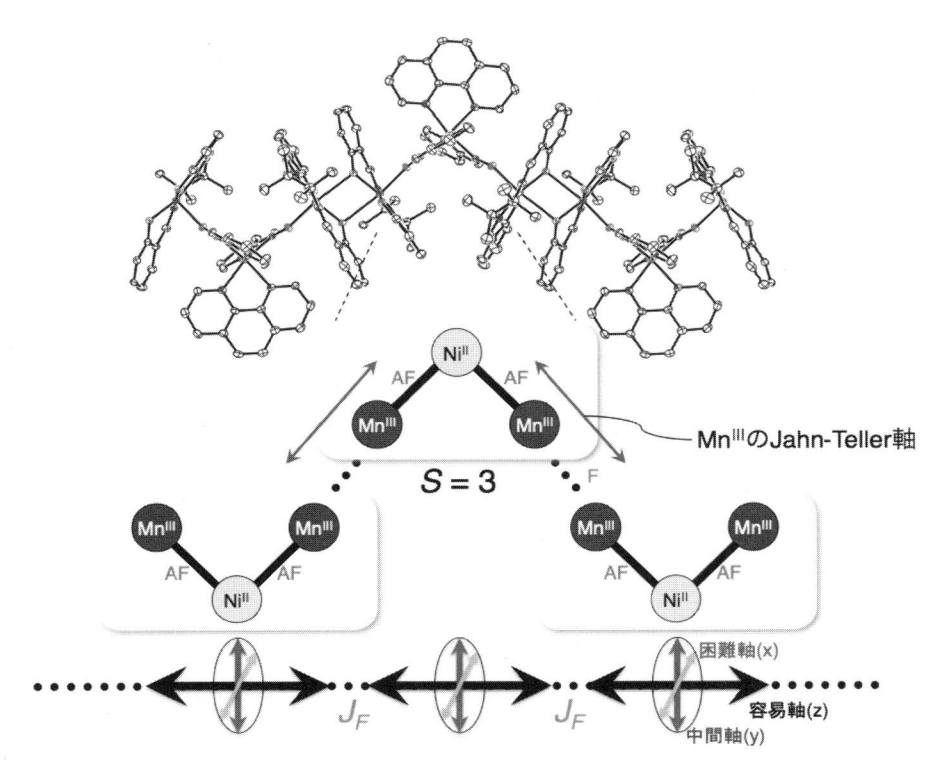

図3 Mn$^{III}_2$Ni^{II} $S=3$ ジグザグ鎖 [Mn$^{III}_2$(saltmen)$_2$Ni^{II}(pao)$_2$(phen)](PF$_6$)$_2$
(phen を bpy に換えた化合物も同形)
Ni^{II}の部分が cis 配位することにより「くの字」に折れ曲がった [Mn^{III}–Ni^{II}–Mn^{III}] の $S=3$ ユニットを形成している。そのため、Mn^{III} の Jahn-Teller 軸はユニット内で揃わず、結果として直線型(図1参照)よりも小さな一軸異方性を生じる。磁化容易軸は一次元鎖方向、磁化中間軸は phen 配位子方向、磁化困難軸は紙面に垂直方向に向いている。

鎖に垂直に磁場をかけた場合、xy 平面で均一の磁化困難面をもつのに対し、ジグザグ鎖では、図4のように、鎖方向に容易軸が存在するものの、xy 面には磁化困難軸と中間軸が存在する(中間軸の存在は必ずしも単一次元鎖磁石挙動にネガティブにはたらく訳ではないが…)。困難軸の磁化挙動から見積もられた折れ曲がり [Mn^{III}–Ni^{II}–Mn^{III}] ユニットの D 値は、$D/k_B = -1.33$ K であり、直線型 [Mn^{III}–Ni^{II}–Mn^{III}] ユニットの $D/k_B = -2.5$ K のほぼ半分ほどしかない。その結果、このジグザグ鎖は、1.8 K においても単一次元鎖磁石挙動を示さない。この結果は、(9)式と(10)式のように、単一次元鎖磁石挙動は J に加えて D に大きく依存することを証明している。

5.6 Ising 限界を超えた系

一軸異方性の大きい Heisenberg 鎖であっても、Ising 限界値 $|D/J| > 4/3$ に該当しない系、例えば、$|D/J| \leq 4/3$ である場合は、Glauber ダイナミクスによるスピン反転機構は成り立たないはずである。第一遷移金属イオンの一般的な金属錯体では、負のゼロ磁場分裂エネルギーは大き

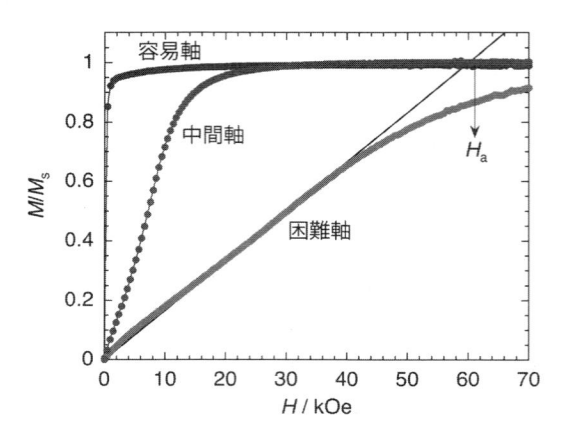

配位空間の化学―最新技術と応用―

図4 Mn$^{III}_2$Ni^{II} S＝3 ジグザグ鎖［Mn$^{III}_2$(saltmen)$_2$Ni^{II}(pao)$_2$(phen)］(PF$_6$)$_2$の単結晶磁化
（磁場方向は図3参照）。H_aは異方性磁場を示している。

いものでも－10 K以下であり，強いJで交換された一次元鎖の場合はこれに当たる。しかし，実際の化合物では$|D/J|\leq 4/3$である場合にも遅い磁化緩和現象が確認され，単一次元鎖磁石になる。［Mn^{III}(5-TMAMsaltmen)］(ClO$_4$)$_3$(5-TMAMsaltmen＝N,N'-(1,1,2,2-tetramethylethylene)bis(5-trimethylammoniomethylsalicylideneiminate))とTCNQラジカルアニオンの1:1集積一次元鎖［Mn^{III}(5-TMAMsaltmen)(TCNQ)］(ClO$_4$)$_2$は，Mn^{III}-TCNQ$^-$間の交換相互作用がJ/k_B＞－90 Kと極めて強いフェリ磁性鎖である（図5)[14]。鎖間相互作用は極めて弱く，遅い磁化緩和現象を示す単一次元鎖磁石になる。ヘテロスピンフェリ磁性鎖であるため，厳密には交換相互作用をそのまま比較することはできないが，単結晶磁化測定から見積もられたMn^{III}ユニットの異方性エネルギーΔ_A＝9.8 KからD_{Mn}＝－2.4 Kとなり，$|D_{Mn}|S_{Mn}^2 \ll |J|S_{Mn}s_{rad}$である。この関係はIsing限界を満足しないため，単一次元鎖磁石挙動はGlauberダイナミクス機構では説明ができない。現在のところ，このようなIsing限界を超えた系でのスピン反転現象を定量的に説明できた例はないが，このような系ではむしろ，ブロッホ壁（Bloch wall）のような有限な幅の磁壁（Ising鎖についてのGlauberダイナミクスでは，(1)式のように，σ_i＝±1なので磁壁の幅はゼロ）が存在し，あたかもスピン波のような磁化反転機構を起こすと予想される[5]。理論的な定量法は今後の課題である。

5.7 鎖間相互作用は単一次元鎖磁石挙動にネガティブか？

単一次元鎖磁石の定義は，遅い磁化緩和を示す一本の一次元磁性鎖であり，バルク磁石とは異なることは上記した。そのため，鎖間相互作用の存在（一般的には反強磁性的相互作用）により長距離秩序を起こした場合は，当然ながら，もはや単一次元鎖磁石ではない。それにもかかわらず，長距離秩序相転移後の反強磁性相内であたかも単一次元鎖磁石のような遅い磁化緩和が観測される化合物が見つかった。上述のMn$^{III}_2$Ni^{II} S＝3 単一次元鎖磁石の誘導体である［Mn$^{III}_2$(5-

第4章 磁性

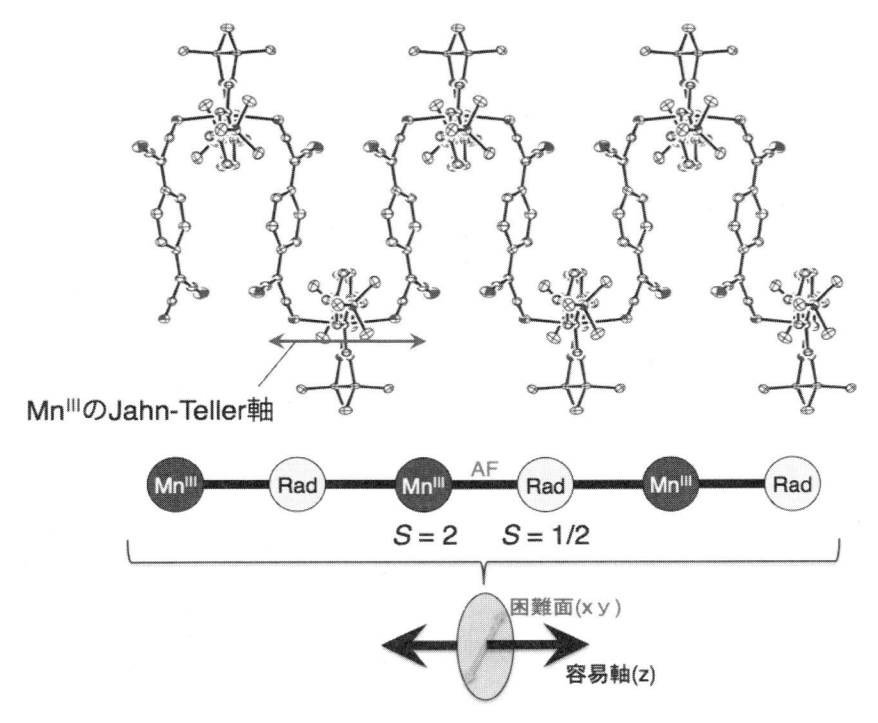

図5 Mn^{III}-TCNQ ラジカルの交互に配列したフェリ磁性単一次元鎖磁石
[Mn^{III}(5-TMAMsaltmen)(TCNQ)](ClO$_4$)$_2$
Mn^{III} の Jahn-Teller 軸は一次元鎖方向に向いており，磁化容易軸（z 軸）と磁化困難面（xy 面）からなる。Mn^{III}-TCNQ$^-$ 間の磁気的相互作用は-90 K を超える強い反強磁性的相互作用である。

MeOsaltmen)$_2$Ni^{II}(pao)$_2$(phen)](PF$_6$)$_2$(5-MeOsaltmen $= N, N'$-(1,1,2,2-tetramethylethylene) bis(5-methoxysalicylideneiminate))）は，同様の一次元架橋構造をもつが（図6），パッキングの違いから鎖間相互作用が存在し，ゼロ磁場 $T_N = 5$ K で反強磁性相転移を起こす[7]。この現象は低次元化合物では一般的であるが，面白いことに，それ以下の温度，即ち反強磁性相内で遅い磁化緩和現象を示し，交流周波数に対して磁化凍結を起こす（図7）。緩和時間の十分長い低温で一次元鎖方向の磁場印加に対する磁化変化を見ると，ある磁場（2～3.5 K の範囲で 40 mT）で反強磁性相から常磁性相へのバルクスピン反転（メタ磁性）を示すが，それ以上の磁場をかけた後にゼロ磁場までスイープさせると，磁化は往路を通らずに履歴現象を伴って磁化が保持される（図8）。即ち，磁化の保持は一次元鎖固有のスピンの遅い磁化緩和に起因し，あたかも磁場誘起磁石のような振る舞いをする。この磁化緩和現象をどのように考えればよいか。実験的に見積もられた遅い磁化緩和のエネルギー障壁 Δ_{eff} は，$\Delta_{eff}/k_B = 54$ K であり，T_N に達するまでの χT の増加から求められた相関エネルギーは $\Delta_\xi/k_B = 18$ K，また Mn$^{III}_2$Ni^{II} $S = 3$ ユニットは上記の単一次元鎖磁石や単分子磁石と同じなので，$\Delta_A/k_B \approx 20$ K 程度と予想される。このように考えると，この磁化緩和は $\Delta_{\tau 1} = 2\Delta_\xi + \Delta_A$ のエネルギー障壁を持つ無限鎖磁化緩和過程における緩和として

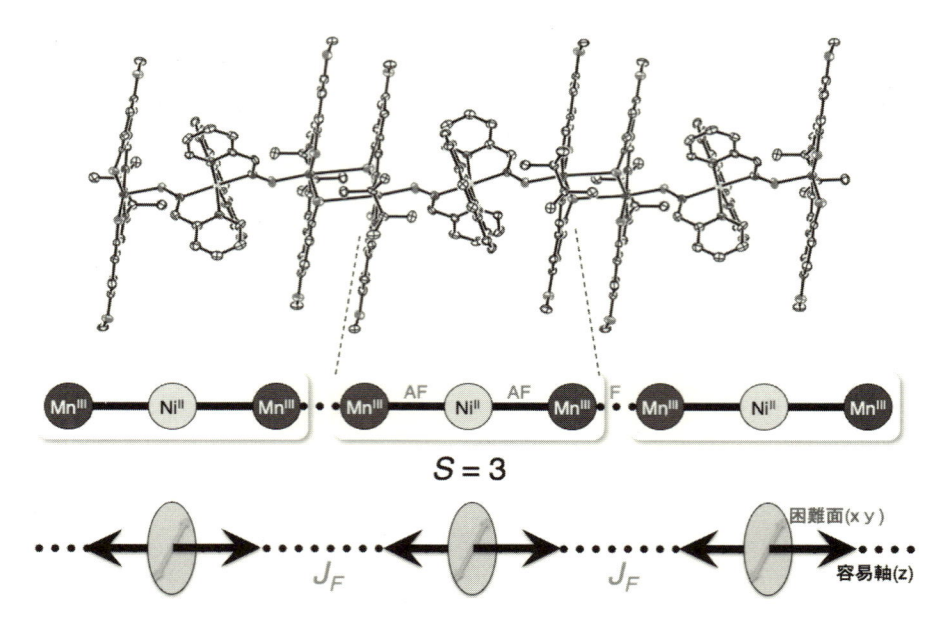

図6 Mn$^{III}_2$Ni^{II} $S=3$ 強磁性鎖［Mn$^{III}_2$(5-MeOsaltmen)$_2$Ni^{II}(pao)$_2$(phen)］(PF$_6$)$_2$
磁化容易軸は一次元鎖方向に向いており，その軸に対してxy面は均一に磁化困難面である。図1の化合物と同様の構造を有しているが，鎖間反強磁性的相互作用により$T_N=4.9$ Kで三次元反強磁性転移を起こす。しかし，反強磁性相においても，同様の遅い磁化緩和を示す。

矛盾ない。しかし実際には鎖間相互作用の寄与は必ず存在する。鎖間相互作用をバルクスピン反転（反強磁性相から常磁性相への転移）が起きるゼーマンエネルギーΔ_{ex}と考えると，40 mTはたかだか1 Kに満たない（鎖間相互作用は$z|J_\perp|\approx 0.01 J_\parallel$）。そのため，磁化緩和エネルギー障壁は単一次元鎖磁石のものとは同等の大きさとして観測されたと推測できる。

　この化合物でさらに注目すべき点は，磁場印可による緩和時間の変化である。図9に示すように，反強磁性相と常磁性相の境界で緩和時間が急激に長くなるという特異な挙動が見出された。このタイプの化合物の全てで緩和時間の急激な増加が観測されるわけではなく，全く逆に反強磁性相と常磁性相の境界で緩和時間が短くなるものも存在することもわかってきている。この緩和時間の変動については今後の課題であるが，単一次元鎖磁石挙動にとって鎖間相互作用が必ずしもネガティブに作用するわけではなく，磁化の保持という観点から見れば，新しい磁石形態を提案する一つのアイテムであるかもしれない。

5.8　おわりに

　配位空間は配位格子で区画された有限の反応場を与える。全く逆の見方をすれば，配位空間が広がれば広がるほど格子の低次元化を創りだし，配位格子を隔離する。この発想は，協同効果を伴う物理的挙動においては物性を制御する最も重要な視点であり，配位格子制御は配位格子を磁気経路とする磁性体を研究する上では極めて有効な手段である。古来，磁石（バルク磁石）への

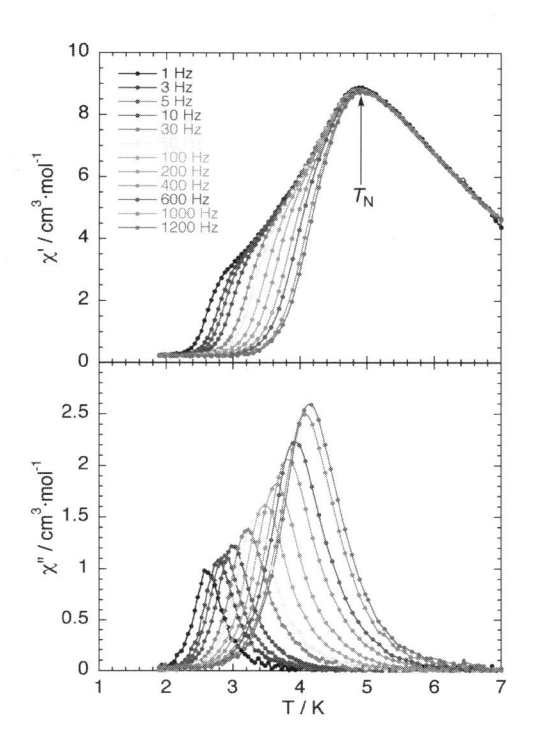

第 4 章 磁性

図 7 　[Mn^{III}_2(5-MeOsaltmen)$_2$$Ni^{II}(pao)_2$(phen)]($PF_6$)$_2$ の交流磁化率（χ'：実部，χ''：虚部）の温度依存性（ac 磁場 1 Oe，ゼロ dc 磁場）
T_N = 4.9 K で反強磁性相転移を起こし，それよりも低温領域で遅い磁化緩和による磁化凍結が観測されている。

図 8 　[Mn^{III}_2(5-MeOsaltmen)$_2$$Ni^{II}(pao)_2$(phen)]($PF_6$)$_2$ の一次元鎖方向に磁場をかけたときの磁化変化
2.9 K のデータでは，反強磁性相から常磁性相への転移のために S 字を描いているのがわかる（この温度では緩和時間が早いため，磁化履歴はない）。しかし，より低温で磁化凍結により緩和時間が十分に長くなると，履歴曲線は通常の単一次元鎖磁石で見られるような磁場と熱緩和によりスピン反転を起こす。

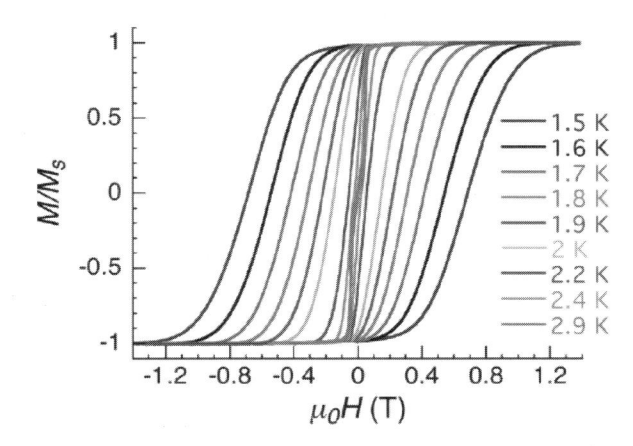

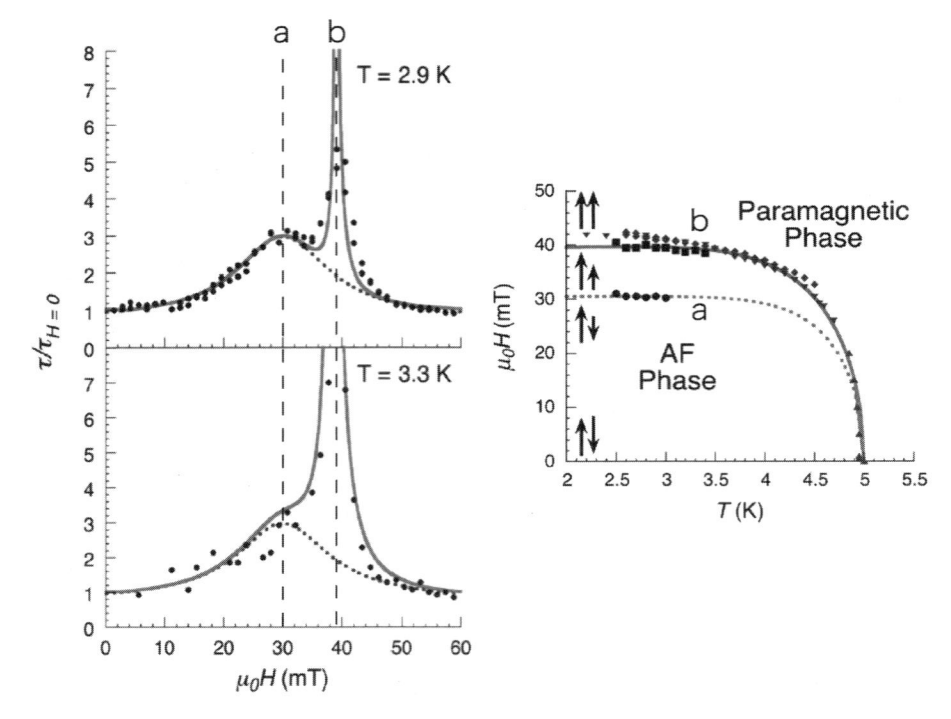

図9 [Mn^{III}$_2$(5-MeOsaltmen)$_2$Ni^{II}(pao)$_2$(phen)](PF$_6$)$_2$のそれぞれの磁場下での磁化緩和時間変化（左図）（2.9 Kと3.3 Kでのデータ）と磁場—温度相図（右図）
反強磁性相と常磁性相との境界で急激に緩和時間が長くなっていることがわかる。

興味は尽きず，90年代から分子で磁石を創る（分子磁石）研究が盛んに行われてきた。この流れはいわば格子を多次元に組み立てる方向であり，空間を細分化している（配位空間の化学の本来の意図は，この空間を利用することであろう）。一方で，ある種のゼロ次元である孤立粒子（クラスター）が超常磁性体になることが見出され，現在でも最新のトピックスである[15]。この流れは，格子を切る（隔離する）方向であり，空間を繋げる（広げる）ことを意味する（バルク空間）。この両者で磁石の形態は全く別物になってしまい，両者の境界を見ることを目的とする新しい研究領域も生まれると想像している。

本節で述べた化合物群は，ゼロ次元の単分子磁石から一次元の単一次元鎖磁石，そして三次元バルク磁石との境に位置するであろう化合物（反強磁性相内で遅い磁化緩和を示す化合物）へと，本来の"配位空間の化学"とは全く逆の発想で得られた新しい磁石である。しかし，スルースペースの磁気的相互作用が磁気機構や現象を劇的に変化させる決定的な役目をしていることは，まさに配位空間の制御にほかならない。まだこの領域の科学は始まったばかりであり，未だ説明のつかない現象がほとんどである。スピンという媒体を通して，格子及び空間の次元の変遷を見ることは，今後ますます新しい磁石形態の発見に繋がると確信している。

第 4 章 磁性

文　　献

1) S. Kitagawa, R. Kitaura, S. Noro, *Angew. Chem. Int. Ed.*, **43**, 2334 (2004)
2) a) D. Gatteschi, R. Sessoli, J. Villain, *Molecular Nanomagnets*, Oxford University Press (2006)；b) D. Gatteschi, R. Sessoli, *Angew. Chem. Int. Ed.*, **42**, 268 (2003)
3) a) H. Miyasaka, R. Clérac, *Bull. Chem. Soc. Jpn.*, **78**, 1725 (2005)；b) H. Miyasaka, M. Julve, M. Yamashita, R. Clérac, *Inorg. Chem.*, **48**, 3420 (2009)
4) R. J. Glauber, *J. Math. Physics*, **4**, 294 (1963)
5) C. Coulon, H. Miyasaka, R. Clérac, *Strut. Bond.*, **122**, 163 (2006)
6) C. Coulon, R. Clérac, L. Lecren, W. Wernsdorfer, H. Miyasaka, *Phys. Rev. B*, **69**, 132408 (2004)
7) C. Coulon, R. Clérac, W. Wernsdorfer, T. Colin, H. Miyasaka, *Phys. Rev. Lett.*, **102**, 167204 (2009)
8) A. Caneschi, D. Gatteschi, N. Lalioti, C. Sangregorio, R. Sessoli, G. Venturi, A. Vindigni, A. Rettori, M. G. Pini, M. A. Novak, *Angew. Chem. Int. Ed.*, **40**, 1760 (2001)
9) R. Clérac, H. Miyasaka, M. Yamashita, C. Coulon, *J. Am .Chem. Soc*, **124**, 12837 (2002)
10) H. Miyasaka, A. Saitoh, S. Abe, *Coord. Chem. Rev.*, **251**, 2622 (2007)
11) H. Miyasaka, M. Yamashita, *Dalton Trans.*, 399 (2007)
12) a) H. Miyasaka, R. Clérac, K. Mizushima, K. Sugiura, M. Yamashita, W. Wernsdorfer, C. Coulon, *Inorg. Chem.*, **42**, 8203 (2003)；b) A. Saitoh, H. Miyasaka, M. Yamashita, R. Clérac, *J. Mater. Chem.*, **17**, 2002 (2007)；c) H. Miyasaka, A. Saitoh, M. Yamashita, R. Clérac, *Dalton Trans.*, 2422 (2008)
13) H. Miyasaka, T. Nezu, K. Sugimoto, K. Sugiura, M. Yamashita, R. Clérac, *Chem. Eur. J.*, **11**, 1592 (2005)
14) H. Miyasaka, T. Madanbashi, K. Sugimoto, Y. Nakazawa, W. Wernsdorfer, K. Sugiura, M. Yamashita, C. Coulon, R. Clérac, *Chem Eur. J.*, **12**, 7028 (2006)
15) E. Coronado, K. R. Dunbar, *Inorg. Chem.*, **48**, 3293 (2009)

第5章 反応

1 金ナノ粒子触媒

1.1 金ナノ粒子の触媒作用

石田玉青*

　金は，大気中では酸化物になるより金属の状態の方が熱力学的に安定な唯一の金属であり，それゆえ，長年触媒としての働きがない金属であると考えられてきた。しかし，金を直径 10 nm 以下の半球状ナノ粒子として，酸化鉄（Fe_2O_3）などの3d遷移金属酸化物上に分散・固定化すると，低温での CO 酸化などの反応に対して極めて高い触媒活性を発現することが，1987 年に春田らによって報告された[1]。金は元々が化学的作用に乏しい元素であるため，金が触媒作用を発現するには一定の条件を満たすことが必要である。金が触媒活性を発現するには4つの要素が重要になるとされており，

① 易還元性金属酸化物担体
② 金ナノ粒子のサイズ
③ 水の存在
④ アルカリ性（担体の性質もしくは反応条件として）

が挙げられ，この4つの要素のうち，少なくとも2つを満たすと高い触媒活性を発現する例が多いと言われている[2]。①の易還元性金属酸化物には，TiO_2，Fe_2O_3，Co_3O_4，NiO のような半導体性金属酸化物や，酸素吸放出能を有する CeO_2，ZrO_2 が挙げられる。これらの担体上に直径 5 nm 以下の金ナノ粒子を担持する（①と②を満たす）と，CO 酸化が室温で容易に進行する。一方，SiO_2 や Al_2O_3 などの絶縁性金属酸化物を担体に用いる場合には，直径 5 nm 以下のサイズであることと同時に，反応ガス中に水分を含んだ時（②と③を満たす）に，初めて室温での CO 酸化活性を示す。近年，活性炭に代表される炭素系材料や高分子材料に担持した金ナノ粒子の触媒活性についても盛んに研究されるようになってきたが，炭素材料や有機高分子なども SiO_2 と同様に不活性担体に分類されるため，金ナノ粒子のサイズを小さくする要件②以外に③もしくは④の条件を満たすことが触媒活性の発現に不可欠である。

　なぜ担体の種類によって金ナノ粒子の触媒活性が大きく変化するのだろうか？　その原因として，①気相 CO 酸化では金ナノ粒子と酸化物担体との接合界面における酸化物担体側の酸素欠陥サイトが金の触媒作用発現に寄与すること[3]，②金を不活性担体上に直径 10 nm 以下のナノ粒子として担持することが難しい，という2点が挙げられる。最近では気相反応だけでなく，液相反応での金ナノ粒子の触媒活性についても，盛んに研究されるようになってきたが，液相反応で

＊　Tamao Ishida　首都大学東京大学院　都市環境科学研究科　分子応用化学域　助教

第 5 章　反応

は必ずしも担体の酸素欠陥サイトが重要ではなく，グルコースの酸素酸化によるグルコン酸の合成では担体の種類よりも金粒子のサイズ効果の方が触媒活性に与える影響が大きいことが報告されている[4]。シリカ（SiO_2）や高分子などの不活性担体を用いる場合には易還元性金属酸化物に比べ金粒子のサイズに対する制約は厳しく，直径 2 nm 以下のクラスターとして担持する必要があるが，クラスターサイズとなるとスチレンのエポキシ化が酸素のみで進行したり[5]，アルコール酸化に対して触媒活性が発現する[6,7]。従って液相反応での触媒設計を考える場合には，いかに金粒子を小さく分散・固定化できるかが重要な要素となる。

1.2　金ナノ粒子触媒調製法

白金やパラジウムなどの貴金属触媒は通常，貴金属塩の水溶液に金属酸化物や活性炭等の担体粉末を懸濁させた後，乾燥させたものを空気焼成し，次に水素還元する含浸法によって調製される。白金やパラジウムでは，比較的小さなナノ粒子（5 nm 以下）がこの方法で得られることから，含浸法は簡便な触媒調製法として広く用いられる。しかし金の場合には，焼成の段階で金の前駆体である四塩化金酸（$HAuCl_4$）が担体上で熱分解すると，金がすぐに凝集するため，含浸法では直径 20 nm 以上の大きなナノ粒子としてしか得ることができず，触媒活性も発現しない。また，残留塩素は金ナノ粒子の凝集を著しく促進する。そのため水溶液中で $HAuCl_4$ を $HAuCl_{4-x}OH_x$ に変換して，金の水酸化物である $Au(OH)_3$ として沈殿させる共沈法，ならびに $Au(OH)_3$ を担体表面上にだけ沈殿させる析出沈殿法が開発された（図 1）[8,9]。これらの調製法を

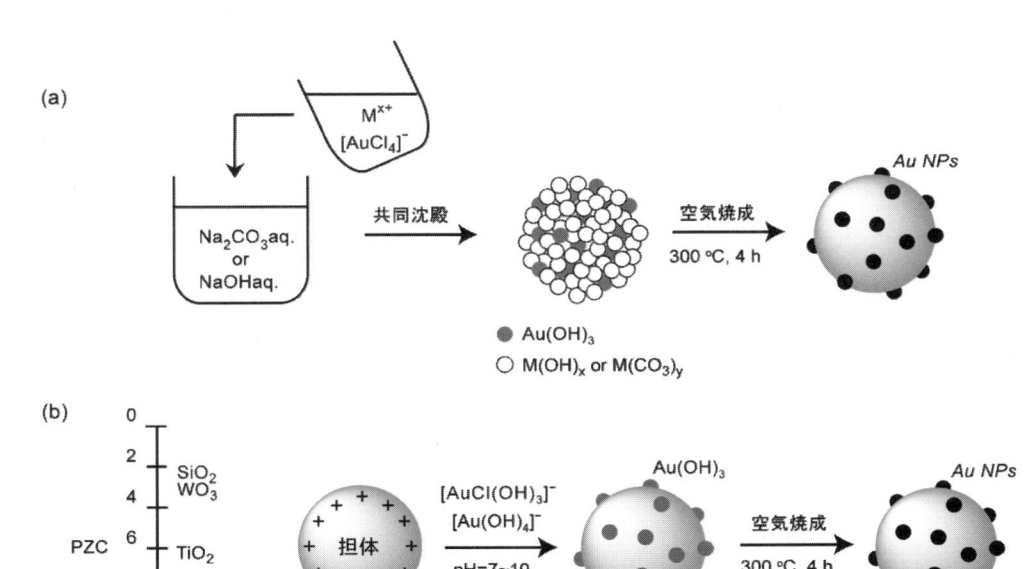

図 1　共沈法(a)と析出沈殿法(b)のモデル図

用いると卑金属酸化物上に直径 10 nm 以下のナノ粒子として金を担持することが可能になる。しかし,共沈法は担体の金属塩を一旦炭酸塩または水酸化物として沈殿させるため,それらの沈殿を中和で生成できる金属種に限られる。また,析出沈殿法では等電点(point of zero charge;PZC)が pH 5 以下の酸性酸化物(SiO_2, WO_3)や活性炭などでは,担体表面上だけでなく液相でも $Au(OH)_3$ が沈殿するため直径 10 nm 以下の金ナノ粒子を定量的に得るのが難しい。従って安価な活性炭やシリカ(SiO_2)を金ナノ粒子触媒の担体として用いることは通常困難とされてきた。

1.3 多孔性材料への金ナノ粒子の担持

活性炭は高い比表面積を持ち,パラジウムや白金などの金属触媒の担持材料として広く用いられてきた。しかしながら,金の場合には酸性官能基を有する表面には $Au(OH)_3$ を析出沈殿させて担持することができない。最近では,予め調製しておいた金コロイド溶液に担体を加えて混合し,担体表面に金コロイドを担持させるコロイド固定化法によって平均粒子径 3.6 nm の金ナノ粒子を活性炭表面に担持できることが報告されている[10]。しかし,活性炭表面では金コロイドが凝集しやすく,金コロイドを担体に担持する段階および保護剤の除去の際に凝集が起きる場合があり,固定化の際に金ナノ粒子が凝集しにくい保護剤を選択する必要がある[11,12]。

シリカ系の担体では,ゼオライトやメソポーラスシリカなどの多孔性材料に金前駆体を導入することで,金粒子の成長を抑える試みがなされている。担体に一次元メソポーラスシリカである MCM-41,金前駆体に昇華性の $Me_2Au(acac)$(acac = acetylacetonate)を用いて化学気相蒸着法(Chemical Vapor Deposition;CVD)で前駆体を担体に吸着させた後,空気焼成もしくは水素還元すると,細孔の外表面にも金ナノ粒子が担持されるものの,細孔内部にも金ナノ粒子を導入す

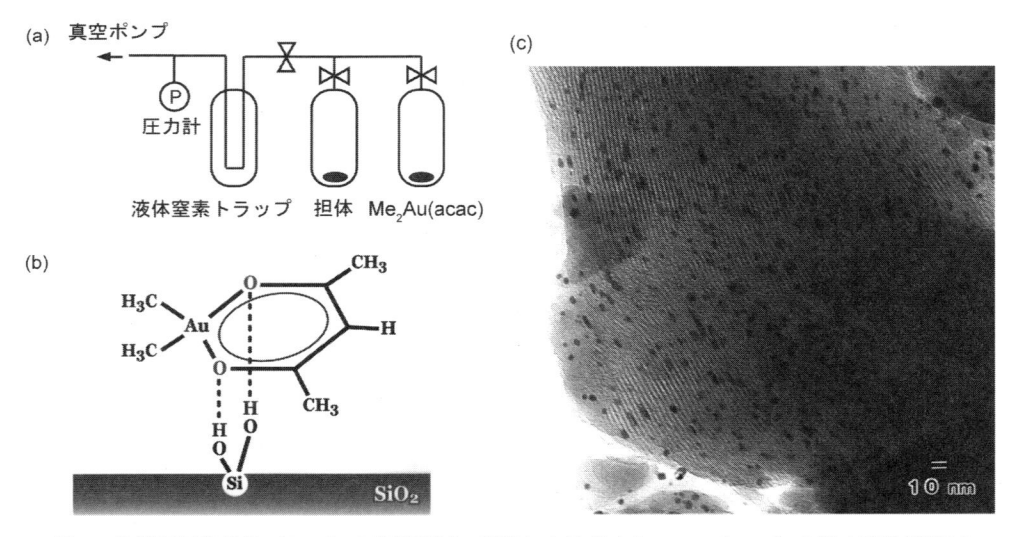

図2 化学気相蒸着法(CVD)の装置図(a),計算により求めた $Me_2Au(acac)$ の推定吸着構造(b), CVD 法により調製した Au/MCM-41(pore size 2.7 nm)の TEM 写真[13]

ることができる（図2）[13,14]。ジメチル金アセチルアセトナートはホスフィン系の金錯体と異なり平面構造を持ち，アセチルアセトナートの酸素原子と担体表面のOH基とが相互作用もしくは配位子交換が起こるため比較的強く表面に吸着することができる（図2(b)）[13,15]。その結果，通常のシリカ粒子に担持したものよりも金ナノ粒子のサイズが小さくなり，サイズの減少に伴ってCO酸化に対する触媒活性も向上する。

その他，液相での担持法では，金前駆体にカチオン性の金錯体である $[Au(en)_2]Cl_3$（en = ethylenediamine）を用いて，負に帯電しているメソポーラスシリカに金ナノ粒子を導入する方法が報告されており，金ナノ粒子の平均粒子径は約5 nm程度のものが得られている[16]。一方でメソポーラスシリカ内部を NH_2 基などで表面修飾することで $HAuCl_4$ との相互作用を高める工夫がなされる場合もある[17]。また，$HAuCl_4$ 水溶液をpH 10に調整し，一次元メソポーラスシリカ（FSM-16）に24時間含浸させた後，NaOH水溶液で洗浄後，400℃で水素還元させると直径1.7 nmの金クラスターを担持できるという報告もある[18]。

以上のように化学的作用に乏しい担体であっても多孔質構造となることで，直径5 nm以下の金ナノ粒子を担持することが可能となる。

1.4　多孔性配位高分子への金属ナノ粒子の担持

最近では活性炭，ゼオライト，メソポーラスシリカに次ぐ新たな多孔性材料として多孔性配位高分子に注目が集まっており，ガス吸蔵，ガス分離，触媒特性などについて盛んに研究されている。多孔性配位高分子は，金属イオンと有機配位子とが交互に配位結合によって連結された骨格を持ち，一次元チャネルから三次元多孔質構造まで自在に制御された細孔を有し，その比表面積の大きさや細孔構造の規則性などから，金属クラスターの担持材料としても関心を持たれている。

Fischerらは，昇華性の有機金属錯体をCVD法で多孔性配位高分子であるMOF-5（$[Zn_4O(bdc)_3]_n$，bdc = benzene-1,4-dicarboxylate）（比表面積3,000 m^2/g，細孔サイズ15×15 $Å^2$）の細孔内に導入後，水素還元することにより，MOF-5へのPd，Cu，Au，Ruクラスターの担持を試みている[19～22]。パラジウムの場合，$[(\eta^5-C_5H_5)Pd(\eta^3-C_3H_5)]$ を前駆体に用いると，直径1.4 nmのクラスターをMOF-5に担持できる[19]。

これに対し，金の場合には $MeAu(PMe_3)$ を用いて同様のCVD法で金を担持しても直径5～20 nm程度の大きなナノ粒子しか得られない。これは金の前駆体である $MeAu(PMe_3)$ はMOF-5の空孔内に入ることは可能であるが，水素還元時に金原子と配位高分子の骨格との間の相互作用がPdやCuに比べて弱いために凝集することが原因と考えられている。また，2次元の配位高分子である $\{[Ni(cyclam)]_2(bptc)\}_n \cdot 2nH_2O$（bptc = 1,1′-biphenyl-2,2′,6,6′-tetracarboxylate）と $NaAuCl_4$ を含む水／エタノール混合溶液を攪拌し，配位高分子骨格内のNi（Ⅱ）がAu（Ⅲ）を還元することにより金クラスターを得る報告がSuhらによってなされている[23]。TEM観察の結果からAuは直径2 nm以下のクラスターが配位高分子表面上に担持されていると報告されているが，XRDパターンにはAu(111)のピークがわずかに確認できることから，2 nmよ

りも大きな金ナノ粒子も同時に生成していると考えられる。

　最近，多孔性配位高分子と昇華性の $Me_2Au(acac)$ とをメノウ乳鉢で混合後，水素化することによっても金を直径 2 nm 程度のクラスターサイズで多孔性配位高分子に担持することが可能となってきた（固相混合法）[24]。固相混合法では，メノウ乳鉢で担体と金錯体とを摩砕混合することにより担体表面にジメチル金アセチルアセトナート錯体を吸着させた後，水素還元により Au (III) を還元する（図3）。この方法を用いると，CPL-2（$[Cu_2(pzdc)_2(bpy)]_n$, pzdc = pyrazine-2, 3-dicarboxylate, bpy = 4, 4′-bipyridine）[25]（比表面積 500 m²/g，細孔サイズ $6.0×8.0 Å^2$），Al-MIL 53（$[Al(OH)(bdc)]_n$）[26]（比表面積 1,300 m²/g，細孔サイズ $8.5×8.5 Å^2$）にそれぞれ直径 $2.2±0.3$ nm，$1.5±0.7$ nm の金クラスターを担持できる（図4）。CVD 法では金錯体の蒸気を担体表面に均一に行き渡らせることが難しいため，金の粒子サイズ分布が広くなってしまうのに対し，固相混合法では金錯体が素早く担体に分散・吸着されるため，クラスターサイズで金を担持できると考えられる。しかしながら金クラスターは細孔サイズよりも大きいことから，まだ金クラスターの多くは外表面に存在していると考えられる。

　担持された金属クラスターが細孔内部に存在するのか，外表面に存在するのかという疑問は多くの場合で残されているが，以上のような手法を用いることにより，多孔性配位高分子に金を含む多くの金属粒子をクラスターサイズで担持できることが明らかになってきた。これらの担持方

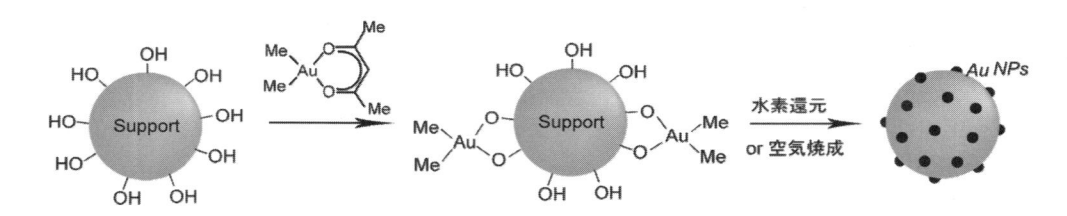

図3　固相混合法のモデル図

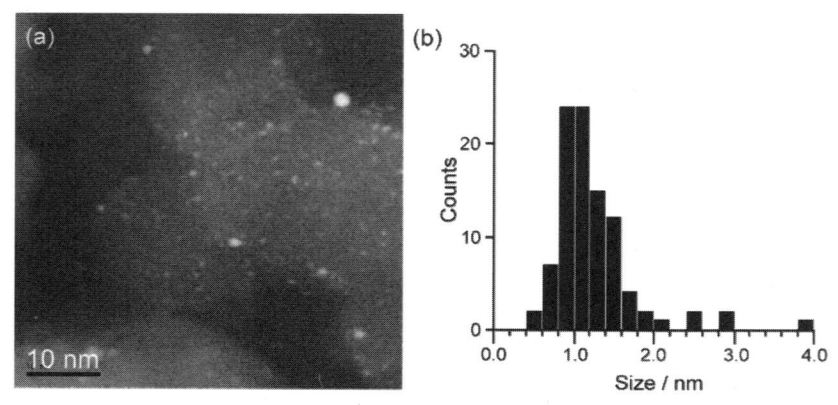

図4　固相混合法により調製した 1 wt%Au/Al-MIL 53 の HAADF-STEM （高角度散乱暗視野走査透過型電子顕微鏡）写真
　　　白い点が金粒子。㈱産業技術総合研究所　秋田知樹博士撮影。

法では，いずれの場合においても金属クラスター担持後も配位高分子のXRDパターンはほとんど変化せず，多孔質骨格をほぼ保つことが可能であると考えられる。しかしながら，メソポーラスシリカやゼオライトに比べて多孔性配位高分子は骨格が弱いため，担持後に比表面積が大幅に減少したり，細孔内で大きな金属ナノ粒子が生成して内部の細孔構造が壊れる，水分に弱く水蒸気にさらすとXRDパターンが大きく変化するなど，課題も残されている。

1.5 多孔性配位高分子に担持した金属クラスターの触媒作用

多孔性配位高分子に担持した金属クラスター・ナノ粒子の触媒作用は，パラジウムではスチレンなどの水素化，銅ではsyngas（一酸化炭素と水素の混合ガス）からのメタノール合成，ルテニウムでは水素化やアルコール酸化について報告されているが，他の担体との比較がなされていない場合が多く，多孔性配位高分子を金属クラスターの担体として用いる利点が明確に示されている例は少ない。

その中で，Kaskelらは$Pd(acac)_2$を少量のクロロホルムに溶解し，担体と混合するincipient wetness法で調製したPd/MOF-5がスチレンの水素化反応において，同様の方法で調製したPd/Cよりも高い触媒活性を示すことを報告している[27]。しかし，それぞれの担体に固定化されたPdナノ粒子のサイズが不明であるため，Pd/MOF-5の方が高い触媒活性を示す原因が，MOF-5の規則的な細孔サイズ・構造によってPd粒子が小さくなるからなのかどうかは明らかになっていない。

金の場合には，Au/MOF-5を用いた気相CO酸化では触媒活性を発現しないことがFischerらによって報告されており，その原因として，直径5〜20 nmと比較的大きなサイズの金ナノ粒子しか担持されていないためだと結論されている[19]。ただし，CPL-2などに担持した直径約2 nm程度の金クラスターでも，CO酸化に対して触媒活性を発現しない[24]。CO酸化では酸化物担体の酸素欠陥サイトに酸素分子が吸着，担体の酸素欠陥サイトと隣接したAuと酸化物担体との界面でCOと酸素が反応する機構が提唱されている[3,28]。このことから考えると，配位高分子にはこのような酸素欠陥サイトがないため，金がクラスターサイズになっても反応が進行しなかったと考えられる。

一方で，多孔性配位高分子に担持した金クラスターおよび金ナノ粒子は，液相でのアルコール酸化に対して触媒活性を発現する[24]。アルコール酸化の触媒活性は，金粒子のサイズよりも多孔性配位高分子担体の種類によって大きく変化することから，配位高分子が金粒子に対して何らかの影響を与えていると考えられる。更に，Au/MOF-5を用いたメタノール中でのベンジルアルコール酸化では，アルカリフリーの条件においても反応が進行したのに対し，同様の方法で調製したAu/CやAu/SiO_2では著しく触媒活性が低下した（図5）。活性炭・高分子担持金触媒では直径が約2 nm程度の金クラスターであっても，反応系中に水，アルカリがなければアルコール酸化がほとんど進行しないのに対し，多孔性配位高分子担持金触媒はアルカリフリーでも反応が進行することから，新たな触媒として期待される。

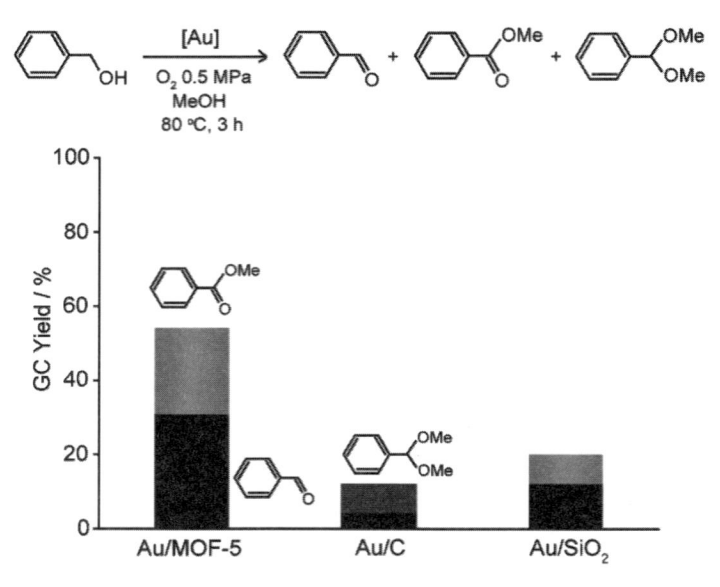

図5 アルカリ無添加での金触媒を用いたベンジルアルコール酸化

1.6 おわりに

これまでシリカなどの酸性無機酸化物や活性炭，高分子材料には，金を直径10 nm以下のナノ粒子として分散・固定化することが難しく，触媒活性も乏しいとされてきた。しかし規則的な多孔質構造を持ったメソポーラスシリカや多孔性配位高分子を担体として用い，触媒調製法を最適化することにより，直径2 nm以下の金クラスターを担持することも可能になってきた。金ナノ粒子の触媒作用は担体によって激変するため不活性な触媒担体はこれまで積極的に用いられてこなかったが，近年では，不活性な担体に担持した金粒子であっても，クラスターサイズになることで触媒活性が大きく向上する例も見出されており[5]，今後の金クラスター触媒の進展が期待される。

文 献

1) M. Haruta, T. Kobayashi, H. Sano, N. Yamada, *Chem. Lett.*, **16**, 405 (1987)
2) M. Haruta, *Chem. Phys. Chem.*, **8**, 1911 (2007)
3) M. Haruta, *Chem. Rec.*, **3**, 75 (2003)
4) T. Ishida, N. Kinoshita, H. Okatsu, T. Akita, T. Takei, M. Haruta, *Angew. Chem. Int. Ed.*, **47**, 9265 (2008)

第 5 章　反応

5) M. Turner, V. B. Golovko, O. P. H. Vaughan, P. Abdulkin, A. Berenguer-Murcia, M. S. Tikhov, B. F. G. Johnson, R. M. Lambert, *Nature*, **454**, 981 (2008)
6) H. Miyamura, R. Matsubara, Y. Miyazaki, S. Kobayashi, *Angew. Chem. Int. Ed.*, **46**, 4151 (2007)
7) S. Kanaoka, N. Yagi, Y. Fukuyama, S. Aoshima, H. Tsunoyama, T. Tsukuda, H. Sakurai, *J. Am. Chem. Soc.*, **129**, 12060 (2007)
8) M. Haruta, *J. New Mater. Electrochem. Syst.*, **7**, 163 (2004)
9) 春田正毅，坪田年，奥村光隆，触媒調製の進歩，触媒調製化学振興会，p. 39 (2000)
10) M. Comotti, C. Della Pina, R. Matarrese, M. Rossi, *Angew. Chem. Int. Ed.*, **43**, 5812 (2004)
11) F. Porta, L. Prati, M. Rossi, S. Coluccia, G. Martra, *Catal. Today*, **61**, 165 (2000)
12) Y. Önal, S. Schimpf, P. Claus, *J. Catal.*, **223**, 122 (2004)
13) M. Okumura, S. Tsubota, M. Haruta, *J. Mol. Catal. A : Chem.*, **199**, 73 (2003)
14) M. Okumura, S. Tsubota, M. Iwamoto, M. Haruta, *Chem. Lett.*, **27**, 315 (1998)
15) J. Guzman, B. C. Gates, *Langmuir*, **19**, 3897 (2003)
16) H. Zhu, C. Liang, W. Yan, S. H. Overbury, S. Dai, *J. Phys. Chem. B*, **110**, 10842 (2006)
17) M. T. Bore, H. N. Pham, E. E. Switzer, T. L. Ward, A. Fukuoka, A. K. Datye, *J. Phys. Chem. B*, **109**, 2873 (2005)
18) H. Araki, A. Fukuoka, Y. Sakamoto, S. Inagaki, N. Sugimoto, Y. Fukushima, M. Ichikawa, *J. Mol. Catal. A : Chem.*, **199**, 95 (2003)
19) S. Hermes, M. -K. Schröter, R. Schmid, L. Khodeir, M. Muhler, A. Tissler, R. W. Fischer, R. A. Fischer, *Angew. Chem. Int. Ed.*, **44**, 6237 (2005)
20) S. Hermes, F. Schröder, S. Amirjalayer, R. Schmid, R. A. Fischer, *J. Mater. Chem.*, **16**, 2464 (2006)
21) D. Esken, X. Zhang, O. I. Lebedev, F. Schröder, R. A. Fischer, *J. Mater. Chem.*, **19**, 1314 (2009)
22) F. Schröder, D. Esken, M. Cokoja, M. W. E. van den Berg, O. I. Lebedev, G. Van Tendeloo, B. Walaszek, G. Buntkowsky, H. -H. Limbach, B. Chaudret, R. A. Fischer, *J. Am. Chem. Soc.*, **130**, 6119 (2008)
23) M. P. Suh, H. R. Moon, E. Y. Lee, S. Y. Jang, *J. Am. Chem. Soc.*, **128**, 4710 (2006)
24) T. Ishida, M. Nagaoka, T. Akita, M. Haruta, *Chem. Eur. J.*, **14**, 8456 (2008)
25) M. Kondo, T. Okubo, A. Asami, S. -I. Noro, T. Yoshitomi, S. Kitagawa, *Angew. Chem. Int. Ed.*, **38**, 140 (1999)
26) T. Loiseau, C. Serre, C. Hugenard, G. Fink, F. Taulelle, M. Henry, T. Betaille, G. Férey, *Chem. Eur. J.*, **10**, 1373 (2004)
27) M. Sabo, A. Henschel, H. Fröde, E. Klemm, S. Kaskel, *J. Mater. Chem.*, **16**, 2464 (2006)
28) M. Daté, M. Okumura, S. Tsubota, M. Haruta, *Angew. Chem. Int. Ed.*, **43**, 2129 (2004)

2 多孔性触媒

唯 美津木*

2.1 表面固定化金属錯体

均一系錯体触媒は，精密触媒設計が可能である，温和な反応条件で高い活性を示す，反応選択性が高いなど優れた特長がある一方で，生成物からの触媒の分離・回収，再使用，熱安定性など実用上の問題点が存在する。一方，不均一系触媒は，分離・回収が容易である，熱的安定性が高い，多様な反応条件で使用できるなどの優れた特長を有し，数多くの実化学プロセスで汎用されているが，一般に固体表面が複雑で不均一であるため目的の触媒活性構造のみを表面上に意図的に設計・調製することは依然として難しい。

高比表面積を有する酸化物などの担体表面に，構造の規定された金属種である金属錯体を固定化した固定化金属錯体触媒は，均一系／不均一系触媒両者の利点を併せ持つ構造の制御された単一の活性点構造を作り分ける手法として，1960年代初めから数多くの研究が成されてきた[1]。固定化金属錯体の一般的調製は，まず金属錯体前駆体を担体表面の水酸基や修飾有機官能基などと選択的に反応させ，金属錯体を担体表面に固定化する。それを更に意図した金属活性点構造へと選択的に変換させることで，特定の反応のみに高い活性，選択性を有する固定化錯体が調製できる。

最近では，単なる金属錯体の表面固定化だけでなく，他の様々な設計手法を組み合わせることで，単純な金属錯体の固定化・孤立化では実現できなかった新しい触媒機能の表面への付与が実現されつつある[2]。ここでは，多穴性担体であるゼオライトの細孔を利用した金属錯体の固定化による新型Reクラスター触媒と，鋳型分子の形状を模倣した分子空間の作成が可能なモレキュラーインプリンティング法による表面モレキュラーインプリンティング固定化金属錯体触媒を紹介する。

2.2 ゼオライトの3次元細孔を利用したRe錯体の固定化によるベンゼンと酸素からのフェノール直接合成

フェノールは，古くは殺菌消毒薬として，現在ではビスフェノールAやフェノール樹脂の直接原料として工業的に汎用される化学物質のひとつである。工業的には，石油ナフサから得られるベンゼンを原料として，3段階のクメン法で製造されている。環境負荷の高い濃硫酸を使用する液相プロセスを含むこと，過酸化物中間体を経由すること，3段階反応で複数の蒸留プロセスを経ることなどの問題点があるが，ベンゼンから空気中に含まれる酸素を酸化剤としてフェノールを合成する直接合成反応は，非常に難しい反応の一つであり[3]，クメン法が実現されてからの過去40年の間，ベンゼン転化率5%，フェノール選択性50%の壁を越える触媒は全くなかった。

最近CVD法でCH_3ReO_3をHZSM-5ゼオライトに固定化したRe触媒が，NH_3の存在下，酸

* Mizuki Tada 分子科学研究所 物質分子科学研究領域 准教授

第5章　反応

表1　ゼオライト担持Re触媒を用いたベンゼンと酸素からのフェノール合成[*1]

触　　媒	SiO_2/Al_2O_3	Re wt%	反応速度（TOF）/$10^{-5}s^{-1}$[*2]	フェノール選択性/%[*3]
HZSM-5	19	—	trace	0
Re/HZSM-5[*4]	19	0.58	trace	0
Re/HZSM-5	19	0.58	65.6	87.7
Re/HZSM-5[*5]	19	0.58	51.8	85.6
Re/HZSM-5[*6]	19	2.2	83.8	82.4
Re/HZSM-5	23.8	0.58	36.2	68.0
Re/HZSM-5	39.4	0.59	31.0	48.0
Re/H-Beta	37.1	0.53	18.5	12.0
Re/H-USY	29	0.60	trace	0
Re/H-Mordenite	220	0.55	26.3	23.4

[*1] 553 K, catalyst = 0.20 g；$W/F = 6.7\ g_{cat}h\,mol^{-1}$；$He/O_2/NH_3/benzene = 46.4/12.0/35.0/6.6$（mol%），[*2] Consumed benzene/Re/s, [*3] Phenol selectivity in $C\%$，[*4] In the absence of NH_3，[*5] $W/F = 5.2\ g_{cat}h\,mol^{-1}$，[*6] $W/F = 10.9\ g_{cat}h\,mol^{-1}$；$He/O_2/NH_3/benzene = 46.4/12.0/35.0/6.6$（mol%）

素分子のみを酸化剤として最高転化率9.9%，94%選択性の世界最高の触媒性能でベンゼンをフェノールに直接変換することを見出した[4]。HZSM-5ゼオライトは，細孔直径が5.5Åの3次元的な細孔構造を有する多孔性物質である。結晶格子はSiとOを骨格として構成され，格子中のSiが一部Alに置換されており，電荷補償のためAlと同数のH^+酸点を有する。HZSM-5の酸性度は，他のゼオライト結晶系であるモルデナイトやY型ゼオライトと比べて中程度に相当する。

表1にNH_3存在下でのベンゼンと酸素からのフェノール直接合成反応の定常反応での触媒特性を示した。CVD法によって調製したHZSM-5担持Re-CVD触媒（$SiO_2/Al_2O_3 = 19$）は，NH_3の存在下，最高で5.8%のベンゼン転化率，88%のフェノール選択性でベンゼンを直接フェノールに転換した（表1）。反応の副生成物は，CO_2とN_2だけであり，他の有害な副生成物がない環境にも優しい反応である[4]。

触媒活性とフェノール選択性は，ゼオライト内に含まれるAl酸点の数とゼオライトの種類に顕著に依存し，HZSM-5担持触媒ではAl酸点の数が増加すると触媒活性，フェノール選択性と共に増加した（表1）。一方で，MordeniteやUSY，betaゼオライトを担体とした場合は，同じCVD法で調製された触媒でも，活性，選択性ともに低かった。触媒活性，選択性が，ゼオライト担体の構造と酸性度に顕著に依存していることから，ゼオライト担体の細孔構造と酸点の両方が触媒活性種の形成に大きく影響している。

XAFS（X線吸収微細構造）法を用いた担持Re種の構造解析から，触媒活性を維持するために必要なNH_3が図1（II）のRe_{10}核クラスターを作り出し，これが触媒活性種となってベンゼンと酸素から一段でフェノールを生成することがわかった。活性Re_{10}クラスターは酸化反応の進行と同時に気相酸素と反応して，速やかに不活性構造Reモノマー(I)に至る。定常的にNH_3を供給することによって，再びゼオライト細孔内で活性種Re_{10}クラスターが作り出され，触媒サイクルが進行する[5]。

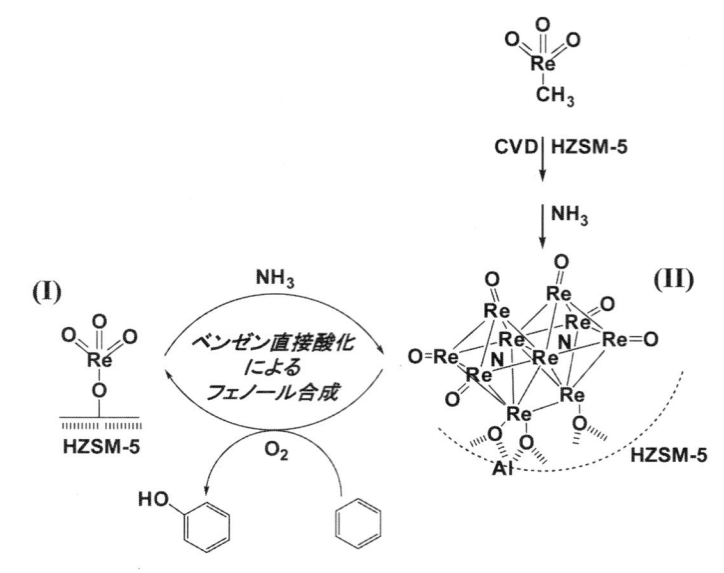

図1 HZSM-5担持Re触媒の構造とフェノール合成反応過程における構造変化

2.3 モレキュラーインプリンティング固定化金属錯体の設計法

　モレキュラーインプリンティング（分子刷り込み）は，鋳型分子の周辺で有機あるいは無機モノマー体を重合させて有機ポリマーや無機マトリックスを作成し，マトリックス形成後に鋳型分子を脱離させることによって，マトリックス内部に鋳型分子と同形状の空間（キャビティー）を持った物質を作成する手法である[6]。古くは1930年代にこの考え方が報告され[7]，1980年代には触媒への応用が開始された[8]。モレキュラーインプリンティングによって作成されたキャビティーは，鋳型分子の形状を記憶した分子サイズの空間であることから，鋳型分子と同形の分子を選択的に取り込み，認識することが期待できるため，分子吸着や分子選別の場としてクロマトグラフィーへの応用が検討されている。しかしながら，触媒反応にモレキュラーインプリンティング法を適用しようとすると，活性点となる金属中心や酸塩基点の上（ごく近傍）に，形状選択的な反応場となるキャビティーを作成しなければならない。

　金属錯体の配位子を鋳型分子としたモレキュラーインプリンティング触媒の調製は，金属中心のごく近傍に配位子の形状を有した反応空間を作成できることから，適当な構造変化によって金属中心に触媒活性を持たせれば，形状選択的な空間を併せ持った金属錯体触媒が設計できる。図2に，表面モレキュラーインプリンティング固定化金属錯体の設計方法を示した。活性点となる金属錯体前駆体を酸化物表面に固定化し，この表面固定化錯体に合成したい分子を模倣した形状を有する鋳型分子を配位させる。金属錯体を固定化した表面にSi(OCH$_3$)$_4$などの重合性化合物を蒸着させ，表面で重合・加水分解することにより，金属錯体が固定化された担体の表面に薄層マトリックスが形成され，結果として，固定化金属錯体の周囲が表面マトリックスで覆われる。

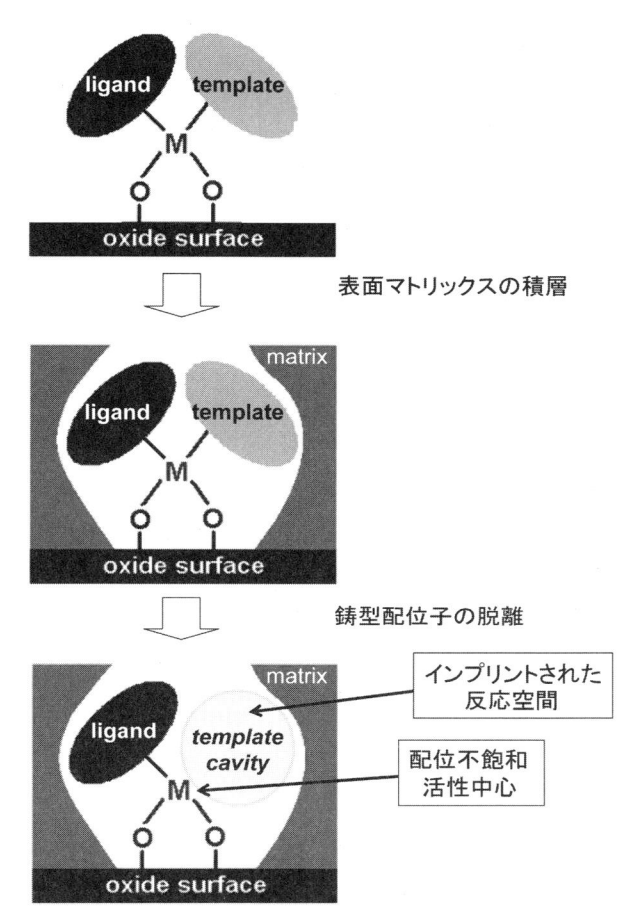

図2 固定化金属錯体の配位子を鋳型分子とした表面モレキュラーインプリンティング触媒の設計法

最後に，適当な条件を探して鋳型配位子を金属中心から選択的に脱離させると，表面上には鋳型配位子が脱離した配位不飽和な金属活性中心と鋳型分子の形状を模倣した反応空間キャビティーが同時形成される。

2核錯体を前駆体として固定化を行えば，単核錯体の時と同様の方法で表面モレキュラーインプリンティング Rh 2核錯体の設計ができる（図3）。一般に，複核構造は水素分子の解離などに活性であり，単核構造と比べて高活性を示すことが多い。$Rh_2Cl_2(CO)_4$ 2核錯体を前駆体として用い，SiO_2 表面に Rh ダイマーを固定化した。固定化前後の配位子 CO の伸縮振動を調べると，Cl 架橋型の2核構造に由来した3つの振動モードがその比を保ったままシフトしていることが FT-IR により確認され，前駆体の Rh ダイマーがその Cl 架橋型ダイマー構造を保ったまま表面に固定化されたことが分かった。この固定化 Rh ダイマーを $P(OCH_3)_3$ と反応させると，2つの単核 Rh-P 錯体に変化する。ダイマーとして表面に固定化したので，2つの Rh モノマーは表面

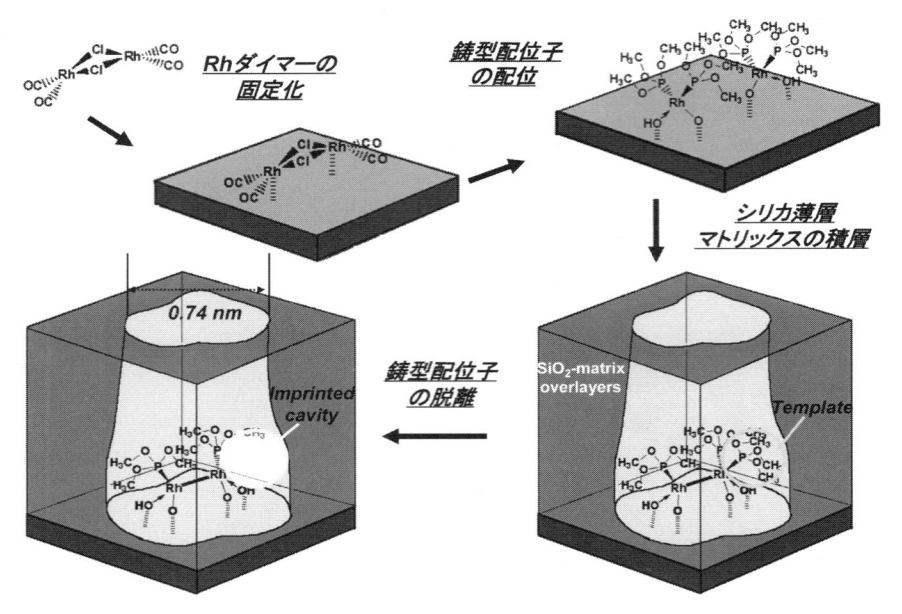

図3 シリカ表面に固定化したRhダイマーのP(OCH$_3$)$_3$配位子を鋳型分子とした表面モレキュラーインプリンティングRhダイマー触媒の調製方法

上で互いにペアになって固定化されているものと考えられる[9]。

この表面にSi(OCH$_3$)$_4$とH$_2$Oを蒸着し，加熱することによってSi(OCH$_3$)$_4$の加水分解を促進させ，表面シリカマトリックスを作成した。最後に加熱排気によりP(OCH$_3$)$_3$鋳型配位子を脱離させると，モレキュラーインプリンティングRhダイマーが得られる。P(OCH$_3$)$_3$の脱離とともに，2つのRhモノマーはその配位不飽和性を補うように2.68 ÅにRh–Rh結合を有したRhダイマーに構造変化した。表面シリカマトリックスの形成後，Rh 3dのXPSの強度が大きく低下したことから，表面の固定化Rh錯体の周辺がシリカマトリックスで覆われ，表面シリカマトリックスの細孔内に配位不飽和Rhダイマーが形成されたことが分かる。

この固定化Rh錯体の構造変化過程における密度汎関数法の理論計算から，シリカマトリックスの積層に伴って，ダイマーを前駆体としたことで形成された隣り合う2つのRhモノマー錯体の4つのP(OCH$_3$)$_3$間の立体反発が増加し，1つのP(OCH$_3$)$_3$が脱離することで，Rh–Rh結合を有した中間体構造が形成されることが示唆された。更に，加熱排気を行うと，表面細孔内で安定に保持されたRhダイマーは，もう1つのP(OCH$_3$)$_3$配位子を脱離してRh$_2$(P(OCH$_3$)$_3$)$_2$ダイマーに変換され，この時テンプレート形状のキャビティーが形成される（図3）。つまり，中間体構造のRh$_2$(P(OCH$_3$)$_3$)$_3$がインプリントされて，Rhダイマーあたり一つのP(OCH$_3$)$_3$配位子に相当するキャビティーが形成されたことになる（図3）。

テンプレート配位子のP(OCH$_3$)$_3$は，3-エチル-2-ペンテンの水素化反応における半水素化中間体（C$_2$H$_5$)$_3$C*と同形であり，モレキュラーインプリンティング触媒は，3-エチル-2-ペンテン

第 5 章　反応

(A)

(TOF $/10^{-3}\,s^{-1}$ グラフ: 2-pentene, 3-methyl-2-pentene, 4-methyl-2-pentene, *3-ethyl-2-pentene*, 4-methyl-2-hexene, 2-octene, 1-phenyl-propene)

(B)

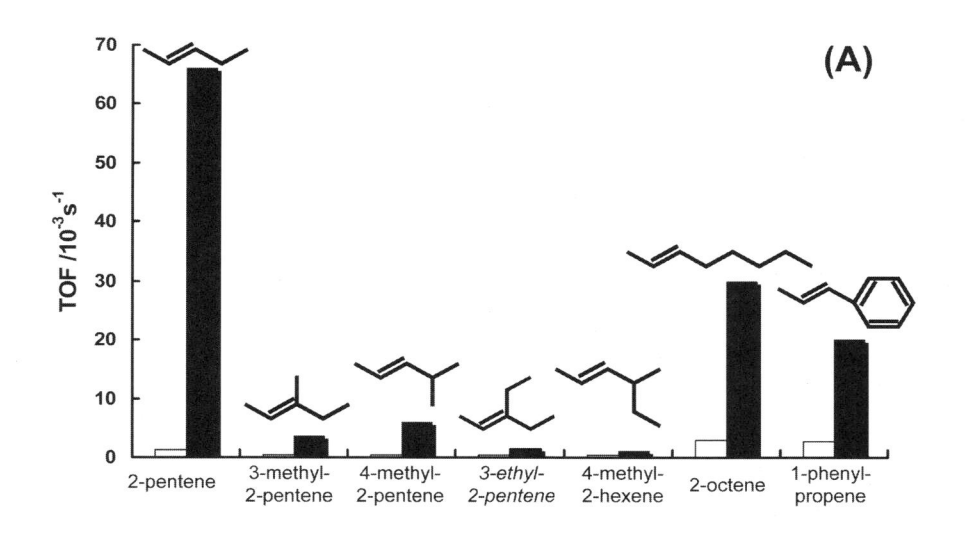

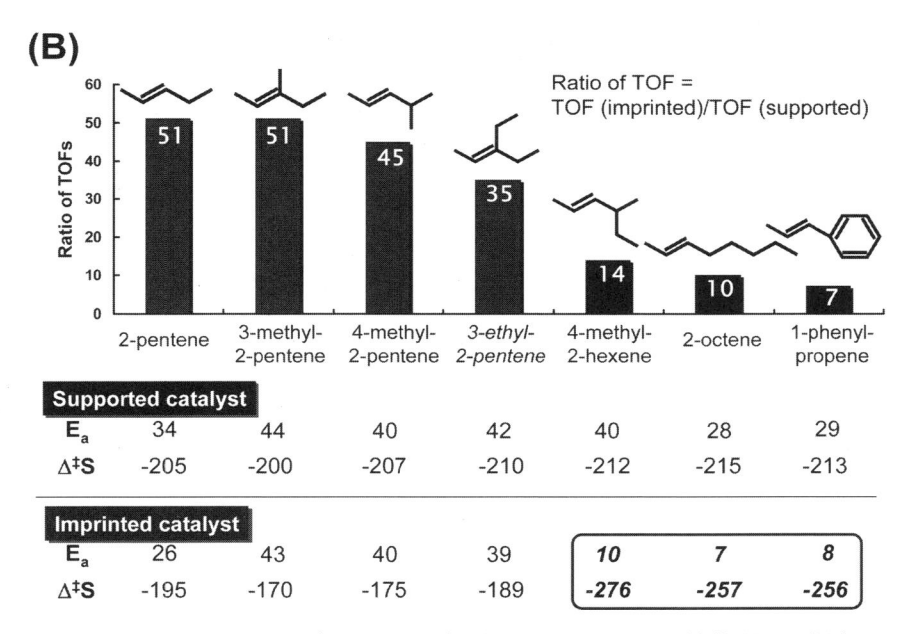

Ratio of TOF = TOF (imprinted)/TOF (supported)

	2-pentene	3-methyl-2-pentene	4-methyl-2-pentene	*3-ethyl-2-pentene*	4-methyl-2-hexene	2-octene	1-phenyl-propene
Ratio of TOFs	51	51	45	35	14	10	7
Supported catalyst							
E_a	34	44	40	42	40	28	29
$\Delta^{\ddagger}S$	-205	-200	-207	-210	-212	-215	-213
Imprinted catalyst							
E_a	26	43	40	39	*10*	*7*	*8*
$\Delta^{\ddagger}S$	-195	-170	-175	-189	*-276*	*-257*	*-256*

図 4　モレキュラーインプリンティング前後での Rh ダイマーの触媒活性，活性化エネルギー，エントロピーの比較

の水素化反応の遷移状態類似の中間体構造がインプリントされたものと見なせる。モレキュラーインプリンティング触媒の触媒特性を検討するために，7つの形状の異なるアルケン分子を反応基質として水素化反応を行った。図 4(A)は，固定化 Rh モノマーペア及びモレキュラーインプリンティング Rh ダイマーの触媒活性である。これらの表面固定化錯体は，溶液中の均一系錯体と異なり，特異な反応特性を示す。前駆体である Rh カルボニルダイマーとこれを固定化した固定化 Rh ダイマーは，アルケン水素化反応に全く活性を示さなかった。一方で，テンプレート配位

211

子を持つ固定化 Rh モノマーペアは 348 K で水素化活性を発現した。

　表面モレキュラーインプリンティング後には，触媒活性の飛躍的な増加が見られ，インプリンティング Rh ダイマーは，Rh モノマーペアと比べて 51 倍も活性が高いことがわかった。活性の増加は，用いた全てのアルケン基質で見られた（図 4(A)）。テンプレート配位子を脱離させた後には，配位不飽和な金属中心が形成されることから，水素やアルケンの活性化が促進され，高い触媒活性をもたらしたと考えられる。更に著しい水素化触媒活性の増大に加えて高い触媒安定性も発現し，モレキュラーインプリンティング触媒は，触媒活性の低下なく再利用が可能であった。一般にこの種の配位不飽和構造は，反応中凝集して分解・失活しやすいが，配位不飽和活性構造は，表面に形成させたシリカマトリックスの細孔内に収まっているため，凝集による失活が抑制され，高い触媒安定性が得られたものと考えられる。

　モレキュラーインプリンティング後には，テンプレート分子の形状に対応した高い立体形状選択性が得られた。モレキュラーインプリンティングによる触媒活性の増加度合（モレキュラーインプリンティング触媒の TOF を固定化触媒の TOF で規格化したもの）を図 4(B)に示した。テンプレート分子の $P(OCH_3)_3$ と半水素化種が同形である 3-エチル-2-ペンテンより小さいアルケン（図 4(B)で黒い部分）では，モレキュラーインプリンティングによる活性増加度が非常に高い。一方，テンプレートから形状のはみ出たアルケン（図 4(B)で白い部分）では活性増加度が低く，前者に比べて水素化反応性が大きく抑制されており，テンプレートの形状に対応した分子選別が得られた。3-エチル-2-ペンテンと 4-メチル-2-ヘキセンを比較すると，両者の違いはメチル基一つ分のみであるが，モレキュラーインプリンティングによる活性増加度は 35 倍と 14 倍で大きく異なっており，モレキュラーインプリンティング触媒がメチル基一つを識別できる高い立体選択能を有していることがわかった。3-メチル-2-ペンテンと 4-メチル-2-ヘキセンの比較からは，アルケン基質のエチル基の位置の違い（分子形状）を識別できていることがわかる[10]。

　活性増加度合の違いだけでなく，モレキュラーインプリンティングにより反応の活性化エネルギー，活性化エントロピーも著しく変化した。固定化 Rh モノマーでは，反応の活性化エネルギーは全てのアルケン基質において 30〜40 kJmol^{-1} 程度であり，これはアルケン水素化反応の典型的な活性化エネルギーに相当する。活性化エントロピーも -210 Jmol^{-1}K^{-1} とアルケン基質間で大きな差は見られない。一方，モレキュラーインプリンティング Rh ダイマーでは，テンプレートと半水素化種が同形である 3-エチル-2-ペンテンを境として，活性化エネルギー，活性化エントロピーの両方が大きく変化している。テンプレートよりも小さいアルケン基質については，インプリンティング前の固定化 Rh モノマーと同等の活性化エネルギー，活性化エントロピーであったが，テンプレートから形状のはみ出たアルケン基質（4-メチル-2-ヘキセン，2-オクテン，1-フェニルプロペン）では，活性化エネルギーが 10 kJmol^{-1} 以下まで低下し，活性化エントロピーも -260 Jmol^{-1}K^{-1} と著しく減少した。これらの結果は，テンプレート形状のインプリンティングキャビティーの形成により，テンプレートよりも形状のはみ出た基質では，水素化反応の律速段階が通常の半水素化過程からアルケンの配位過程へと変化したことを示唆する。

第5章 反応

　一般に官能基を有さない反応基質の立体制御は難しく，メチル基一つを識別できるレベルで目的分子に応じた立体形状選択性を設計する明確な設計方法はほとんど存在しない。この表面固定化錯体のモレキュラーインプリンティングでは，官能基を持たないアルケン基質の反応選択性をメチル基一つのレベルで制御することが可能であり，触媒活性の飛躍的な増大に加えて，触媒反応の律速段階を変化させるほどの顕著な立体形状選択性を発現させることができた。配位不飽和金属活性中心，固定化錯体の配位子，錯体中心への基質分子の配位の方向制御，テンプレート形状の反応空間キャビティー，配位不飽和活性構造を保護する表面シリカマトリックスが互いに相乗作用して，触媒活性サイトの高活性，高選択性，安定性を同時に生み出しているものと考えられる[10]。

文　　献

1) a) Y. Iwasawa, Tailored Metal Catalysts, D. Reidel, Dordrecht (1986); b) F. R. Hartley, Supported Metal Complexes, D. Reidel, Dordrecht (1985); c) Y. Iwasawa, *Adv. Catal.*, **35**, 187 (1987); d) Y. Iwasawa, *Acc. Chem. Res.*, **30**, 103 (1997)
2) M. Tada, Y. Iwasawa, *Chem. Commun.*, 2833 (2006)
3) J. Haggin, *Chem. Eng. News*, **71**, 23 (1993)
4) R. Bal, M. Tada, T. Sasaki, Y. Iwasawa, *Angew. Chem. Int. Ed.*, **45**, 448 (2006)
5) M. Tada, R. Bal, T. Sasaki, Y. Uemura, Y. Inada, S. Tanaka, M. Nomura, Y. Iwasawa, *J. Phys. Chem. C*, **111**, 10095 (2007)
6) K. Mosbach, *Chem. Rev.*, **100**, 2495 (2000)
7) M. W. Poljakow, *J. Phys. Chem.*, **2**, 799 (1931)
8) K. Morihara, S. Kurihara and J. Sasaki, *Bull. Chem. Soc. Jpn.*, **61**, 3991 (1988)
9) M. Tada, T. Sasaki, T. Shido, Y. Iwasawa, *Phys. Chem. Chem. Phys.*, **4**, 5899 (2002)
10) M. Tada, T. Sasaki, Y. Iwasawa, *J. Catal.*, **211**, 496 (2002)

3 白金(Ⅱ)錯体を水素生成触媒とする単一分子光水素発生デバイスの開発

酒井　健*

3.1　はじめに

近年，太陽光エネルギーを化学エネルギーに変換するための研究がますます重要視されている。特に，水を分解して水素ガスと酸素ガスへと変換し，その燃焼エネルギー（$H_2 + \frac{1}{2} O_2 = H_2O + 57.8\,\text{kcal/mol}$）を熱エネルギーまたは電気エネルギーとして利用するための研究が盛んに行われている。その燃焼生成物は水のみであり，二酸化炭素の放出を伴わないクリーンなエネルギー資源であることから，水素エネルギー社会の実現にかかる期待は大きい。その研究対象は，不均一系光触媒と均一系光触媒に大別される。前者は，本多-藤島効果の発見[1]から派生する半導体光触媒の研究分野である[2,3]。後者は，生体系寄りのソフトマテリアルである金属錯体を基盤とした研究分野であり，本研究の対象に他ならない。また，人類は依然生体系に存在する酸素発生酵素（マンガン四核錯体）と水素生成酵素（酵素ヒドロゲナーゼ，鉄二核錯体など）の働きを人工的に再現することに成功しておらず，均一系の錯体触媒に関する研究は依然重視すべき課題と言える。

3.2　トリス(2,2′-ビピリジン)ルテニウム(Ⅱ)を用いた水の可視光分解反応

金属錯体を基盤とした水の可視光分解反応の研究では，トリス(2,2′-ビピリジン)ルテニウム(Ⅱ)（すなわち，$Ru(bpy)_3^{2+}$）を光増感剤として用いる研究が長年注目を集めてきた[4~6]。この色素（赤色化合物）の魅力は，可視光の吸収により比較的長寿命の三重項励起状態を生じ（$\lambda_{max} = 452\,\text{nm}$，$\varepsilon_{452} = 14000\,\text{M}^{-1}\text{cm}^{-1}$；$\tau = 630\,\text{ns}$）[5]，その光化学反応の効率が高いことにある。本来禁制遷移である一重項から三重項への系間交差が比較的容易に起こるのは，重原子であるRu原子の存在に由来する（スピン-軌道相互作用）。さらに注目すべき特徴は，その励起種が関わる酸化還元挙動にある。下図に示すように，励起種$Ru^*(bpy)_3^{2+}$が引き起こす電子移動過程には，酸化的消光と還元的消光がある。

この錯体の酸化還元特性と水の酸化還元電位（pH依存性）の相関を図1に示した。励起種は，

$$Ru(bpy)_3^{2+} \xrightarrow{h\nu} Ru^*(bpy)_3^{2+} \begin{array}{c} \xrightarrow{+A} Ru(bpy)_3^{3+} + A^- \quad \text{酸化的消光}\\ \\ \xrightarrow{+D} Ru(bpy)_3^{+} + D^+ \quad \text{還元的消光} \end{array}$$

---

*　Ken Sakai　九州大学　大学院理学研究院　化学部門　教授

第5章　反応

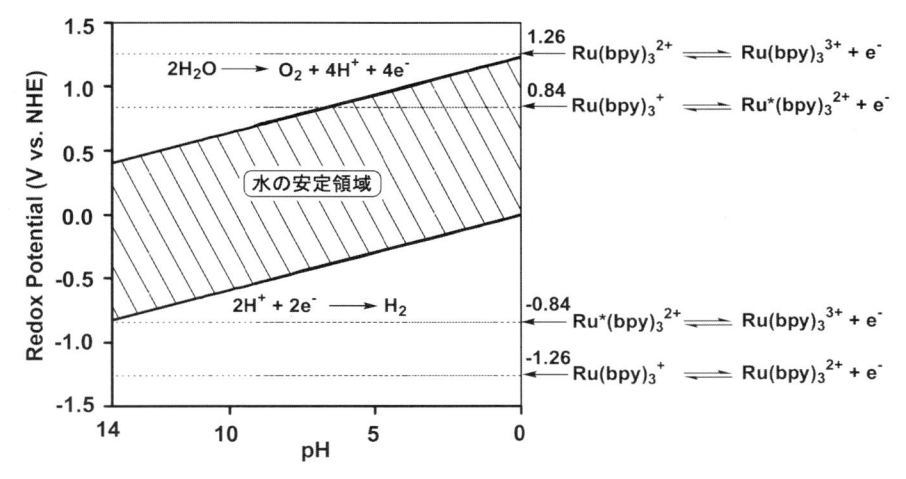

図1　Ru*(bpy)$_3^{2+}$が関わる各種酸化還元過程と水の酸化還元電位の相関
斜線部は水の安定領域であり，その上方と下方はそれぞれ水の酸化と還元が起こる領域である。

中性からアルカリ性の領域（pH＞7）において，水の酸化と還元の両者を駆動するための熱力学的要件を満たすことが分かる。酸化的消光によって生じるRu(bpy)$_3^{3+}$（Ru(Ⅲ)錯体）はさらに強い水の酸化剤として機能し，還元的消光によって生じるRu(bpy)$_3^+$（Ru(Ⅰ)錯体）は逆に強い還元剤として機能することが分かる。また，このダイアグラムより，酸化的消光と還元的消光のいずれが水の分解反応に適しているかも明白である。すなわち，この系は酸素発生に対する反応駆動力が相対的に小さいため，その駆動力をより大きく設定できる酸化的消光を利用することが妥当な選択と言える。その際，中性付近では，いずれの反応に対しても約0.4V程度の反応駆動力を備えていることが分かる。なお，酸素発生触媒の開発は，長年困難な課題とされてきたが[7~13]，Hillらが最近発見したポリオキソメタレートを配位子に有するルテニウム四核錯体はRu(bpy)$_3^{3+}$を酸化剤として水からの酸素発生を駆動できる唯一の分子性触媒として注目を集めている[14]。

図2の光反応系は，酸化的消光を用いる水素発生側の半反応モデルとして著名である[15,16]。この系では，Ru*(bpy)$_3^{2+}$の還元作用をいったん取り出し，電子伝達剤であるメチルビオローゲン（MV^{2+}）に引き渡す。その結果生じるカチオンラジカル（MV$^{+\cdot}$）は，幾分還元能を落とすものの（E(MV^{2+}/MV$^{+\cdot}$) = −0.45 V vs. NHE），適切な触媒の存在下において，水からの水素生成を駆動するに足りる還元能を有する（図1参照）。EDTAは犠牲還元試薬であり，反応系全体としては，EDTAによる水の還元反応を遂行することに他ならない。もちろん，EDTAの酸化反応を水からの酸素発生反応と置き換えることが重要であるが，本節では，以後あえてそれを除外して考えることにする。

3.3　水素生成触媒空間の制御

本研究は，上記光水素発生系において，アミド架橋白金(Ⅱ)二核錯体［Pt$_2$(NH$_3$)$_4$(μ-ami-

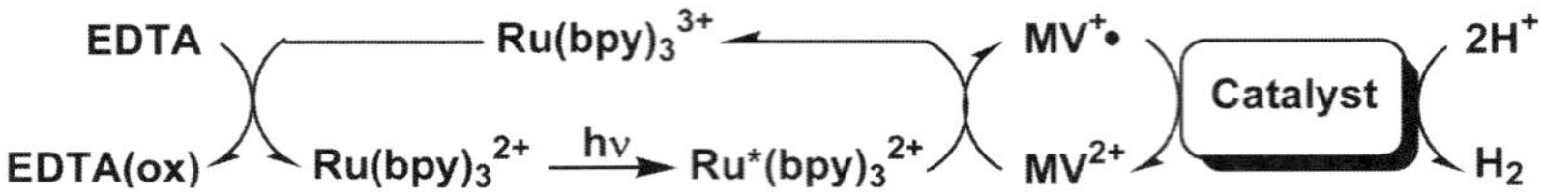

図2 犠牲還元試薬を用いた水素発生側の半反応モデル

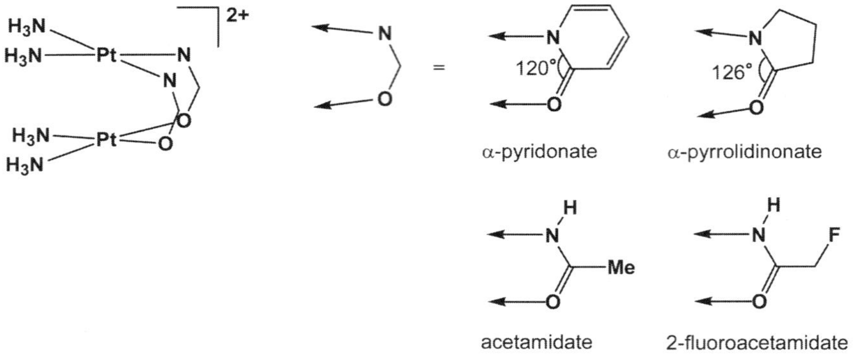

図3 アミド架橋白金（II）二核錯体の構造
図には，アミダト配位子が同一方向を向いて架橋した Head-to-Head 型錯体のみを例示したが，多くの場合，これら二核錯体は溶液中で異性化し Head-to-Tail 型錯体との混合物を与える[22]。

dato$)_2$]$^{2+}$（amidate = α-pyrrolidinonate，α-pyridonate，acetamidate，2-fluoroacetamidate，etc.）（図3参照）が，不均一系白金コロイドには及ばないまでも，比較的高い水素生成触媒活性を有することを見出したことに端を発している[17〜19]。発見当初，アミド架橋白金二核錯体がその二量体である混合原子価鎖状四核錯体，または，その四量体である混合原子価鎖状八核錯体として単離されていたことから，反応活性種の同定にはしばらくの期間を要した。最初の投稿論文（1988年）では，微量に生成しうる白金コロイドが活性種である可能性を否定できないとする理由から，実に一年の審査期間を経て却下とされた。しかし，その論文では，既にそれらアミド架橋白金多核錯体を不活性雰囲気下において水溶液に溶かすだけで水素ガスが発生することを報告していた[18]。その後，混合原子価白金ブルー錯体の溶液内挙動に関する研究を展開し，EDTA存在下における溶存化学種が唯一白金（II）二核錯体であることを明らかにした[19]。さらに興味深いことに，類似の配位子を有する白金（II）単核錯体（[Pt(NH$_3$)$_4$]$^{2+}$，[Pt(bpy)$_2$]$^{2+}$など）について検討したところ，全く活性を示さないことが分かった[20]。また，ピラゾレートで架橋した白金（II）二核錯体 [Pt$_2$(bpy)$_2$(μ-pyrazolato)$_2$]$^{2+}$ は，比較的長い分子内 Pt-Pt 距離（3.23 Å）を有し，水素生成触媒機能を全く示さないことが判明した[20]。これらの実験事実より，Pt-Pt 距離が短い二核錯体ほど高活性であることが示唆された[21]。図4に示すように，アミド架橋白金（II）二核錯体における分子内 Pt(II)-Pt(II) 相互作用は，満たされた d$_{z^2}$ 軌道間の相互作用を与える。その結果生じるのは，HOMO の不安定化に他ならない。すなわち，HOMO の不安定化が活性向上の鍵を握っているのではないかと考えるに至った[20,21]。

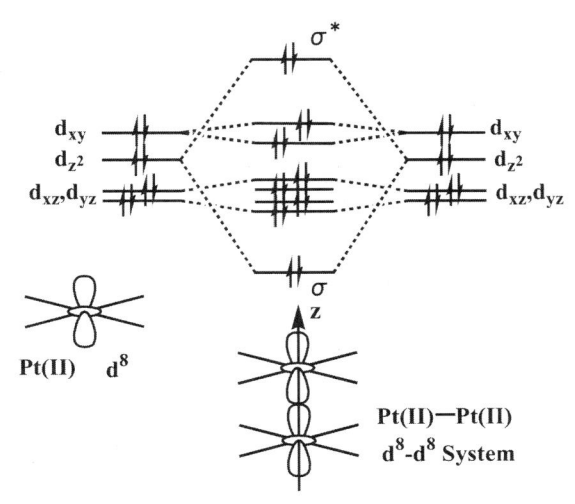

図4 分子内 Pt(Ⅱ)-Pt(Ⅱ)相互作用に基づいて形成される
白金(Ⅱ)二核錯体の分子軌道

　一方，全く活性を示さない［Pt(NH$_3$)$_4$］$^{2+}$やピラゾレート架橋二核錯体においては，強いPt(Ⅱ)-Pt(Ⅱ)相互作用は分子内外で存在せず，付加的なHOMOの不安定化をあまり生じていない。なお，その後の研究により，単核錯体であっても負に帯電したクロロ配位子を有するPtCl$_2$(bipyrimidine)，cis-PtCl$_2$(NH$_3$)$_2$，PtCl$_2$(en)，PtCl$_2$(phenylpyridinato) などが例外的に高い水素生成触媒能を有することを報告している[23,24]。さらに，ごく最近になり，白金(Ⅱ)錯体の水素生成触媒機能を疑問視する報告がなされたが[25]，著者らは，電気化学的に調製したMV$^{+\cdot}$と白金(Ⅱ)錯体の暗所下での反応について詳細な研究を行い，その水素生成触媒機能について改めて実証している[26]。また，［PtCl(terpyridine)］Clが光増感機能と水素生成触媒機能を兼ね備えた単分子光水素発生触媒として機能することも報告している[27]。その他にも多数の錯体に関して触媒活性試験を行ってきたが[20,21]，本節では割愛する。

3.4　白金(Ⅱ)錯体を触媒とする水素生成反応の機構

　アミド架橋白金(Ⅱ)二核錯体が高活性であることは，HOMOが不安定化していること，すなわち，酸化電位が通常の白金(Ⅱ)単核錯体に比べ顕著に低いことからうまく説明することができる。しかしながら，アミド架橋白金(Ⅱ)二核錯体の間で活性を比較した場合，酸化電位と活性の間には明確な相関は見られない[19,20]。例えば，図3で示した5員環アミドと6員環アミドで架橋した白金(Ⅱ)二核錯体は，それぞれ，0.53 及び0.63 V vs. SCE にPt(Ⅱ)$_2$/Pt(Ⅲ)$_2$に対応する2電子一段階の可逆的な酸化還元波を示す[19]。しかし，酸化電位が高い後者6員環アミドで架橋した二核錯体の方がむしろ高い水素生成触媒作用を有する[18,19]。その後の構造学的研究により，6員環アミドで架橋した二核錯体の分子内Pt(Ⅱ)-Pt(Ⅱ)距離（2.88Å）は，5員環アミドで架橋した錯体（分子内のPt(Ⅱ)-Pt(Ⅱ)距離は3.03Å）のそれに比べ顕著に短く，そのことが反応障

壁を下げる役割を果たしていることが示唆された[22]。最も高活性であるアセトアミド架橋白金（Ⅱ）二核錯体は，最低の酸化電位（0.42 V vs. SCE)[19]を有し，分子内のPt–Pt距離（2.88Å，未発表データ）も短い部類であることが確認されている。この結果は，Pt–Pt距離が支配的であるとする仮説[21]に矛盾しない。

配位空間の化学では，水素発生メカニズムの解明を目指し，DFT分子軌道計算による反応初期過程の推定も行った。その結果，真空中におけるPt(Ⅱ)錯体へのプロトン付加反応は約100 kcal/molの安定化を与える酸化的付加反応（Pt(Ⅱ)+H$^+$→Pt(Ⅳ)–H）として理解できることが分かった[28]。しかしながら，水溶液中におけるプロトンの溶媒和安定化エネルギー（約260 kcal/mol[29]）は極めて大きく，水中でのプロトン付加反応は著しく上り坂であり，進行し得ないことが明らかとなった。一方，真空中における原子状水素（H·）の付加反応では，Pt(Ⅲ)–H種（hydridoplatinum(Ⅲ) species）が生成し（Pt(Ⅱ)+H$^+$+e$^-$ → Pt(Ⅲ)–H），約40 kcal/molの安定化を与えることが確認された[29]。原子状水素の水中での溶媒和安定化エネルギーは，プロトンの場合に比べ取るに足らない。従って，Pt(Ⅲ)–H種は反応初期に生成する中間体として最も妥当な候補とみなせる。また，Pt(Ⅱ)錯体の構造学的研究は，Pt(Ⅱ)錯体の軸位の満たされた d_{z^2} 軌道が近傍に存在する解離性水素原子との水素結合（Pt…H–X，X = N，O，etc.；3-centered 4-electron interaction）を好んで形成することを報告している[30]。この事は著者らのDFT計算によっても検証されている。従って，Pt(Ⅱ)錯体は，水溶液中においても，水分子，緩衝剤として添加した酢酸分子（イオン），EDTAなどの酸素原子と相互作用するのではなく，むしろそれらの解離性水素原子とより強く相互作用するものと考えられる。上記計算結果も考慮すると，白金（Ⅱ）錯体に対する電子移動は，PCET（Proton-Coupled Electron Transfer）機構に基づくPt(Ⅲ)–H種の生成を導くことが予想される。それゆえ，Pt(Ⅱ)錯体による水素生成触媒反応では，Pt(Ⅲ)–H種生成時のレドックス特性が反応全体の駆動力に影響を及ぼすとともに，Pt(Ⅲ)–H種生成時の構造変形が小さいものほど電子移動に要する再編成エネルギーは小さく，反応速度の大きな触媒反応経路を提供するものと期待される。この機構を白金（Ⅱ）二核錯体に適用すると，PCETに伴い，Pt(Ⅱ)$_2$種はPt(Ⅱ)Pt(Ⅲ)–H種へと変換され，金属間には結合次数0.5の結合を生じることになる（この機構は二量化した単核錯体にも適用できる）。その際，二核錯体の分子体積は実質的な減少を余儀なくされるであろう。この解釈は，初期状態の分子体積が小さい，すなわち，Pt(Ⅱ)–Pt(Ⅱ)距離が短い二核錯体ほど高活性であるという実験事実をうまく説明している。

3.5 単一分子光水素発生デバイスの構築と電子移動空間の制御

配位空間の化学では，図2の光反応システムに含まれる三つの機能を集約化した「単一分子光水素発生デバイス」の開発を重点テーマとして取り上げた。この研究は，著者らのグループで1990年代初頭に開始したものであり，試行錯誤の末，2002年には史上初のモデル分子の創出に成功した。しかし，その後論文公表に至るまでには，さらに4年を費やした[31]。

第5章　反応

著者らの研究では，電子受容性部位としてのメチルビオローゲン誘導体を導入した三重機能性の光水素発生デバイス（すなわち，光増感サイト，電子受容サイト，及び水素生成触媒サイトの三要素を併せ持つ分子デバイス）に関する研究と並行し，光増感サイトと水素生成触媒サイトを直結した，よりコンパクトなモデル分子の研究も推進してきた。長年の試行錯誤の末，図5の白金ルテニウム二核錯体 **1**（R＝COOH）が，犠牲還元試薬の存在下，可視光を照射することにより，水からの水素生成を駆動する史上初の光水素発生デバイスであることを見出した[31]。

当初，白金(II)錯体部位をアミダト配位子によって架橋した Ru_2Pt_2 四核錯体を合成すれば，より高活性な光水素発生デバイスを創出できると期待した。しかし，そのような四核錯体は全く活性を示さないことも明らかとなった。おそらく，分子内における二つのRuサイト間のエネルギー移動または電子移動による消光が促進されるためと考えられる。RuPt間を繋ぐスペーサー配位子について探索した結果，アルキル基で連結したスペーサーでは，光水素発生触媒作用（以下PHE活性と略す。PHE活性＝Photo-Hydrogen-Evolving Activity）を全く示さず[23,32]，デバイス **1** のスペーサー配位子を逆方向に結合させたモデル分子では，そのPHE活性に劇的な低下が見られた[33]。これらの結果より，白金に配位したbpy配位子のπ*軌道への電子移動消光の度合いがPHE活性を大きく支配することが示された。そこで，図5の置換基RとしてCOOEt及びMeを有するデバイスを合成し，π*軌道エネルギー準位のより精密な制御を試みた[34]。**1**，**2**，**3** の順に，第一還元電位は，－1.20，－123，－1.39 V vs. Fc/Fc^+ と変化した。また，**1**～**3** の発光エネルギーに顕著な差異は認められなかった。従って，図6に示すように，$Ru^*(bpy)_2(phen)^{2+}$ 部位から $Pt(Rbpy)Cl_2$ 部位への電子移動の駆動力は，**1**，**2**，**3** の順で徐々に低下する。特に，**3** においては，顕著な変化が現れると期待される。実際にPHE活性を評価したところ，**3** は全く活性を示さず，**2** は **1** よりも若干低めの活性を示すことが確認された[34]。さらに興味深いことに，これらの活性の高低に関しては，$Ru^*(bpy)_2(phen)^{2+}$ の発光減衰及び過渡吸収スペクトルからも明確な傾向が確認された[28,34,35]。その他多数の関連化合物に関する総合的な研究により，三重項励起状態 $Ru^*(bpy)_2(phen)^{2+}$ がナノ秒領域で観測できないほどすばやく消失するデバイ

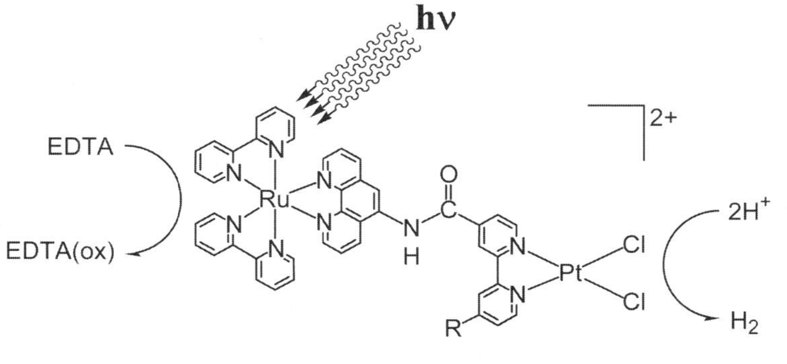

R = COOH (**1**), COOEt (**2**), Me (**3**)

図5　単一分子光水素発生デバイス

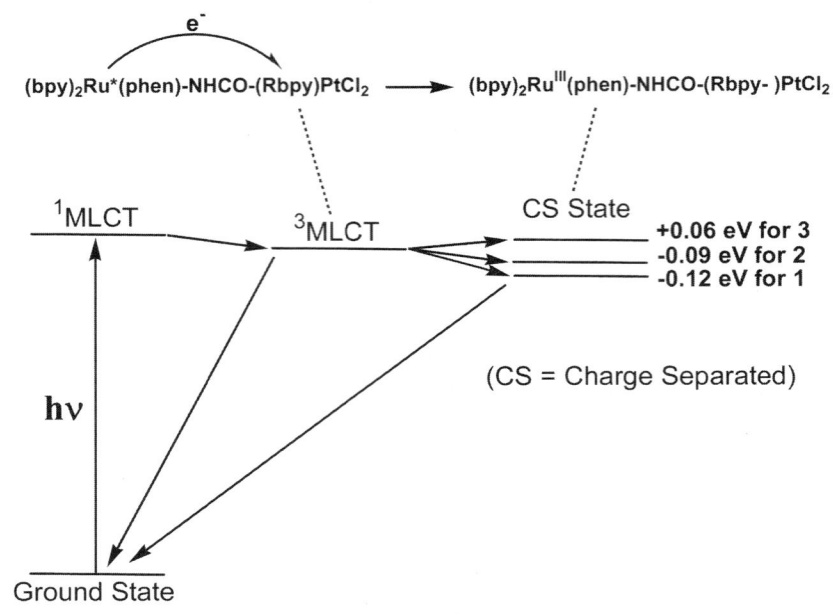

図6 単一分子光水素発生デバイスにおける光誘起電子移動過程
図中に，^{3}MLCT 状態を基準とした各 CS 状態の相対エネルギー（eV）を示した。

スにおいてのみ PHE 活性が発現することを明らかにした。また，ピコ秒領域の発光減衰過程ならびに過渡吸収スペクトルの測定により，1が溶液中で複数のコンホメーションを有し，主として，約 200 ps の時間領域で電荷分離状態へと移行することが確認された[28]。

この他，1については，光水素生成速度の照射光強度，照射光波長，EDTA 濃度，及びデバイス濃度に対する依存性について調べ，メカニズム解明の鍵となる各種の有用な知見を得ることに成功した。水素生成速度は照射光強度に比例することが確認され，一光子励起過程で進行する光反応であることが示された[31]。波長依存性は，$Ru(bpy)_2(phen)^{2+}$ の MLCT 吸収帯と良い相関を示した[31]。水素生成速度が EDTA 濃度について Michaelis-Menten 型の挙動を示したことから，負に帯電した EDTA（実験を行った pH＝5 においては，電荷 2− のものが主成分）と正に帯電したデバイス 1 がイオン対を形成して反応が進行することが示された[35]。EDTA 非添加系において全く水素ガスが生成しないことから，電荷分離状態の形成後，水素生成に先立ち，EDTA から Ru(III) サイトへの電子移動が起こり，水素生成触媒サイトから Ru(III) サイトへの逆電子移動を抑制することが示唆された[35]。他方，照射光が全吸収条件をほぼ満足する条件下においても水素生成速度がデバイス濃度に比例することから，励起状態を経て生成する化学種は，さらにもう一分子の基底状態の分子と相互作用した後，水素ガスを生成することが示唆された[31]。

3.6 まとめ

現在推定される光水素発生デバイスによる水素生成反応の初期過程は図7によって説明される。

第5章　反応

可視光吸収によって生じる三重項励起状態は数百ピコ秒の時間領域で分子内電子移動を起こし，白金に結合したπ*(bpy)軌道上にアニオンラジカル種を生成する。その後（あるいは，先の過程と協奏的に），白金原子と弱く相互作用するプロトン（酢酸分子，EDTAのカルボキシル基，または，水分子に由来）は白金原子方向へ移動し，形式的には2電子を受け取り，白金(III)ヒドリド種を生成する。その間，Ru(bpy)$_2$(phen)$^{2+}$部位とイオン対相互作用を形成しているEDTAの窒素ドナーからRu(III)への電子移動が起こり，水素生成触媒部へ移動した電子の逆電子移動は禁止されるものと考えられる。

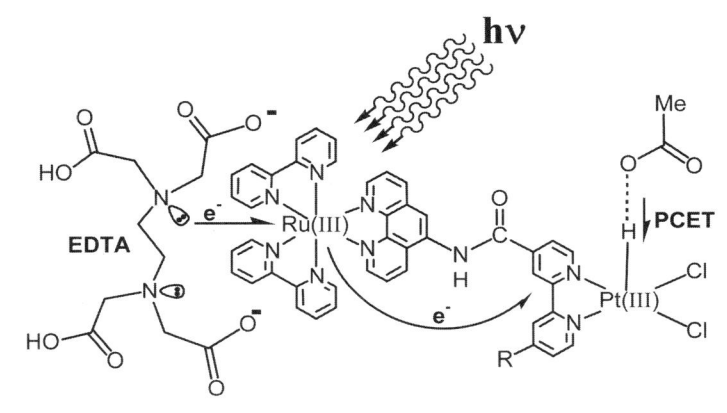

図7　光水素発生デバイスによる水素生成機構の概念図

その後水素発生に至る具体的な経路については依然未解明な点を残している。また，今後このような分子システムを実用化に向けて一層発展させるためには，反応効率の改善，光安定性の向上，白金などの貴金属を使用しない触媒サイトの再構築[36]などが必要となるであろう。本研究で得られた知見が，そのような光触媒システムを構築する上で重要な道標となることを期待したい。

文　献

1) A. Fujishima, K. Honda, *Nature*, **238**, 37-38（1972）
2) K. Maeda, K. Domen, *J. Phys. Chem.*, **C 111**, 7851-7861（2007）
3) A. Kudo, Y. Miseki, *Chem. Soc. Rev.*, **38**, 253-278（2009）
4) K. Kalyanasundaram, *Coord. Chem. Rev.*, **46**, 159-244（1982）
5) A. Juris, B. Valzani, F. Barigelletti, S. Campagna, P. Belser, A. V. Zelewsky, *Coord. Chem. Rev.*, **84**, 85-277（1988）
6) Ed. G. Wilkinson, *Comprehensive Coordination Chemistry, Vol. 6 Applications, 61.5 Decomposition of Water into its Elements*, D. J. Cole-Hamilton, D. W. Bruce（p. 487-540），Pergamon Press（1987）

7) S. W. Gersten, G. J. Samuels, T. J. Meyer, *J. Am. Chem. Soc.*, **104**, 4029-4030 (1982)
8) J. Limburg, J. S. Vrettos, L. M. Liable-Sands, A. L. Rheingold, R. H. Crabtree, G. W. Brudvig, *Science*, **283**, 1524-1527 (1999)
9) T. Wada, K. Tsuge, K. Tanaka, *Angew. Chem. Int. Ed.*, **39**, 1479-1482 (2000)
10) C. Sens, I. Romero, M. Rodriguez, A. Llobet, T. Parella, J. Benet-Buchholz, *J. Am. Chem. Soc.*, **126**, 7798-7799 (2004)
11) Y. Shimazaki, T. Nagano, H. Takesue, B. -H. Ye, F. Tani, Y. Naruta, *Angew. Chem. Int. Ed.*, **43**, 98-100 (2004)
12) R. Zong, R. P. Thummel, *J. Am. Chem. Soc.*, **127**, 12802-12803 (2005)
13) S. Masaoka, K. Sakai, *Chem. Lett.*, **38**, 182-183 (2009)
14) Y. V. Geletii, B. Botar, P. Kögerler, D. A. Hillsheim, D. G. Musaev, C. L. Hill, *Angew. Chem. Int. Ed.*, **47**, 3896-3899 (2008)
15) M. Kirch, J. -M. Lehn and J. -P. Sauvage, *Helv. Chim. Acta*, **62**,1345-1384 (1979)
16) E. Borgarello, J. Kiwi, E. Pelizzetti, M. Visca and M. Grätzel, *J. Am. Chem. Soc.*, **103**, 6324-6329 (1981)
17) K. Sakai, K. Matsumoto, *J. Coord. Chem.*, **18**, 169-172 (1988)
18) K. Sakai, K. Matsumoto, *J. Mol. Catal.*, **62**, 1-14 (1990)
19) K. Sakai, Y. Kizaki, T. Tsubomura, K. Matsumoto, *J. Mol. Catal.*, **79**, 141-152 (1993)
20) K. Sakai, Ph. D. Dissertation, Waseda University (1993)
21) K. Sakai and H. Ozawa, *Coord. Chem. Rev.*, **251**, 2753-2766 (2007)
22) K. Sakai, Y. Tanaka, Y. Tsuchiya, K. Hirata, T. Tsubomura, S. Iijima, A. Bhattacharjee, *J. Am. Chem. Soc.*, **120**, 8366-8379 (1998)
23) H. Ozawa, Y. Yokoyama, M. Haga, K. Sakai, *Dalton Trans.*, 1197-1206 (2007)
24) M. Kobayashi, S. Masaoka, K. Sakai, *Photochem. Photobiol. Sci.*, **8**, 196-203 (2009)
25) P. Du, J. Schneider, F. Li, W. Zhao, U. Patel, F. N. Castellano, R. Eisenberg, *J. Am. Chem. Soc.*, **130**, 5056-5058 (2008)
26) K. Yamauchi, S. Masaoka, K. Sakai, *J. Am. Chem. Soc.*, **131**, 8404-8406 (2009)
27) R. Okazaki, S. Masaoka, K. Sakai, *Dalton Trans.*, in press (2009) (DOI：10.1039/b 905610 f)
28) B. Balan, H. Ozawa, T. Katayama, Y. Nagasawa, H. Miyasaka, S. Masaoka, K. Sakai, manuscript in preparation.
29) C. Lim, D. Bashford, M. Karplus, *J. Phys. Chem.*, **95**, 5610-5620 (1991)
30) L. Brammer, D. Zhao, F. T. Ladipo, J. Branddock-Wilking, *Acta Crystallogr.*, **B 51**, 632-640 (1995)
31) H. Ozawa, M. Haga, K. Sakai, *J. Am. Chem. Soc.*, **128**, 4926-4927 (2006)
32) K. Sakai, H. Ozawa, H. Yamada, T. Tsubomura, M. Hara, A. Higuchi, M. Haga, *Dalton Trans.*, 3300-3305 (2006)
33) H. Ozawa, K. Sakai, *Chem. Lett.*, **36**, 920-921 (2007)
34) Y. Mukawa, S. Masaoka, K. Sakai, manuscript in preparation.
35) H. Ozawa, B. Balan, M. Kobayashi, S. Masaoka, K. Sakai, submitted.
36) T. Yamaguchi, S. Masaoka, K. Sakai, *Chem. Lett.*, **38**, 434-435 (2009)

第6章　表面

1　錯体多次元集合界面

西森慶彦[*1], 西原　寛[*2]

1.1　固体表面修飾

修飾固体表面は，固体そのものとも修飾分子とも異なった物性を得られるため新規な機能性材料を開発する対象として注目されている。これまで固体表面上に Langmuir-Blodgett 膜[1]，polymer film deposition[2]，電解重合膜[3]，そして自己集合化単分子膜（self-assembled monolayers (SAM)）[4]といった数々の方法で作製された膜の研究がおこなわれている。近年は特に，金属や酸化物基板上への SAM に注目が集まっており，その理由としては SAM が表面と活性分子との化学結合生成反応を利用することで，基板を溶液に浸漬するという簡便な方法により自発的に規則的かつ密なパッキング構造をとるという特長を持つためである。その特長を利用し，SAM を形成させる分子に機能性の官能基を導入することで SAM に機能を発現させることが可能となり，SAM は分子電子素子や分子センサーをトップダウン方式ではなくボトムアップ的手法により開発する有用な手法であると期待されている[5]。SAM が形成される表面と分子との代表的な組み合わせとしては，金とチオール，ITO（Indium Tin Oxide）とカルボン酸やリン酸，水素終端化シリコンとオレフィンなどがあり，これらの中で特に金表面とチオール分子との組み合わせは，金が入手しやすいうえに空気中の酸素をはじめとする多くの物質と反応しにくい，そして Au-S 結合が強固（167 kJ/mol）[6]であることから多くの研究が行われている。また，パラジウムや亜鉛，ニッケルといった金属とチオール，あるいは金とアルキンやセレンといったこれまで知られていなかった金属と官能基の組み合わせについての研究も数多く報告されている[7]。

1.2　自己組織化多積層膜

SAM は，固体表面と活性分子との直接の結合を利用して作製される膜であるため，単分子膜である。そのため，これまでの SAM を用いた研究のほとんどは単分子膜の研究にとどまっていた。しかしながら，近年 SAM をテンプレートとして用いて基板表面上に多積層膜を作製する手法が開発されてきた（図1）。その多積層化の手法としては，有機合成反応的手法[8]，静電相互作用を利用した手法[9]，配位結合を利用した手法があり，特に配位結合を利用した手法では配位子と金属イオンの組み合わせをチューニングすることで望みの電気化学的性質，磁気的性質，光学的性質，触媒作用といった物性を持った金属錯体を得ることが可能となり，デザインされた多積

[*1] Yoshihiko Nishimori　東京大学　大学院理学系研究科　化学専攻　博士課程3年
[*2] Hiroshi Nishihara　東京大学　大学院理学系研究科　化学専攻　教授

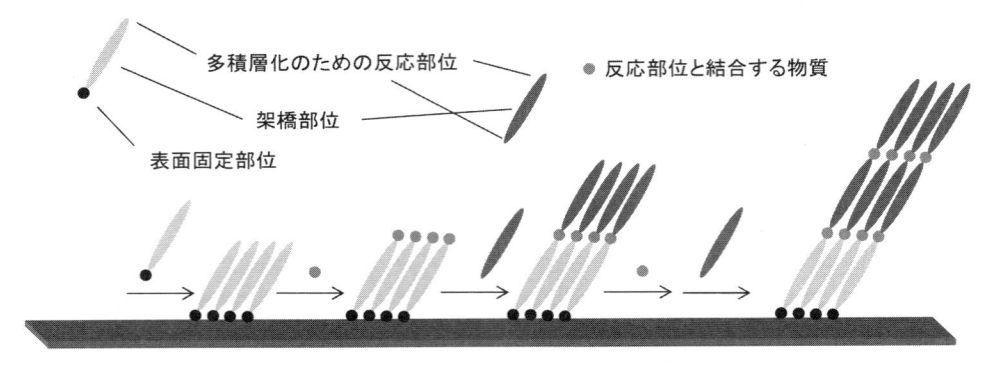

図1 SAMを用いた多積層化の概念図

層化により高度な機能化が期待される。

　末端に反応活性な官能基を持たせた単分子膜はlayer-by-layerの構造成長を用いることで，配位高分子や共有結合による超分子構造に拡張することが可能となり，規則構造を形成したことに由来する新たな物性の発現が期待される。その一例として酸化還元活性な官能基をもつように膜の多積層化を行うと直接表面と結合したSAMの規則配列を反映し，酸化還元活性基を規則配列させることが可能となる。そういった酸化還元活性基を規則配列させた膜では，従来の酸化還元活性基をランダムに配置した高分子膜とは異なった電子移動特性が期待される。このようなボトムアップによる表面上への多積層膜形成とその物性に関する近年の研究を紹介する。

1.3　逐次的錯形成反応による多積層膜

　多くのボトムアップ法による錯体積層膜の作製には，次のような手順が用いられる。SAMの手法を用いて，それぞれの末端に表面固定のための官能基と多積層化のための配位部位をもった分子を表面に固定する。次に金属イオンの溶液に浸して金属イオンを結合し，その後，二つ以上の配位部位を持った架橋配位子溶液に浸す。さらに金属イオンの溶液と架橋配位子溶液に繰り返し浸すことにより，任意の積層数で錯体を表面上に集積することができる。この手法の利点としては，一つの錯体集合体中の望みの位置に異種金属イオンや異種架橋配位子を容易に組み込めることが挙げられる。以下に逐次的錯形成反応による多積層膜の報告を紹介する（表1）。

　AltmanらはシリコンΩ基板上やITO上，およびガラス基板上に配位結合を利用した逐次的錯形成反応による多積層膜の報告を行った[10]。彼らは，シロキサン（siloxane）とピリジンをπ共役した剛直な架橋部位により連結した分子の溶液に浸漬することで基板表面にシロキサン部位を結合させた。その後，パラジウムコロイドあるいはジベンゾニトリルジクロロパラジウム（$PdCl_2(PhCN)_2$）の溶液と両末端にピリジンが導入された架橋配位子の溶液に浸漬を繰り返すことで，ピリジル基がパラジウムに対してトランスに配位し，一直線状に伸びた構造が13層にわたって生成した。それらの膜は，紫外可視吸収スペクトル測定により吸光度が積層数に比例して増加していることが確認され，分光エリプソメトリー，X線反射率法（XRR）といった測定で

第6章　表面

表1　配位結合を利用したボトムアップ合成の例

Substrate	Surface fix molecule	Metal ion	Bridging ligand	Ref.
glass ITO, Si		Pd^{2+}		10)
Au				11)
Au		Zr^{4+}		12)
Sapphire (0001) glass		Cu^{2+}		13)
Au		Ti^{4+}, Ir^{4+}, Pt^{4+} W^{4+}, Rh^{3+}, Ti^{3+} Ir^{3+}, Ru^{3+}, Sn^{4+} Zr^{4+}, Cu^{2+}		14)

膜厚評価を，原子間力顕微鏡（AFM），水に対する接触角測定によって膜表面の均一性の評価を行った。

　阿部らは，金表面上にルテニウムの三核クラスターの電気化学を利用した layer-by-layer 積層の報告を行った[11]。積層段階にはルテニウムクラスターに一酸化炭素（CO）が配位しているが，ルテニウムの三核錯体を $Ru^{II}Ru^{III}Ru^{III}$ から $Ru^{III}Ru^{III}Ru^{III}$ に電解酸化させることによりルテニウム三核錯体から CO を脱離させ，H_2O 配位錯体に容易に変換させることができる。これにより $Ru^{II}Ru^{III}Ru^{III}/Ru^{III}Ru^{III}Ru^{III}$ の酸化還元電位が 0.7 V という大きな変化を見せると共に，容易に配位子交換反応を起こせるようになり 4,4′-ビピリジンをもったルテニウム三核錯体の溶液に浸すことにより積層を繰り返すことができる。実際に電解酸化と浸漬を繰り返すことでルテニウム 3 核錯体を 5 層まで積層したことを確認している。サイクリックボルタンメトリー（CV）による酸化還元電流の大きさから被覆量の評価を，表面の FT-IRRAS（Fourier transform infrared reflection absorption spectroscopy）測定により膜の組成の評価を行った。

　Wanunu らは，金表面上に樹状錯体からなる多積層膜を報告した[12]。彼らはまずアンカー分子の SAM で金表面を覆ったのちに，Zr(IV) イオンと C_3-対称であり 3 か所のビスヘキサヒドロキシメート（bis-hexahydroxamate）を持つ配位子を用い，多積層膜の作製を行った。膜の解析及び多積層化の確認は，エリプソメトリー，接触角測定，AFM 測定を用いて行った。彼らは，

アンカー分子をオクタンチオールと混合SAMとすることで低密度に表面に固定し，AFM測定によって錯形成の回数に従った錯体の成長を観測した。その結果，測定により得られた10層までの錯体の高さは分子モデル計算と合致し，金表面上で望みどおりの形状の錯体の作製が確認された。

金井塚らは，超平坦サファイア表面（0001），およびガラス上に逐次的に結晶構造を有した配位高分子の構築に成功したと発表した[13]。彼らはアンカーとしてアミノプロピルトリメトキシシラン（aminopropyltrimethoxysilane）を用い，Cu(Ⅱ)イオンとジチオオキサミド（dithiooxamide）配位子に繰り返し浸すことにより多積層化を行った。多積層化は，紫外可視吸収スペクトル測定によって確認された。作製された多積層膜のX線回折（XRD）により周期構造が確認され，表面上に結晶構造を持った多積層膜が作製されていることが明らかとなった。

Kosbarらは，金表面上に各種遷移金属―テルピリジン錯体の自己組織化多積層膜の可否について報告した[14]。彼らは，27種の金属イオンに関して検証を行い，Ti(Ⅳ)，Ir(Ⅳ)，Pt(Ⅳ)，W(Ⅳ)，Rh(Ⅲ)，Ti(Ⅲ)，Ir(Ⅲ)，Ru(Ⅲ)，Sn(Ⅳ)，Zr(Ⅳ)，Cu(Ⅱ)に関して自己組織化多積層膜を作製が可能であり，イオン半径が66から73 pmであることが多積層化に必要な条件であることを見出した。膜の評価は紫外可視吸収スペクトル測定，エリプソメトリー，AFMを用いた。

1.4 機能化を目指した研究

近年，錯体多積層膜を作製するだけにとどまらず，その機能に関する報告もなされてきている。Driscollらは，金表面上に2,6-ジカルボキシピリジン（2,6-dicarboxypyridine）配位子とCu(Ⅱ)，Co(Ⅱ)，Fe(Ⅲ)といった金属イオンを用い，光活性部位としてピレン（pyrene）を持った多積層膜を作製し，その光応答性を検討した[15]。膜の評価は，接触角測定，入射角可変IR測定，サイクリックボルタンメトリー，インピーダンス測定により行った。メチルビオローゲン（methyl viologen）を犠牲試薬として光を照射するとカソード光電流が観測され，それぞれの金属イオンで光電流の大きさを比較するとCu(Ⅱ)で架橋した場合が最も光電流が大きくなった。またトリエタノールアミン（triethanolamine）を犠牲試薬とした場合にはアノード光電流が観測され，Fe(Ⅲ)で架橋した場合が最も光電流が大きくなったと報告した。

筆者らは，剛直なπ共役部位で架橋した同種および異種金属イオンからなるビステルピリジン錯体多積層膜の報告を行った（図2）[16]。その手法は，まずAu/micaまたはAu/ITOをtpy-AB-S-S-AB-tpyの溶液に浸漬することでAu-S-AB-tpyのSAMを作製し，次にFe(Ⅱ)あるいはCo(Ⅱ)の溶液に浸し，その後π共役テルピリジン架橋配位子に浸すことにより行った。Fe(Ⅱ)を用いる場合は，あとの二つの操作を繰り返すことにより多積層化を行った。Co(Ⅱ)の場合は，Kosbarらの報告にあるように，そのまま手順を繰り返すだけでは多積層化はできない。多積層化を行うためには，まず表面にビステルピリジンコバルト錯体を作製したのちに電気化学的にCo(Ⅱ)からCo(Ⅲ)に酸化させ，あとの二つの操作を行うことで多積層化が可能とな

第6章 表面

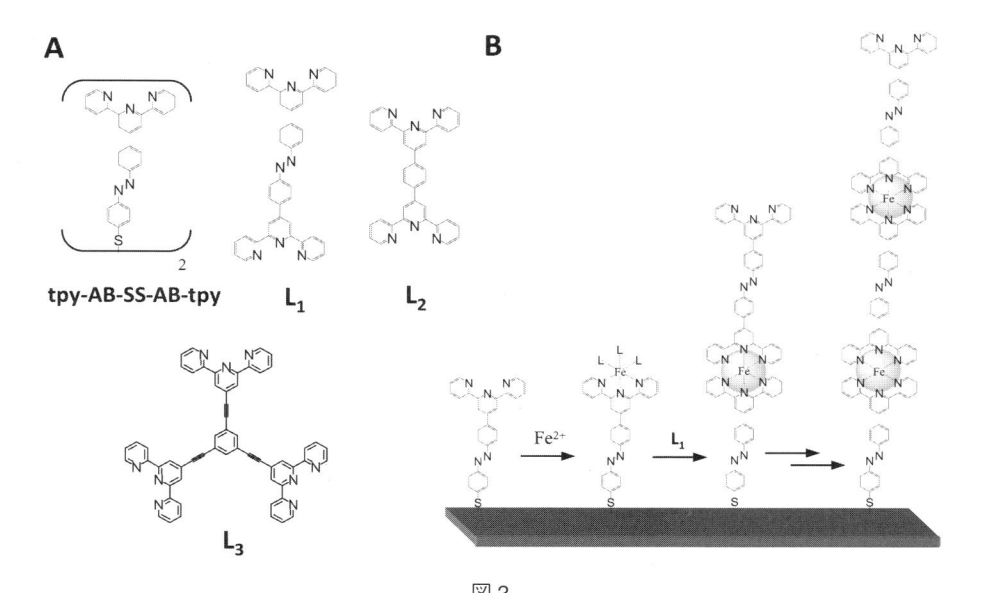

図2
A：用いた配位子の構造式，B：逐次的錯形成法による分子ワイヤー作製法

る。膜の評価は，紫外可視吸収スペクトル測定，およびCVにより行った。具体的には，紫外可視吸収スペクトルについては，ビステルピリジン鉄錯体［nFeL$_1$］のMLCT遷移に由来する592 nmの吸収強度が積層数nに比例して増加していること，ジクロロメタン中でのCV測定ではFe(tpy)$_2^{3+}$/Fe(tpy)$_2^{2+}$に帰属される0.67 V（vs. Fc$^+$/Fc）のアノードピーク電流面積がnと比例関係にあった。CVのアノード電流面積より算出されるFe(tpy)$_2$の電極表面被覆量は，1層あたり［nFeL$_1$］は$1.4×10^{-10}$molcm^{-2}，［nFeL$_2$］は$1.3×10^{-10}$molcm^{-2}でありFe(tpy)$_2$錯体の大きさから予想される被覆量$1.6×10^{-10}$molcm^{-2}に近い値であり，溶媒分子やカウンターイオンの影響を考慮すると錯体多積層膜は密にパッキングしている。以上から［nFeL$_1$］および［nFeL$_2$］は表面上で定量的な積層がなされていると明らかになった。［nCoL$_1$］に関しても同様に紫外可視吸収スペクトル測定，およびCVにより定量的な積層の確認をした。さらに［47 CoL$_1$］の断面SEM測定を行うと錯体膜の厚みがおよそ100 nmであり，1層分の厚みが2 nmであることからも定量的錯形成を支持している。

　筆者らは，直線状の錯体ワイヤーだけでなく枝わかれを持つ架橋配位子1,3,5-C$_6$H$_3$(C≡C-tpy)$_3$，L$_3$を用いた表面多積層膜を報告した[17]。枝分かれ配位子を用いた表面上錯形成反応では反応が完全に進むと1層目の表面被覆量を1とすると2^n-1の関係でFe(tpy)$_2$の被覆量が増加する。実際，表面被覆量は$n=4$まで2^n-1に従い，それ以降は分子モデリングにより予想された通りに錯体分子内および錯体分子間の立体反発のため増加が抑えられた。また枝分かれ配位子を用いて表面多積層膜を作製した場合には，直線状の錯体ワイヤーと異なった立体構造の錯体が作製されると考えられる。筆者らは，金表面をチオフェノールで覆った後tpy-AB-S-S-AB-tpy

とのチオール交換反応によりリンカー配位子 S-AB-tpy を低密度で表面に固定し，[1 FeL$_2$ nFeL$_3$]（n = 2〜5）の膜を作製した．それらの膜の STM 測定により，それぞれ分子モデルにより予想される大きさのドットが観測された．

逐次的錯形成反応を用いることで異種金属錯体を望み通りの順番に連結したワイヤーを容易に作製することが可能である．筆者らは，この手法を用いて［10 CoL$_1$ 5 FeL$_1$］やコバルト錯体とルテニウム錯体を連結した異種金属錯体からなる錯体ワイヤーの報告をした（図3)[18]．

錯体からなるワイヤーの電子移動機構の解明は分子電子素子を目指すにあたって重要である．従来のランダム配列した酸化還元活性高分子膜では，ポテンシャルステップクロノアンペロメトリー測定（PSCA）により Cottrell の式

$$i(t) = mFAC(D_{app}/\pi t)^{1/2}$$

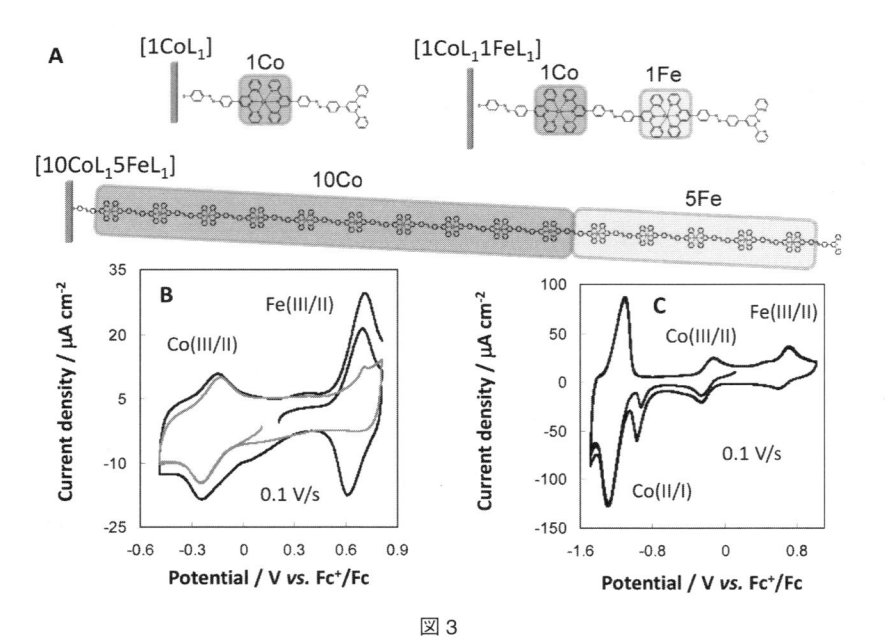

（m は反応にかかわる電子数，F はファラデー定数，A は電極の面積，C は膜中の酸化還元活性種の濃度，D_{app} は観測される拡散定数）に従った i–t 特性が観測される[19]．それに対し筆者らの作製した［nFeL$_2$］および［nFeL$_3$］の膜では，PSCA で電流がほぼ一定になる時間領域が存在し，従来のランダム配向の膜とは異なった電子移動特性が観測された．電子移動が錯体ワイヤー内で起こると仮定すると，直線状ワイヤー［nFeL$_2$］と枝分かれワイヤー［nFeL$_3$］のクロノアンペログラムを数値的に解析できることから，これらの錯体分子ワイヤーは分子内で電子移動が起こることが示された（図4）．

図 3
A：分子ワイヤーの構造式，B：［1 CoL$_1$］(gray) と［1 CoL$_1$ 1 FeL$_1$］(black) および (C)［10 CoL$_1$ 5 FeL$_1$］の CV

第6章　表面

　分子ワイヤーの電子輸送特性を評価する指標の一つとして電子移動速度の減衰定数：βがある。βは，

$$k = k_0 \exp(-\beta x)$$

（kは観測される電子移動速度，xはドナー・アクセプター間の距離が0の時の速度，k_0は，$x=0$の時の速度）であらわされ，βが小さいほど遠距離まで速度を落とさずに電子を輸送することが可能な分子ワイヤーであるといえる。これまでアルキル鎖，π共役鎖，DNA，ポリペプチドなど様々な分子ワイヤーのβが報告されており，アルキル鎖ではおよそ1，DNAでは塩基配列に大きく依存し，0.1から1.4といった値である[20]。近年は，オリゴフェニレンビニレン架橋のβが0.01と報告されるなど0.01前後の小さい値の報告がいくつかなされている[21]。筆者らは，両末端にテルピリジン部位を持つ各種架橋配位子を用い，中心金属イオンとして鉄イオンを持ち，末端に酸化還元活性基としてフェロセン，あるいはビステルピリジンコバルト錯体を持つ分子ワ

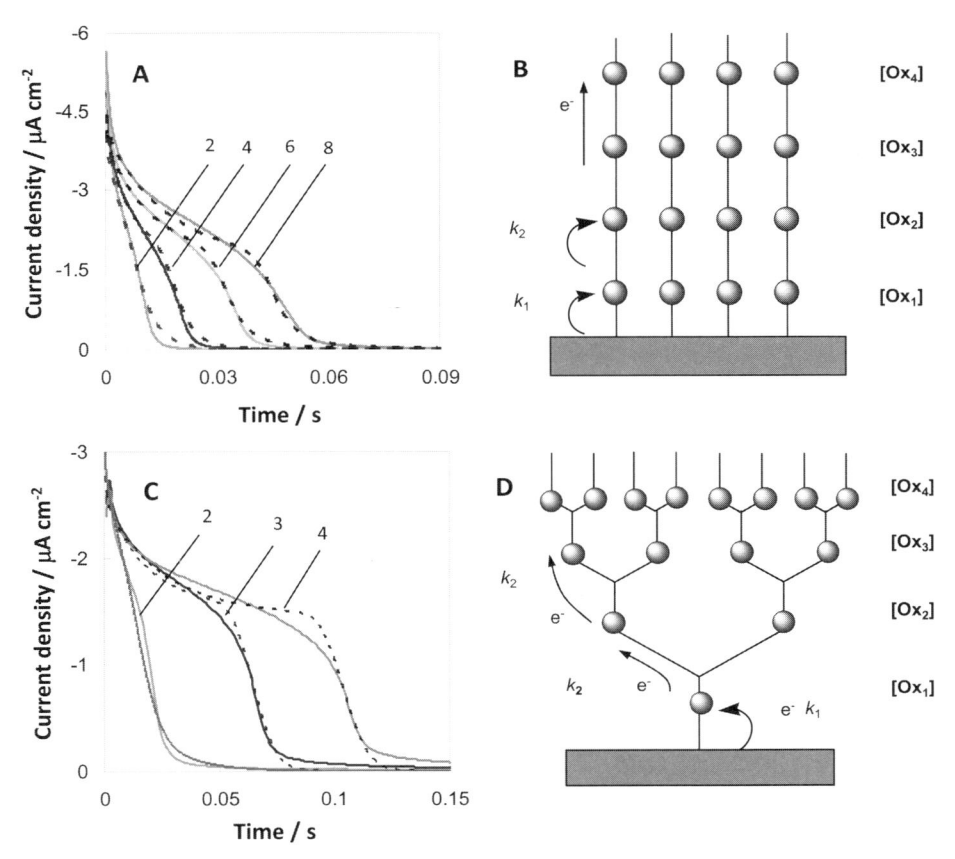

図4　クロノアンペログラム（実線）とその数値的シミュレーション（破線）
A：$[n\text{FeL}_2]$ ($n=2, 4, 6, 8$)，C：$[n\text{FeL}_3]$ ($n=2, 3, 4$) 及び，分子ワイヤー内電子移動の概念図，
B：$[n\text{FeL}_2]$，D：$[n\text{FeL}_3]$

Combination	β
[nFeL$_1$1CoL$_1$]	0.012 ± 0.001
[nFeL$_2$1FeT$_1$]	0.015 ± 0.007
[nFeL$_3$1FeT$_1$]	0.07 ± 0.02
[nFeL$_4$1FeT$_2$]	0.008 ± 0.006
[nFeL$_5$1FeT$_1$]	0.031 ± 0.008
[nCoL$_1$1FeL$_1$]	0.002 ± 0.001
[nCoL$_2$1FeL$_2$]	0.004 ± 0.002

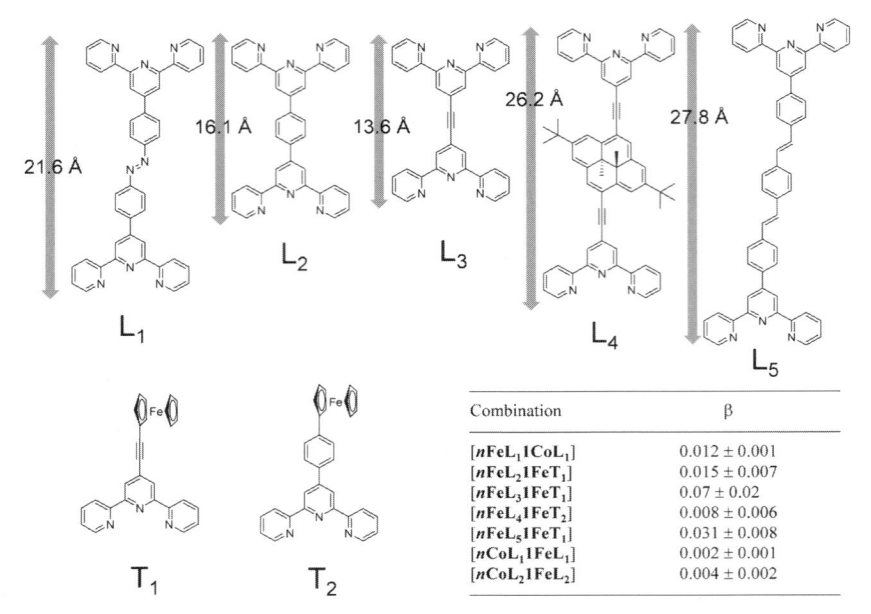

図5　用いた配位子の構造式及びβの値

イヤーと，中心金属としてコバルトイオンを持ち末端にフェロセン，あるいはビステルピリジン鉄錯体を持った分子ワイヤーをそれぞれ作製した[22]。それらのワイヤー中の錯体数を変化させることで末端基と電極間の距離を変化させ，ジクロロメタン中で電子移動速度を観測することでβはビステルピリジン鉄錯体の場合に0.008〜0.07であり，ビステルピリジンコバルト錯体の場合には0.002〜0.004であると算出された（図5）。

これらは現在報告されている値の中でも小さい値であることから，それぞれの分子ワイヤーはともに高い長距離電子輸送特性を持ち，特にコバルト錯体ワイヤーの場合に優れた特性を持つことが明らかとなった。Tuccittoらは，筆者らと同様のテルピリジン錯体を連結したワイヤーの空気中での長距離電子輸送特性を検討した[23]。Fe(II)およびCo(II)のβは，それぞれ0.028と0.001という値を報告しており測定条件が異なってはいるが筆者らの報告と近い値であった。これらの結果より錯体分子ワイヤーの特性は中心金属イオンおよび錯体間の架橋部位により分子ワイヤーの電子移動特性のチューニングが可能となることが示された。このように錯体多積層膜は，その作製の簡便さ，配位子と金属イオンの組み合わせ，およびその物性の多彩さから分子デバイスの発展に大きく寄与することが期待される。

文　　献

1) M. Ferreira *et al.*, *Langmuir*, **18**, 540 (2002)

第6章 表面

2) P. Daum *et al.*, *J. Phys. Chem.*, **85**, 389 (1981)
3) P. G. Pickup *et al.*, *J. Am. Chem. Soc.*, **105**, 4510 (1983)
4) D. Chen *et al.*, *Surface Science Reports*, **61**, 445 (2006)
5) P. N. Mashazi *et al.*, *Electrochimica Acta*, **52**, 177 (2006)
6) A. Ulman *et al.*, *Chem. Rev.*, **96**, 1533 (1996)
7) (a) J. C. Love *et al.*, *Chem. Rev.*, **105**, 1103 (2005) ; (b) S. Zhang *et al.*, *J. Am. Chem. Soc.*, **129**, 4876 (2007) ; (c) M. L. Jespersen *et al.*, *J. Am. Chem. Soc.*, **129**, 2803 (2007) ; (d) A. Shaporenko *et al.*, *J. Am. Chem. Soc.*, **129**, 2232 (2007) ; (e) C. Nogues *et al.*, *Langmuir*, **23**, 8385 (2007) ; (f) Z. Mekhalif *et al.*, *Langmuir*, **19**, 637 (2003) ; (g) T. R. Soreta *et al.*, *Langmuir*, **23**, 10823 (2007) ; (h) R. Quinones *et al.*, *Langmuir*, **23**, 10123 (2007)
8) (a) J. Jiao *et al.*, *J. Am. Chem. Soc.*, **128**, 6965 (2008) ; (b) G. K. Such *et al.*, *J. Am. Chem. Soc.*, **128**, 9318 (2006)
9) (a) N. Sakai *et al.*, *J. Am. Chem. Soc.*, **129**, 15758 (2007) ; (b) A. L. Sisson *et al.*, *Angew. Chem. Int. Ed.*, **47**, 3727 (2008)
10) M. Altman *et al.*, *J. Am. Chem. Soc.*, **128**, 7374 (2006)
11) M. Abe *et al.*, *Angew. Chem. Int. Ed.*, **42**, 2912 (2003)
12) (a) M. Wanunu *et al.*, *J. Am. Chem. Soc.*, **127**, 17877 (2005) ; (b) M. Wanunu *et al.*, *J. Am. Chem. Soc.*, **128**, 8341 (2006)
13) K. Kanaizuka *et al.*, *J. Am. Chem. Soc.*, **130**, 15778 (2008)
14) L. Kosbar *et al.*, *Langmuir*, **22**, 7631 (2006)
15) P. F. Driscoll *et al.*, *Langmuir*, **24**, 5140 (2008)
16) K. Kanaizuka *et al.*, *Chem. Lett.*, **34**, 534 (2005)
17) Y. Nishimori *et al.*, *Chem. Asian J.*, **2**, 367 (2007)
18) Y. Ohba *et al.*, *Macromol. Synp.*, **235**, 31 (2006)
19) F. G. Cottrell, *Z. Physik, Chem.*, **42**, 385 (1902)
20) (a) E. G. Petrov *et al.*, *J. Phys. Chem. A*, **105**, 10176 (2001) ; (b) T. Liang *et al.*, *J. Am. Chem. Soc.*, **128**, 13720 (2006) ; (c) G. L. Closs and J. R. Miller, *Science*, **240**, 440 (1988) ; (d) F. Chen *et al.*, *J. Am. Chem. Soc.*, **128**, 15874 (2006) ; (e) H. D. Sikes *et al.*, *Science*, **291**, 1519 (2001) ; (f) F. D. Lewis *et al.*, *Acc. Chem. Res.*, **34**, 159 (2001) ; (g) R. A. Malak *et al.*, *J. Am. Chem. Soc.*, **126**, 13888 (2004) ; (h) W. B. Davis *et al.*, *Nature*, **396**, 60 (1998) ; (i) F. Giacalone *et al.*, *Chem. Eur. J.*, **11**, 4819 (2005) ; (j) K. Weber *et al.*, *J. Phys. Chem. B*, **101**, 8286 (1997) ; (k) S. B. Sachs *et al.*, *J. Am. Chem. Soc.*, **119**, 10563 (1997)
21) (a) D. M. Guldi *et al.*, *J. Am. Chem. Soc.*, **126**, 5340 (2004) ; (b) R. J. Nichols *et al.*, *J. Am. Chem. Soc.*, **129**, 4291 (2007) ; (c) F. D. Lewis *et al.*, *J. Am. Chem. Soc.*, **129**, 9848 (2007) ; (d) G. Sedghi *et al.*, *J. Am. Chem. Soc.*, **130**, 8582 (2008) ; (e) M. Myahkostupov *et al.*, *J. Phys. Chem. C*, **111**, 2827 (2007)
22) Y. Nishimori *et al.*, *Chem. Asian J.*, in press
23) N. Tuccitto *et al.*, *Nat. Mater.*, **8**, 41 (2009)

2 表面分子デバイス

芳賀正明[*1]，金井塚勝彦[*2]

2.1 はじめに

シリコン半導体デバイスは，現在までに数多く開発されてきているが，その多くが表面での外部との信号の入出力に基づいている。トランジスターを高密度に集積化させたLSIはその代表例であり，シリコンの表面をサブマイクロメートルオーダーで加工して回路を組み上げるトップダウン法を利用して作製される。このトップダウン法による微細加工技術は「集積度は18ヶ月で2倍に向上する」というムーアの法則に従い年々微細化が進み，その加工サイズがいまやナノメートルの領域に入り分子サイズに近づいている。このために，ボトムアップ法による分子を構築要素として表面に集積化する新しいデバイス作製法がナノデバイス作製技術として注目されてきた[1,2]。ナノバイオ技術への応用として，抗原抗体反応やDNAの塩基対形成を利用したバイオセンサーがタンパク質や一本鎖DNAの表面修飾と表面微細加工技術の進歩が相まったDNAチップなどの表面デバイスとして医療診断分野に利用されている[3〜5]。金属イオンと配位子からなる錯体分子は，光吸収や磁性など機能の多様性から魅力的な材料である。これらの錯体分子を表面に集積化できれば，光電変換，イメージング，メモリなど分子の機能性を生かした新規な表面分子デバイスを作製することができ，素子の高密度化や高機能化が期待できる。分子を表面に集積化するときには，錯体分子に表面と反応できるアンカー基を組み込むか，表面から延びた官能基に錯体分子を反応させる表面修飾法がよく用いられている。いずれも溶液と固体基板との固液界面での反応を利用した自己組織化膜（SAM）形成である。SAMはこれまで金基板上でのアルカンチオールの吸着に関する研究が多かったが，最近ではシリコン基板や種々の酸化物基板のSAMの研究が増えている。また，最近では表面配位化学（surface coordination chemistry）というキーワードで高真空下での金属表面での配位結合による二次元配位高分子の合成[6,7]や表面での無機有機構造体（meta-organic frameworks；MOF）合成を用いた結晶性表面合成が盛んに報告されてきており，注目されつつある。ここでは，金属イオンとの配位子との配位結合により表面に集積化された機能性分子膜について，デバイス作製を意識した表面集積法およびそのデバイス機能について電子・光機能を中心にして述べる[8,9]。

2.2 ボトムアップ法としての基板表面上への自己組織化による分子の集積化

不均一触媒や分子内包能などの機能を表面で引き出す場合，基板が伝導性であるかどうかはあまり重要ではない。しかし，分子の光・電子機能を引き出し，デバイス化するためには，分子を電極基板表面に固定し電極とのインターフェースをとることが必須である。これまでに多くのレドックス活性分子を金基板表面にSAMとして修飾電極を作製する研究が行われてきた[10,11]。電

[*1] Masa-aki Haga　中央大学　理工学部　応用化学科・理工学研究所　教授
[*2] Katsuhiko Kanaizuka　中央大学　理工学部　応用化学科　助教

第6章 表面

極と分子との接合に用いられる有機官能基は，当初はチオール基，カルボキシ基，シラノール基だけであったが，最近ではイソシアニド，ホスホン酸基，ジチオカルバメート基，アセチルアセトナト基など利用される官能基も多様になってきた[12〜15]。また，表面での3次元結晶性構造体であるMOFを作製するためには，架橋配位子-金属イオンの組み合わせの中に自己集合化過程のプログラムを構造情報として組みこむことができる。また，自己組織化の際にどのような機能を取り入れるかを意識して分子内に組み込む工夫が必要である。たとえば，外場に応答して分子が動く，動的な機能性を取り出す場合には，分子がアンカー基によって表面にしっかりと固定されており，分子周辺にある程度の空間をつくる必要がある。このためには，機能性分子を高さの異なる分子で希釈混合して分子の周辺に空間をつくって固体表面に吸着させる設計や，頭部に立体的にバルキーな基をつけて表面に密に自己組織化させた後でこの頭部の部位を除くなどの方法がとられる。また，分子のアンカー部位に三脚や四脚などの多脚型分子を用いて，分子どうしのパッキングを制御して単一の分子が表面密度に関係なく表面上でそれ自身が決まった配向をとり，単一分子としての特性（伝導性など）が測定しやすくする固定化法もよく用いられる[16,17]。多脚型アンカー分子の場合には分子1個でも分子配向が制御できるメリットがある。表面での化学反応による機能分子の固定化法として，これまでにも表面にあるカルボキシル基やアミノ基のような官能基との脱水縮合反応により分子修飾する方法が知られていたが，最近SAM上にアジド基をもたせて，溶液から末端アセチレン基とのクリックケミストリーにより，表面にトリアゾール環を形成させる表面修飾法が収率と簡便さからよく利用されるようになっている[18]（図1）。表面でのSAMにおいて，分子配向とともに重要になるのが基板表面に吸着する場合の分子アンカー基の基板選択性である。この選択性を利用することで，基板の素面を見分けた分子の選択的な吸着が可能で，"orthogonal self-assembly"と呼ばれる。たとえば，チオール基やイソシアニド基をもつ分子は金，白金，銅，銀，水銀などの表面に選択的に固定化される[19]。一方，水素終端したシリコンには炭素二重結合が，酸化物表面にはホスホン酸基やカルボキシル基をもつ分子が

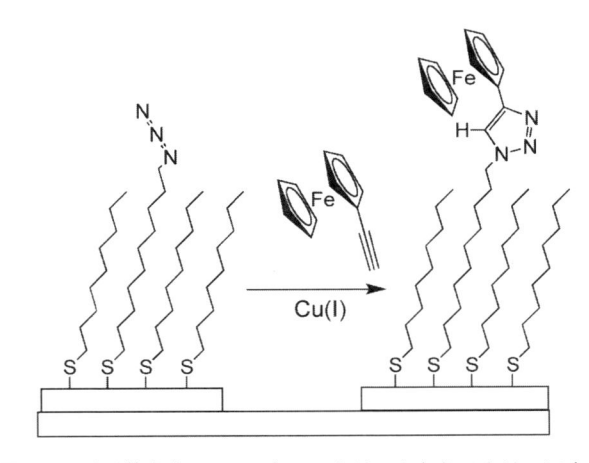

図1 アジド基をもつSAM上でのクリックケミストリーによるレドックス活性分子の導入[18]

強く吸着する[20,21]。たとえばバーコード化した金-白金ナノロッドへの蛍光色素の選択的吸着によるロッドのバーコードの読み取りやナノギャップ電極への選択的配列への応用が研究されている[22]。

2.3 多脚型アンカー基をもつ分子

先に表面に分子配向を制御する時に多脚型アンカー基をもつ分子を用いるのが1つの方法であると述べた。多脚型アンカー基が用いられるのは，電極との電子移動距離を固定するために利用されている場合がほとんどであるが，分子シャトル運動[23]やDNAのハイブリダイゼーションのための空間を表面にとるために多脚型アンカー基を利用している場合もある[24]。これまでに合成されてきたいくつかの多脚型アンカー基の例を図2に示した[25,26]。たとえば，三脚型アンカー基で酸化チタン微粒子上に固定されたロタキサン部位に環状クラウンエーテルが包接されている化合物が固定されており，この環状エーテル部分がシャトル運動できる系が合成された。このように，多点吸着による固定化は分子の安定性向上だけではなく，分子の配向を一義的に決めることで表面と機能部位との距離が決まり，活性点の固定化や電子移動速度や分子シャトルの移動距離の制御が可能となる，などの利点が挙げられる。

筆者らは，アルキル基をアンカー基とする2脚型配位子LPや4脚型配位子XPを新たに合成した（図3）[9,27]。そして，このLPおよびXP配位子をもつ一連の金属錯体として，単核錯体

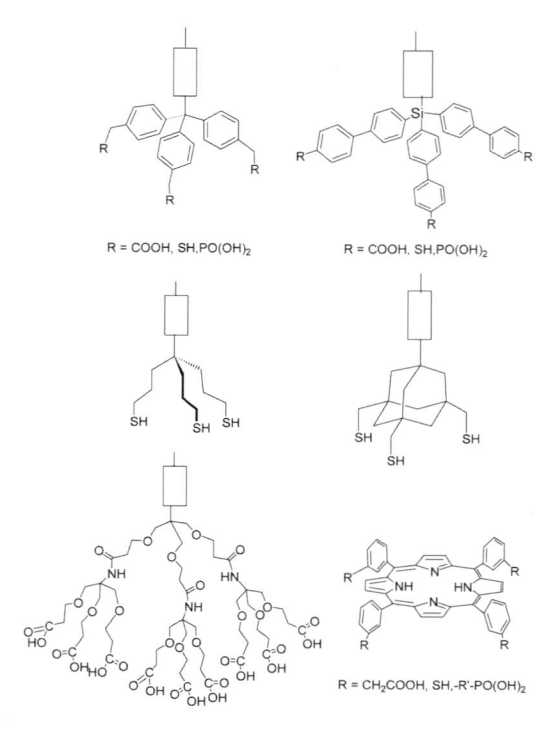

図2 多脚型SAMに用いられてきたアンカー基の構造例

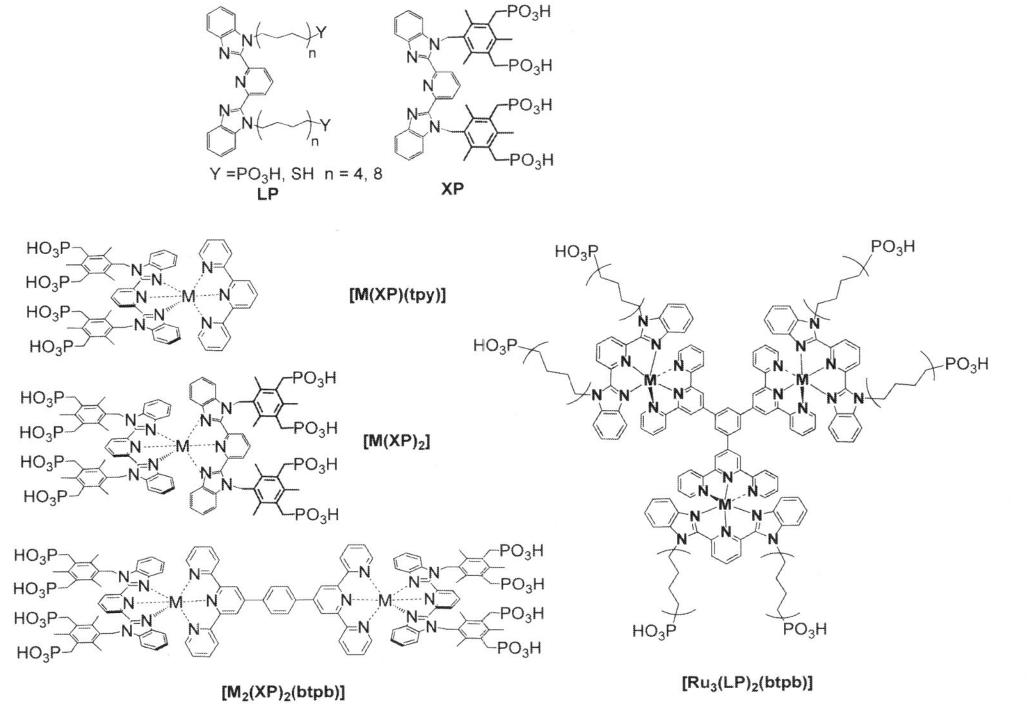

第 6 章　表面

図 3　二脚あるいは四脚型アンカー基およびその単核および多核錯体の構造[27]

[Ru(L)$_2$] および [Ru(L)(tpy)]，二核錯体 [M$_2$(L)$_2$(btpb)]，三核錯体 [M$_3$(L)$_3$(ttpb)]（M = Ru or Os；L = LP, XP；btpb = 1,4-ビス（2,2′:6′,2″-ターピリジル）ベンゼン，ttpb = 1,3,5-トリス（2,2′:6′,2″-ターピリジル）ベンゼン；L = LP or XP））を合成した。これらの金属錯体ユニットは，分子自身が明確な Ru（Ⅲ/Ⅱ）酸化電位を +0.6 V から +1.1 V vs Fc$^+$/Fc の範囲にもち，金属イオンおよび配位子の選択により HOMO/LUMO レベルが調整可能である[28,29]。

三座配位子 XP はビス（ベンズイミダゾリル）ピリジンのイミノ基にアンカー部位となる 4 個のホスホン酸基をもち，錯形成した後は 4 脚型で表面に安定に固定化される。この XP が六配位錯体を形成する時，残りの配位座を他の三座配位子が占める場合には，この補助配位子（図では tpy）は表面に対して垂直に配向できる（図 4）。一方，LP をもつ三核錯体 [M$_3$(LP)$_3$(ttpb)] では中心の ttpb 架橋配位子の立体配座の安定性から 6 個のホスホン酸基はすべて基板表面に固定される[28]。すなわち，XP アンカー配位子をもつ剛直な直線型ビス型錯体 [M(XP)$_2$] と [M$_2$(XP)$_2$(btpb)] と LP 配位子をもつ三核錯体 [M$_3$(LP)$_3$(ttpb)] では固体表面上に固定化された場合，前者では Ru を含む分子の長軸が基板に垂直な立体配置であるのに対して，後者の三核錯体 [M$_3$(LP)$_3$(ttpb)] では Ru を含む長軸が水平な立体配置をもつ。

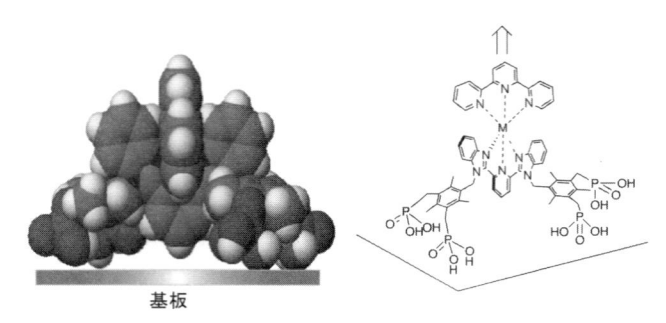

図4 ［Ru(XP)(typ)］単核錯体の基板上での推定構造（CPKモデルおよび構造式）

2.4 基板表面での集積化による分子デバイス機能

電極表面に分子を集積化し外場に応答する機能を持たせることで表面分子デバイスとして動作させることが可能となる。単分子膜からなる表面分子デバイスの場合，分子の表面密度が小さく，光吸収を利用しようとしても吸光度や分極などの変化率が小さく検出するのが難しい。そのために，ナノ微粒子やマクロ細孔などの表面を利用して集積度を増やす工夫がとられる。配位高分子である表面集積した無機有機構造体や静電力で逐次積層するlayer-by-layer法で得られる積層膜は分子の集積度が高いので吸収変化などの物性評価はより容易となる。また，分子集積ユニットを多積層化させることで，各層ごとに機能性を分担させることができるとともに，層ごとに電位や双極子などの物性に勾配や傾斜を作るなどの工夫をすることができ，多重性と多様性を取り込むことが可能となる。ナノテク分野でのボトムアップ法による表面分子の電子機能発現は，分子ワイヤ，スイッチ，メモリやナノワイヤなどのナノデバイスとして大いに期待されている。ここではいくつかの代表例について以下に述べる。

2.4.1 分子ワイヤ・分子スイッチ

錯体は酸化・還元電位を配位子によりチューニングできることから，錯体分子自身を2つの電極間に架橋して分子自身の伝導性を測定する研究が報告されている[30]。測定にはナノギャップ電極やメカニカルブレークジャンクション法，そして（導電性AFMカンチレバー）-（金ナノ微粒子）-（錯体分子）-金表面間での伝導性測定法などにより，再現性よく分子の伝導度を測定できる技術が確立しつつある[31,32]。金のナノギャップをソースとドレインとするFET電極間に結合したビス（ターピリジン）Co錯体での低温におけるクーロンブロケード現象や近藤効果が確認された[33]。さらに，電極に混合SAMとして固定されたチオフェニルターピリジンにCoやFeイオンを配位させてロッド状分子であるビス（三座配位子）多核金属錯体が合成され，その伝導性が測定された[34]。この多核錯体系において，非常に小さなβ値（Fe：$\beta = 0.028$，Co：$\beta = 0.001$ Å^{-1}）が報告され電荷は分子鎖内をホッピング伝導すると考えられている。我々も，導電性AFMを用いて，金ナノ微粒子をRu錯体およびZrで積層化された二積層Ru錯体膜で再現性のある伝導度を得ることができ，両端がアルキル基であるにもかかわらず，かなり高い伝導性を示すことを報告した[35]。この伝導にも，ルテニウム錯体の分子軌道を介するホッピング伝導が関与

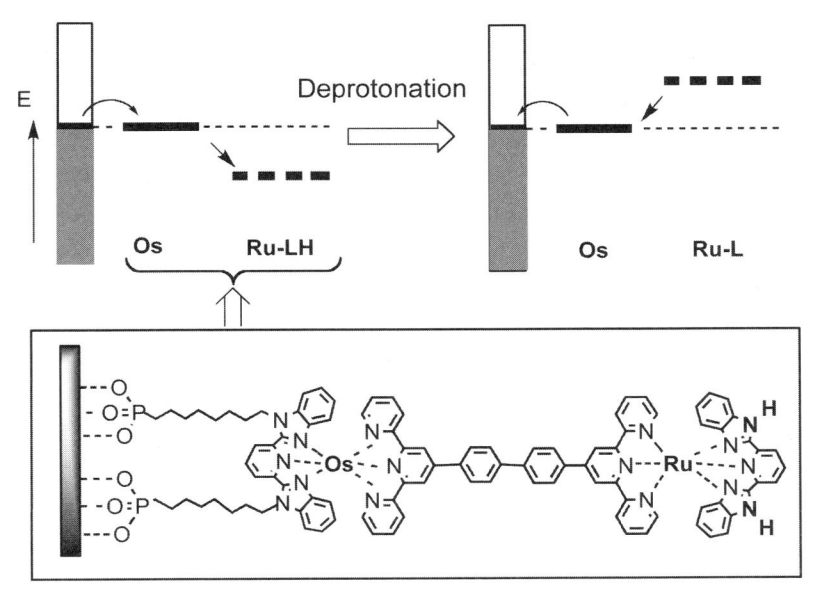

図5 プロトン解離サイトを末端にもつ RuOs 二核錯体の整流効果

しているものと考えている。電極表面に固定した分子ワイヤが，外場（光，電子，プロトンなど）に応答してその電子状態を変え，その変化を検出できれば分子スイッチとなる。たとえば，プロトン解離サイトを末端にもつ RuOs 二核錯体はプロトン共役電子移動に伴い電子移動の方向に整流性が見られる（図5）。

2.4.2 ナノワイヤ

MOSFET の限界を超える分子エレクトロニクスデバイスとして期待されているのがカーボンナノチューブ（CNT）や種々の酸化物半導体ナノワイヤである[36]。このデバイスは，ナノメートルサイズのナノワイヤを電極間に橋渡ししてゲートチャンネルとするナノデバイスであり，ナノワイヤへの化学修飾による I-V 特性の変化として特定の物質に応答するバイオセンサーデバイスとしての応用が可能である[37]。分子デバイスにおいて，素子中で分子自身が直接の伝導度パスになる場合に比べて，ナノワイヤを利用した場合には伝導度パスはナノワイヤであり，そのワイヤ周囲への分子修飾で素子化していることから，分子に直接電流を流した場合におこる分子の電圧耐性や熱放散などに対する問題を回避してデバイスの信頼性を高くできる利点がある。ナノワイヤデバイスの例として，酸化インジウム In_2O_3 ナノワイヤ上にコバルトポルフィリンを吸着させた系（図6）の I-V 特性においてソース-ドレイン間電圧を -0.1 V としてゲート電圧を -5 から $+5$ V の間で掃引したところ，大きなヒステリシスが観測された。これを Co^{2+} から Co^{3+} 状態での電荷蓄積によるものでメモリ効果として利用できる[38]。また，同様に CNT 上を単一分子磁石である4核鉄錯体で修飾したナノワイヤデバイスにおいて鉄錯体の電荷トラップおよび CNT との電荷移動が I-V 特性に影響を与えることから単分子検出の可能性が示唆された[36,39]。

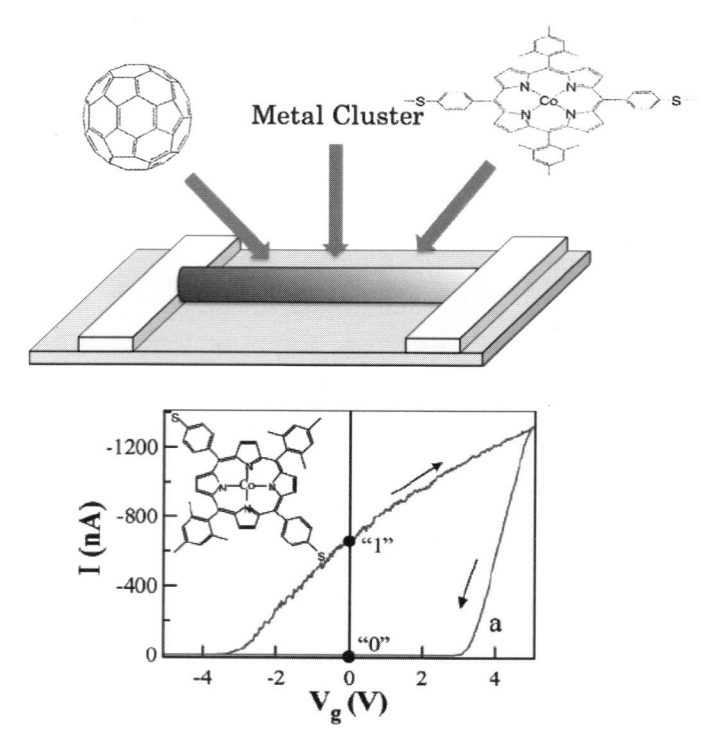

図6 （上）ナノワイヤ表面修飾FETデバイスの概念図。シリコンウエハー上の金属電極間に橋渡しされたナノワイヤ（カーボンナノチューブや無機半導体ナノチューブなど）への分子修飾した端子をゲートチャンネルとして用いる。（下）In_2O_3ナノワイヤ上にCoポルフィリンを修飾した場合のヒステリシス挙動[41]。

このようなナノワイヤデバイスが溶液と接して置いた場合，ワイヤ上への物質の拡散は球形拡散となり，反応が促進されるのでワイヤ上の分子修飾基の選択により物質の高感度検出への応用が期待される。

2.4.3 分子メモリ

レドックス活性錯体の場合には酸化還元に伴い，吸収や発光が大きく変化する系が多い。電極表面に固定された分子の酸化還元は，分子への情報の書き込みと考えられるので，シリコン基板上に多段階電子移動をとるレドックス活性分子を固定化し，その一個の酸化状態を1ビットの情報要素と考え，電位印加による書き込み，読み取りを行なう分子メモリの提案が最近報告された。この提案を検証するために，アンカー基をもつポルフィリンやフタロシアニン錯体が数多く合成されて，金電極上でのSAMにおいて，多段階の酸化還元過程が観測された[40]。原理は，まず書き込みのために電位を印加して分子の酸化還元を行う。たとえば，段階的な酸化であれば電位を変えて中性，モノカチオン，ジカチオン状態を作り出すことができ，それぞれ［00］，［01］，［10］と定義する。すなわち，書き込みは電位で決定される。次に，この状態のそれぞれ読み出

第6章 表面

しには電位をステップさせるのではなく,電子移動を起こさずに開回路電位を測定することで読み取り,平衡に落ち着くまでの保持時間をメモリとして利用するという考え方である。合成された多くのレドックス錯体系について,その保持時間が比較検討された。酸化された状態は金電極上で数百秒の間保持することができる[41]。この系はポリマー電解質を挟んだCMOS/分子型DRAMとして試作されている。

2.4.4 光電変換デバイス

色素を表面修飾して光電変換膜とするデバイスはルテニウム錯体を用いるグラッチェル型色素増感型太陽電池で非常に高い変換効率が実現されている[42]。同様な試みとして,表面に光増感剤であるポルフィリンおよび電子アクセプターとしてメチルビオローゲンを積層化した薄膜において効率的な光電変換薄膜の作製が報告されている[43]。最近では,表面に剛直に延びたパラフェニレン側鎖にπスタッキングを利用して電位勾配をジッパー状構造として作製した効率のよい光電子移動系が構築されている[44]。

2.4.5 レドックス錯体SAMを利用したセンサー応用

ITO電極上にルテニウムおよびオスミウム錯体を固定した電極上での錯体SAMの酸化還元に伴うMLCT帯の変化を利用した分子デバイスや論理ゲートへの応用が提案されている[45,46]。それぞれRuおよびOs錯体を修飾した対向する2枚のITO電極を置き,その電極間を繋ぐ種々の酸化還元メディエーターを添加することにより論理ゲートを組む提案が報告されている(図7)[46]。またCr^{6+}とオスミウム錯体との反応でOs(Ⅱ)からOs(Ⅲ)に酸化されてMLCT帯がなくなることを利用して環境汚染物質であるCr^{6+}の微量定量法への応用も提案された[47]。

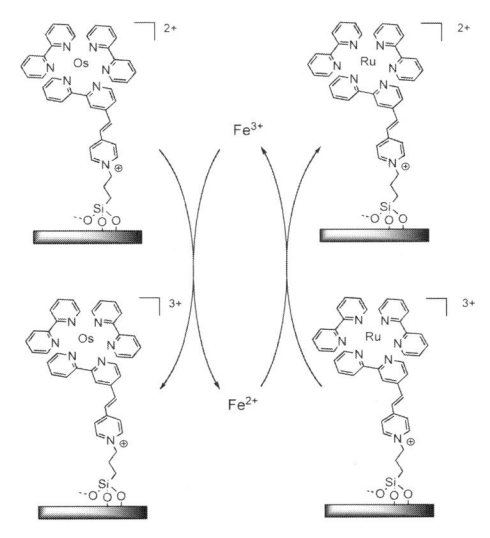

図7 対向した二枚のITO電極に固定されたRuおよびOs錯体のFe^{3+}/Fe^{2+}をメディエーターとする電子シャトル系[45]

2.5 基板表面での有機無機構造体の合成とその機能

金属イオンと架橋配位子を用いた配位高分子（有機無機構造体）形成を表面で行う研究が最近注目されている[48]。これまでの交互積層法やLB膜と異なり，反応性の高い錯形成反応を層間を連結するのに利用することにより安定で分子配向が揃った膜を作製できる。最初の試みは，無機層状固体にヒントを得て，固体表面上に分子積層化を行う方法がMallouk により報告された[53]。彼らは，金表面にチオアルキルホスホン酸基を自己組織化させて，表面にあるホスホン酸基とZr イオンとの錯形成で第一層を密に基板に固定化し，配位能力を残した最初の層のZr イオンの上に架橋基であるアルキルジホスホン酸を結合させる。この浸積・洗浄操作を順次繰り返すことで分子が積層され，分子層を繋ぐ逐次錯形成が表面上で可能となる。金属イオンと架橋配位子や架橋分子ユニットの組合せは多様なので，最近報告例が増えている（図8）[50〜53]。

配位可能な部位を両端にもつ配位子を表面に自己組織化された場合，片側は基板に固定され，他の末端部位が溶液中の金属イオンと錯形成する。金属イオンと溶液の配位子との錯形成による溶液中への溶解が起こらない限り，金属イオンと錯形成する場合には錯形成が制限された二次元場で選択的に起こり，表面固定錯体が生成する[35〜38]。このような逐次的な錯形成により一方向にナノメートルサイズの積層構造を段階的に構築していくことが可能である（図9）。Pd^{2+}へのピ

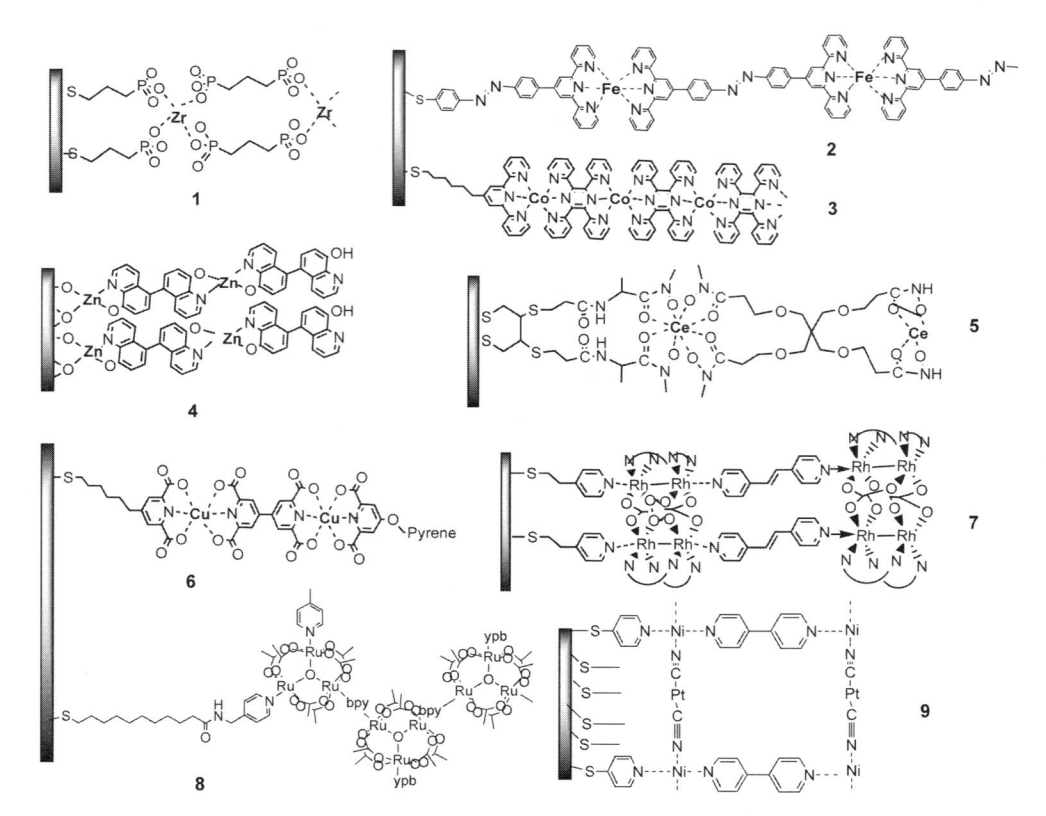

図8 単一分子ユニットの逐次錯形成による積層化の報告例

第6章　表面

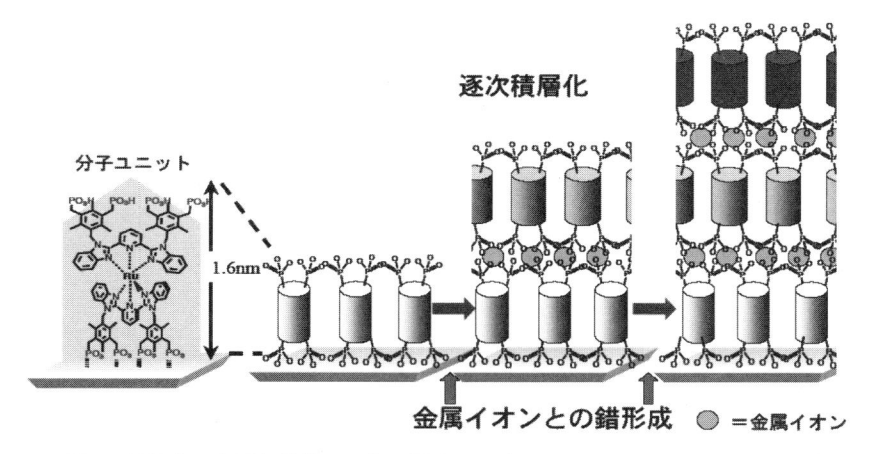

図9　基板上に自己組織化した第1層上での金属イオンと分子ユニットとの錯形成による逐次積層化の概念図

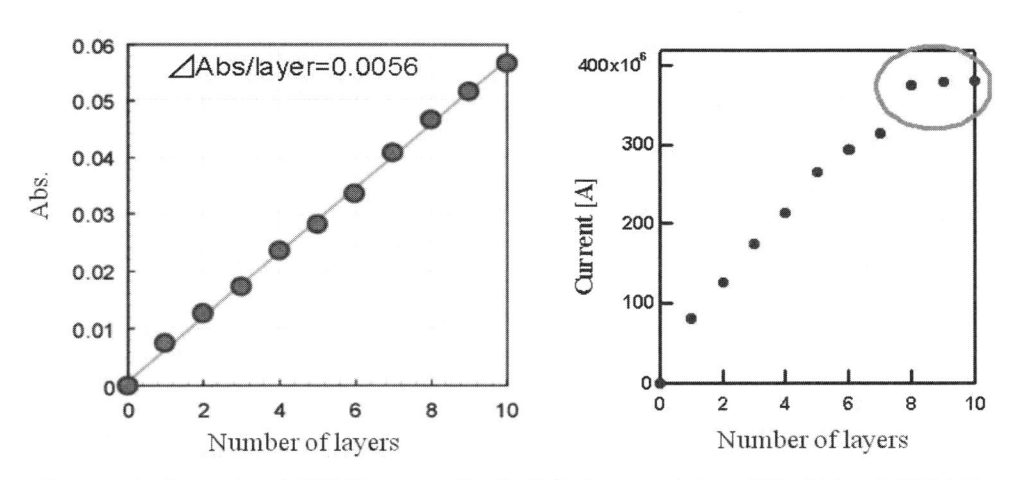

図10　$Ru_2(XP)_2(btpb)$ 二核錯体膜のUVの吸光度（左）とアノードピーク電流（右）の層数依存性

リジン基の配位を利用した系[47]，Fe^{2+}，Co^{2+}へのターピリジン基の配位系[34,52]，Zr^{4+}，Ce^{4+}へのホスホン酸基やヒドロキサム酸基の配位系[53]などが知られている。

　SAMを利用して多積層化を行う場合，第1層目のSAMの出来具合が積層化に影響を及ぼす。すなわち，一層目に欠陥があれば，そのサイトからは多層化が進まないので，積層数が増えるごとに周囲との差が大きくなり欠陥サイトとして残る。超薄膜デバイスとして多数の分子が層となった積層膜に金属などの電極をつけて使用する場合，この欠陥サイトが短絡を引き起こす原因となり，デバイスの歩留まりを下げる。このような短絡の原因となるピンホールなどの欠陥サイトをなくすために，分岐をもつデンドリマー型架橋配位子を錯形成に利用して積層化することでピンホールを塞ぐ試みも報告されている[56]。

　レドックス活性な錯体を積層していく場合，積層数が増して膜の厚さが増加するにつれて電極

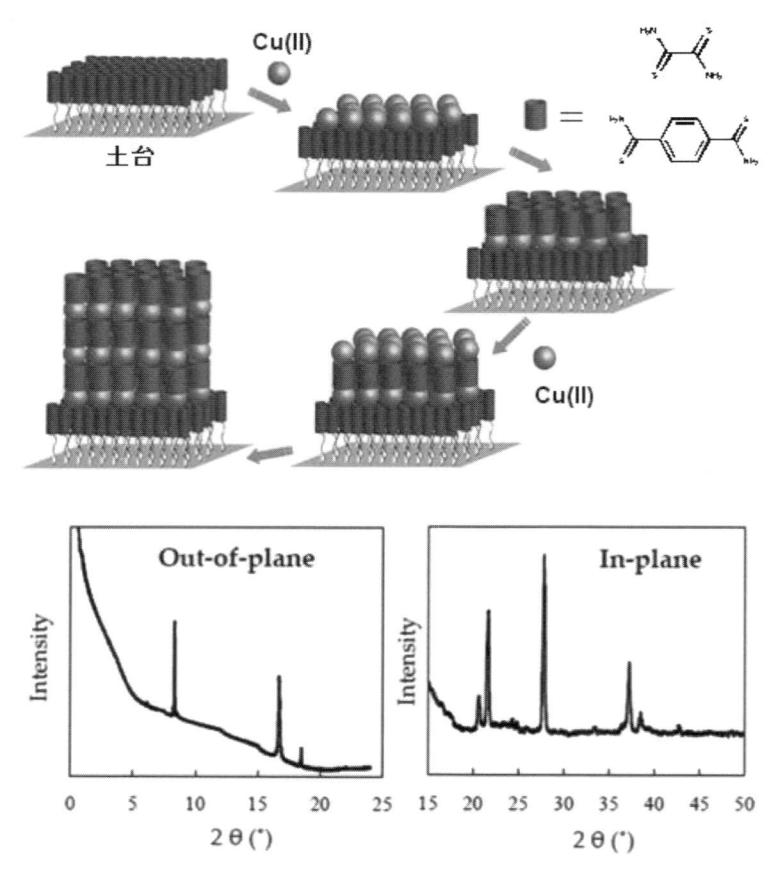

図11 結晶性ルベアン酸銅錯体のボトムアップ合成イメージ図と11層膜の
out-of-plane および in-plane X 線回折パターン[58]

からの直接の電子移動は起こりにくくなる（図10）。しかし，層間の錯体分子同士の電子交換速度が速い場合には膜が厚くなっても膜内での電子移動は起こる。筆者らが作製した XP 錯体膜の場合にはサイクリックボルタンメトリーから得られる電流値は膜厚が約30～40ナノメートル（二核錯体では8層，単核錯体では14層）までは直線的に増加するが，これ以上膜厚が増加すると電流の飽和が観測された。UV-vis の吸光度はこの厚さでも直線的に増加することから錯体間の電子ホッピングの速度が重要であることを示している。また，錯体2,7,8においては積層数が増加しても電子移動が起こり，顕著な酸化還元波のブロードニングは観察されていない。

2.6 基板表面での結晶性の有機無機構造体の合成とその機能

先に紹介した配位高分子形成を表面で行う研究の中で，結晶性あるいは空間をもった配位高分子：Surface-mounted Metal-Organic Framework（SURMOF）が最近特に注目されている[54～57]。この SURMOF の特徴は，結晶性であるために伝導度の向上や物質の拡散が均一に起こる点，モ

レキュラーシーブに見られるように水やガス，分子などを選択的に空孔内に取り込める点，さらには取り込んだ分子と化学反応する点などが挙げられる。例えば，著者らは，燃料電池などに利用されるプロトン伝導性の高いルベアン酸銅の結晶をサファイア基板上に作製することを試みた[63]。先に紹介したlayer-by-layer法により，銅（Ⅱ）イオンとルベアン酸のそれぞれの溶液に基板を繰り返し浸漬させることで，欠損を引き起こさずに膜厚と組成が精密に制御された均一な結晶錯体を構築した（図11）。結晶性の評価は，大型放射光施設SPring-8の高輝度シンクロトロン放射光を用いて行い，基板すれすれにX線を入射した場合に得られたin-plane X線回折パターンが，基板上部から入射したときに得られるout-of-planeパターンと異なることから，基板上の集積体が一定間隔を保ったまま，基板と垂直方向に成長していることがわかった。out-of-plane X線回折パターンからルベアン酸銅錯体は0.69 nmの周期で基板上に配列していることがわかり，これは銅錯体がダイマー構造をとって成長したと仮定した場合の銅イオン同士の距離に非常に近い値をとっていた。ルベアン酸配位子にフェニル基を導入するとピーク強度は大幅に増加し，また，AFM測定においてはより大きなドメインが観察されたため，結晶性の向上が起こることが分かった。これは平面性の高いフェニル基同士がπ-π相互作用によりパッキングすることで結晶サイズが大きくなったと考えられる。また，FischerらはWiggle空間を有するMOFを基板上にエピタキシャル成長させたSURMOFの作製について報告している[59]。溶液中で作製したMOFのXRDパターンと同様のパターンが基板表面に作製した構造体から得られたことからSURMOFの作製を裏付けている。

2.7 異種金属錯体積層膜構築におけるコンビナトリアル化学

　分子ユニットの積層膜は，溶液浸積法による基板上への第1層目のSAM形成とそれに続く2層目からの表面錯形成で構築されるので，その積層構造は基板をどの順番に溶液に浸積するかにより決定される。用いる分子ユニットの溶液が各種類準備できれば，順番に溶液に浸積するだけなので，基板のディップコーターを用いて自動化による膜作製も可能である。我々は，錯形成時に積層構造間での層混合が起こらないかを調べるために，固体基板を分子ユニット溶液（オスミウムおよびルテニウム二核XP錯体）に浸す順番を変えて，積層順序を変えた異種積層膜を作製してX線光電子分光分析（XPS）で深さ方向の分析を行った。固体基板表面にルテニウム二核錯体層をつけた後にZrイオンを介してオスミウム4層をつけた場合とこの逆で固体基板表面に最初にオスミウム二核錯体層ついで最表層まで4層ルテニウム二核錯体層をつけた場合のXPSでは両者の$Ru3d_{5/2}$および$Os4f_{5/2,7/2}$の相対強度が逆転しており，表層にはそれぞれ最後に浸積した錯体が存在することから，積層していく過程で層間での分子ユニットの交換や混合などは起こらず，安定な異相積層構造をとっていることがわかった。錯形成した場合には結合の再配列は起こり難いのではないかと考えられる。

　また，単核および二核ルテニウム錯体［$Ru(XP)_2$］と［$Ru_2(XP)_2(btpb)$］の分子ユニットにおいてRu（Ⅲ/Ⅱ）電位が約0.3 Vの差があることに着目して，先のコンビナトリアル化学的手

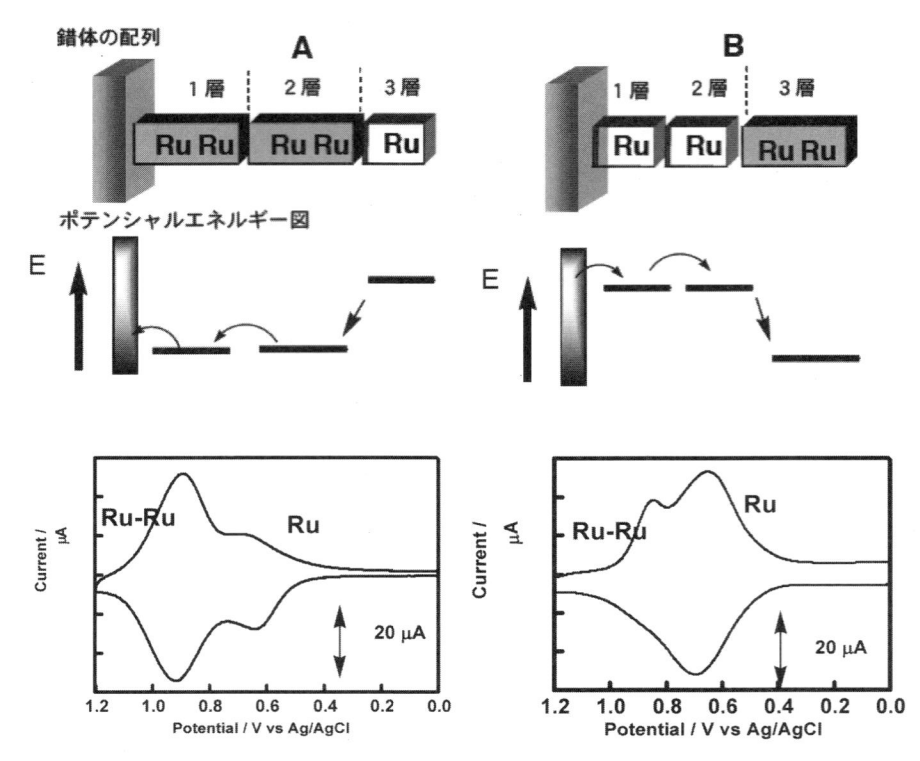

図12 ITO電極上にRu単核および二核XP錯体を異なる順序で積層化させた場合の電位勾配およびそれらのサイクリックボルタモグラム（走査速度0.1 V/s，0.1 M NaClO$_4$水溶液）。それぞれの層の錯体のRu（Ⅲ/Ⅱ）電極電位の位置を横線で示した。

法により積層順を変えたいろいろな電位勾配をもつ積層膜を作製し，整流デバイスへの可能性を検討した。その中で，ルテニウム二核錯体と単核錯体のそれぞれの分子ユニットの錯体3層膜について分子ユニットの配列を変えて電位勾配の異なる表面分子積層膜を作製した。その結果，電位勾配に依存した違いが現れ，電子移動速度の違いによる整流効果と解釈できる電子移動の方向性が見られることがわかった。たとえば，図12のように最表層に酸化電位の低いRu単核錯体を配置し，内層には電位のより高いRu二核錯体を配置して電位勾配をつけた系では内層の酸化に伴い外層のRu単核錯体が酸化されるが，還元の際には還元波は小さくしか観測されない。電位勾配が逆となると内層のRu（Ⅲ/Ⅱ）の酸化還元波は見られるが，外層のRu層では還元波が見られることからカソード方向の電子移動が優先することが明らかで，これはポテンシャル勾配から予想される整流作用の結果と一致する。このように，積層膜は電位勾配による電子移動の制御が可能となるので，光合成をモデルとした分子デバイスの作製に適している。

2.8 表面での新しい動き

筆者らは，シリコン基板上にフォトリソグラフィとリフトオフ法により段差の少ないAu/

第6章 表面

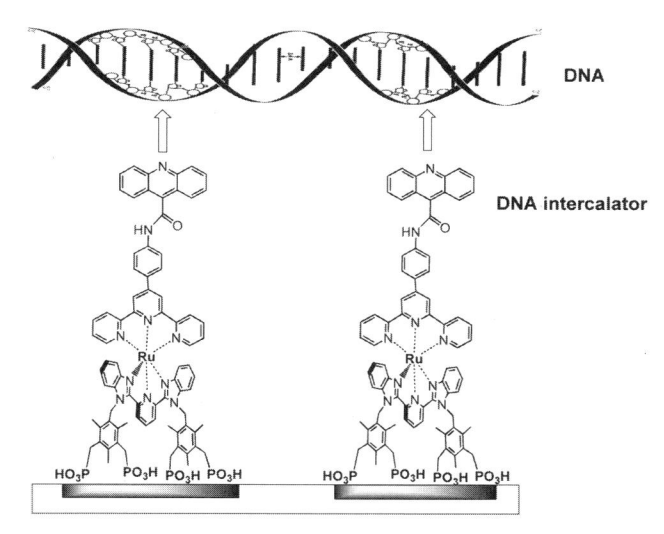

図13 パターン基板上の端子上に固定化したDNAインターカレーターを利用したDNA捕捉によるワイヤリングの概念図[60]

SiO$_2$パターン基板を作製した。その金電極端子に選択的に固定した錯体を利用して，DNAなどの高分子や錯体分子の取り込みにより端子間をワイヤリングし，それをテンプレートとしてナノ配線や分子の集積場とする方法を検討した（図13）[60]。分子の相互作用を利用することで，分子点と分子点を繋ぐことが可能になる点が重要である。この目的のために，二本鎖DNAの塩基対間に挿入可能なナフタレンジイミド基やアクリジン基など芳香環からなるインターカレーター部位を側鎖にもつ錯体を新たに合成した。

この錯体をマイカ基板上に疎に付けた表面のAFM観察では，錯体は分子モデリングから予想される高さ3.3ナノメートルに対応した"分子点"として観察された。表面ナノ錯体の高さは，二本鎖DNAの直径が約2ナノメートルであるので，DNAを表面に固定するのに十分な高さをもつ。この錯体を修飾したマイカ基板上にλ-DNA溶液を滴下して水平および垂直メニスカス移動法で水分を蒸発させていくと二本鎖DNAが錯体の分子点同士を繋ぐように捕捉できることが明らかになった[60]。ここで得られたDNAナノ配線は今後種々のセンサーデバイスへの応用が可能である[61]。

2.9 おわりに

表面での分子エレクトロニクスデバイスを作製する際には，外場に応答できる分子機能をもった分子ユニットの表面集積化と配列・配向制御が重要な課題である。表面における分子の配向が揃うことでベクトルが一方向に決まるので，SHGなどの非線形光学効果などの分子分極の特性の向上がすでに報告されている[62]。さらに，分子が表面に固定されると，分子接合により表面エネルギー準位に変化が生じ，分子の伝導度に大きく影響することも最近報告されるようになって

きた[63]）。レドックス活性な金属錯体は，明確な酸化還元準位をとるので，単電子トンネルデバイスなどの分子デバイス作製のいい材料になる[33]）。また，積層膜は，今後は電界発光デバイス（OLED），多重メモリデバイス，光電変換多層膜など多様な機能性ナノデバイスへの発展が期待される[5]）。さらに，無機有機構造体形成を利用することで気体吸蔵や触媒など，エネルギー問題を解決するためのナノ材料としてガス輸送材や表面固定触媒[64]）などへの発展が考えられる。このように，表面分子デバイスは大きな潜在性のある未開拓の分野であり，今後の発展が大いに期待できる。

　最後に，本研究は文部科学省科学研究費補助金特定領域研究「配位空間の化学」（研究代表：北川進）の援助を受けて行われた。ここに記して感謝いたします。

文　　献

1) C. Joachin, J. K. Gimzewski and A. Aviram, *Nature*, **408**, 541（2000）
2) Y. Wada, M. Tsukada, M. Fujihira, K. Matsushige, T. Ogawa, M. Haga and S. Tanaka, *Jpn. J. Appl. Phys.*, **39**, 3835（2000）
3) G. A. Ozin and A. C. Arsenault, *Nanochemistry.*, The Royal Society of Chemistry, Cambridge（2005）
4) J. Chen, N. Jonoska and G. Rozenberg, Springer-Verlag Heidelberg（2006）
5) S. Kimura, *Org. Biomol. Chem.*, **6**, 1143（2008）
6) J. V. Barth, *Surf. Sci.*, **603**, 1533（2009）
7) N. Lin, S. Stepanow, M. Ruben and J. V. Barth, *Top. Curr. Chem.*, **287**, 1（2009）
8) M. Haga and T. Yutaka, in *Trends in Molecular Electrochemistry*, edited by A. J. L. Pombeiro and C. Amatore, Marcel Dekker/Fontis Media, Lausanne（2004）
9) M. Haga, in *Nano Redox Sites-Nano-Space Control and Its Applications*, edited by T. Hirao, Springer, Heidelberg（2006）
10) R. W. Murray, *Molecular design of electrode surfaces.*, John Wiley & Sons, Inc., New York（1992）
11) A. Ulman, *Chem. Rev.*, **96**, 1533（1996）
12) E. R. Knight, A. R. Cowley, G. Hogarth and J. D. E. T. Wilton-Ely, *Dalton Trans.*, 607（2009）
13) C. Amatore, D. Genovese, E. Maisonhaute, N. Raouafi and B. Schollhorn, *Angew. Chem. Int. Ed.*, **47**, 5211（2008）
14) G. G. T. II, O. Acton, J. Ma, J. W. Ka and A. K.-Y. Jen, *Langmuir*, **25**, 2149（2009）
15) W. R. McNamara, R. C. S. III, G. Li, J. M. Schleicher, C. W. Cady, M. Poyatos, C. A. Schmuttenmaer, R. H. Crabtree, G. W. Brudvig and V. S. Batista, *J. Am. Chem. Soc.*, **130**, 14329（2008）

第 6 章　表面

16) R. S. Loewe, A. Ambroise, K. Muthukumaran, K. Padmaja, A. B. Lysenko, G. Mathur, Q. Li, D. F. Bocian, V. Misra and J. S. Lindsey, *J. Org. Chem.*, **69**, 1453（2004）
17) S. Katano, Y. Kim, H. Matsubara, T. Kitagawa and M. Kawai, *J. Am. Chem. Soc.*, **129**, 2511（2007）
18) N. K. Devaraj, P. H. Dinolfo, C. E. D. Chidsey and J. P. Collman, *J. Am. Chem. Soc.*, **128**, 1794（2006）
19) T. J. Gardner, C. D. Frisbie and M. S. Wrighton, *J. Am. Chem. Soc.*, **117**, 6927（1995）
20) K. E. Splan and J. T. Hupp, *Langmuir*, **20**, 10560（2004）
21) E. L. Hanson, J. Schwartz, B. Nickel, N. Koch and M. F. Danisman, *J. Am. Chem. Soc.*, **125**, 16074（2003）
22) N. I. Kovtyukhova and T. E. Mallouk, *Chem. Eur. J.*, **8**, 4355（2002）
23) B. Long, K. Nikitin and D. Fitzmaurice, *J. Am. Chem. Soc.*, **125**, 5152（2003）
24) B. J. Hong, S. J. Oh, T. O. Youn, S. H. Kwon and J. W. Park, *Langmuir*, **21**, 4257（2005）
25) E. Galoppini, W. Guo, W. Zhang, P. G. Hoertz, P. Qu and G. J. Meyer, *J. Am. Chem. Soc.*, **124**, 7801（2002）
26) E. Galoppini, *Coord. Chem. Rev.*, **248**, 1283（2004）
27) M. Haga, K. Kobayashi and K. Terada, *Coord. Chem. Rev.*, **251**, 2688（2007）
28) K. Terada, K. Kobayashi and M. Haga, *Dalton Trans.*, 4846（2008）
29) M. Haga, T. Takasugi, A. Tomie, M. Ishizuya, T. Yamada, M. D. Hossain and M. Inoue, *Dalton Trans.*, 2069（2003）
30) B. Ulgut and H. D. Abruna, *Chem. Rev.*, **108**, 2721（2008）
31) X. D. Cui, A. Primak, X. Zarate, J. Tomfohr, O. F. Sankey, A. L. Moore, T. A. Moore, D. Gust, G. Harris and S. M. Lindsay, *Science*, **294**, 571（2001）
32) F. Chen and N. J. Tao, *Acc. Chem. Res.*, **42**, 429（2009）
33) J. Park, A. N. Pasupathy, J. L. Goldsmith, C. Chang, Y. Yaish, J. R. Petta, M. Rinkoski, J. P. Sethna, H. D. Abruna, P. L. McEuen and D. C. Ralph, *Nature*, **417**, 722（2002）
34) N. Tuccitto, V. Ferri, M. Cavazzini, S. Quici, G. Zhavnerko, A. Licciardello and M. A. Rampi, *Nature Mater.*, **8**, 41（2009）
35) K. Terada, K. Kobayashi, J. Hikita and M. Haga, *Chem. Lett.*, **38**, 416（2009）
36) L. Bogani and W. Wernsdorfer, *Nature Mater.*, **7**, 179（2008）
37) M. Curreli, C. Li, Y. Sun, B. Lei, M. A. Gundersen, M. E. Thompson and C. Zhou, *J. Am. Chem. Soc.*, **127**, 6922（2005）
38) C. Li, J. Ly, B. Lei, W. Fan, D. Zhang, J. Han, M. Meyyappan, M. Thompson and C. Zhou, *J. Phys. Chem. B*, **108**, 9646（2004）
39) L. Bogani, C. Danieli, E. Biavardi, N. Bendiab, A. -L. Barran, E. Dalcanale, W. Wernsdorfer and A. Cornia, *Angew. Chem. Int. Ed.*, **48**, 746（2009）
40) K. M. Roth, A. A. Yasseri, Z. Liu, R. B. Dabke, V. Malinovskii, K. Schweikart, L. Yu, H. Tiznado, F. Zaera, J. S. Lindsey, W. G. Kuhr and D. F. Bocian, *J. Am. Chem. Soc.*, **125**, 505（2003）
41) K. M. Roth, N. Dontha, R. B. Dabke, T. G. D, C. Clausen, J. S. Lindsey, D. F. Bocian and W. G. Kuhr, *J. Vac. Sci. Technol. B*, **18**, 2359（2000）

42) A. Hagfeldt and M. Gratzel, *Acc. Chem. Res.*, **33**, 269 (2000)
43) F. B. Abdelrazzaq, R. C. Kwong and M. E. Thompson, *J. Am. Chem. Soc.*, **124**, 4796 (2002)
44) A. L. Sisson, N. Sakai, N. Banerji, A. Fursterberg, E. Vauthey and S. Matile, *Angew. Chem. Int. Ed.*, **47**, 1 (2008)
45) T. Gupta and M. E. van der Boom, *Angew. Chem. Int. Ed.*, **47**, 2260 (2008)
46) T. Gupta and M. E. vav der Boom, *Angew. Chem. Int. Ed.*, **47**, 5322 (2008)
47) G. d. Ruiter, T. Gupta and M. E. van der Boom, *J. Am. Chem. Soc.*, **130**, 2744 (2008)
48) M. Altman, A. D. Shukla, T. Zubkov, G. Evemenenko, P. Dutta and M. E. van der Boom, *J. Am. Chem. Soc.*, **128**, 7374 (2006)
49) T. E. Mallouk, H. -N. Kim, P. J. Ollivier and S. W. Keller, in *Comprehensive Supramolecular Chemistry*, Vol. 7, pp. 189 (Pergamon, 1996)
50) C. Lin and C. R. Kagan, *J. Am. Chem. Soc.*, **125**, 336 (2003)
51) M. Abe, T. Michi, A. Sato, T. Kondo, W. Zhou, S. Ye, K. Uosaki and Y. Sasaki, *Angew. Chem. Int. Ed.*, **42**, 2912 (2003)
52) K. Kanaizuka, M. Murata, Y. Nishimori, I. Mori, K. Nishio, H. Masuda and H. Nishihara, *Chem. Lett.*, **34**, 534 (2005)
53) M. Wanunu, A. Vaskevich, S. R. Cohen, H. Cohen, R. Arad-Yellin, A. Shanzer and I. Rubisnstein, *J. Am. Chem. Soc.*, **127**, 17877 (2005)
54) E. Biemmi, C. Scherb and T. Bein, *J. Am. Chem. Soc.*, **129**, 8054 (2007)
55) O. Shekhan, H. Wang, S. Kowarik, F. Schreiber, M. Paulus, M. Tolan, C. Sternemann, F. Evers, D. Zacher, R. A. Fischer and C. Woll, *J. Am. Chem.Soc.*, **129**, 15118 (2007)
56) S. Feng and T. Bein, *Nature*, **368**, 834 (1994)
57) M. Altman, O. Zenkina, G. Evmenenko, P. Dutta and M. E. vav der Boom, *J. Am. Chem. Soc.*, **130**, 5040 (2008)
58) K. Kanaizuka, R. Haruki, O. Sakata, M. Yoshimoto, Y. Akita and H. Kitagawa, *J. Am. Chem. Soc.*, **130**, 15778 (2008)
59) S. Hermes, F. Schroder, R. Chelmowski, C. Woll and R. A. Fischer, *J. Am. Chem. Soc.*, **127**, 13744 (2005)
60) K. Kobayashi, N. Tonegawa, S. Fujii, J. Hikida, H. Nozoye, K. Tsutsui, Y. Wada, M. Chikira and M. Haga, *Langmuir*, **24**, 13203 (2008)
61) A. Houlton, A. R. Pike, M. A. Galindo and B. R. Horrocks, *Chem. Commun.*, 1797 (2009)
62) A. Faccetti, E. Annoni, L. Beverina, M. Morone, P. Zhu, T. J. Marks and G. A. Pagani, *Nature Mater.*, **3**, 910 (2004)
63) H. Ishii, K. Sugiyama, E. Ito and K. Seki, *Adv. Mater.*, **11**, 605 (1999)
64) K. Hara, R. Akiyama, S. Takakusagi, K. Uosaki, T. Yoshino, H. Kagi and M. Sawamura, *Angew. Chem. Int. Ed.*, **47**, 5627 (2008)

3　多孔性配位高分子の結晶膜

平井健二[*1]，古川修平[*2]

　金属イオンと架橋配位子が配位結合によって自己集合的に組み上がることで構築される多孔性配位高分子は，吸着剤，分離剤，触媒材料として高い特性を示すことが明らかになってきており，近年活発に研究がなされている。この多孔性配位高分子は，金属イオンや架橋配位子を適切に選択することで，様々な構造を構築することが可能であり，吸着・分離・触媒活性という機能を合理的に設計することが可能である。従来の多孔性配位高分子の研究では，有機配位子に置換基を導入することで，細孔内表面を機能化する研究が主流であった。しかし，ごく最近になって細孔内機能を変化させることなく多機能型多孔性配位高分子を構築するため，結晶表面をターゲットとした研究が展開されるようになってきている。さらにその結晶表面における成長を制御することにより，結晶薄膜作製に関する研究も注目されている。多孔性材料であるメソポーラスシリカやゼオライトでは薄膜化する技術が開発されており，分子ふるいやセンサーとしての応用がすでに行われているが，歴史の浅い多孔性配位高分子では未開拓の領域である。多孔性配位高分子は均一な細孔を有するという構造上の特徴から，高いゲスト分子選択性を有するため，薄膜化する技術や基板に固定する技術が確立されると，工業的応用の幅は大きく広がると考えられる。本節では近年精力的に研究が進められている多孔性配位高分子の結晶膜の研究について紹介する。

3.1　基板表面上での多孔性配位高分子結晶膜

　多孔性配位高分子を基板表面で薄膜化する研究は5年ほど前から活発に行われており，これまでに様々な手法が試みられている。結晶膜の厚さは数十マイクロメートルのものから単層のものまで多種多様な研究が展開されており，基板表面に結晶膜を固定することで分離膜やセンサーなどへの応用が期待されている。基板への固定方法は，①基板から直接結晶成長させる方法，②基板表面に自己組織化単分子膜，SAMs（Self-Assembled Monolayers）を作製し，SAMsによって導入された配位サイトから結晶成長を行う方法，の二通りに大別できる。

3.1.1　基板上の多孔性配位高分子結晶膜

　基板上に直接，配位高分子を集積させる方法では，溶液反応以外に蒸着などの手法も用いることが出来る。また相互作用が比較的弱い物理吸着を利用することで，面内の配向を揃えることも可能であり，これまでに数多くの研究が報告されている。

　超高真空下で銅（001）面が露出している基板表面にジカルボン酸配位子を蒸着し，さらにその上に鉄原子を蒸着する。蒸着された基板表面を加熱し，基板上で金属イオンと配位子を拡散させると再安定な構造に落ち着き，基板上に二次元の錯体ネットワークが構築される。この鉄原子

[*1]　Kenji Hirai　京都大学　大学院工学研究科　合成・生物化学専攻　修士課程2年
[*2]　Shuhei Furukawa　京都大学　物質―細胞統合システム拠点　特任准教授

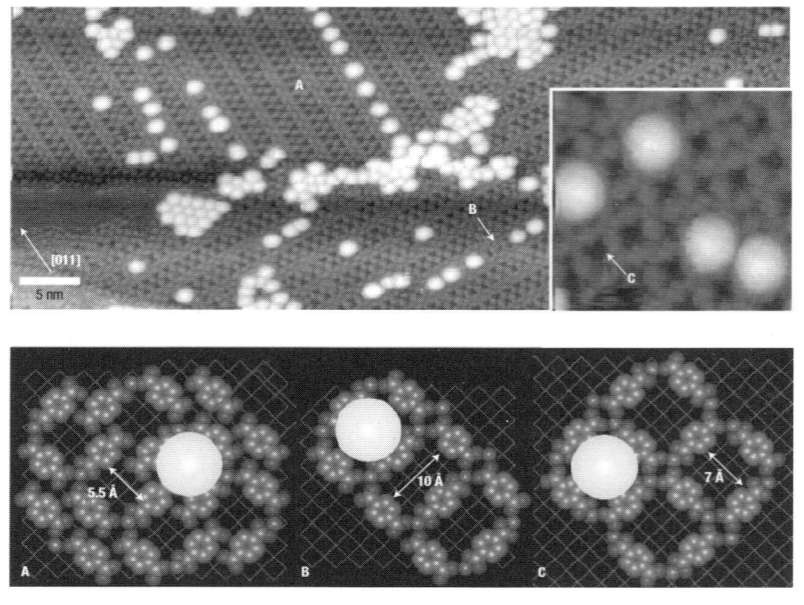

図1 基板表面上の二次元錯体ネットワークのSTM画像
S. Stepanow, M. Lingenfelder, A. Dmitriev, H. Spillmann, E. Delvigne, N. Lin, X. Deng, C. Cai, J. V. Barth, K. Kern, *Nature Materials*, 3, 229-233 (2004)

とジカルボン酸配位子ネットワークの規則的な配列が走査型トンネル顕微鏡（STM）で観察された[1,2]（図1）。図1の画像中の円状のスポットはゲストとして蒸着したフラーレン分子であり、鉄イオンとジカルボン酸によって形成される空間の中に収まっている様子が確認されている。

また、基板上に三次元フレームワークを構築する試みも行われている。酸化銅のネットを金属イオンと配位子を含む反応溶液の中に入れ、密閉したテフロン容器を加熱することで、酸化銅ネットの表面に $[Cu_3(btc)_2]_n$[3]（btc＝benzene-1, 3, 5-tricarboxylate）（図2）の結晶膜の作製を行っている。$[Cu_3(btc)_2]_n$ は二核の銅イオンにbtcが四方向から配位することで、三次元のフレームワークを構成しており、水に対する安定性が非常に高い。$[Cu_3(btc)_2]_n$ は最初に報告した研究者の所属が香港大学であったため、HKUST-1（Hong Kong University of Science and Technology-1）と呼ばれている。このHKUST-1薄膜を分子ふるいとして、水素：二酸化炭素：窒素：酸素＝1：1：1：1の混合ガスを通過させると、水素：二酸化炭素：窒素：酸素＝6：1：1：1の組成のガスが得られ、水素分子以外を選択的に吸着することが明らかになった。このように多孔性配位高分子を薄膜化することも可能であり、分離膜としての応用の期待も高まっている[4]（図3）。

3.1.2 SAMs上の多孔性配位高分子膜

SAMsによって導入された配位サイトから結晶成長を行う利点は化学結合によって結晶を強く固定できる点である。基板としては金基板を用いるものが多く、末端に配位サイトを有するチオール誘導体によって金基板表面にSAMsによる配位サイトを導入し、この配位サイトから結

第6章　表面

金属周辺の配位状態　　　3次元フレームワーク

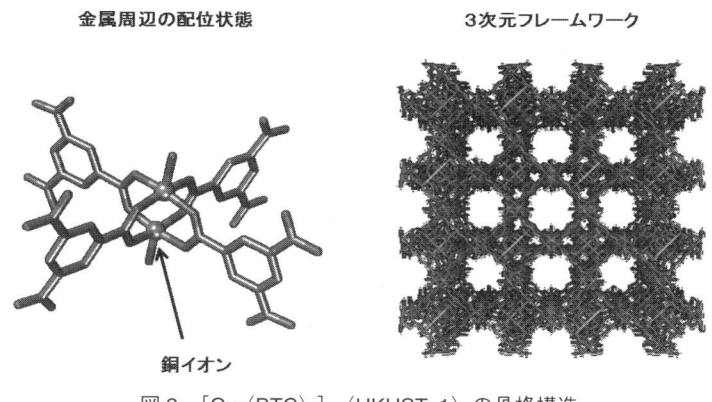

銅イオン

図2　$[Cu_3(BTC)_2]_n$（HKUST-1）の骨格構造

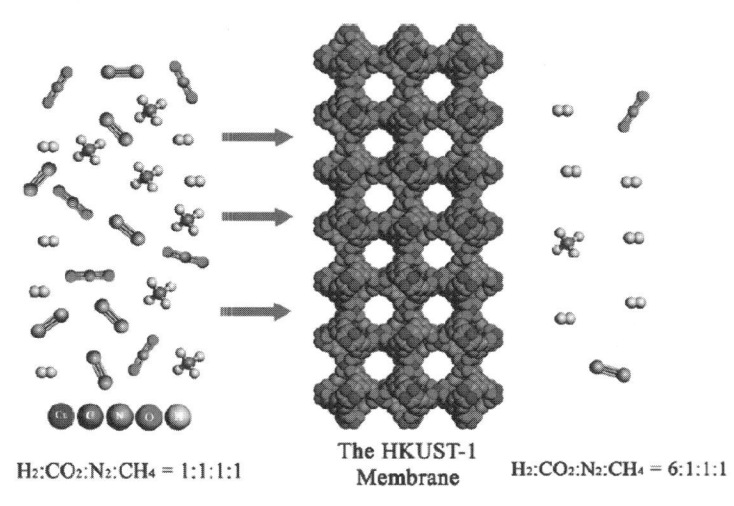

$H_2:CO_2:N_2:CH_4 = 1:1:1:1$　　The HKUST-1 Membrane　　$H_2:CO_2:N_2:CH_4 = 6:1:1:1$

図3　HKUST-1の分離膜
H. Guo, G. Zhu, I. J. Hewitt, S. Qiu, *J. Am. Chem. Soc.*, 131, 1646-1647（2009）

晶成長を行うことで，基板表面の垂直方向に配向を揃えて結晶成長を行うことが可能である。

　SAMs上での薄膜化においても図2のHKUST-1を用いた薄膜の研究が数多く行われている。ヒドロキシル基末端のチオール誘導体とカルボキシル基末端のチオール誘導体の二種類を用いて，金基板上にヒドロキシル基SAMsとカルボキシル基SAMsをそれぞれ作製する。ヒドロキシル基SAMs上でHKUST-1の合成を行うと，HKUST-1の構成要素である二核の銅イオンのアキシアル位に合成時に配位していた水分子が，ヒドロキシル基SAMsと交換することで，［１１１］方向に配向が揃った結晶膜が生成する。またカルボキシル基SAMsはbtcのカルボン酸に置き換わることが可能であり，二核の銅イオンにエカトリアル位から配位可能であるため，［１００］方向に配向が揃って結晶が成長する。比較で行ったメチル基SAMsでは配向が揃った結晶成長は観測されず，SAMs上に導入された配位サイトの効果により結晶成長の方向を制御可能であ

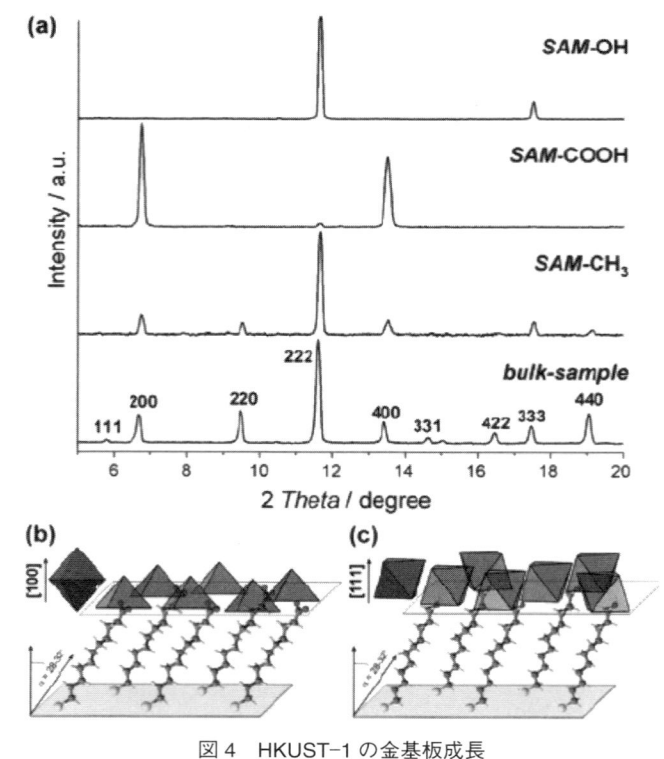

図4 HKUST-1の金基板成長
E. Biemmi, C. Scherb, T. Bein, *J. Am. Chem. Soc.*, 129, 8054-8055 (2007)

ることが明らかとなった[5]（図4）。結晶の配向が揃うことで細孔方向を揃えることが可能となり，より効率的な吸着・分離機能が期待できる。また金基板上にピリジンSAMsを導入し，「溶液に浸漬」→「洗浄」→「乾燥」という操作を繰り返すことで，3成分の構成要素で構築される$[Cu(pzdc)_2(pyz)]_n$（pzdc = pyrazine-2, 3-dicarboxylate, pyz = pyrazine）[6]（図5）においても配向が揃った結晶成長を行うことが可能であることが報告されている[7]。

金基板上に成長させた多孔性配位高分子膜で吸着能の評価を行う研究も行われている。水晶振動子マイクロバランス法（QCM）と呼ばれる水晶振動子の振動数の変化により微小量の分子吸着を検出可能な装置を用いて，金基板上に成長させたHKUST-1で水の吸着測定が報告された[8]。この手法を用いることで，多孔性配位高分子膜の機能評価を行うことも可能であり，分離膜や吸着チップとしての利用が期待されている。

また結晶膜の厚さを制御する試みも行われている。上記の方法はSAMs上に一段階で結晶成長させる方法で行われてきたが，段階的に結晶成長を行う方法が報告されている。SAMsを導入した基板を「金属イオンの溶液に浸漬」→「洗浄」→「配位子の溶液に浸漬」→「洗浄」という操作を繰り返すことで段階的なフレームワーク形成を行い，成長過程を制御する試みが行われている。さらに，この手法では金表面に分子が積層したことによる表面プラズモンの変

第6章 表面

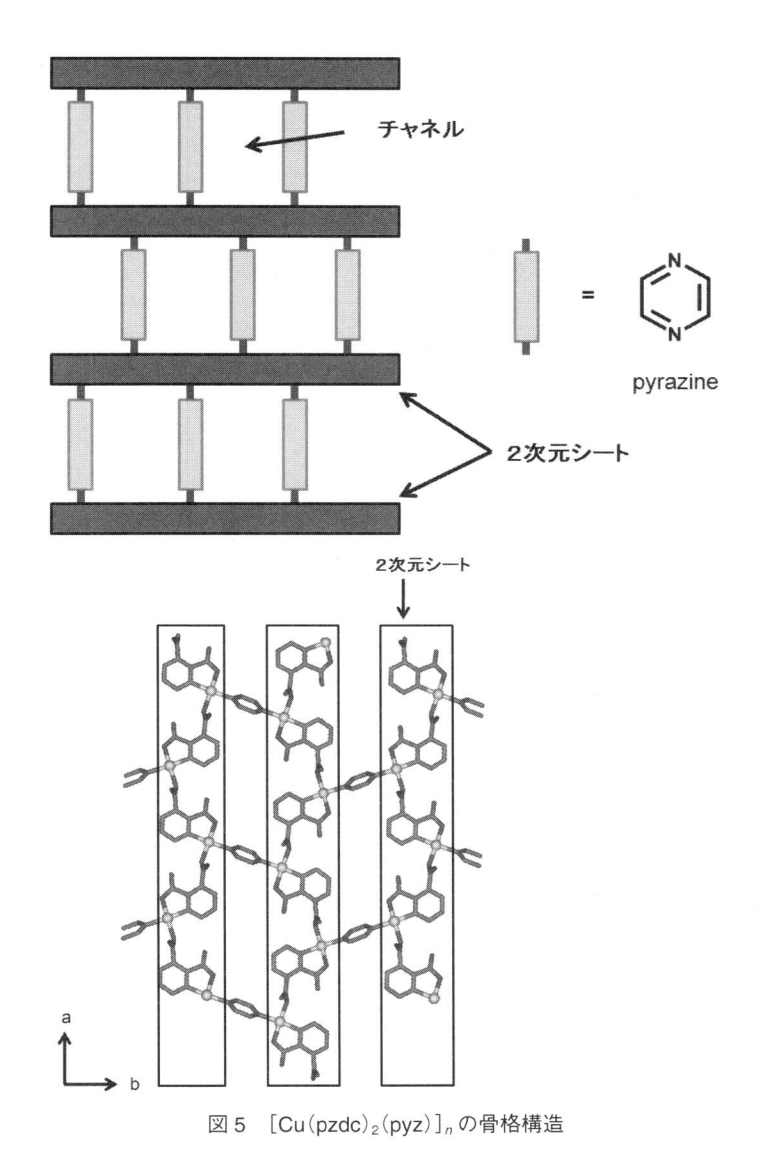

図5 [Cu(pzdc)₂(pyz)]$_n$の骨格構造

化を測定することで，成長過程を観測することが可能であり，成長メカニズムの解明と新たな合成方法の開発が行われている[9,10]。

多数の結晶構造を同時に生成してしまうため結晶性が低く，アモルファスとしてしか得られなかった錯体もこの手法を用いて，基板上で結晶化することが最近明らかになった[11]。この構造の解析は大型放射光施設 SPring-8 においてビームライン 13 XU における表面 X 線回折測定によって行われており，測定技術の進歩によって様々なことが分かるようになってきている。原子レベルで平坦なサファイア基板上にシランカップリングで SAMs を作製し，ジチオオキサミドと銅イオンから構成されるルベアン酸銅錯体[12,13]を成長させることに成功している（図6）。ルベ

骨格構造

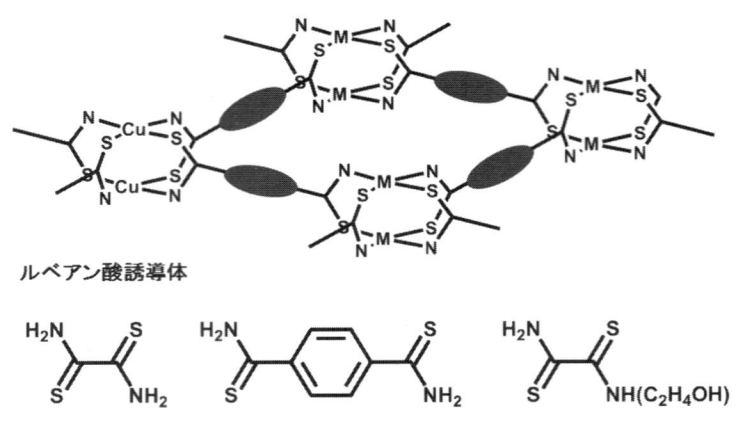

図6 基板上の多孔性配位高分子複合膜

アン酸銅錯体はイオン電導性が高く，燃料電池や電極触媒への応用が期待されている。

また基板成長によって通常の合成方法では得られない構造を形成することも可能であることも報告されている。大きな空隙を有する構造体は不安定であるため，長い配位子を構成要素とする多孔性配位高分子では相互に貫入した構造を形成することで構造を安定化している。相互貫入型構造は二種類のフレームワークが別個に動くことが可能であるため動的で柔軟な構造を有する利点がある反面，空隙率が低下するという難点も抱えている。基板から多孔性配位高分子の結晶成長を行うことで，相互貫入型構造を形成することなく，フレームワークを構築することに成功し，通常の合成方法では得られない構造体を基板上に構築できることが示された[14]（図7）。SAMsを用いた基板上での薄膜化の技術はこの5年で大きく進んでおり，今後ますますの発展が見込まれている。

3.2 複合型多孔性金属錯体

多孔性配位高分子の単結晶表面から，異なる多孔性配位高分子の結晶成長を行い，結晶を複合化する研究も報告されている。基板表面に導入したSAMsから結晶成長を行う方法では基板垂直方向の配向は揃うが，面内の配向はSAMsの配列に依存するため，面内の配向を揃えることは出来なかった。多孔性配位高分子の結晶表面には配位サイトが規則的に配列しているため，3次元で配向が揃った結晶成長が期待できる。結晶の複合化の方法として，格子定数がほぼ等しい同型のフレームワークで複合化を行うと，個々の細孔を塞ぐことなく異なる細孔を繋ぐことが可能になる。このような下地の結晶表面の構造を反映した結晶成長を行う方法をエピタキシャル成長と呼び，薄膜結晶を作製する重要な技術である。

この研究で用いられた多孔性配位高分子では二核の金属イオンをジカルボン酸配位子が四方向から架橋し，窒素系配位子が上下二方向から配位することで三次元のフレームワークを構築して

第 6 章　表面

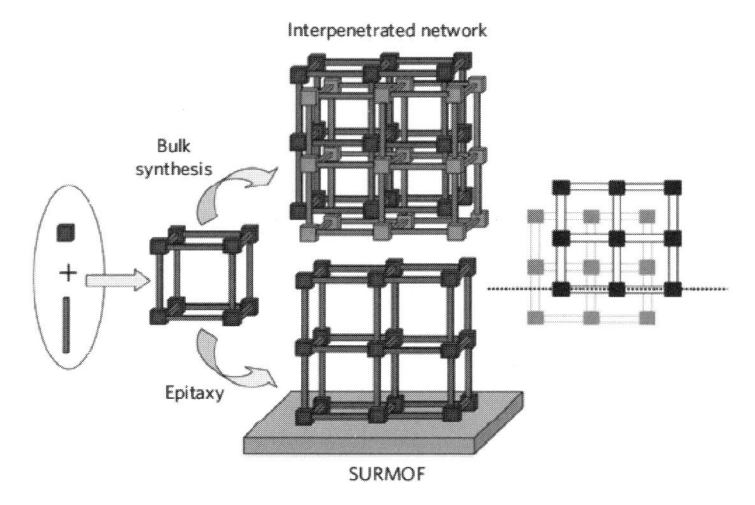

図 7　相互貫入型構造の制御
O. Shekhah, H. Wang, M. Paradinas, C. Ocal, B. Schüpbach, A. Terfort,
D. Zacher, R. A. Fischer, C. Wöll, *Nature Materials*, in press

金属イオン　　ジカルボン酸　　窒素系配位子

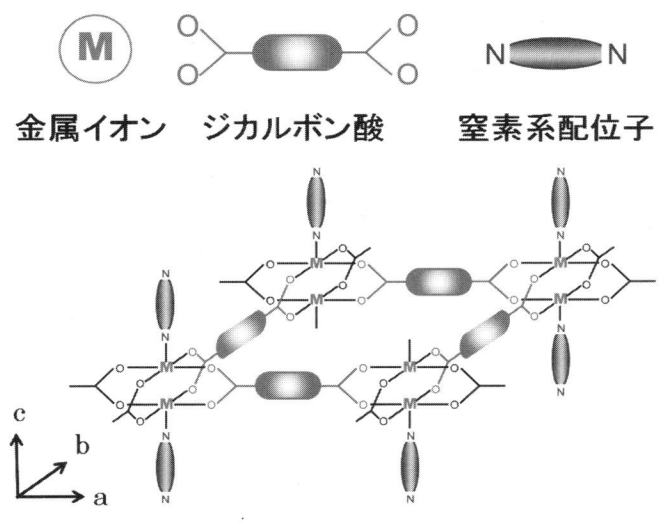

図 8　[Metal$_2$(ndc)$_2$(dabco)]$_n$ の骨格構造

いる。この骨格構造は配位子を自在に組み込むことが可能であり，様々な配位子を用いて系統的な合成が報告されている（図 8）。[Zn$_2$(ndc)$_2$(dabco)]$_n$[15,16]（ndc = 1, 4-naphthalene dicarboxylate, dabco = 1, 4-diazabicyclo[2.2.2]octane）の単結晶表面に [Cu$_2$(ndc)$_2$(dabco)]$_n$ の結晶膜の成長を行った。骨格構造の空間群は正方晶であり，亜鉛錯体と銅錯体では c 軸方向の格子定数はほぼ等しいが，a, b 軸方向では約 0.1Å 異なる。大型放射光施設 SPring-8 においてビームライン 13 XU における表面 X 線構造解析を行った結果，二つのフレームワーク間の構造相関を

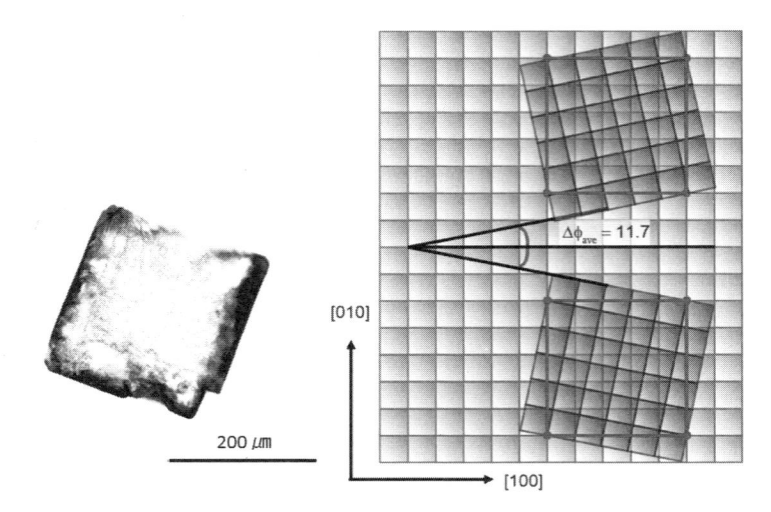

図9 複合結晶断面図，界面構造

明らかにした。（１００）面の接合においてはエピタキシャル成長する一方で，（００１）面の接合においては面内で約12度回転して成長していることが明らかになった（図9）。このような面内で回転した結晶が成長する原因は，格子定数の差によって生じた歪みを緩和するためであるとされている。また，数マイクロメートルの粉末結晶としてしか得られなかった $[Cu_2(ndc)_2(dabco)]_n$ が $[Zn_2(ndc)_2(dabco)]_n$ 単結晶表面を構造テンプレートとすることで，20マイクロメートルの単結晶として成長した。これまで単一の機能を追求するために様々な配位子をフレームワーク中に組み込む努力が行われてきたが，この手法により，複数の機能を単一結晶内に統合することが可能になり，分離・反応・貯蔵の機能が連動した高度な多孔性材料の開発が期待できる[17]。

文　　　献

1) A. Dmitriev, H. Spillmann, N. Lin, J. V. Barth, K. Kern, *Angew. Chem. Int. Ed.*, **42**, 2670-2673（2003）
2) S. Stepanow, M. Lingenfelder, A. Dmitriev, H. Spillmann, E. Delvigne, N. Lin, X. Deng, C. Cai, J. V. Barth, K. Kern, *Nature Materials*, **3**, 229-233（2004）
3) S. S.-Y. Chui, S. M.-F. Lo, J. P. H. Charmant, A. G. Orpen, I. D. Williams, *Science*, **283**, 1148-1150（1999）
4) H. Guo, G. Zhu, I. J. Hewitt, S. Qiu, *J. Am. Chem. Soc.*, **131**, 1646-1647（2009）
5) E. Biemmi, C. Scherb, T. Bein, *J. Am. Chem. Soc.*, **129**, 8054-8055（2007）
6) M. Kondo, T. Okubo, A. Asami, S. Noro, T. Yoshitomi, S. Kitagawa, T. Ishii, H. Matsuzaka,

K. Seki, *Angew. Chem. Int. Ed.*, **38**, 143-147 (1999)
7) M. Okubo, W. Chaikittisilp, T. Okubo, *Chem. Mater.*, **20**, 2887-2889 (2008)
8) E. Biemmi, A. Darga, N. Stock, T. Bein, *Micropor. Mesopor. Mater.*, **114**, 380-386 (2008)
9) O. Shekhah, H. Wang, T. Strunskus, P. Cyganik, D. Zacher, R. A. Fischer, C. Wöll, *Langmuir*, **23**, 7440-7442. (2007)
10) O. Shekhah, H. Wang, S. Kowarik, F. Schreiber, M. Paulus, M. Tolan, C. Sternemann, F. Evers, D. Zacher, R. A. Fischer, C. Wöll, *J. Am. Chem. Soc.*, **129**, 15118-15119 (2007)
11) K. Kanaizuka, R. Haruki, O. Sakata, M. Yoshimoto, Y. Akita, H. Kitagawa, *J. Am. Chem. Soc.*, **130**, 15778-15779 (2008)
12) M. Fujishima, S. Kanda, T. Mitani, H. Kitagawa, *Synth. Met.*, **119**, 485 (2001)
13) H. Kitagawa, Y. Nagao, M. Fujishima, R. Ikeda, S. Kanda, *Inorg. Chem. Commun.*, **6**, 346 (2003)
14) O. Shekhah, H. Wang, M. Paradinas, C. Ocal, B. Schüpbach, A. Terfort, D. Zacher, R. A. Fischer, C. Wöll, *Nature Materials*, in press.
15) D. N. Dybtsev, H. Chun, K. Kim, *Angew. Chem. Int. Ed.*, **43**, 5033-5036 (2004)
16) H. Chun, D. N. Dybtsev, H. Kim, K. Kim, *Chem Eur., J.* **11**, 3521-3529 (2005)
17) S. Furukawa, K. Hirai, K. Nakagawa, Y. Takashima, R. Matsuda, T. Tsuruoka, M. Kondo, R. Haruki, D. Tanaka, H. Sakamoto, S. Shimomura, O. Sakata, S. Kitagawa, *Angew. Chem. Int. Ed.*, **48**, 1766-1770 (2009)

第7章 光物性

1 一般論

1.1 はじめに

小島憲道*

　遷移金属イオンの周りを取り囲む配位空間は遷移金属イオンの電子状態に大きな影響を与え，多彩な光学的性質に反映される。遷移金属錯体の色の原因として，中心金属イオンにおける分裂したd軌道間の電子遷移（配位子場遷移）のほか，金属—配位子間の電荷移動や金属イオン間の電荷移動によるものがあり，電荷移動遷移と呼ばれている。電荷移動遷移は3種類に分類することができる。①配位子の軌道から金属イオンのd軌道への電荷移動遷移：LMCT（<u>L</u>igand-<u>M</u>etal <u>C</u>harge <u>T</u>ransfer），②金属イオンのd軌道から配位子の軌道への電荷移動遷移：MLCT（<u>M</u>etal-<u>L</u>igand <u>C</u>harge <u>T</u>ransfer），③低原子価状態の金属イオンから高原子価状態の金属イオンへの電荷移動遷移：IVCT（<u>I</u>nter-<u>V</u>alence <u>C</u>harge <u>T</u>ransfer）。LMCTとしては過マンガン酸イオン[MnO_4]$^-$の濃赤紫色，MLCTとしては[$Fe(phen)_3$]$^{2+}$（phen＝フェナントロリン）の赤色が代表的な例であり，IVCTとしてはプルシアンブルー$Fe^{III}_4[Fe^{II}(CN)_6]_3 \cdot 15H_2O$の濃青色などが代表的な例である。ここでは，遷移金属錯体を主な対象として，配位子場遷移および電荷移動遷移に基づく光物性について解説する。

1.2 配位子場遷移（d—d遷移）

　孤立した遷移金属イオンで5重に縮退していたd軌道は，正八面体型金属錯体では，2重に縮退したe_g軌道（$d_{x^2-y^2}$, d_{z^2}軌道）と3重に縮退したt_{2g}軌道（d_{xy}, d_{yz}, d_{zx}軌道）に分裂する。この分裂を配位子場分裂といい，正八面体型錯体では$10Dq$で表される。配位子場分裂パラメータ（Dq）は金属—配位子間距離（a）およびd軌道半径（$\bar{r}$）と次式のような関係がある。

$$D = \frac{35\,Ze}{4\,a^5}, \quad q = \frac{2\,e\bar{r}^4}{105} \tag{1}$$

　ここで，$-Ze$は配位子の電荷の大きさを表す。式(1)からわかるように，Dは中心金属イオンに配位する配位子の情報を含み，qは静電場の作用を受けるd電子の情報を含んでいる。式(1)は点電荷モデルに立脚して定式化したものであるが，実際には金属イオンと配位子間に働く共有結合性の効果をパラメーターの中に加味したものになっている。中心金属イオンにおけるd軌道間の電子遷移は配位子場遷移と呼ばれるが，d電子が複数存在する場合，d—d遷移による強い吸収スペクトル（スピン許容遷移）の数は群論により予測することができる。

＊ Norimichi Kojima　東京大学　大学院総合文化研究科　教授

第7章 光物性

 例としてd^6電子系の高スピン状態と低スピン状態を考えてみよう。d^6電子系における高スピン状態の場合，基底状態の電子配置は$(t_{2g}^4 e_g^2)$である。ここで光を吸収して3d電子がt_{2g}軌道からe_g軌道に遷移すると，励起状態の電子配置は$(t_{2g}^3 e_g^3)$となる。t_{2g}軌道に3電子収容された状態は正八面体対称場における既約表現A_2で表すことができ，e_g軌道に3電子収容された状態は既約表現Eで表すことができる。したがって，励起状態における電子配置$(t_{2g}^3 e_g^3)$の既約表現はA_2とEの直積$A_2 \times E = E$で表すことができる。すなわち，2重に縮重した1本の$t_{2g} \rightarrow e_g$遷移が観測されることになる。一方，d^6電子系における低スピン状態の場合，基底状態の電子配置は(t_{2g}^6)である。ここで光を吸収して3d電子がt_{2g}軌道からe_g軌道に遷移すると，励起状態の電子配置は$(t_{2g}^5 e_g)$となる。t_{2g}軌道に5電子収容された状態は既約表現T_2で表すことができ，e_g軌道に1電子収容された状態は既約表現Eで表すことができる。したがって，励起状態における電子配置$(t_{2g}^5 e_g^1)$の既約表現はT_2とEの直積$T_2 \times E = T_1 + T_2$で表すことができる。すなわち，3重に縮重した2本の$t_{2g} \rightarrow e_g$遷移が観測されることになる。これを3d^6電子系における田辺・菅野準位図で眺めてみる。

 球対称場に置かれた自由な金属イオンでは，3d軌道に電子が複数占有されている多電子系の電子準位は電子全体の合成スピンSと全軌道角運動量Lとで特徴づけられ，^{2S+1}Lのように書き表される。これらの多重項はd電子間クーロン相互作用によりエネルギー間隔が決定される。3d^6電子系では低エネルギー側から$^5D, ^3H, ^3P, ^3F, ^3G, ^1I, \cdots, ^1G$の順に13種類の多重項が現れる。d電子間クーロン相互作用はt_{2g}軌道およびe_g軌道の角度部分が球関数であるとすると，3個のラカー（Racah）パラメーター(A, B, C)で表される。ラカー・パラメーターA, B, CのうちAは，すべてのエネルギー準位に共通な一定のエネルギーを付与するだけであり，準位間のエネルギー差には関係しない。また，BとCの間には金属イオンにほとんど依存しない一定の比例関係があるので，多重項のエネルギーをEとして，縦軸をE/B，横軸をDq/Bにとったエネルギー準位図を描くことができ，この準位図を田辺・菅野準位図と呼んでいる。図1は3d^6電子系における田辺・菅野準位図である[1]。$Dq/B = 0$における縦軸のエネルギーE/Bは，孤立した自由イオンにおける3d^6電子系のエネルギーを示しており，13種類の多重項が縦軸に表示されている。横軸Dq/Bが有限の値をとることは，金属イオンの周りの対称性が球対称場から正八面体対称場に移ることを意味しており，既約表現も球対称場の既約表現から正八面体場の既約表現に移行する。したがって，孤立した自由イオンにおける3d^6電子系の多重項$^5D, ^3H, ^3P, ^3F, ^3G, ^1I, \cdots, ^1G$は，それぞれ$^5D \rightarrow (^5E + {}^5T_2), ^3H \rightarrow (^3E + {}^3T_1 + {}^3T_1 + {}^3T_2), ^3P \rightarrow {}^3T_1, ^3F \rightarrow (^3A_2 + {}^3T_1 + {}^3T_2), \cdots$のように分裂し，田辺・菅野準位図ができ上がる。なお，多重項のエネルギーは基底多重項のエネルギーを原点としている。

 孤立した自由イオンにおける基底多重項^5Dは正八面体対称場では$^5T_2, ^5E$に分裂し，$Dq/B < 2$の領域では高スピン状態である$^5T_2 (t_{2g}^4 e_g^2)$が基底状態になる。この領域では，自由イオンにおける基底多重項^5Dから派生した$^5E(t_{2g}^3 e_g^3)$が基底状態$^5T_2$と同じスピン多重度をもつ唯一の多重項であるため，スピン許容d—d遷移は1本観測される。$Dq/B > 2$の領域ではフント則

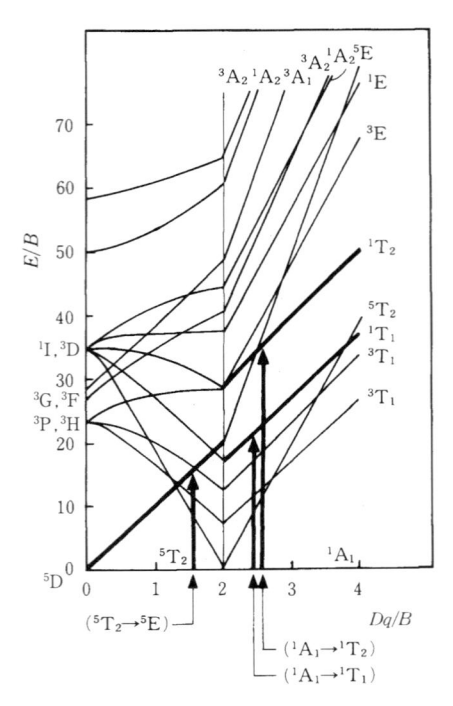

図1 d^6電子系の田辺・菅野準位図
[Y. Tanabe, S. Sugano, *J. Phys. Soc. Jpn.*, **9**, 753 (1954)]

が破れ，低スピン状態 $^1A_1(t_{2g}^6)$ が基底状態になる。基底状態 $^1A_1$ と同じスピン1重項は励起状態として多数存在するが，1つの電子が t_{2g} 軌道から e_g 軌道に励起された電子配置 $(t_{2g}^5 e_g)$ のスピン1重項は低エネルギー側の2準位（$^1T_1, ^1T_2$）しかなく，他のスピン1重項の傾きは $^1T_1, ^1T_2$ の傾きの2倍以上であることがわかる。このことは，$^1A_1 \rightarrow {}^1T_1, ^1T_2$ は1つの電子が t_{2g} 軌道から e_g 軌道に励起する遷移に対応し，それ以外のスピン1重項状態への遷移は2つ以上の電子が t_{2g} 軌道から e_g 軌道に励起する遷移（多電子遷移）に対応していることがわかる。1光子で2つ以上の電子を励起する電子遷移は本質的に禁制であり，観測されない。このようにして，$Dq/B > 2$ の領域ではスピン許容 d—d 遷移は2本観測される。

1.3 配位子場遷移による光物性：光誘起スピンクロスオーバー転移

一般にd電子の数が4〜7の遷移金属イオンでは，基底状態として二つの可能性がある。即ち，配位子場が弱ければフント則が成立ち高スピン状態をとるが，配位子場が強くなるとフント則が破れ低スピン状態をとる。基底状態として高スピン状態と低スピン状態が競合する領域にあり，温度や圧力などで基底状態のスピン状態が変化する錯体はスピンクロスオーバー錯体と呼ばれ，これまで，Fe錯体やCo錯体などで数多く報告されている。図2はスピンクロスオーバー錯体 $[Fe(ptz)_6](BF_4)_2$（ptz = 1-propyltetrazole）の光吸収スペクトルである[2]。この錯体は低温で低

第7章　光物性

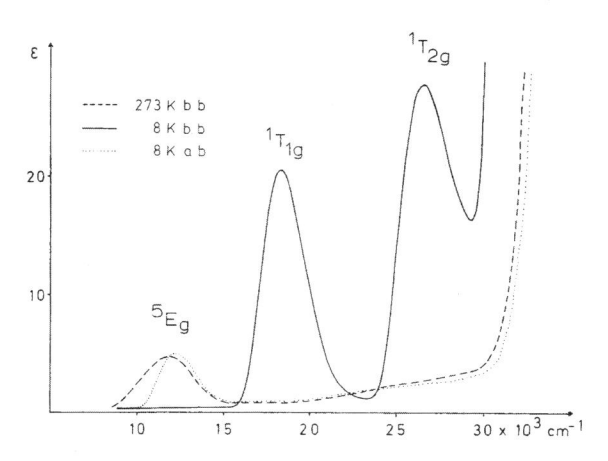

図2　[Fe(ptz)$_6$](BF$_4$)$_2$の光吸収スペクトル
[S. Decurtins, P. Gütlich, K. M. Hasselbach, A. Hauser, H. Spiering, *Inorg. Chem.*, 24, 2174 (1985)]

スピン状態 $^1A_1(t_{2g}^6)$ をとり，基底状態は非磁性であるが，120 K 付近で低スピン・高スピン転移（スピンクロスオーバー転移）が起こり，基底状態が高スピン状態 $^5T_2(t_{2g}^4e_g^2)$ に変化する。前項で示したように，d^{6}電子系における低スピン―高スピン転移を反映して，[Fe(ptz)$_6$](BF$_4$)$_2$のスピン許容 d―d 遷移による光吸収スペクトルは 120 K 以下では2本観測されるのに対し（図2の実線），120 K 以上では1本観測される（図2の破線）。

図2に示すように，8 K で [Fe(ptz)$_6$](BF$_4$)$_2$ に可視領域の光を照射すると低スピン状態における2本の d―d 遷移が消滅し，高スピン状態の d―d 遷移に相当する吸収スペクトルが 12,500 cm^{-1} 付近に現れる（図2の点線）。これは，低スピン状態においてスピン許容 d―d 遷移に対応する光照射を行った場合，励起状態に遷移した電子が緩和する過程で高スピン状態の基底状態にトラップされるためであり LIESST (Light Induced Excited Spin State Trapping) と呼ばれている。図3は田辺・菅野準位図に基づいて LIESST の原理を説明した図である[3]。低スピン状態において，$^1A_1 \rightarrow {}^1T_1$ 遷移に相当するレーザー光で $^1T_1$ 状態に励起された電子は，スピン3重項状態（$^3T_1$, $^3T_2$）を経由して低スピン状態の基底状態（$^1A_1$）と高スピン状態の基底状態（$^5T_2$）に緩和する。高スピン状態の基底状態（$^5T_2$）から低スピン状態の基底状態（$^1A_1$）へ緩和する時間は，スピン多重度の違いおよびポテンシャル障壁のため，低温では著しく長くなる。したがって，低スピン状態（$^1A_1$）にある錯体に対してレーザー光を照射し続けると，ほとんどの電子が高スピン状態にトラップされ，高スピン錯体となる。同様の機構でトラップされた高スピン状態の錯体に $^5T_2 \rightarrow {}^5E$ 遷移に相当するレーザー光を照射すると，^5E 状態に励起された電子は，スピン3重項状態を経由して低スピン状態の基底状態に緩和し，低スピン錯体となる。LIESST が発現するには，低スピン状態の励起状態（$^1T_1$）と高スピン状態の最低準位（$^5T_2$）の間にスピン3重項状態が存在することが必要である。LIEEST は光誘起相転移の研究対象として実験および理論の両面から研究されている[4]。

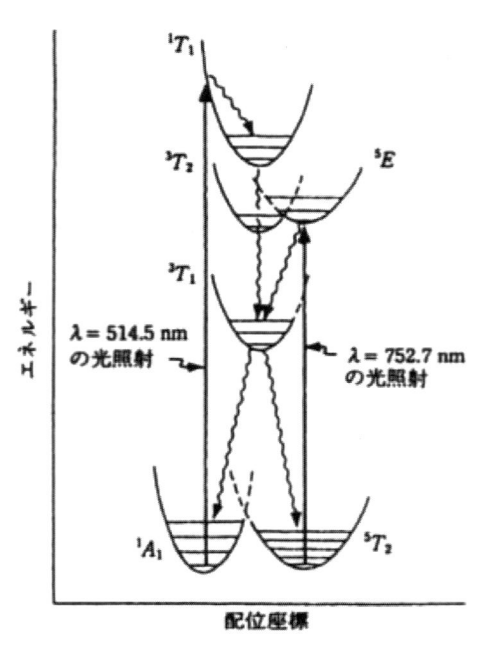

図3 d⁶電子系における光誘起低スピン・
高スピン転移（LIESST）の原理図
[A. Hauser, *Chem. Phys. Lett.*, **124**, 543（1986）]

1.4 電荷移動遷移（LMCT）による光物性：光誘起原子価互変異性

　配位子の軌道から金属イオンのd軌道への電荷移動遷移（LMCT）は多くの金属錯体で紫外領域から可視領域にかけて観測されるが，なかにはLMCTが近赤外領域から赤外領域にかけて観測される場合がある．このような場合，温度やLMCTに対応する光照射により配位子から金属イオンに電子が移動した励起状態が準安定状態として存続することがある．代表的な例としてCo(III)にカテコールが配位した錯体［Co(III)(pyz)(3,6-dbsq)(3,6-dbcat)］$_n$（pyz = pyrazine, 3,6-dbsq = 3,6-di-*tert*-butyl-1,2-semiquinonate, 3,6-dbcat = 3,6-di-*tert*-butyl-1,2-catecholate）があり，2,500 nm付近に3,6-dbcatからCo(III)へのLMCTが観測される[5]．この系に，LMCTに相当する2,500 nmの光を照射すると，3,6-dbcatは3,6-dbsqラジカルに変化し，またCoイオンはCo(III)の低スピン状態（t_{2g}^6, $S=0$）からCo(II)の高スピン状態（$t_{2g}^5 e_g^2$, $S=3/2$）に変化するため，Co—O間の結合距離が光照射前に比べ約0.2 Å伸びる．この系はピラジンを架橋とする配位高分子であるため，光誘起結晶振動が起こる．このような光誘起原子価互変異性は，多数報告されている[6]．

1.5 電荷移動遷移（MLCT）による光物性：光誘起連結異性

　配位子に不飽和結合が存在する場合，金属イオンのd軌道から配位子のπ*軌道への電荷移動

第7章　光物性

遷移（MLCT）が紫外領域から可視領域にかけて観測される。可視領域に MLCT が現れる金属錯体のなかで，ニトロシル錯体 $ML_5(NO)$（M＝遷移金属，L＝配位子）では，光誘起連結異性が発現する。例えば［$RuCl_5(NO)$］では，ニトロシル基（NO）の N 原子が Ru(Ⅱ) に配位しているが，MLCT に相当する光（350～600 nm）を照射することにより，ニトロシル基が横倒しになって配位した構造と逆向きに配位した構造という二種類の準安定構造が発現し，これらの準安定状態が数ヶ月も存続することが報告されている[7]。

1.6　電荷移動遷移（IVCT）による光誘起磁性

スピンクロスオーバー錯体における光誘起相転移は，鉄イオン内における低スピン状態と高スピン状態の変換に由来するものであるが，電荷移動遷移（IVCT）に相当する光照射により固体全体の磁気特性が変化する光誘起相転移がプルシアンブルー類似塩を中心として数多く報告されている[6]。その代表的な例として $K_{0.4}Co_{1.3}[Fe(CN)_6]\cdot 5H_2O$ がある[8]。$K_{0.4}Co_{1.3}[Fe(CN)_6]\cdot 5H_2O$ の結晶構造は，一辺を $Fe^{Ⅱ}-C\equiv N-Co^{Ⅲ}$ とする立方体から形成されている。Fe(Ⅱ) および Co(Ⅲ) はそれぞれ 6 個の C 原子および 6 個の N 原子で囲まれ，いずれも低スピン状態（t_{2g}^6, $S=0$）をとっている。この系において $Fe^{Ⅱ}-Co^{Ⅲ}$ 間電荷移動遷移に相当する光照射（500～750 nm）により非磁性のネットワーク $Fe^{Ⅱ}(t_{2g}^6, S=0)-C\equiv N-Co^{Ⅲ}(t_{2g}^6, S=0)$ からフェリ磁性のネットワーク $Fe^{Ⅲ}(t_{2g}^5, S=1/2)-C\equiv N-Co^{Ⅱ}(t_{2g}^5 e_g^2, S=3/2)$ に変換され非磁性体から $T_N=26$ K のフェリ磁性体に変化すること，また $Co^{Ⅱ}-Fe^{Ⅲ}$ 間電荷移動遷移に相当する 1319 nm の光照射により可逆的に元の非磁性のネットワークに戻ることが見出されている[8]。現在，様々なプルシアンブルー類似塩を対象に，金属イオン間電荷移動遷移に対応する光照射により磁性を制御する研究が精力的に行われている[6]。

1.7　電荷移動遷移（IVCT）による光誘起原子価転移

ペロブスカイト型構造を有するハロゲン架橋金混合原子価錯体 $Cs_2[Au^ⅠX_2][Au^ⅢX_4]$（X＝Cl, Br, I）は，常圧では分子性結晶の性格を持つ物質であるが，圧力下で半導体・金属転移や金属・金属転移を起こすなど，バンドモデルで解釈される物質に姿を変える。この系では圧力下で $Au^{Ⅰ,Ⅲ}\rightarrow Au^Ⅱ$ 原子価転移を起こし 2 種類の金属相が出現するが，このうち立方晶金属相は準安定相として常温常圧下で取り出すことができる[9]。このことは，$Au^Ⅰ\rightarrow Au^Ⅲ$ 電荷移動遷移に相当する光照射によって $Au^{Ⅰ,Ⅲ}$ 混合原子価状態から均一な $Au^Ⅱ$ 状態に転移・凍結する可能性を示唆するものであり，光誘起絶縁体・金属転移の可能性を持っている。最近，$Cs_2[Au^ⅠBr_2][Au^ⅢBr_4]$ において，$Au^Ⅰ-Au^Ⅲ$ 間電荷移動遷移に対応する光照射により混合原子価状態（$Au^{Ⅰ,Ⅲ}$）から単一原子価状態（$Au^Ⅱ$）への光誘起相転移がラマン分光法により見出されている[10]。Au-Br 伸縮モードは結晶格子が 2 倍周期である混合原子価状態ではラマン活性であるが，単一原子価状態になるとラマン不活性になる。実際，光照射により Au-Br 伸縮モードがラマン活性からラマン不活性になることにより，光誘起原子価転移が証明された。

1.8 共鳴エネルギー伝達と励起子

遷移金属イオンを含む化合物において，金属イオン間相互作用が強くなったり，金属イオンの濃度が増加すると，光によって励起された電子の励起エネルギーが金属イオン間を移動するようになる。これを共鳴伝達と呼んでいる。共鳴伝達が起こる単位時間あたりの確率は次式で表される。

$$P_{AB} = (2\pi/\hbar) \ |<a, b^*|H_{AB}|a^*, b>|^2 \int f_{a^*a}(E) f_{b^*b}(E) \, dE \tag{2}$$

ここで，$f_{a^*a}(E)$ は $a \rightarrow a^*$ 遷移によるスペクトル形状を表し，$\int f_{a^*a}(E) dE = 1$ である。H_{AB} がクーロン相互作用の場合，その共鳴伝達を Förster 機構と呼び，H_{AB} が交換相互作用の場合，その共鳴伝達を Dexter 機構と呼んでいる。クーロン相互作用 H_{AB} は2つの原子 A，B の原子間距離 R について多重極展開することができ，双極子—双極子相互作用，双極子—四極子相互作用，四極子—四極子相互作用などの項で表される。一方または両方の局在中心で電気双極子遷移が禁制の場合は，双極子—四極子相互作用，四極子—四極子相互作用が支配的になる。双極子—双極子相互作用，双極子—四極子相互作用，四極子—四極子相互作用による単位時間あたりの共鳴伝達の確率は，それぞれ R^{-6}, R^{-8}, R^{-10} に比例することがわかる。交換相互作用による共鳴伝達は，スピン禁制遷移における共鳴伝達で重要となる。

遷移金属イオンが規則的に配列した化合物においては，d—d 遷移のような不完全殻電子が結晶の中でつくる多重項間の励起はエネルギーの共鳴伝達によって結晶全体に伝播するが，これを励起子（フレンケル励起子）と呼んでいる。結晶の中を伝播する励起子伝達の大きさは励起エネルギーの分散（k ベクトル依存性）やダビドフ分裂に反映される。結晶の単位胞に2個以上の局在励起中心がある場合，異なる部分格子間の励起子伝達が励起子の分裂として反映されるが，この分裂をダビドフ分裂と呼んでいる。フレンケル励起子は，原子または分子内の励起による電子分極波と見なすことができるが，電子分極の空間の広がりという観点でフレンケル励起子の反対の極限にあるのがワニア励起子である。半導体において，バンド間遷移により価電子帯の電子が伝導帯に励起された場合，価電子帯には大きさが等しく反対向きの k ベクトルをもつ正孔が残されるが，価電子帯の電子は正孔のつくるクーロン場の中に束縛された状態を形成し，伝導帯の低エネルギー側に離散準位が現れる。これをワニア励起子と呼び，その半径は結晶の原子間距離よりはるかに大きい。

磁性化合物における励起子の伝達はスピン整列状態に大きく依存する。スピン許容遷移においては，隣接スピンが平行の場合はクーロン相互作用と交換相互作用によって励起子は伝達するが，スピンが反平行の場合はクーロン相互作用による励起子伝達のみである。スピン禁制遷移においては，隣接スピンが平行の場合には交換相互作用による励起子伝達が可能であるが，スピンが反平行の場合には励起子伝達は起こらない。これは励起子伝播の前後でスピンの角運動量が保存されないからである。しかし，反強磁性体におけるスピン禁制遷移でもスピンの向きの角度が反平

第7章 光物性

行から傾いている場合には，その平行成分を通して交換相互作用による励起子伝達が可能になる．

1.9 非線形光学効果

物質に入射した電磁波が十分に強い場合，電磁波によって誘起された電気分極（P）は次式で書き表される．

$$P = \varepsilon_0 \{\chi^{(1)}(\omega_1)E(\omega_1) + \chi^{(2)}(\omega_0;\omega_1,\omega_2)E(\omega_1)E(\omega_2) + \chi^{(3)}(\omega_0;\omega_1,\omega_2,\omega_3)$$
$$E(\omega_1)E(\omega_2)E(\omega_3) + \cdots\}$$
$$= P^{\mathrm{L}} + P^{\mathrm{NL}} \tag{2}$$

ここで，P^{L} および P^{NL} はそれぞれ線形分極および非線形分極であり，$\chi^{(1)}$ は線形感受率，$\chi^{(2)}$ および $\chi^{(3)}$ は2次および3次の非線形感受率である．

反転対称性をもつ物質では，偶数次の非線形感受率はすべて0になる．たとえば，$\chi^{(2)}$ が有限の値をとるためには，結晶は反転対称性を持たないことが必要であるが，このような結晶は圧電性をもち，圧電係数を表すテンソルと $\chi^{(2)}$ のテンソルは同じ形をしている．2次の非線形感受率が有限の値をもつ場合，振動数が ω_1, ω_2 である光が物質に入射すると，振動数 $\omega_0 = \omega_1 + \omega_2$ および $\omega_0 = \omega_1 - \omega_2$ の非線形分極が物質中に誘起され，入射光の和および差の振動数をもつ電磁波が放出される．これらをそれぞれ和周波および差周波発生と呼んでいる．また，$\omega_1 = \omega_2$ の場合，$\omega_0 = 2\omega_1$ の電磁波が発生するが，これを第2高調波発生（SHG：Second Harmonic Generation）と呼んでいる．また，$\omega_0 = \omega_1 - \omega_1 = 0$ の場合，物質に直流の電圧を印加したのと同じ状態になるため，これを光整流と呼んでいる．反転対称性を持たない磁性体では，磁気秩序に伴って第2高調波が発生するが，この現象を磁化誘起第2高調波発生（MSHG）と呼んでいる[11]．なお，MSHGは反転対称性をもつバルクな結晶では生じないが，対称性が破れる表面や界面で生じるため，表面における光物性現象として注目されている．

3次の非線形感受率はどのような物質でも一般に有限の値をもっており，これに起因する非線形光学効果として第3高調波発生（THG：Third Harmonic Generation）や種々の光混合が発生する．また，3次の非線形光学効果として2光子吸収やラマン散乱が現れる．いま，物質に振動数が ω_1, ω_2 である光が物質に入射した場合，3次の非線形項まで取り入れた振動数 ω_1 で振動する電気分極は次式で表される．

$$P(\omega_1) = \varepsilon_0\{\chi^{(1)}E(\omega_1) + \chi^{(3)}E(\omega_1)|E(\omega_1)|^2 + \chi^{(3)}E(\omega_1)|E(\omega_2)|^2\} \tag{3}$$

ここで，感受率 χ の実部は屈折率に，虚部は吸収係数に関係している．多くの場合，$\chi^{(3)}$ の実部である屈折率は正であり，式(3)より光の強度の強い所ほど屈折率は大きくなる．したがって，物質に入射する光の中心部ほど光の強度が強いため光束がひとりでに絞られることになる．これを自己集束効果と呼んでいる．$\chi^{(3)}$ の虚部に関しては，振動数 ω_1 の光に対する吸収係数が同時に入射する振動数 ω_2 の光の強度に比例する成分をもつことになる．$\chi^{(3)}$ の虚部が正の場合には，振

動数 ω_1, ω_2 の 2 光子吸収や，振動数 ω_2 の光の誘導放出と同時に振動数 ω_1 の光を吸収する逆ラマン効果が現れる。また，$\chi^{(3)}$ の虚部が負の場合には，振動数 ω_1, ω_2 の光の誘導放出による 2 光子放出や振動数 ω_2 の光の吸収と同時に振動数 ω_1 の誘導放出による誘導ラマン散乱が現れる。

文　　献

1) Y. Tanabe, S. Sugano, *J. Phys. Soc. Jpn.*, **9**, 753 (1954)
2) S. Decurtins, P. Gütlich, K. M. Hasselbach, A. Hauser, H. Spiering, *Inorg. Chem.*, **24**, 2174 (1985)
3) A. Hauser, *Chem. Phys. Lett.*, **124**, 543 (1986)
4) "*Spin Crossover in Transition Metal Compounds.*", ed. P. Gütlich and H. A. Goodwin, Springer (2004)
5) O. S. Jung, C. G. Pierpont, *J. Am. Chem. Soc.*, **116**, 2229 (1994)
6) O. Sato, J. Tao, Y. Z. Zhang, *Angew. Chem. Int. Ed.*, **46**, 2152 (2007)
7) M. D. Carducci, M. R. Pressprich, P. Coppens, *J. Am. Chem. Soc.*, **119**, 2669 (1997)
8) O. Sato, Y. Einaga, T. Iyoda, A. Fujishima, K. Hashimoto, *J. Electrochem. Soc.*, **144**, 11 (1997)
9) N. Kojima, *Bull. Chem. Soc. Jpn.*, **73**, 1445 (2000)
10) X. J. Liu, Y. Moritomo, M. Ichida, A. Nakamura, N. Kojima, *Phys. Rev. B*, **61**, 20 (2000)
11) 『新しい磁気と光の科学』，菅野暁，小島憲道，佐藤勝昭，対馬国郎編，第 3, 6 章，講談社サイエンティフィク (2001)

2 蒸気応答性発光材料

加藤昌子*

2.1 はじめに

　温度，圧力，光などの外部刺激により発色や発光を変化させる物質は，昔から多くの化学者の関心を集めてきた。光吸収や発光変化のみならず，複屈折，二色性，光散乱などの光学的に特異な物性を発現する光機能性材料は「クロミック材料」と呼ばれ，応用面への期待もますます高まっている[1]。蒸気（気体分子）に応答して色変化を起こす現象はベイポクロミズムと呼ばれ，化学センサーの観点から興味深い。ベイポクロミズムは他のクロミック現象と比べるとまだ研究例が少ないが，その中で白金錯体はベイポクロミック物質として中心的な位置を占めている。白金（II）錯体は色変化のみならずしばしば発光変化も伴うため，鋭敏かつ視覚的なセンシング材料として有望である。白金（II）錯体の最大の特徴は，単核錯体の状態では発色・発光しない系でも錯体単位が集積，配列して，金属間相互作用や配位子間の相互作用を生じると，著しい発色・発光が起こることにある。したがって外部刺激により錯体の配列構造がわずかに変化するだけでその発色や発光が劇的に変化するというわけである。これを利用して，著者らは有機蒸気に感応して発光の可逆的な ON-OFF を示す白金複核錯体や，環境に依存して多彩なクロミズムを示す白金錯体等を見出してきた[2]。これらは，まさに白金錯体集積系が形成する配位空間に支配された現象であると言えよう。本節では，このような化学的刺激に応答する発光性白金錯体の進展を概観する。

2.2 発光性白金(II)錯体の構造学的分類と特徴

　発光性白金(II)錯体をその構造から分類すると，大きく3つに分けられる。すなわち，①単核の発光性白金錯体，②架橋配位子でつながれた白金複核錯体，③自己集積的に積層した直鎖構造系白金錯体である。

　以前は，平面四配位型の白金(II)単核錯体は，室温ではほとんど発光しないというのが普通の認識であった。その理由は，窒素や酸素を配位原子とする普通の配位子を持つ白金(II)錯体では，dd遷移状態がエネルギー的に低い励起状態として存在し，速やかな無輻射失活を引き起こすからである。また，溶液中では空いた配位座に溶媒分子等が攻撃しやすいことも失活しやすい要因のひとつと考えられている。りん光発光性金属錯体が注目されると，シクロメタレート配位子やアセチリド配位子など炭素アニオンを配位原子に持つ配位子を用いて，強発光性の白金(II)錯体が種々合成された。これらの配位子は強い σ 供与性のため，錯体のdd遷移状態のエネルギーレベルを上昇させ，発光状態である $^3\pi\pi^*$ 状態や ^{3}MLCT（$^3d\pi^*$）状態とのエネルギー差を広げる。その結果，dd状態経由の無輻射失活が抑えられて発光性が向上するものと考えられている。実際，[Pt(46 dfppy)(acac)]（1）（H 46 dfppy = 2-(4´,6´-difluoro phenyl)pyridine，Hacac = ace-

---

* Masako Kato　北海道大学　大学院理学研究院　教授

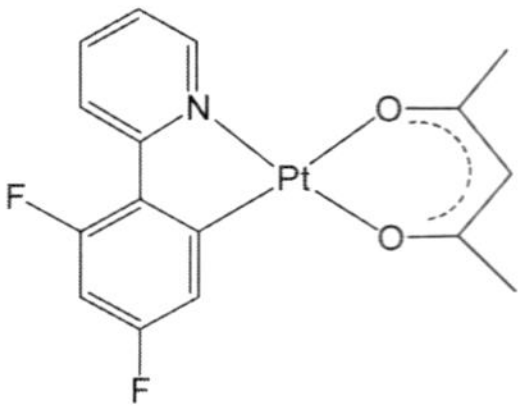

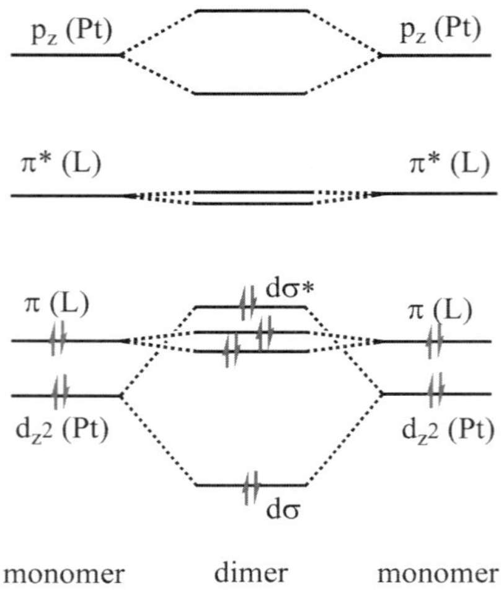

図1　π共役系配位子（L）を含む白金（II）錯体の模式的な MO 図

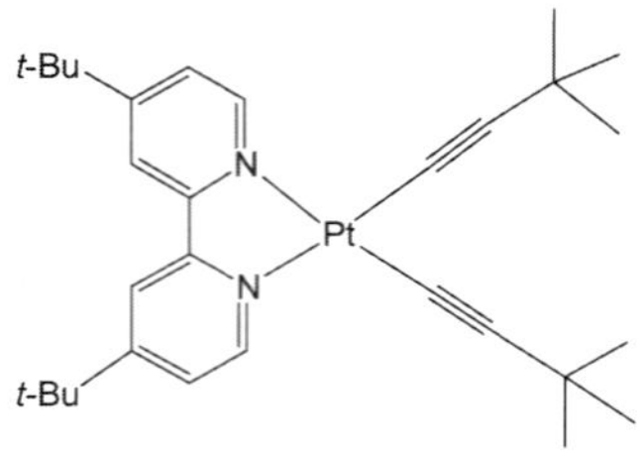

tylacetone）や ［Pt(dbbpy)(C≡CtBu)］（2）（dbbpy = 4,4′-di($tert$-butyl)-2,2′-bipyridine）など，発光量子収率が室温で 0.1 より大きい系も次々と報告され，エレクトロルミネッセンス（EL）素子の発光材料として応用研究も活発に行われている[3]。しかし，単核錯体で強発光性を示す系は，集積状態では種々の失活過程の影響を受けて発光強度の減少や色変化を引き起こす。

　一方，単核錯体の状態で発光しない場合でも，積層して白金間に電子的な相互作用が生じると強い発光性を発現しうる。複核錯体系や直鎖構造系に現れる集積発光性である。発光は白金間の電子的な相互作用により生じた新しい状態に由来する。すなわち，図1に模式的な MO 図で示すように，ビピリジンのようなπ共役系配位子（L）を含む平面四配位型白金（II）錯体が二つ積層した場合，白金イオンどうしが近接した結果，軸方向に広がった白金の軌道（d_{z^2}軌道）が重なり合って，シグマ性の軌道（$d\sigma$と$d\sigma^*$）に大きく分裂すると考えられる。d^8電子構造を持つ白金（II）イオンでは，これらの軌道に電子は詰まっているので，金属間相互作用が起こると，HOMO のエネルギーレベルが上昇することになる。その結果，単量体には見られなかった$d\sigma^*$から配位子π^*軌道への電荷移動遷移（metal-metal-to-ligand charge transfer，以後 MMLCT と略す）が可視部に現れ，錯体は特有の色を持つことになる。また，対応する三重項状態

第7章 光物性

(^{3}MMLCT状態) からの発光が観測される。従って白金間相互作用の強さに依存して発色・発光エネルギーは鋭敏に変化することになる。すなわち、前述のとおり、集積発光性白金錯体は、温度、圧力、気体分子（ベイパー）などの外部刺激により配列がわずかに変化するだけで、著しい発色・発光変化を引き起こしうるわけである。

2.3 直鎖構造系白金(II)錯体

まず、自己集積的な直鎖構造系白金錯体の典型例として、(2,2'-ビピリジン) ジシアノ白金 (II)、[Pt(CN)$_2$(bpy)] (3) (bpy＝2,2'-bipyridine) を取り上げる。この種のジイミン白金錯体結晶には、しばしば明瞭に色の異なる多形が生じることが知られているが、特にこの錯体の興味深い点は、黄色体（一水和物）をDMFやエタノールなどの有機溶媒にさらすと、瞬間的に赤色体（無水和物）に変化し、逆に赤色体を水にさらすと黄色体にもどるという環境感応性である。希薄溶液中のような錯体単位がばらばらに存在する状態では、この白金錯体は無色であり、発光も室温では観測されない。結晶状態での着色は、前項で述べたように、白金錯体が集積することにより生じた金属間の電子的な相互作用に基づく。すなわち、図2(a)に示すように、赤色体では錯体単位が積層した白金直鎖構造を有し、白金間は室温で3.34Åと近接した距離にある。その結果、室温でも強い赤色の^{3}MMLCT発光（λ_{max}＝610 nm）が観測される。一方の水和した黄色体結晶は、赤色結晶よりも少し短波長に類似の発光（λ_{max}＝566 nm）を示す。これは白金間相互作用が赤色結晶より少し弱まった結果であると考えられるが、結晶構造解析の結果、図2(b)のように、白金鎖のジグザグの度合いが赤色結晶の場合より少し強くなった構造をとることが明らかとなった[4]。この要因は、結晶中に水分子が侵入するのに伴って錯体の積層構造が斜めに傾いたことによる。積層の傾きは、構造変化としてはわずかであるが、d_{z^2}軌道の重なりの点から見ると、白金間相互作用は確かに弱くなっているといえる。

上記の赤色体と黄色体の変化が水蒸気によっても起こることは、構造が解明される前から知られており、ベイポクロミック錯体のさきがけといえる系である。その後、直鎖構造系の白金(II)錯体や金(I)錯体において、発光色の変化（vapoluminescence）を伴ういくつかの系が報告されてきた。例えば、複塩型の直鎖構造系錯体、[Pt(p-CN-C$_6$H$_4$-C$_n$H$_{2n+1}$)$_4$][M(CN)$_4$] (4) (n＝1, 6, 10, 12；M＝Pt, Pd) をジクロロメタンのような揮発性有機物ベイパーにさらすと、濃ピンク色から青色に変化する[5,6]。白金複塩（M＝Pt）の場合、フィルムにした試料は746 nmにdσ^*→pσ遷移に基づく吸収極大を示し、944 nmに極大を持つ発光を示す。この試料をメタノール、アセトン、クロロホルムなどの揮発性有機物のベイパーにさらすと、有機物の種類に依存して2～74 nmの発光極大のシフトが観測された。実際に、[Pt(p-CN-C$_6$H$_4$-C$_{10}$H$_{21}$)$_4$][Pt(NO$_2$)$_4$]を用いてベイポクロミズムを示す発光ダイオード（LED）センサーも作製され、EL発光のベイパー応答性が報告された[7]。また、ベイポクロミズムに対する構造化学的要因を探るために、イソプロピル置換体、[Pt(p-CN-C$_6$H$_4$-C$_3$H$_7$)$_4$][Pt(CN)$_4$]の結晶構造が調べられた[8]。その結果、ベイパー分子が取り込まれると、錯体カチオンと錯体アニオンの積み重なりからなるカラム構造自体

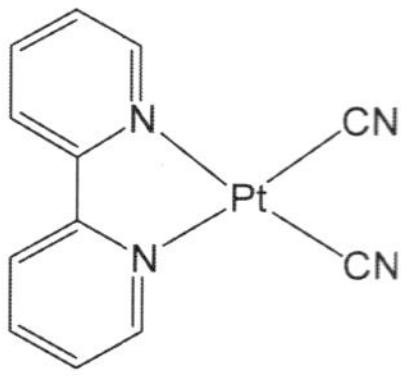

3

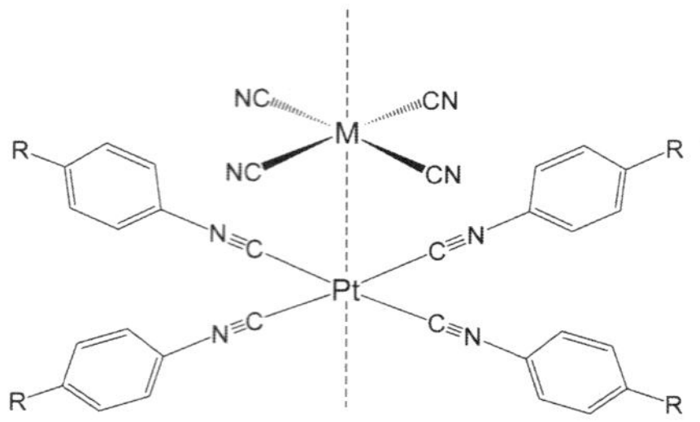

M = Pt, Pd; R = C_nH_{2n+1}

4

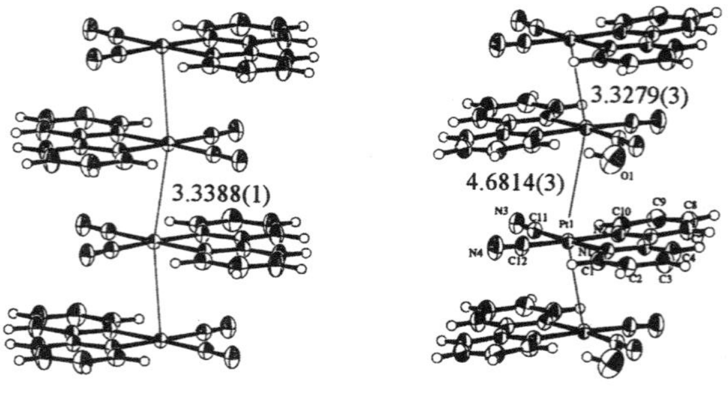

(a) (b)

図２ ［Pt(CN)2(bpy)］のスタッキング構造
(a)赤色体，(b)黄色体[4]。

はあまり変化しないが，カラム間がベイパーの取り込みに応じて大きく広がることが認められた。しかし，このようなゲスト分子が引き起こす構造変化が白金間の電子遷移にどのような影響を与えるのかは明確になっていない。

三座配位子であるターピリジン誘導体を含む白金錯体，[Pt(Nttpy)Cl](PF$_6$)$_2$ (5) (Nttpy＝4′-(*p*-nicotinamide-*N*-methylphenyl)-2,2′：6′,2″-terpyridine) は，メタノールベイパーに対してベイポクロミックな挙動を示すことが見いだされた[9]。この錯体は，赤色⇔橙色の色変化はそれほど大きくないが，同一単結晶においてベイパーの出入りに伴う構造変化の追跡に成功した例として特筆される。その結果，ベイポクロミズムは積層カラムにおける白金錯体の横方向へのずれによる白金間相互作用変化に起因することが明らかにされた。ターピリジン誘導体や類似のπ共役系三座配位子を含む白金(Ⅱ)錯体ではベイポクロミズムを示すいくつかの系が報告されている[10,11]。一連のターピリジン誘導体白金(Ⅱ)錯体を組み合わせて，パターン認識によりアセトンやメタノール等の揮発性有機物（VOCs）を識別するマイクロアレイの作製も報告された[12]。

以上の例を見ると，ベイポクロミズムを示す錯体は一般に嵩だかい置換基を持つものが多く，それは，結晶中にベイパー分子が出入りできるフレキシブルな空間を形成しやすいことと関係すると考えられる。著者らは，水素結合ネットワークを利用して，比較的単純な構造の錯体，[Pt

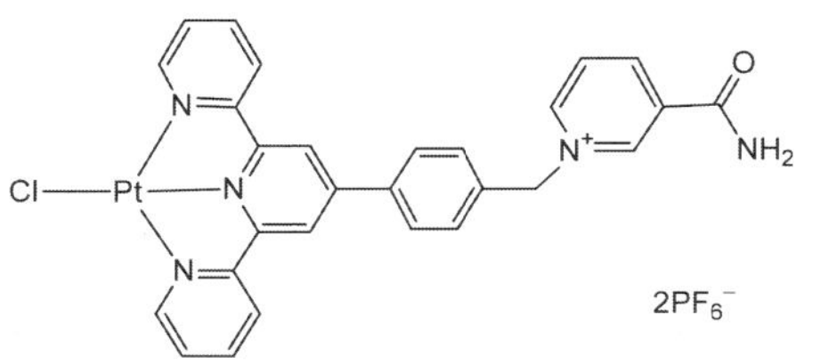

第7章　光物性

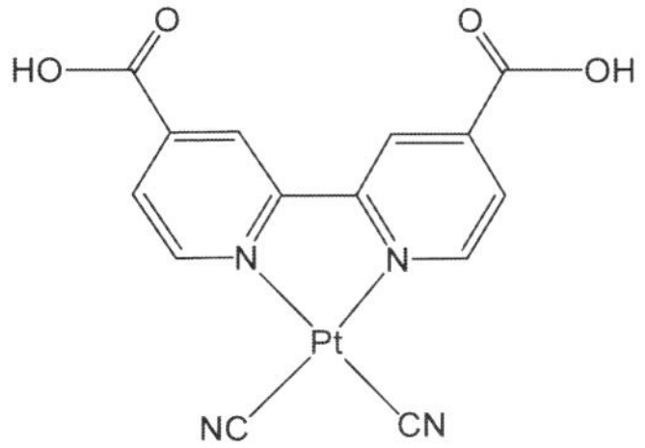

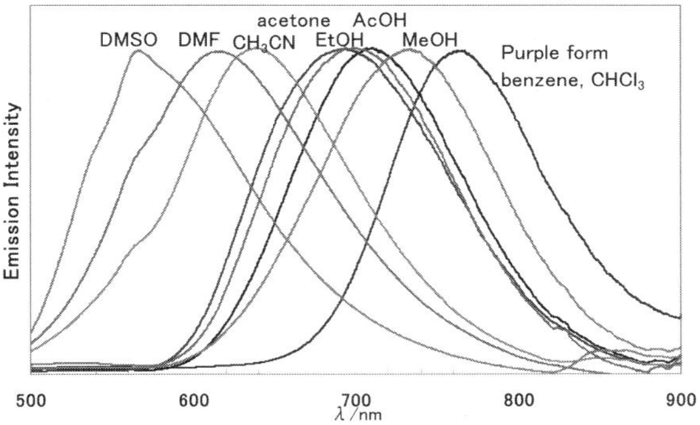

図3　[Pt(CN)$_2$(dcbpy)]，紫体を種々の有機蒸気にさらした時の発光スペクトル[13]

(CN)$_2$(dcbpy)]（**6**）（dcbpy＝4,4′-dicarboxy-2,2′-bipyridine）を用いて，著しいベイポクロミズムを示す系を見出した[13]。例えば，二水和物の紫色の錯体試料をDMSOやDMFのベイパーにさらすと，時間と共に紫色体は赤桃色→赤色→淡黄色へと変化し，同時に発光スペクトルは大きく短波長シフトを示した。発光スペクトル変化は，ベイパーの種類に依存し，発光波長に明瞭な違いが認められた（図3）。これらの発光は^{3}MMLCT状態からの発光に帰属でき，ベイパーに依存して，白金間相互作用が異なる形態へ変化するものと考えられる。水溶液（pH 4）から得られた赤色結晶では，カルボキシル基が隣接した錯体のシアノ基と水素結合を形成して，大きな隙間を持つ網目構造が見出された（図4）。この網目状シートは室温状態で白金間の距離を約3.3Åと比較的近く保ちながら平行にスタックしている。この結晶では，隙間に水分子を取り込んでいるが，有機ベイパーにさらすと特定の分子が取り込まれ，取り込まれた分子の性質に応じて結晶構造の再構築が起こることが観測された。この錯体は非常にシンプルな構造ながら，水素結合ネットワーク形成能を持つために，これまでに知られている系よりも鋭敏で多様な発色・発光の変化が実現し，すぐれた化学センサーとして期待される。

2.4　架橋白金(II)複核錯体

自己集積的な白金直鎖構造系に比べて，架橋配位子でつないだ白金複核錯体系は，白金間の距離を積極的に制御できる利点があるが，外部刺激によってそれを変化させるには不利になると考

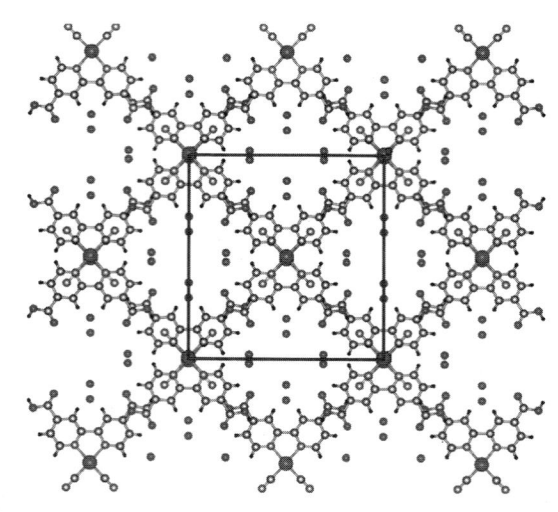

図4 [Pt(CN)$_2$(dcbpy)],赤色結晶のパッキング構造[13]

えられる。実際,ベイポクロミック挙動を示す複核錯体系の報告例はまだごくわずかしかない[11,14]。その中で,著者らは,視覚的な発光の ON-OFF を伴うベイポクロミズムを示すユニークな系,syn-[Pt$_2$(pyt)$_2$(bpy)$_2$]$^{2+}$(**7**)(pyt = pyridine-2-thiolate ion)のヘキサフルオロリン酸塩を見出した[15]。この錯体結晶がアセトニトリルやエタノールの蒸気にさらされると,瞬時に,赤い発光を示す明赤色体からほぼまっ暗に見える暗赤色体に変化する。逆に,暗赤色体から明赤色体へは,空気中放置することによって室温ではゆっくりと,ほんの少し暖めるとより速やかに戻る。おもしろいことに,クロロホルムの蒸気にさらすと,室温でも暗赤色体から明赤色体への変化が迅速に起こる。ベイポクロミズムに伴う発光スペクトル変化は,図5のように赤色発光(λ_{max} = 643 nm,図5(b))から,ほとんど目には見えない近赤外発光(λ_{max} = 767 nm,図5(c))への著しい長波長シフトとして観測され,発光状態が大きく変化していることが示された。暗赤色体中にはベイパー分子が取り込まれており,一方の明赤色体はベイパー分子が抜けた状態である。クロロホルムは分子サイズが大きすぎて結晶に取り込まれず,逆に,結晶内に存在する有機分子を引き抜くことによって,結晶の暗赤色から明赤色への変化を促進するようだ。このようなベイポクロミズムは,**7** の syn 型構造に特徴的な現象で,この白金複核錯体のもう一つの幾何異性体である $anti$ 型(**8**)では,赤色に発光する(図5(a))がベイポクロミズムは全く示さない。syn 型異性体のベイポクロミズムのメカニズムは,単結晶 X 線回折測定において,単結晶—単結晶の構造転移に成功したことで明らかとなった。その結晶構造には,特定の有機分子が容易に出入りできるチャンネルがあり,アセトニトリルのような分子が取り込まれるが,分子は白金錯体との直接的な相互作用は認められなかった。この系において,発色,発光変化を引き起こす要因は,錯体の配置に求められる。暗赤色体の結晶構造(図6上)では,2つの複核錯体が $head$-to-$head$ に配置しており,白金複核間は相互作用が生じるほど十分接近している。それに対し,明赤色体(図6下)では,錯体間の白金どうしが離れて,ビピリジン配位子部分がππスタック

第7章　光物性

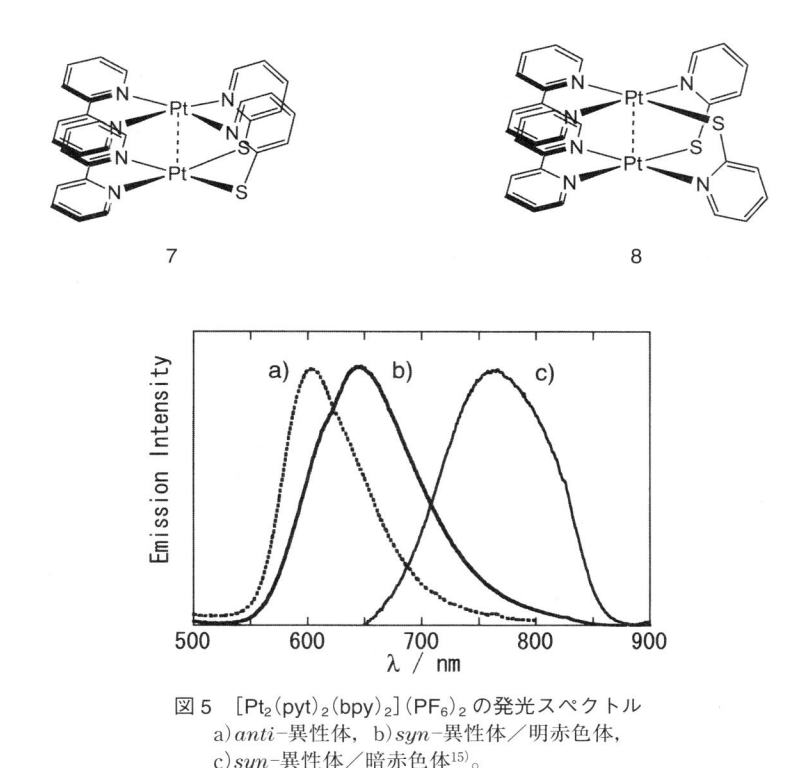

図5　[Pt₂(pyt)₂(bpy)₂](PF₆)₂の発光スペクトル
a) anti-異性体，b) syn-異性体／明赤色体，
c) syn-異性体／暗赤色体[15]。

した配置をとっている。このように，syn 型錯体結晶では，ベイパー分子の出入りによってダイナミックな配置変換（図7）が起こることにより，^{3}MMLCT 状態のエネルギーが大きく変わることが明らかになった。一方，anti 型異性体の結晶では，複核錯体間の白金間相互作用が生じない緩やかに配列をとっており，anti 型結晶がベイポクロミズムを示さないことと対応している。

2.5　今後の展望

本節では，金属間相互作用を有する白金(Ⅱ)錯体が示す発光のベイポクロミズムについて紹介した。この特性の効果的な発現には，錯体単位としての分子設計に加えて，金属間相互作用，ππ相互作用，水素結合など，多様な分子間相互作用を利用した錯体の精密な配列制御が重要である。類似の金属間相互作用に基づく蒸気応答性は，このほか金，銀，銅錯体など次々と報告されるようになり，ベイポクロミック錯体の化学は急速に進展している[16]。今後応用面の研究も一段と進むことが期待される。ちなみに，発光を利用した化学センサーとしては，すでにルテニウム錯体を用いて，りん光性発光の酸素による消光を利用した酸素センサーが商品化されている。金属錯体は，一般的な有機物より光安定性が高く，無機物に比べてフレキシブルであるため，化学センサー材料に最適な物質といえる。また，発光性の重金属錯体は，高効率で適度な寿命を持つりん光が得られることも発光性応答材料としての大いなる利点となる。発光性に加えて電気物性などの多様な物性の導出や，素子化による性能評価などへの展開も重要となろう。

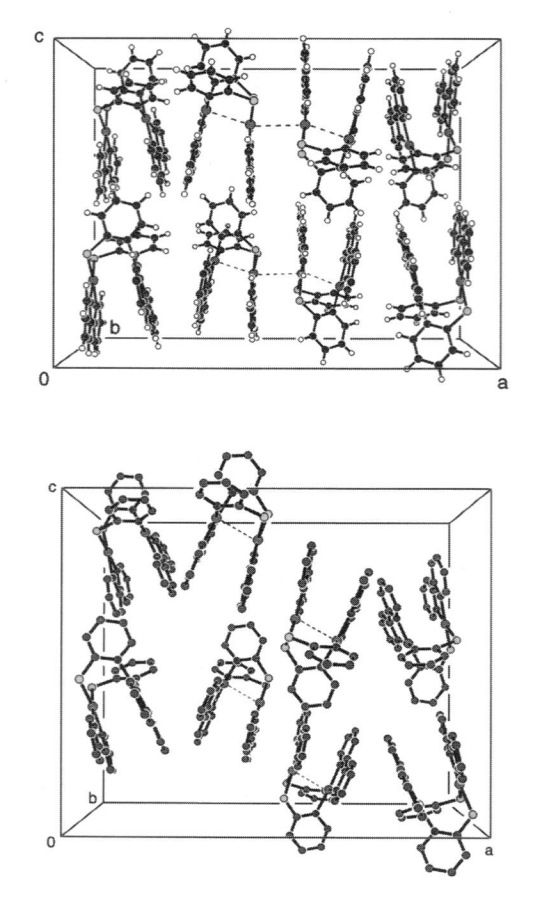

図6 syn-[$Pt_2(pyt)_2(bpy)_2$](PF_6)$_2$ における単結晶—単結晶構造転移[2]
上）暗赤色体，下）明赤色体（PF_6 は削除）。

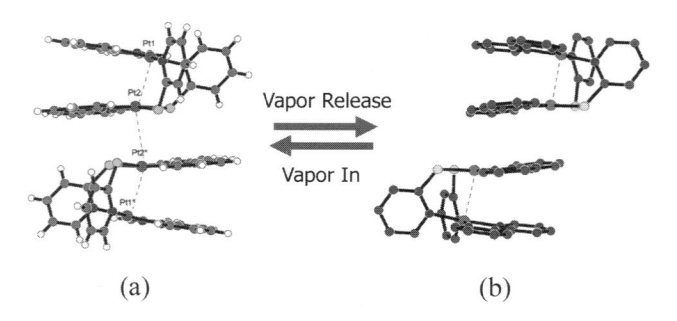

図7 ベイパーの出入りに伴う2つの syn-[$Pt_2(pyt)_2(bpy)_2$]$^{2+}$ の配置変換[2]

第 7 章　光物性

文　　献

1) 「新規クロミック材料の設計・機能・応用」関隆広監修, シーエムシー出版 (2005)
2) M. Kato, *Bull. Chem. Soc. Jpn.*, **80**, 287 (2007)
3) a) J. Brooks *et al.*, *Inorg. Chem.*, **41**, 3055 (2002) ; b) F. Hua *et al.*, *Inorg. Chem.*, **44**, 471 (2005) ; c) 徳丸克己, 現代化学, **431**, 61 (2007)
4) S. Kishi and M. Kato, *Mol. Cryst. Liq. Cryst.*, **379**, 303 (2002)
5) C. C. Nagel, U. S. Patent No. 4826774 (1989)
6) a) C. L. Exstrom *et al.*, *Chem. Mater.*, **7**, 15 (1995) ; b) C. A. Dows *et al.*, *Chem. Mater.*, **9**, 363 (1997)
7) Y. Kunugi *et al.*, *J. Am. Chem. Soc.*, **120**, 589 (1998)
8) C. E. Buss *et al.*, *J. Am. Chem. Soc.*, **120**, 7783 (1998)
9) T. J. Wadas *et al.*, *J. Am. Chem. Soc.*, **126**, 16841 (2004)
10) L. J. Grove *et al.*, *Inorg. Chem.*, **47**, 1408 (2008)
11) a) S. C. F. Kui, C. -M. Che *et al.*, *J. Am. Chem. Soc.*, **128**, 8297 (2006) ; b) W. L. Micheael, C. -M. Che *et al.*, *J. Organometallics*, **20**, 2477 (2001)
12) M. L. Muro *et al.*, *Chem. Commun.*, 6134 (2008)
13) M. Kato *et al.*, *Chem. Lett.*, **34**, 1368 (2005)
14) S. C. F. Kui *et al.*, *J. Am. Chem. Soc.*, **126**, 16841 (2004)
15) M. Kato *et al.*, *Angew. Chem., Int. Ed.*, **41**, 3183 (2002)
16) a) J. Lefebvre *et al.*, *J. Am. Chem. Soc.*, **126**, 16117 (2004) ; b) E. Cariati *et al.*, *Chem. Mater.*, **12**, 3385 (2000) ; c) E. J. Fernández *et al.*, *Inorg. Chem.*, **47**, 8069 (2008)

3 光エネルギー変換材料

森本　樹[*1]，山本洋平[*2]，石谷　治[*3]

3.1 はじめに

発光性の遷移金属錯体は，発光素子の基幹材料としてだけではなく，光エネルギー変換系の構築においても中心的な役割を演じる点で近年注目を集めている。例えば，色素増感太陽電池用の色素としては，ルテニウム（II）ジイミン錯体がよく研究されている。図1に，N3色素と呼ばれている代表的なルテニウム錯体を示すが，ビピリジン配位子上に電極を構成するTiO_2にアンカーとして結合するカルボキシル基を4つ導入し，より長波長の光を吸収できるようにチオシアネートアニオンが配位した構造となっている[1]。

光エネルギーの変換材料として，遷移金属錯体が主役を演ずるもう一つのシステムは光触媒である。光を吸収し電子移動反応を駆動することにより，二酸化炭素の還元や，水からの水素発生等の反応を起こす，光エネルギーを化学エネルギーに変換できる錯体光触媒系がいくつか報告されている。1986年に，J. -M. Lehn らによって始めて報告されたレニウム（I）錯体 $fac\text{-}Re^{I}$(bpy)(CO)$_3$X（X = Cl，Br，bpy = 2,2′-bipyridine）は，その代表例であろう[2]。この錯体に，還元剤としてトリエタノールアミン（TEOA）共存下，紫外光（365 nm）を照射するとCO_2が選択的にCOへと還元される（式(1)）。単座配位子 X が Cl の場合，CO生成の量子収率は14%と，当時としては最も効率の高い光触媒の一つであった。しかも水共存下でも水素はほとんど生成せず，CO_2の還元だけが進行するなど，生成物選択性の面でも際だった特性を示す。最近では，反応機構論的な研究の進展により，その反応効率の向上が図られ，二酸化炭素還元の量子収率が

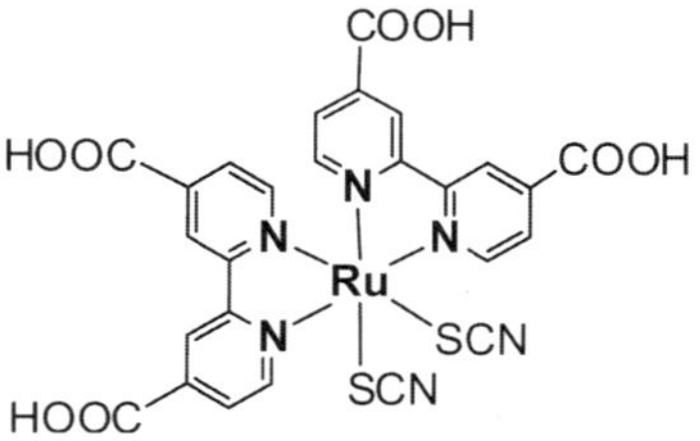

図1　太陽電池用色素の例

$$CO_2 \xrightarrow[\text{TEOA in DMF}]{\textit{fac}\text{-Re(bpy)(CO)}_3\text{X} / h\nu (365 \text{ nm})} CO \quad (1)$$

式1　レニウム（I）錯体による光触媒的二酸化炭素還元反応

[*1] Tatsuki Morimoto　東京工業大学　大学院理工学研究科
[*2] Youhei Yamamoto　東京工業大学　大学院理工学研究科
[*3] Osamu Ishitani　東京工業大学　大学院理工学研究科　化学専攻　教授

第7章　光物性

59％を示す光触媒も報告されている[3]。これは，現在まで報告されている二酸化炭素還元均一系光触媒の中で最も高い値である。

　このように，レニウム（I）ジイミン錯体の光触媒能は優れたものであるが，可視部に強い吸収を持っていないという太陽光の有効利用の観点からは解決しなければならない問題点が残されている。多くの発光性遷移金属錯体の最も長波長側の吸収は，金属から配位子への電荷移動（MLCT）励起に由来する。従って，この吸収を長波長シフトさせることは，①配位子に電子受容性の置換基（例えばトリフルオロメチル基）を導入するか，②より弱い配位子場を有する配位子（例えばハロゲン）を導入し，中心金属のd軌道エネルギーをより不安定化させることで達成できる。その実例を図2に示す。

　しかしながら，この従来の手法をレニウム（I）ジイミン錯体に適用すると，発光も同時に長波長シフトし，エネルギーギャップ則に従って無放射失活速度が上昇するため，ほとんど発光を示さなくなる。そのため励起寿命が極端に短くなり，光触媒としては致命的な性能劣化を引き起こしてしまう。実際，図2に示した錯体(a)は高いCO_2還元光触媒を示すが，対照的に(b)と(c)は

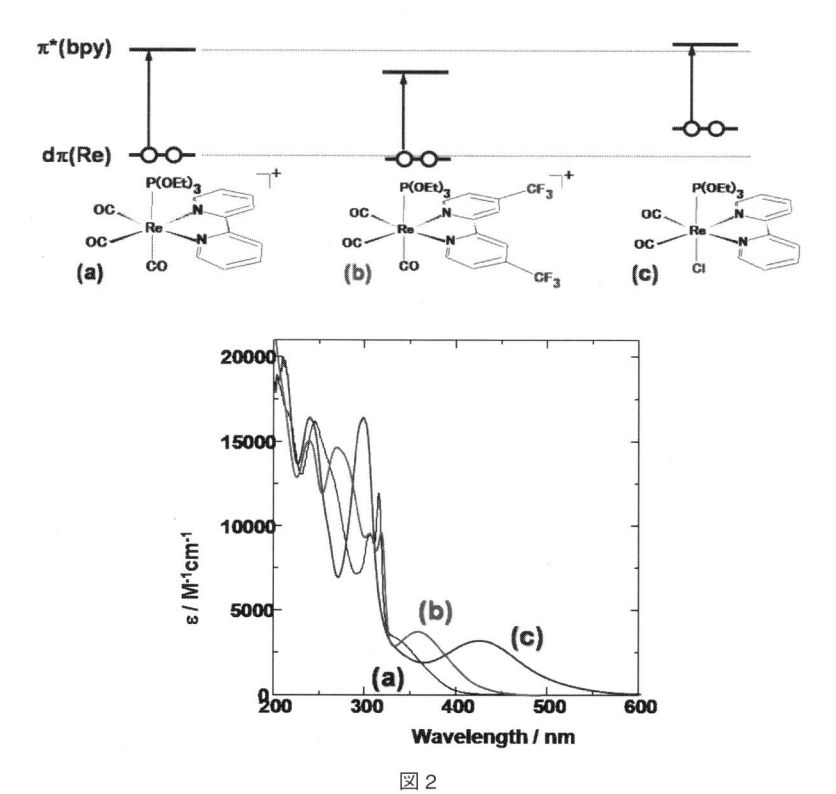

図2
レニウム（I）錯体(a)のジイミン配位子に電子求引性のCF_3基を導入したとき(b)，および CO 配位子の代わりにより弱い配位子場を有する配位子 Cl^- を導入したとき(c)の HOMO（dπ(Re)）軌道および LUMO（π*(bpy)）軌道の相対的エネルギーの模式図と電子スペクトル（アセトニトリル溶媒）[4]。

光触媒としては機能しない。このように，太陽光を有効活用できる光触媒の開発のためには，吸収の長波長化と励起寿命の維持（できれば長寿命化）を同時に達成できる新たな光物性制御手法の開発が重要な課題となる。

最近，非共有結合的相互作用によっても同じ，もしくは，従来法では達成できない物性変調が実現できることがわかってきた。特に，芳香環周辺に働く相互作用は，自然界においても人工系においても，分子の構造規制や反応制御等を実現する上で重要であることは従来から認識されていたが[5～8]，光物理的・電気化学的な性質の変調にも重要な役割を果たしていることが，いくつかの系で見出されている[9]。

そこで本節では，この非共有結合的相互作用による物性の変調が見出されている発光性金属錯体であるレニウム（I）錯体を中心にして，その光反応性や光機能性，そして，それを用いて合成された新しい機能性レニウム多核錯体について概説する。

3.2　トリカルボニルレニウム（I）錯体の光機能性と光反応性

芳香族ジイミン配位子を有するトリカルボニルレニウム（I）錯体 $fac\text{-}[Re^I(N^\wedge N)(CO)_3L]^{n+}$（$N^\wedge N$＝ジイミン配位子，L＝単座配位子，$n=0, 1$）は，ルテニウム（II）錯体やイリジウム（III）錯体と並んでよく研究されている発光性金属錯体である（図3）[10]。このレニウム錯体 $fac\text{-}[Re^I(N^\wedge N)(CO)_3L]^{n+}$ は，ペンタカルボニルレニウム（I）錯体 $Re(CO)_5X$ とジイミン配位子から容易に得られる $fac\text{-}Re^I(N^\wedge N)(CO)_3X$（X＝ハロゲン配位子）を出発原料として，そのハロゲン配位子を種々の単座配位子Lと置換することで合成することができる。例えば，ホスフィン配位子を有する錯体 $fac\text{-}[Re(N^\wedge N)(CO)_3(PR_3)]^+$（R＝alkoxy, alkyl, aryl）は，励起寿命の長い（数百 ns～1 μs）発光性錯体として，また，二酸化炭素を高効率かつ選択的に還

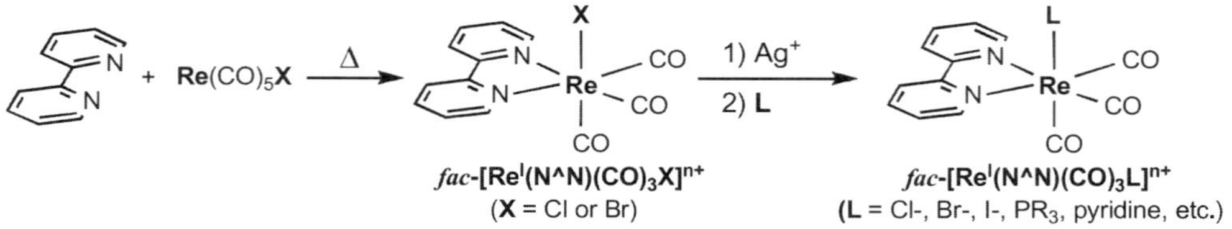

図3　トリカルボニルレニウム（I）錯体の合成

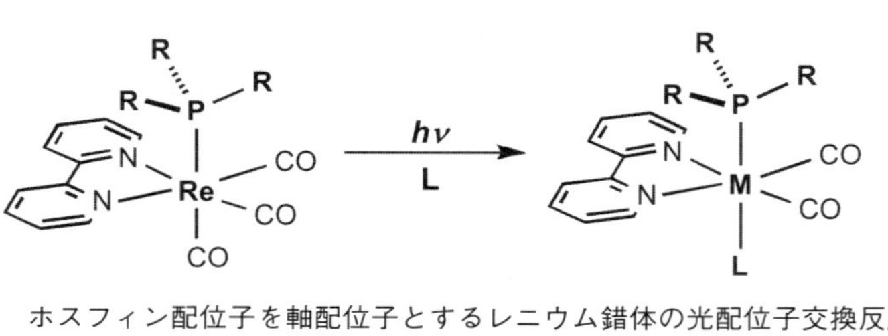

図4　ホスフィン配位子を軸配位子とするレニウム錯体の光配位子交換反応

第7章　光物性

元する光触媒としても注目されている[11]。さらに，これらのレニウム（I）錯体は，その光化学過程[12]や光触媒能[2,13]等が研究されてきただけでなく，光化学的にも熱的にも比較的安定なため，分子センサー，太陽電池用色素や発光材料として用いられてきた[14]。

これらの光機能性に加えて，ホスフィン配位子を軸配位子とするトリカルボニルレニウム（I）錯体については，興味深い光反応性があることがわかった。このトリカルボニルレニウム（I）錯体に，有機溶媒中において330 nm以上の光を照射することで，ホスフィン配位子のトランス位に位置するカルボニル配位子が選択的に脱離した後に，溶媒分子によって置換されることが，石谷らによって報告されている（図4）[4,15]。さらに，この溶媒分子は種々の配位子によって置換可能であり，この一連の反応は，後述するように，ビスカルボニルレニウム錯体や直鎖状レニウム錯体の鍵反応として用いられている。

3.3　ビスカルボニルレニウム（I）錯体における分子内芳香環相互作用とその物性[10b]

トリカルボニルレニウム（I）錯体の光反応性を利用することで，2個のホスフィン配位子を軸配位子とするビスカルボニルレニウム（I）錯体を合成することができる（図4中でL＝PR_3）。この光配位子交換反応で，配位子場の強いカルボニル配位子がホスフィン配位子に置換されることで，レニウム（I）錯体のHOMO（レニウム中心のdπ軌道）が不安定化し，結果として，その吸収極大及び発光極大の長波長シフトが観測される（図5）。また，発光極大の長波長シフトによって，エネルギーギャップ則から予想されるように，発光量子収率が減少（図5の場合では，トリカルボニル錯体：8.8%→ビスカルボニル錯体：1.7%）してしまう。

この配位結合を通じた物性への摂動に加えて，ビスカルボニルレニウム（I）錯体では，配位子間の非共有結合的な相互作用による顕著な物性変調が観測されている。まず，トリアリールホスフィン配位子を2個有する錯体の構造に注目すると，ホスフィン配位子中の4個のアリール基が，レニウムに配位している芳香族ジイミン配位子（図6中ではビピリジン配位子（bpy））を挟み込む構造をとり，非常に近接した配置をとっていることがX線結晶構造解析から明らかに

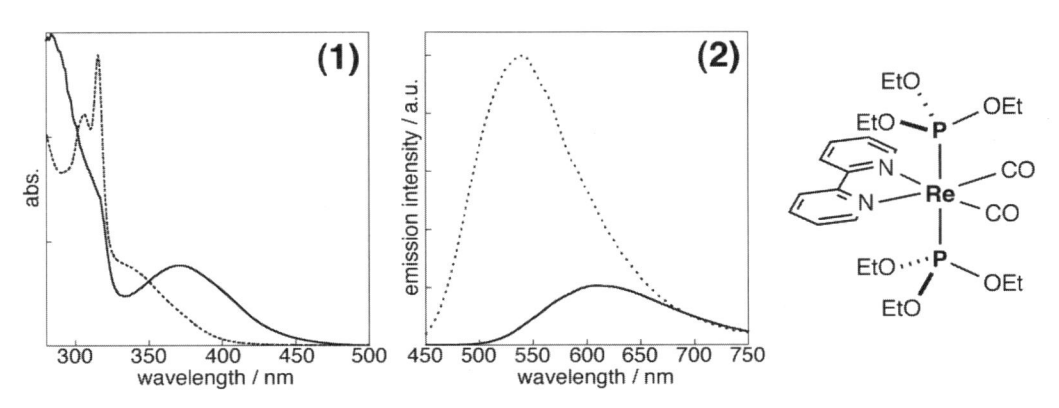

図5　2個のホスフィン配位子を有するレニウム錯体の(1)吸収スペクトルおよび(2)発光スペクトル
（実線：ビスカルボニルレニウム（I）錯体，点線：トリカルボニルレニウム（I）錯体）

なった。また，この2種の芳香環において，複数の原子間距離がそのファンデールワールス半径の和以内に収まっており，錯体内でπ-π相互作用している様子が確認できる（図6）。一方で，アリール基を持たないトリアルキルホスファイトを配位子とする場合には，ジイミン配位子との相互作用は観測されなかった。

このπ-π相互作用が見られる錯体の第一還元電位（ジイミン配位子部分の一電子還元に対応）を，相互作用のない錯体のそれと比較すると，約200 mV 正側に位置する。これは，トリカルボニル錯体で見られるシフト値の約3倍であり，相互作用点を増加させることで大きな物性変調効

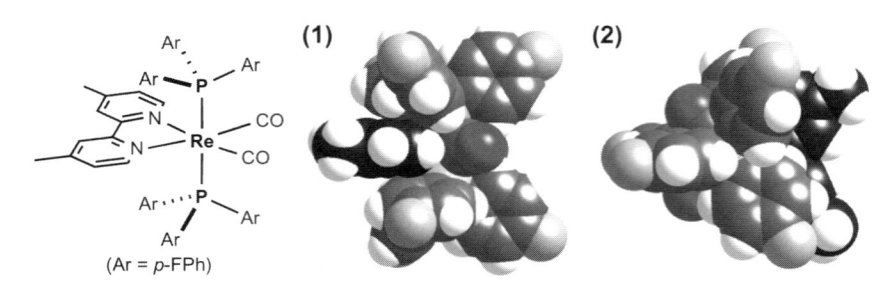

図6 2個のトリアリールホスフィン配位子を有するレニウム錯体のX線結晶構造
((1)側面図および(2)上面図)

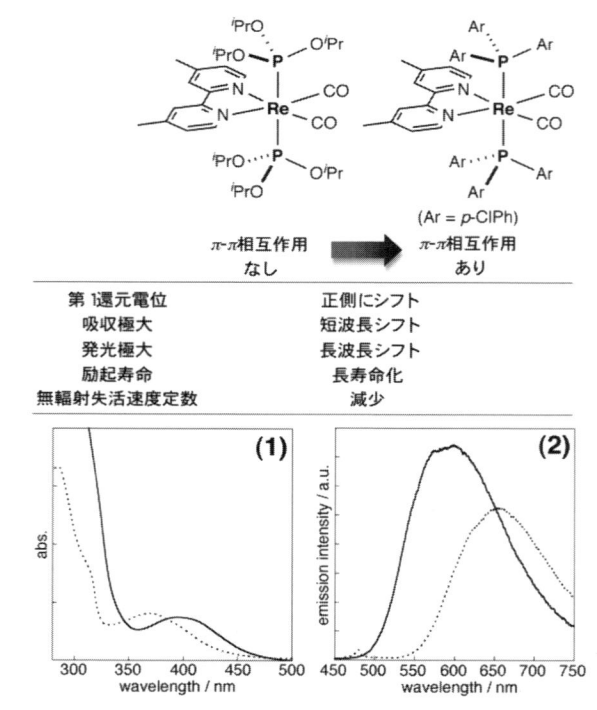

図7 配位子間相互作用の有無による物性変化とその(1)吸収スペクトルおよび(2)発光スペクトルの差異
（実線：π-π相互作用あり，点線：π-π相互作用なし）

第7章　光物性

果が得られることを示している。また，電気化学的性質のみならず，光物性にもその効果は現れた。Tolman の χ 値[16]を用いて電子的効果をさし引き，それらの吸収・発光特性を比較すると，π-π 相互作用によって，MLCT 吸収極大は長波長シフトすることが示された。一方で，3 重項 MLCT 状態からの発光極大は短波長シフトすることがわかった。また，π-π 相互作用がある場合の無輻射失活速度定数 k_{nr} は，部分的もしくは全く相互作用がない系に比べて，小さい値をとることがわかった。従って，π-π 相互作用により，錯体の励起寿命は 2～3 倍ほど長くなる（図7）。

このπ-π 相互作用による物性変調，すなわち，吸収および発光極大のシフトや k_{nr} の変化は図 8 を用いて理解できる。まず吸収極大の短波長化は，1 重項基底状態と 1 重項励起状態のエネルギー曲面において，π-π 相互作用がある場合は，ない場合と比較して，それぞれの内部座標の平衡変位差 ΔQ_e が小さくなることによって引き起こされると考えられる。もしそうであれば同様に，発光極大の長波長化も，3 重項励起状態・1 重項基底状態それぞれの内部座標の平衡変位の差が，π-π 相互作用の存在によって小さく抑えられると考えることで説明できる。さらに，この平衡変位の差が小さくなれば，これらの状態間の遷移に関わる Franck-Condon 因子が，π-π 相互作用がない系と比較して小さくなるため，無輻射失活速度定数は相対的に小さな値を取ることになる。

このようにπ-π 相互作用が発現する場合，平衡変位の差が小さくなる理由は未だに明らかになっていない。しかし，これはおそらく，ジイミン配位子上に不対電子が局在化した励起状態において，その電荷がπ-π 相互作用を経由して，ホスフィン配位子上のアリール基に一部流れ込むことにより，MLCT 励起状態と基底状態との分極の差が緩和されたためではないかと考えられる。

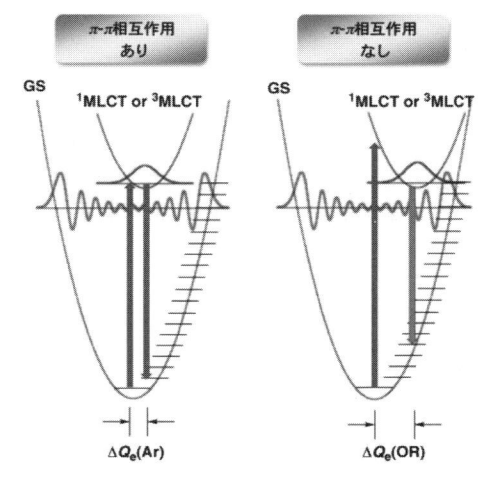

図 8　基底状態・励起状態に対応するエネルギー曲面の配位子間相互作用の有無によるちがい

3.4 ビスカルボニルレニウム（Ⅰ）錯体の光触媒特性[17]

芳香族ジイミン配位子とホスフィン配位子上のアリール基との間に働くπ-π相互作用によって，ビスカルボニルレニウム（Ⅰ）錯体の光化学的・電気化学的物性が顕著に変化することは，そのCO_2還元触媒能にも好都合な影響を与える。ホスフィン配位子として，PPh_3，$P(p\text{-}FPh)_3$，$P(O^iPr)_3$をそれぞれ2個有するレニウム（Ⅰ）錯体に加えて，PPh_3と$P(OEt)_3$を1個ずつ配位子として有するビスカルボニルレニウム（Ⅰ）錯体のCO_2還元触媒能とそれに関わる基本物性を表1にまとめた。CO_2還元の量子収率（Φ_{CO}）およびターンオーバー数（TN）に注目すると，少なくとも1個のトリアルキルホスファイトを配位子とする錯体（表1 Entry 3&4）と比較して，トリアリールホスフィン2個を配位子とする錯体（表1 Entry 1&2）の光触媒特性が際だって高いことがわかる。

トリアリールホスフィンを2個配位子として有する錯体が触媒として優れている理由の一つは，3重項MLCT励起状態の消光割合（η_q：光触媒系中で光励起された分子が電子供与体から還元的消光を受けて，一電子還元種を生成する割合）が他のものよりも高いことである。この消光割合の増加は，①発光寿命τ_{em}が長くなり，また，②消光速度定数k_qが大きくなることによる。この中で，前者①は上述した，ビスカルボニルレニウム（Ⅰ）錯体におけるπ-π相互作用による効果の一つである。また，後者②も，π-π相互作用によって3重項MLCT状態の還元電位$E_{1/2}^*(^3MLCT)$が正側にシフトし，電子を受け入れやすくなることに由来する。

3.5 直鎖状レニウム（Ⅰ）錯体の合成と発光特性

ルテニウム（Ⅱ）錯体やイリジウム（Ⅲ）錯体の例に見られるように，4dおよび5d系列金属イオンの低スピンd^6電子配置のポリピリジン錯体は高発光性を示すものが多く，前述したレニウム（Ⅰ）単核錯体も高い発光量子収率が報告されている。これらの錯体群により構成されたロッド状のポリマーは，光励起エネルギー移動もしくは電子移動をするようなフォトニックワイヤーとしての応用が期待されていることから，多くの研究者により研究されている。これまでに

表1 レニウム（Ⅰ）錯体によるCO_2還元反応[*1]に関する諸物性値

Entry	錯体 Re(dmb)(CO)$_2$LL′ 中の配位子対 [L, L′]	Φ_{CO}^{*2}	TN[*3]	η_q^{*4}/%	τ_{em}^{*5}/ns	$k_q^{*6}/10^{-6}M^{-1}s^{-1}$	$E_{1/2}^*(^3MLCT)^{*7}$ V vs. Ag/AgNO$_3$
1	[PPh$_3$, PPh$_3$]	0.16	6.8	56	1074	0.94	0.27
2	[P(p-FPh)$_3$, P(p-FPh)$_3$]	0.20	17.3	79	1046	2.87	0.35
3	[P(O^{i}Pr)$_3$, P(O^{i}Pr)$_3$]	0.02	0.2	22	381	0.59	0.19
4	[PPh$_3$, P(OEt)$_3$]	0.05	0.6	38	511	0.95	0.24

[*1] 反応条件：DMF-TEOA混合溶媒中のレニウム錯体（4 mL(1.26 M)）に365 nmの単色光を照射（光量：8.22×10^{-9} einstein/s）。[*2] CO生成の反応量子収率（レニウム錯体の濃度は2.0 mM）。[*3] 反応16時間後におけるCO生成の触媒回転数（レニウム錯体の濃度は0.5 mM）。[*4] 光触媒反応条件におけるTEOAによる消光割合（$=100 \times k_q\tau_{em}[TEOA]/(1+k_q\tau_{em}[TEOA])$）。[*5] 室温アセトニトリル中における発光寿命。[*6] TEOAによる消光速度定数。[*7] 3重項MLCT状態のポテンシャルエネルギー，次式により算出：$E_{1/2}^*(^3MLCT) = $（錯体の一電子還元電位）＋（発光極大値）。

第 7 章　光物性

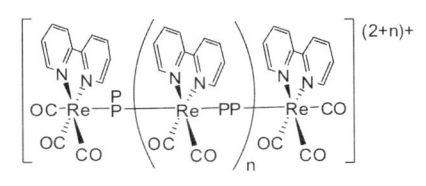

PP = PPh$_2$CCPPh$_2$, n = 0 - 18

図 9　直鎖状 Re（Ⅰ）多核錯体の構造

報告されたポリマーの多くは，金属錯体が有機分子鎖にペンダント状に結合したものや[18]，有機主鎖にジイミン配位子を含むポリマーに金属イオンが配位したものである[19]。一方，主鎖に金属錯体を含んだポリマーは，金属錯体自身の d 軌道が寄与するため，ユニークな物性の発現が期待できるにもかかわらず，室温溶液中で強く発光する例は少ない[20]。

最近，上述したリン配位子を有するレニウム（Ⅰ）ジイミン錯体の光配位子交換反応[4,15]を 2 座リン配位子により架橋された多核錯体に適用することより，室温溶液中でも強く発光する直鎖状レニウム（Ⅰ）多核錯体の合成が報告[21]されたので紹介する（図 9）。

このレニウム（Ⅰ）ポリマーの合成には，Balzani らが提唱している "*complexes as metal and complexes as ligands*" の手法[22]が用いられた。すなわち，Re 中心に置換活性な溶媒配位子もしくはトリフレート配位子（CF$_3$SO$_3$）が配位しているものが "*complexes as metals*" として，一方，レニウム中心に 2 座リン配位子が単座で配位したものが "*complexes as ligands*" として用いられた。ここでは，架橋配位子として，炭素—炭素 3 重結合を持つ bis(diphenylphosphino)acetylene（dppa）を用いた場合について述べる。直鎖状 3 核及び 4 核錯体の合成スキームを図 10 に示す。2 座リン配位子により架橋されたレニウム（Ⅰ）2 核錯体（2^{2+}）を脱気した有機溶媒中で約 30 分間光照射（>330 nm）すると，片側のレニウム錯体部のリン配位子に対しトランス位の CO 配位子のみがトリフレート配位子に置換した 2 核錯体（$2M^+$）が定量的に得られる。これと過剰量の 2 座リン配位子を加え過熱攪拌すると，2 座リン配位子が単座に配位した 2 核錯体（$2L^{2+}$）がほぼ定量的に生成する。この $2L^{2+}$ を，単核錯体 Re(bpy)(CO)$_3$(CF$_3$SO$_3$)（$1(CF_3SO_3)_1$）と反応させることにより直鎖状 3 核錯体（3^{3+}）が収率良く合成された。直鎖状 4 核錯体（4^{4+}）は，$2M^{2+}$ と 0.5 当量の 2 座リン配位子を反応させることにより，やはり高収率で得ることができる。

一方，直鎖状 5 核及び 7 核錯体は，3^{3+} を出発原料として用いることにより同時に合成される。すなわち，3^{3+} を脱気したアセトニトリルに溶解させ約 45 分間光照射することにより，片側もしくは両端の CO 配位子がアセトニトリルと置換した 3 核錯体の混合物（$3M^{3+}$ と $3M_2^{3+}$）が得られる。この混合物と $2L^{2+}$ を反応させると 5 核及び 7 核錯体（5^{5+} 及び 7^{7+}）の混合物が生成する（図 11）。同様な合成法を 3^{3+} のかわりに 4^{4+} を用いて行うと，6 核及び 8 核錯体（6^{6+} 及び 8^{8+}）を得ることが可能である。単離精製は，アルコールを溶離液として用いることのできるカラムによるサイズ排除クロマトグラフィー（SEC）を用いて行うことができる[23]。

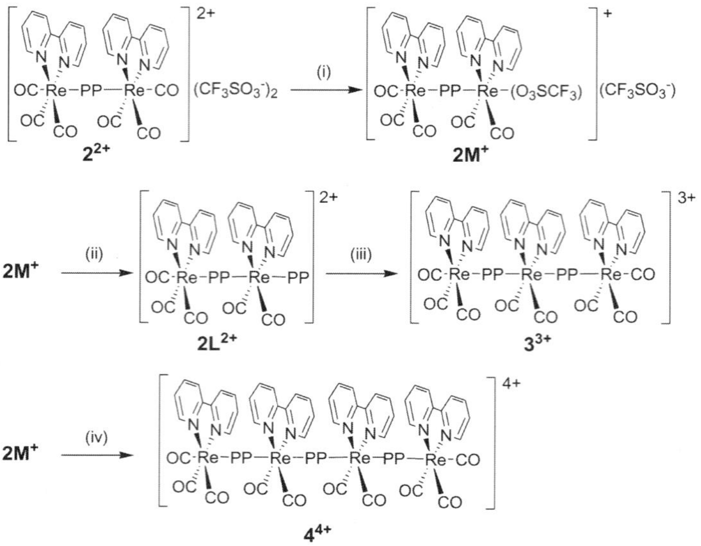

図10 直鎖状3核及び4核錯体の合成スキーム

試薬と反応条件：(i) ジクロロメタン中，330 nm 以上の光を30分間照射；(ii) ジクロロメタン中，過剰量の dppa を加え，室温で1昼夜攪拌，その後40℃で1昼夜過熱攪拌；(iii) ジクロロメタン中，等量1(CF_3SO_3)$_1$を加え，室温で1昼夜，その後40℃で1昼夜過熱攪拌；(iv) ジクロロメタン中，0.5 等量の dppa を加え，室温で1昼夜，その後40℃で1昼夜過熱攪拌。

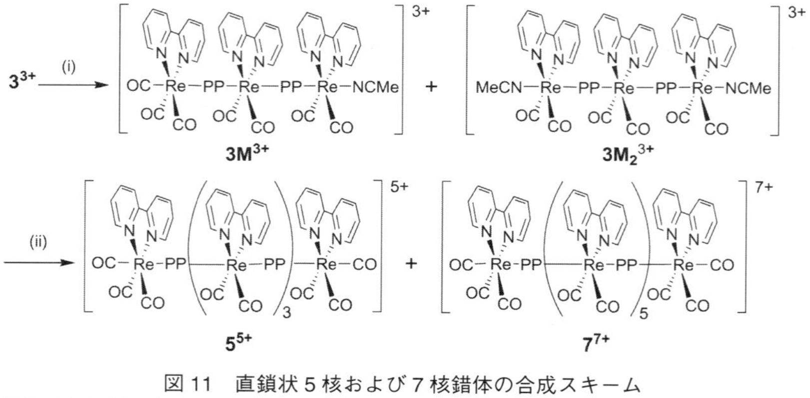

図11 直鎖状5核および7核錯体の合成スキーム

試薬と反応条件：(i) ジクロロメタン中，330 nm 以上の光を1時間照射；(ii) ジクロロメタン中，約2等量の $2L^{2+}$ を加え，室温で1昼夜，その後40℃で1昼夜過熱攪拌。

さらに，多核化されたポリマーも合成・単離可能である。例として 5^{5+} を出発原料として用いた合成法を図12に示す。脱気したアセトニトリルに 5^{5+} を溶解させ 330 nm 以上の光を約45分間照射すると，片側もしくは両端の CO 配位子がアセトニトリルと置換した5核錯体の混合物（$5M^{5+}$ と $5M_2^{5+}$）が得られた。この混合物と過剰量の2座リン配位子を反応させることにより2座リン配位子が片側もしくは両端に単座に配位した5核錯体の混合物（$5L^{5+}$ と $5L_2^{5+}$）が生成

第7章 光物性

図12 直鎖状10核，15核及び20核錯体の合成スキーム
試薬と反応条件：（ i ）アセトニトリル中，330 nm 以上の光を1時間照射；（ ii ）アセトン—THF（1：1）混合溶液に過剰量の dppa を加え，室温で1昼夜攪拌，その後40℃で1昼夜過熱攪拌；（iii）室温で1昼夜，その後40℃で2日間過熱攪拌。

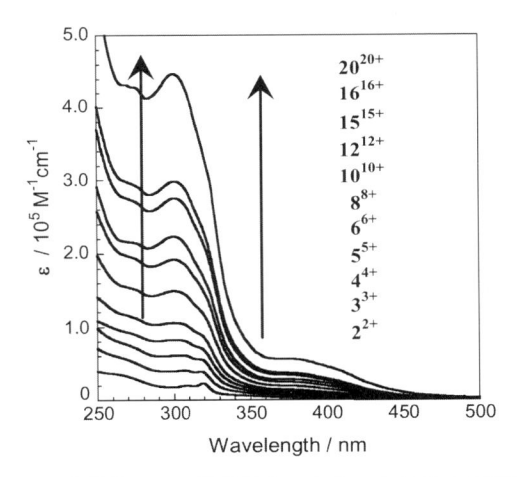

図13 直鎖状2〜20核錯体のアセトニトリル中で測定した紫外可視吸収スペクトル

した。これと，$5M^{5+}$ と $5M_2^{5+}$ の混合物を反応させることにより直鎖状10核，15核及び20核のレニウムが直鎖状に連結したポリマー（10^{10+}，15^{15+} 及び 20^{20+}）の混合物が得られる（図12）。

以上述べてきた合成法と単離精製手法を用いることにより，両端に Re(bpy)(CO)$_3$ ユニットを有し，中央部が Re(bpy)(CO)$_2$ ユニットで構成された直鎖状3〜20核多核錯体を得ることができる。図13に，合成した多核錯体の紫外可視吸収スペクトルを示す。最も長波長側（360〜430 nm）のブロードな吸収帯は，レニウムのd軌道からビピリジン配位子のπ*軌道への MLCT 吸収と帰属されるが[11c]，核数が増加するにつれて吸光度も上昇していることがわかる。直鎖状

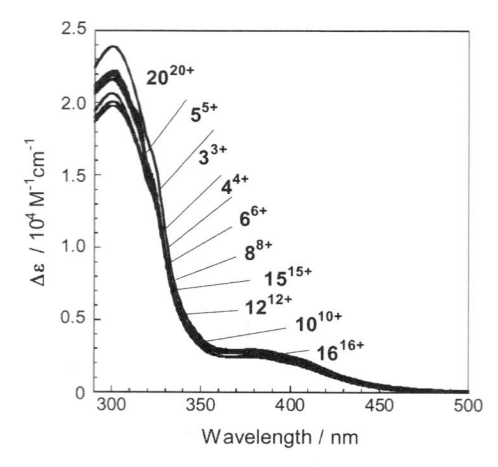

図14 直鎖状3〜20核錯体の紫外可視吸収スペクトルから2^{2+}のスペクトルを差し引き，中心部の核数で割った差スペクトル

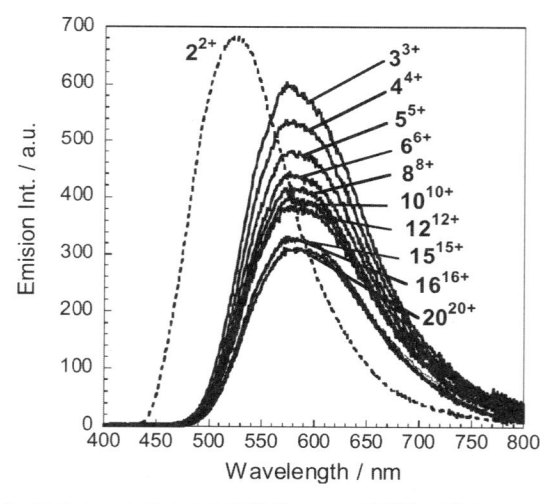

図15 アセトニトリル中の直鎖状2〜20核錯体の発光スペクトル
（励起波長350 nmにおける吸光度で規格化）

多核錯体の末端部と同じ構造を有する2核錯体2^{2+}の紫外可視吸収スペクトルを，直鎖状多核錯体のそれから差し引き，更に中央部の核数で割ることにより，中央部のRe(bpy)(CO)$_2$ユニットの吸収スペクトルを算出したものが図14である。核数に依らずスペクトルが良い一致を示したことから，直鎖状レニウム（I）多核錯体において，各ユニット間に強い相互作用は見られないことがわかる。

いずれの直鎖状多核錯体もアセトニトリル中で強く発光した。350 nmで光励起した時の発光スペクトルを図15（この波長の吸光度で規格化）に示す。2^{2+}の発光極大値は523 nmで，その

第 7 章 光物性

発光は，865 ns の寿命を有する 1 成分の減衰で解析された。これは典型的なトリカルボニル型錯体の 3 重項 MLCT 励起状態からの発光である[10,11c,24]。一方，3 核-20 核多核錯体では，全て発光極大が 571〜572 nm となり，2^{2+} の発光と比べると約 50 nm 長波長側に観測された。また，発光量子収量はユニット数が増加するに従って減少した。ビスカルボニル型錯体の発光極大値はトリカルボニル錯体 fac-$[Re(bpy)(CO)_3(PR_3)]^+$ と比べ 30〜60 nm ほど長波長側に観測されることが知られていることから[4,10,11c,15,24]，これは中央部の $Re(bpy)(CO)_2$ ユニットからの発光であることがわかる。これらの事実は，末端部の $Re(bpy)(CO)_3$ ユニットから中央部の $Re(bpy)(CO)_2$ ユニットへの高効率な光励起エネルギー移動が起こっていることを明確に示している。

3 核錯体の発光減衰は，約 10 ns の短い寿命と約 800 ns の長い寿命を持つ 2 成分で解析された。この発光減衰は，$Re(bpy)(CO)_2$ ユニットからの発光が主になる 575 nm で観測すると約 10 ns の短い寿命が観測されなかったことから，短い寿命の成分は両端部からの発光であり，観測波長を 480 nm にすると割合が減少する長寿命成分は中央部の $Re(bpy)(CO)_3$ ユニットからの発光寿命であることがわかる。末端部の放射および無放射失活速度が，同じ構造を有する 2^{2+} のそれ（k_r', k_{nr}'）と等しいと仮定すると，末端部から中央部へのエネルギー移動速度定数（k_{et}）は以下の式で求められる。

$$k_{et} = k - (k_r' + k_{nr}') = 9.0 \times 10^7 \text{s}^{-1}$$

4 核より長い直鎖状多核錯体の発光減衰は，3 核錯体で観測された 2 成分に加え，100 ns 程度の寿命をもつ成分も観測された（表 2）。これは，上述した配位子間の π-π 相互作用が発現する

表 2 直鎖状 Re（I）多核錯体の光物性と末端部から中央部への励起エネルギー移動速度定数

complex[*1]	λ_{em}[*2] nm	Φ_{em}[*3]	τ_{em}[*4]/ns observed at 480 nm			τ_{em}[*4]/ns observed at 575 nm			k_{et} 10^7s^{-1}
			τ_1	τ_2	τ_3	τ_1	τ_2	τ_3	
2^{2+}	523	0.072	865(100)	—	—	865(100)	—	—	—
3^{3+}	572	0.073	11 (91)	—	833 (9)	—	—	833(100)	8.98
4^{4+}	572	0.066	11 (73)	128 (7)	798(20)	—	128(12)	798 (88)	8.98
5^{5+}	571	0.062	11 (83)	112 (1)	796(16)	—	112 (5)	796 (95)	8.98
6^{6+}	571	0.058	11 (57)	129 (5)	768(38)	—	129(12)	768 (88)	8.98
8^{8+}	572	0.056	10 (86)	110 (2)	763(12)	—	110(11)	763 (89)	9.88
10^{10+}	572	0.053	8 (81)	168(12)	720 (8)	—	168(21)	720 (79)	12.38
12^{12+}	572	0.051	7 (82)	118 (4)	758(14)	—	118(15)	758 (85)	14.17
15^{15+}	572	0.049	4 (96)	162 (4)	—	—	162(20)	764 (80)	24.88
16^{16+}	572	0.048	5 (87)	64 (3)	757(10)	—	64(22)	757 (78)	19.88
20^{20+}	572	0.046	4 (92)	132 (8)	—	—	132(14)	747 (86)	24.88

[*1] 全ての錯体は PF_6 塩；励起波長は 350 nm。 [*2] 発光極大値。 [*3] 発光量子収量。 [*4] 発光寿命。（ ）内の数値は，発光寿命解析における各寿命成分の前指数項の割合。$A_n / \sum_{m=1}^{3} A_m$

配座異性体とそうでないものが溶液中では混在していることを示唆している。すなわち，100 ns 程度の寿命を示すのはπ–π相互作用が発現していない（もしくは弱い）構造を有する励起状態からの発光である。発光寿命および末端部から中央部への励起エネルギー移動速度定数を表2に示す。いずれの多核錯体においても非常に高い効率（99％）で，光励起エネルギーが末端部から中央部へ移動する。

3.6 おわりに

本節では，光エネルギー変換に資する上で重要な光応答性分子の物性変調法に関して，配位子間に働くπ–π相互作用がその新制御法として有効であることを，レニウム（Ｉ）錯体の光物性・光触媒能とその構造を検討することで示してきた。特に，従来の用いられてきた，共有結合的に導入した置換基による電子状態の調節という手法とは一線を画したこの制御法は，今後光エネルギー変換材料やその他光機能性材料を設計・創製する上で重要な役割を果たすことが期待される。また，光機能性を有するレニウム（Ｉ）錯体で構成された金属錯体ポリマーの合成とその興味深い光物性についても述べた。これらは，各ユニットが発光性と光触媒特性を有する可能性のある新たな物質群である。

文　献

1) M. K. Nazeeruddin *et al.*, *J. Am. Chem. Soc.*, **115**, 6382（1993）
2) (a)J. Hawecker *et al.*, *Helv. Chim. Acta.*, **69**, 1990（1986）；(b)J. Hawecker *et al.*, *J. Chem. Soc., Chem. Commun.*, 536（1983）
3) H. Takeda *et al.*, *J. Am. Chem. Soc.*, **130**, 2023（2008）
4) K. Koike *et al.*, *Inorg. Chem.*, **39**, 2777（2000）
5) (a)J. Sponer *et al.*, *Phys. Chem. Chem. Phys.*, **10**, 2595（2008）；(b)S, Marsili *et al.*, *Phys. Chem. Chem. Phys.*, **10**, 2673（2008）；(c)R. Bhattacharyya *et al.*, *Protein. Eng.*, **15**, 91（2002）；(d)N. Kannan *et al.*, *Protein. Eng.*, **13**, 753（2000）；(e)P. Hobza *et al.*, *Chem. Rev.*, **99**, 3247（1999）；(f)G. B. MacGaughey *et al.*, *J. Biol. Chem.*, **273**, 15458（1998）；(g)S. K. Burley *et al.*, *Science*, **229**, 23（1985）
6) (a)S. Tsuzuki, *Struc. Bond.*, **115**, 149（2005）；E. A. Meyer *et al.*, *Angew. Chem. Int. Ed.*, **42**, 1210（2003）；(b)C. A. Hunter *et al.*, *J. Chem. Soc., Perkin Trans.*, **2**, 651（2001）；(c)W. B. Jennings *et al.*, *Acc. Chem. Res.*, **34**, 885（2001）；(d)M. C. T. Fyee *et al.*, *Acc. Chem. Res.*, **30**, 393（1997）
7) (a)D. Sredojevic *et al.*, *Crsyt. Eng. Comm.*, **9**, 793（2007）；(b)Z. D. Tomic *et al.*, *Growth Des.*, **6**, 29（2006）
8) (a)O. Yamauchi *et al.*, *J. Chem. Soc., Dalton. Trans.*, 3411（2002）；(b)L. Hirsivaara *et al.*,

第7章 光物性

Eur. J. Inorg. Chem., 2255 (2001); (c)M. Yamakawa *et al.*, *Angew. Chem. Int. Ed.*, **40**, 2818 (2001); (d)F. Wu *et al.*, *Inorg. Chem.*, **38**, 5620 (1999)

9) (a)F. Barigelletti *et al.*, *Eur. J. Inorg. Chem.*, 113 (2000); (b)J. -P. Collin *et al.*, *J. Chem. Soc., Chem. Commun.*, 775 (1997)

10) (a)H. Tsubaki *et al.*, *Dalton. Trans.*, 385 (2005); (b)H. Tsubaki *et al.*, *J. Am. Chem. Soc.*, **127**, 15544 (2005)

11) (a)H. Hori *et al.*, *J. Photochem. Photobiol. A : Chem.*, **96**, 171 (1996); (b)K. Koike *et al.*, *Organometallics*, **16**, 5724 (1997); (c)H. Hori *et al.*, *J. Organomet. Chem.*, **530**, 169 (1997)

12) (a)A. Vogler *et al.*, *Coord. Chem. Rev.*, **200-202**, 991 (2000); (b)D. J. Stufkens *et al.*, *Coord. Chem. Rev.*, **177**, 127 (2000); (c)L. A. Worl *et al.*, *J. Chem. Soc., Dalton Trans.*, 849 (1991); (d)K. Kalyanasundaram, *J. Chem. Soc., Faraday Trans. 2*, **82**, 2401 (1986); (e)A. Cannizzo *et al.*, *Inorg. Chem.*, **46**, 3531 (2007); (f)S. Sato *et al.*, *Inorg. Chem.*, **46**, 9051 (2007); (g)S. Sato *et al.*, *Inorg. Chem.*, **46**, 3531 (2007)

13) (a)石井和之ほか, 金属錯体の光化学, p. 347, 三共出版 (2007); (b)石谷治ほか, 地球温暖化の対策技術, p. 232, オーム社 (1990); (c)石谷治ほか, 季刊化学総説「光が関わる触媒化学」, p. 232, 学会出版センター (1994); (b)H. Takeda *et al.*, *J. Am. Chem. Soc.*, **130**, 2023 (2008); (e)Y. Hayashi *et al.*, *J. Am. Chem. Soc.*, **125**, 11976 (2003)

14) Balzani *et al.*, p. 327 "Photochemistry and Photophysics of Coordination Compounds II", V. Springer (2007)

15) K. Koike *et al.*, *J. Am. Chem. Soc.*, **124**, 11448 (2002)

16) C. A. Tolman, *Chem. Rev.*, **77**, 313 (1977)

17) H. Tsubaki *et al.*, *Res. Chem. Intermed.*, **33**, 37 (2007)

18) (a)D. A. Friesen *et al.*, *Inorg. Chem.*, **37**, 2756 (1998); (b)L. M. Dupray *et al.*, *J. Am. Chem. Soc.*, **119**, 10243 (1997); (c)W. E. Jones *et al.*, *J. Am. Chem. Soc.*, **115**, 7363 (1993); (d)J. Serin *et al.*, *Macromolecules*, **35**, 5396 (2002)

19) (a)A. Harriman *et al.*, *Res. Chem. Intermed.*, **33**, 46 (2007); (b)A. Harriman *et al.*, *Faraday Discuss.*, **131**, 377 (2006); (c)A. Harriman *et al.*, *Coord. Chem. Rev.* **171**, 331 (1998); (d)S. Goeb *et al.*, *J. Organomet. Chem.*, **70**, 6802 (2005); (e)P. J. Connors *et al.*, *Inorg. Chem.*, **37**, 1121 (1998); (f)N. Hayasida *et al.*, *Bull. Chem. Soc. Jpn.*, **72**, 1153 (1999); (g)T. Yamamoto *et al.*, *J. Am. Chem. Soc.*, **116**, 4832 (1994)

20) (a)A. Harriman *et al.*, *Coord. Chem. Rev.*, **171**, 331 (1998); (b)F. Barigelletti *et al.*, *J. Am. Chem. Soc.*, **116**, 7692 (1994); (c)A. C. Benniston *et al.*, *Chem. Eur. J.*, **14**, 1710 (2008)

21) (a)O. Ishitani *et al.*, *Chem. Commun.*, 1514 (2001); (b)Y. Yamamoto *et al.*, *J. Am. Chem. Soc.*, **130**, 14659 (2008)

22) V. Balzani *et al.*, *Chem. Rev.*, **96**, 759 (1996)

23) H. Takeda *et al.*, *Anal. Sci.*, **22**, 545 (2006)

24) H. Hori *et al.*, *J. Chem. Soc., Dalton Trans.*, **6**, 1019 (1997)

第8章　誘電物性

芥川智行[*1]，中村貴義[*2]

1　固体の誘電物性

　固体の誘電物性は，電子部品の絶縁層，光導波路，光ファイバーや非線型光学素子などへの応用の観点から重要な物理的な性質であり，物理定数である真空の誘電率（$\varepsilon_0 = 0.088542$ pFcm^{-1}）に対する物質の誘電率の比をとって，比誘電率（ε_r）で表される事が多い[1~3]。一般に，誘電体は電気的な絶縁体であるが，厳密に電気抵抗率が無限大（$R = \infty$）である物質は存在しない事から，伝導体としての性質を表す電気抵抗（R）と絶縁体（誘電体）としての性質を表すキャパシタンス（C）の並列回路を用いて固体の誘電物性を考えるのが適当である（図1）。伝導性の固体では，Rが支配的であり，絶縁性の誘電体ではCが支配的になるが，実際の結晶ではRおよびCの両者が測定結果に含まれる事に注意する必要がある。

　固体の誘電物性の評価は，LCRメーターやインピーダンスアナライザーを用いた誘電率（ε）の評価から行うのが出発点となる[3]。中でも，固体物性の観点から興味深いのは，強誘電体の物性であろう。強誘電性の発現は，結晶構造の対称性と密接な関係がある[1~3]。結晶は，32種類の点群のいずれかに属し，全ての空間群はそのいずれかに分類される。32種類の点群の中で，対称中心の存在しない点群は21種類あり，その中で，強誘電性を示す可能性のある点群は10種類に限られる（表1）。点群の対称性を反映して，極性ベクトルの発生する（強誘電性が出現する）結晶軸が決定される。

　結晶学的な要請に加えて，外部電場の印可による分極反転（双極子モーメントの反転）構造の存在が強誘電体には必須である。上記の10種類の点群に属する結晶あっても，分極反転構造が

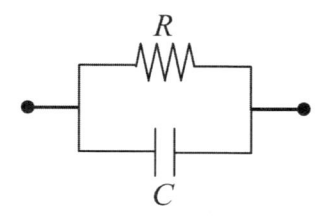

図1　測定試料に対応する抵抗（R）とキャパシタンス（C）の並列回路

[*1]　Tomoyuki Akutagawa　北海道大学　電子科学研究所　准教授
[*2]　Takayoshi Nakamura　北海道大学　電子科学研究所　教授

第8章　誘電物性

表1　極性ベクトルの反転が可能な点群と結晶方位

晶　系	点群	極性ベクトルの方向
Triclinic	1	(x, y, z)
Monoclinic	2	$(0, y, 0)$
	m	$(x, 0, z)$
Orthorhombic	mm2	$(0, 0, z)$
Trigonal	3	$(0, 0, z)$
	3m	$(0, 0, z)$
Hexagonal	6	$(0, 0, z)$
	6mm	$(0, 0, z)$
Tetragonal	4	$(0, 0, z)$
	4mm	$(0, 0, z)$

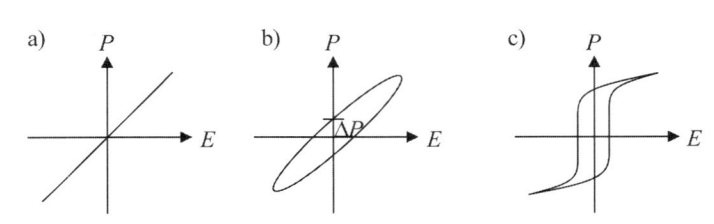

図2　誘電体の分極—電場（P—E）応答
a) 常誘電体，b) 誘電損失の存在する常誘電体，c) 強誘電体。

存在しない場合は，強誘電体にはならない。無機の強誘電体の分極反転構造は，イオン変位による変位型（チタン酸バリウムなど）と分子の双極子モーメントの秩序化が起源となる秩序—無秩序型（ロッシェル塩など）が知られている。いずれも，常誘電体から強誘電体への転移に伴い，表1に示す点群への結晶対称性の低下が生じ，外部電場の印可による分極反転が可能である。強誘電体における，双極子モーメントの協同的な配列は，強磁性体におけるスピン配列と類似性があり，外部電場による双極子モーメントの反転は，分極（P）—電場（E）測定にヒステリシスを出現させる（図2）[1〜3]。$R = \infty$ である理想的な常誘電体では，R 成分による誘電損失が存在しないために，図2aに示す直線的な P—E 応答が観測され，直線の傾きはεに対応する。しかしながら，実際の常誘電体では，有限の R が存在し，図2bで示す楕円状の P—E 曲線が観測される場合が多い。ここで，$E = 0$ における ΔP は R 成分に対応し，近似的には $\Delta P = \sigma E_{max}/4f$ となる（σ，E_{max} と f は，直流伝導度，最大印可電圧と測定周波数）。従って，ΔP と σ の値から，P—E 曲線の妥当性が検討できる。図2cに強誘電体のヒステリシス曲線を示す。有機および遷移金属錯体結晶では，無機結晶とは異なり，この様な理想的な P—E ヒステリシス曲線が観測される系はまれであり，図2bに近い曲線が報告される事が多い。従って，P—E ヒステリシス曲線の測定から強誘電体の判定を行うには，結晶の対称性や分極反転ユニットの同定などからの検討が併せて必要になる。

　強誘電体の同定には，誘電率の温度依存性測定における常誘電—強誘電体転移の観測も有効である。転移に伴い出現する誘電率のピークの前後における結晶対称性の変化と結晶軸との関係か

ら（表1），強誘電性が議論できる。変位型および秩序―無秩序型の常誘電―強誘電体転移における双極子モーメントの反転は，二極小型ポテンシャルエネルギー曲線を考える事で説明できる。常誘電相では，熱的に励起された原子あるいは分子運動が分極反転に関する平均構造を与え，結晶全体での双極子モーメントの配列が生じない。一方，低温相である強誘電体では熱励起による分極反転が抑制され，安定なエネルギー極小値への双極子モーメントの配列が生じ，さらに，双極子モーメント間の協同的な相互作用により転移が起こる。二極小ポテンシャル曲線のエネルギー障壁が非常に小さい時，量子効果によるトンネル現象が低温で起こり，常誘電体から強誘電体への秩序化が抑制される結果，量子常誘電相が出現する場合がある。強誘電体における分極反転の速度（周波数）も重要なパラメーターの一つである。温度依存性測定における常誘電―強誘電転移に伴う誘電率のピークは，分極反転構造の性質に依存して周波数依存性を示す。例えば，チタン酸バリウムや亜硝酸ナトリウムなどの原子変位は，大きな分子の運動と比べると速く，後者の誘電率で出現する～170 K のピークは，約 5 MHz の測定で最大となる[4]。従って，亜硝酸分子の反転運動は，5 MHz 程度の周波数で起こっていると結論づけられる。サイズの大きな分子の反転運動を伴う場合は，より遅い周波数に応答する誘電異常が観測される。以上のように，特に有機および遷移金属錯体結晶の強誘電性を判定するには，①結晶構造の対称性と測定軸の関係，②分極反転構造，③常誘電体―強誘電体転移，④誘電損失を考慮した $P-E$ ヒステリシス曲線の確認などの多面的な検討が必要である。

2 有機および遷移金属錯体結晶の誘電物性

　有機結晶および遷移金属錯体の誘電物性は，主に，以下の観点から研究が行われている。①新規な強誘電体の開発や磁性機能との複合化によるマルチフェロイック材料の開発，②大きな誘電率あるいは誘電異方性を示す新物質の開発，③量子常誘電体やリラクサー化合物の開発，④固体中の分子運動の評価。有機結晶の誘電率に関しては，古くは柔粘性結晶の分子運動の観点から研究が行われ[5]，また，強誘電性に関しては，歴史的にはロッシェル塩の報告例が最初である[1,2]。新物質開発の観点からは，テトラチアフルバレン（TTF）―クロラニル（QCl_4）が示す中性―イオン性転移と常誘電―強誘電体転移との相関が興味深い（図3）[6]。電子ドナーである TTF とアクセプターである QCl_4 が，交互に積層した（TTF）（QCl_4）電荷移動錯体は，室温付近における（$TTF^{+0.3}$）（$QCl_4^{-0.3}$）で示される中性状態から，（$TTF^{+0.7}$）（$QCl_4^{-0.7}$）で示されるイオン性状態へと 81 K で転移する。低温のイオン性相では結晶格子の歪みが生じ対称性が低下する結果，分子の積層軸方向に電荷移動相互作用に由来する双極子モーメントが発生する。誘電率の温度依存性には，81 K で鋭いピークが出現し，強誘電体への転移が確認されている。しかしながら，電荷移動錯体が有する電気伝導性のため，図2c に示す様な理想的な $P-E$ ヒステリシス曲線の観測には至っていない。

　無機結晶であるリン酸二水素カリウム（KDP）は，固体中のプロトン移動が関与する強誘電

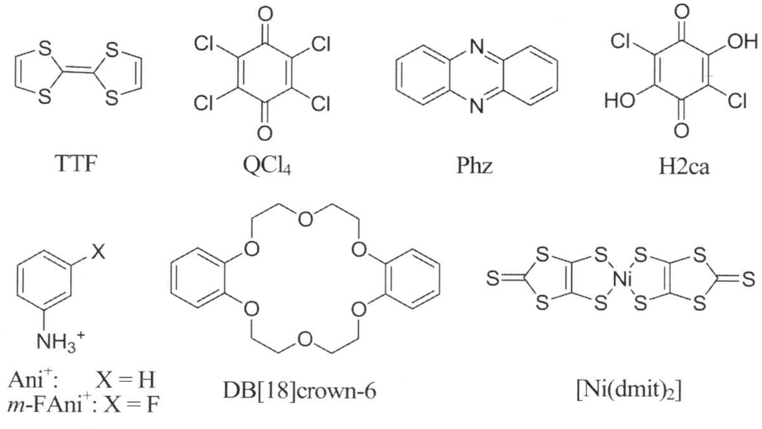

第8章　誘電物性

図3　強誘電性が出現可能な化合物の構造式の例

体として有名である[1,2]。質量が小さく正の電荷を有するプロトンは，結晶中の分極反転構造として有望であり，水素結合性の有機結晶においても研究が進められている[7～9]。分子間水素結合が形成する二極小型のポテンシャルエネルギー曲線を設計する事で，プロトン移動に伴う極性構造の変化あるいは分子変形を伴う新規な強誘電体が作製可能である。最近，堀内らは，水素結合性の酸—塩基型分子錯体であるフェナジン—クロラニル酸（ブロマニル酸）において，強誘電性の発現を報告している[7]。フェナジン—クロラニル酸錯体では，253 K 以上の温度でキュリー・ワイス則に従う誘電率の温度依存性が観測され，253 K 以下で強誘電体に転移を起こす。さらに，図2cに示す理想的な P—E ヒステリシス曲線を示す点に特徴がある。

最近，筆者らは，結晶中の分子運動の自由度に着目した超分子ローター構造を利用した新規な強誘電体を報告した[10]。結晶中の分子回転運動の実現は，最密充填構造の形成と相反するため，結晶空間の設計が重要である。一方，アダマンタンなどの等方的な分子形状を有する一連の化合物が示す柔粘性結晶における分子運動が，ローター相として調べられている[5]。また，フラーレン結晶中の分子回転運動も，固体 NMR や X 線結晶構造解析から明らかにされている[11]。著者らは，アリールアンモニウムとクラウンエーテルが形成する超分子カチオン構造に着目して，導電性や磁性機能の発現が可能な遷移金属錯体である［Ni(dmit)$_2$］との複合化に関する一連の研究を行っている[12]。その結果，(Anilinium)([18]crown-6)[Ni(dmit)$_2$]$^-$（1）結晶では，Anilinium（Ani$^+$）分子の180度フリップ—フロップ運動と［18]crown-6分子のランダムな回転運動が共存可能であった。それぞれの回転運動の室温における周波数は，～MHz および～kHz のオーダーであり，異なる周波数・対称性で回転運動しているデュアル超分子ローター構造が実現可能である[13]。また，［Ni(dmit)$_2$］$^-$アニオンは，酸化状態の制御により導電性や磁性機能が付加でき，分子ローター構造と磁性や伝導機能とのカップリングが可能である。結晶1では，Ani$^+$カチオンおよび［18]crown-6分子のフリップ—フロップ運動による分子反転に対して同一の結晶構造となる事から，強誘電性は出現しない。そこで，180度フリップ—フロップ運動で双極子モ

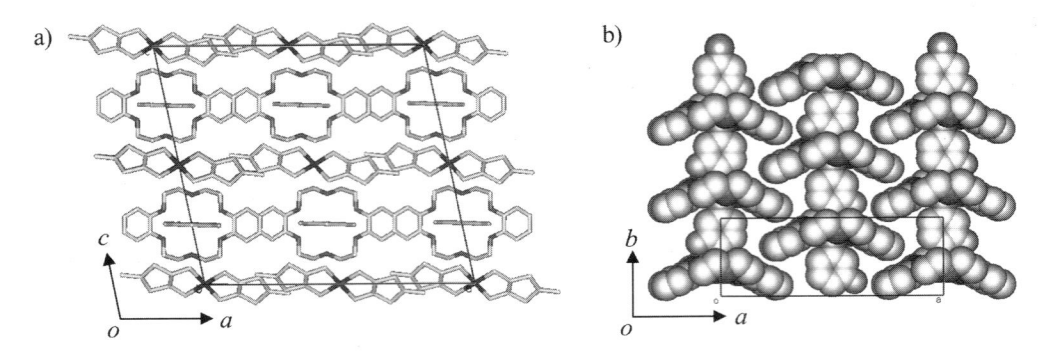

図4 錯体2の結晶構造
a) b軸方向から見たユニットセル。超分子カチオンと[Ni(dmit)$_2$]$^-$アニオン層が，c軸方向に交互に配列している。b) ab面内における超分子カチオン配列。空間充填を示すCPKモデルを用いた表記で，水素原子は省略している。

ーメントの反転が可能な m-fluoroanilinium (m-FAni$^+$) カチオンを含む (m-FAni$^+$)(dibenzo[18]crown-6)[Ni(dmit)$_2$] (2) を検討した[10]。同時に，同形結晶である (Ani$^+$)(dibenzo[18]crown-6)[Ni(dmit)$_2$] (3) も作製可能であり，両結晶の誘電物性を比較する事で強誘電性の検証が可能となる。結晶2では，(m-FAni$^+$)(dibenzo[18]crown-6) から成る超分子カチオン構造が ab 面内において配列し，面内におけるフッ素の配向には disorder が観測された（図4）。カチオン層の間には，$S=1/2$ スピンを有する [Ni(dmit)$_2$]$^-$ アニオンの二次元配列があり，磁化率の温度依存性測定では，Curie-Weiss モデルに従う磁性が観測されている。結晶中における m-FAni$^+$ カチオンの180度フリップ—フロップ運動は結晶の a 軸方向に起こり，単結晶試料（2）を用いた誘電率の温度依存性では顕著な異方性が観測された。m-FAni$^+$ カチオンの分子回転に伴う双極子モーメントの反転が期待できる a 軸方向の誘電率測定では，346 K に周波数に依存したピークが出現する（図5）。より低周波数領域の誘電率測定（$f=1$ kHz）でピークが明瞭になり，高周波数領域（$f=1$ MHz）では，ピークは観測されていない。また，結晶の b および c 軸方向の誘電率測定では，周波数依存性が観測されない。以上の結果は，結晶中で低い周波数に対応する分子運動が a 軸方向に存在する事に対応している。結晶3においては，この様な誘電挙動が観測されない事から，m-FAni$^+$ カチオンの180度フリップ—フロップ運動に伴う双極子モーメントの反転が，誘電率変化に反映されていると結論できる。強誘電体状態にある室温における結晶2の P—E ヒステリシス曲線は，R による寄与を含む強誘電体に特徴的な挙動を示し，結晶3では常誘電体に特徴的な直線的な挙動を示した。さらに，固体 ^{19}F-NMR，ab-inito 計算による分子回転ポテンシャルエネルギーの計算，バイアス電圧の印加による結晶構造解析などの結果から，錯体2が346 K 以下の温度領域で強誘電体である事が明らかとなった。結晶2は，超分子化学の手法から設計された超分子ローター構造を利用した，新規な強誘電体である。水素結合鎖内のプロトン移動と比較し，分子回転に伴う分子座標の大きな変位に加えて強誘電性を担う超分子ローター構造と磁性機能を担う金属錯体が共存している事から，今後マルチフェロイッ

第8章　誘電物性

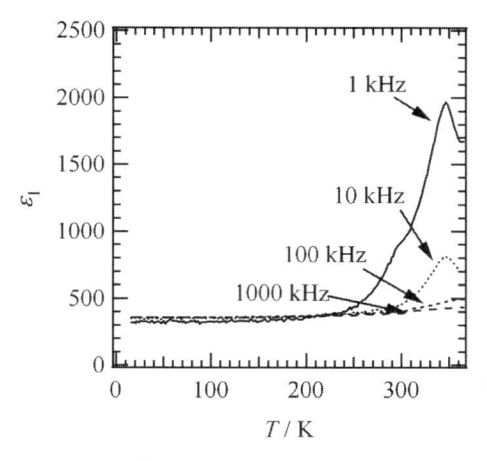

図5　錯体2のa軸方向で測定した誘電率の温度—周波数依存性

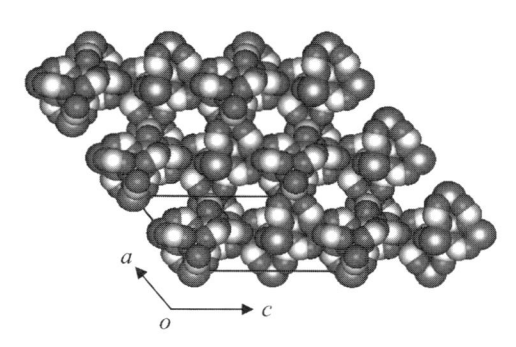

図6　b軸方向からみた結晶4の一次元ナノ空間
空間内の溶媒分子（CH_3OHとH_2O）および水素原子は，図では省略している。

ク材料などへの展開が期待できる．

　遷移金属錯体が形成するリジッドフレーム内にナノ空間が存在し，低分子の吸脱着が可能である配位高分子錯体に着目して，結晶の誘電物性の化学的な制御が行われている．小林らは，[$Mn_3(HCOO)_6$]錯体が形成する一次元ナノ空間に着目し（図6），ナノ空間内の溶媒分子（メタノールや水）の配列変化を利用した興味深い誘電相転移を報告している[14〜16]．

　[$Mn_3(HCOO)_6$](H_2O)(CH_3OH)錯体（4）では，一次元ナノ空間内の溶媒分子の運動自由度を反映した誘電率（$f=10$ kHz）の温度依存性の異常が150 Kと200 Kのピークとして出現し[14]，誘電率の異方性の測定と結晶構造解析の詳細な検討から，分子運動と誘電物性の相関を議論している．同様な一次元ナノ空間を有する[La_2Cu_3{$NH(CH_2COO)_2$}$_6$](H_2O)結晶（5）においても，ナノ空間内に存在する水分子の凍結—融解を反映した誘電異常が160 Kで観測される[15]．結晶5では，興味深い事に，350 K以上の高温領域で反強誘電体に特徴的なP—Eヒステリシス曲線が

観測されている。この温度以上では，結晶からの水の部分的な脱離が始まる事から，ナノ空間内に残された水分子と遷移金属錯体の間の分子間相互作用に由来する，水の反強電性秩序状態が実現していると考えられている。さらに，結晶4のフレームにエタノール分子を取り込んだ［$Mn_3(HCOO)_6$］(C_2H_5OH) 結晶（6）では，165 K において誘電率（$f=10$ kHz）の鋭いピークが出現し，P—E ヒステリシス曲線の測定と低温相における結晶の対称性の検討から，165 K で常誘電—強誘電体転移が起こると報告されている[16]。また，結晶6は8.5 K でフェリ磁性体に転移する事から，強誘電性とフェリ磁性が共存した興味深い系である。

遷移金属錯体を用いた強誘電体に関しては，他にオクタシアノモリブデート[17]やジエチルジチオカルバメート錯体[18]などで P—E ヒステリシス曲線が報告されている。これらの錯体における結晶中の分極反転構造は，遷移金属イオンに配位したリガンド分子と考えられ，外部電場によりリガンドの結合様式が変化する事で，強誘電性が発現すると考えられている。

3　まとめと将来展望

有機結晶や金属錯体結晶から成る強誘電体は，無機化合物と比べ研究の歴史が浅く，物質開発および物性評価の点で未成熟の分野である。誘電率の異方性を含めて単結晶試料を用いた評価は，固体物性を考察するための出発点と考えられるが，これらの結晶では，十分なサイズの良質な単結晶試料を得るのが難しい。さらに，耐電圧の低さから P—E ヒステリシス曲線の測定が困難である場合が多い。これについては，最近強誘電体の分極成分に含まれる伝導成分を除く事が可能な新規の P—E ヒステリシス曲線の測定手法が開発され[19]，今後，有効な測定手段になると期待される。一方で，結晶中の分極反転構造の同定とメカニズムの解明が重要な課題になる。実用材料の観点からは，単位格子中に存在する分極反転構造の密度と応答速度の向上が問題であろう。代表的な無機の強誘電結晶であるチタン酸バリウムは，分極反転構造が単位格子中で高密度に存在し，単位体積あたりの自発分極が大きな強誘電体である。この様な原子変位型の強誘電体は，MHz以上の速い周波数応答が可能であり，現状では，無機化合物の利用が実用化材料としては有利である。一方，物質の多様性あるいは化学的な設計の多様性という観点からは，有機分子や遷移金属錯体を用いた物質開発に期待できる。例えば，フレキシブルデバイスの構築では，有機強誘電体の利用が考えられ，また，分子間水素結合や分子ローター構造を利用した新規な強誘電体も，分子設計が可能な有機系ならではの新物質と考えられる。遷移金属錯体から成るリジッドなフレームと多次元的なナノ空間が共存した配位高分子化合物では，その特異な結晶構造を利用した誘電物性の開拓が期待できる。既に，小林らにより，ナノ空間内の分子自由度を利用した誘電物性の制御が成功している[14~16]。また，配位高分子錯体のフレーム自身を誘電物性の観点から利用する事も可能であり，北川らにより報告された［CdNa(2-sulfoterephthalate)(pyrazine)$_{0.5}$(H_2O)］(H_2O) 結晶では，フレームを構成するピラジン分子の回転運動が報告されている[20]。分子ローター構造を利用した強誘電体との類似性から，分極反転が可能なフレーム分

第 8 章 誘電物性

子を設計する事で，強誘電体の実現が可能であろう．さらに，配位高分子錯体のフレームとナノ空間の誘電物性をカップリングさせた複合系への展開も考えられる．有機結晶や遷移金属錯体結晶において，分極反転に対する周波数・反転電場・保持電場の化学的な制御が可能となれば，無機化合物と一線を画する新規な強誘電材料が開拓できるものと期待される．

文　　献

1) 中村輝太郎編著，物性科学選書　強誘電体と構造相転移，裳華房（1988）
2) 高重正明，物性化学入門シリーズ　物質構造と誘電体入門，裳華房（2003）
3) K. C. Kao "Dielectric Phenomena in solids", Elsevier（2004）
4) S. Sawada *et al.*, *J. Phys. Soc. Jpn.*, **16**, 2207（1961）
5) "The Plastically Crystalline State", John Wiley & Sons（1979）
6) L. Cointe *et al.*, *Phys. Rev. B*, **51**, 3374（1995）
7) A. Katrusiak, M. Szafrański, *Phys. Rev. Lett.*, **82**, 576（1999）
8) T. Akutagawa *et al.*, *J. Am. Chem. Soc.*, **126**, 291（2004）
9) S. Horiuchi *et al.*, *Nature Materials*, **4**, 163（2005）
10) T. Akutagawa *et al.*, *Nature Materials*, **8**, 342（2009）
11) R. D. Johnson *et al.*, *Science*, **255**, 1235（1992）
12) T. Akutagawa, T. Nakamura, *Dalton Transaction*, 6335（2008）
13) S. Nishihara *et al.*, *Chem, Asian J.*, **2**, 1983（2007）
14) C. Heng-Bo *et al.*, *Angew. Chem. Int. Ed.*, **44**, 6508（2005）
15) C. Heng-Bo *et al.*, *Angew. Chem. Int. Ed.*, **47**, 3376（2008）
16) C. Heng-Bo *et al.*, *J. Am. Chem. Soc.*, **128**, 18074（2006）
17) K. Nakagawa *et al.*, *Inorg. Chem.*, **47**, 10810（2008）
18) T. Okubo *et al.*, *J. Am. Chem. Soc.*, **127**, 17598（2005）
19) M. Fukunaga, Y. Noda, *J. Phys. Soc. Jpn.*, **77**, 064706（2008）
20) S. Horike *et al.*, *Angew. Chem. Int. Ed.*, **45**, 7226（2006）

第Ⅳ編　展望

第 1 章　蛋白空間錯体 hybrid

渡辺芳人[*1]，上野隆史[*2]

1　はじめに

　蛋白質は 20 種類のアミノ酸残基から構成されており，様々な機能を発現するために，それぞれの蛋白質に特有なサイズや形状を有している。さらに，金属蛋白質に注目すると，ヘムや鉄硫黄クラスター等の「金属錯体」が，ポリペプチドによって構成される特異な「配位空間」に固定化され，人工的に作り上げられた条件では不可能とされる反応を，常温常圧の水中でいとも簡単にやってのける。一方，近年の構造生物学や分子生物学の進歩により，我々錯体化学者が，遺伝子工学や化学修飾によって蛋白質の内部や外部表面に様々な機能分子を導入できるようになった。そればかりか，それらの反応を分子量数万から数百万までの広い範囲の蛋白質で行えるようになっている。特に，いくつもの蛋白質から組み上げられるナノ構造蛋白質は，様々なアミノ酸官能基が，そのナノ空間に精密に配置されており，球状や筒状といった孤立空間を形成するため，非常に魅力的な分子テンプレートを我々に提供してくれる。従って，これまで全く異なる分野と考えられていた蛋白質化学と錯体化学の融合により，全く新しい配位化学の領域を切り開ける可能性が見えつつある[1]。

　とりわけ，以下に述べるように，蛋白質の部位特異的な改変は，蛋白空間と錯体の hybrid 物質，すなわち，designed metalloproteins を作り上げる上で非常に重要な手法であることが分かる[2]。

2　合成錯体でミオグロビン活性中心を再構成

　金属蛋白質の活性中心を構成する補欠分子属（錯体）を，構造の全く異なる合成錯体に置き換えることは可能であろうか？　論理的にはもちろん可能であるが，実際に置換することは，それほど簡単なことではない。

　我々は，ミオグロビンからヘムを取り除き（apo-Mb と呼ぶ），様々な反応を触媒する金属錯体や有機金属化合物によってミオグロビンを再構成した。ヘムはミオグロビンの 93 番目のアミノ酸であるヒスチジン（His 93）に配位しているので，合成錯体も His 93 に配位することが出来る構造にすればよい。こうした一連の操作は簡単に聞こえるが，合成金属錯体とミオグロビンの複合化は，非常に困難な作業であった。ヘムは 400 nm 付近に Soret 帯と呼ばれる吸光係数の大

[*1]　Yoshihito Watanabe　名古屋大学　物質科学国際研究センター　教授
[*2]　Takashi Ueno　京都大学　物質—細胞統合システム拠点（iCeMS）　准教授

配位空間の化学―最新技術と応用―

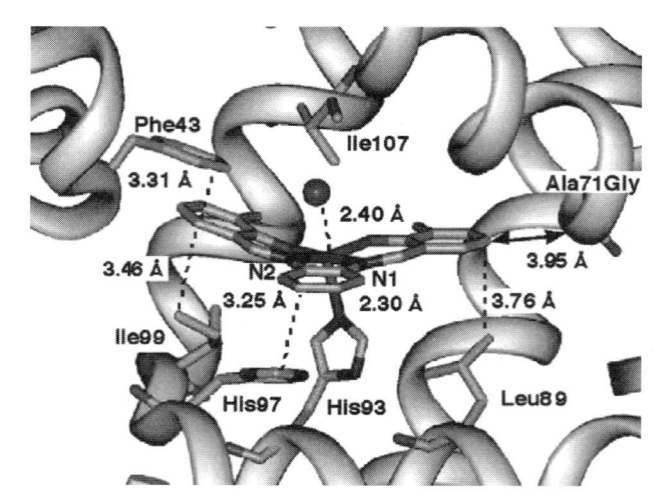

図1　Fe^{III}(Schiff base)・Mb の錯体近傍結晶構造

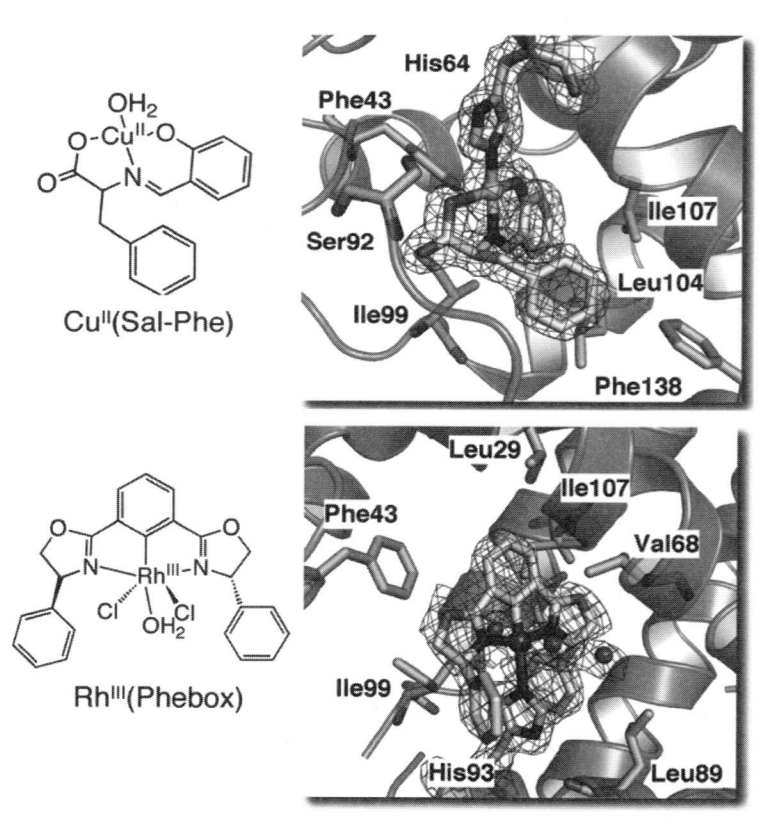

図2　Cu^{II}や Rh^{III}錯体を取り込んだ Mb の結晶構造

第1章 蛋白空間錯体 hybrid

きい特徴的な吸収があり，UV-vis スペクトルですぐに見分けることが出来るが，非ヘム系の合成金属錯体には特徴的な吸収がないため，再構成が出来たか否かを簡便には判断できない。さらに，His 93 に錯体が配位したとしても，親和性が低い場合，単離・精製の段階で錯体が蛋白質から抜け出る可能性が高い。そこで，錯体配位子と周辺アミノ酸間の相互作用，例えば疎水相互作用や π-π 相互作用などを考慮した配位子と蛋白質空間の設計が必要となる[2]。

最終的に，図1に示す鉄（Ⅲ）シッフ塩基錯体が，本来ヘムが存在した位置に配位結合や疎水相互作用などによって安定に取り込まれていることが結晶構造から明らかになった[3]。その後，図2に示すように，様々な配位構造の錯体や有機金属化合物を apo-Mb と再構成された[4]。結晶構造からも明らかなように，再構成された人工金属蛋白質や有機金属蛋白質の金属周辺には，様々な反応を進めるための充分な空間がないために，期待された触媒反応活性は非常に低いものであった[4]。

そこで，広い反応空間を提供する蛋白質として，「鉄貯蔵蛋白質であるフェリチン（Fr）」を利用することにした。

3 フェリチン内部空間の利用

フェリチンは，我々の脾臓で鉄イオンを貯蔵する役目を担う巨大蛋白質である。24個のサブユニットで構成され，内径が約 8 nm の球状構造を取っている安定な蛋白質で（図3），鉄イオン以外にも様々な金属イオンを取り込むことが知られている。鉄イオンを含まない apo-Fr の作製は容易である。そこに Pd^{2+} イオンを apo-Fr 内部に導入し，還元剤で Pd(0) の金属クラスターを作製した。約 300 個の Pd^{2+} イオンが apo-Fr の内部空間に取り込まれ，単離精製後も内部に留まることが分かった[5]。

$NaBH_4$ で還元すると，淡黄色の溶液が茶色へと変化するが，Pd(0) に由来する金属 Pd の沈殿は見られない。得られた Pd·Fr は，極低温下での TEM 観測から，Pd(0) が平均 2 nm のほぼ均一なクラスター構造を取っていることが分かった（図4）[5]。Pd(0) を触媒としてオレフィン類の接触還元を行うと，置換基の大きさに依存する基質選択性が得られ，最大で，Pd·Fr 当

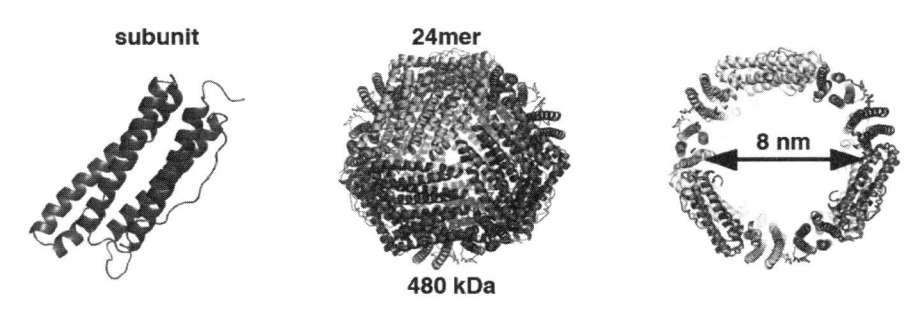

subunit **24mer** 480 kDa 8 nm

図3 フェリチン（Fr）のサブユニットと全体構造

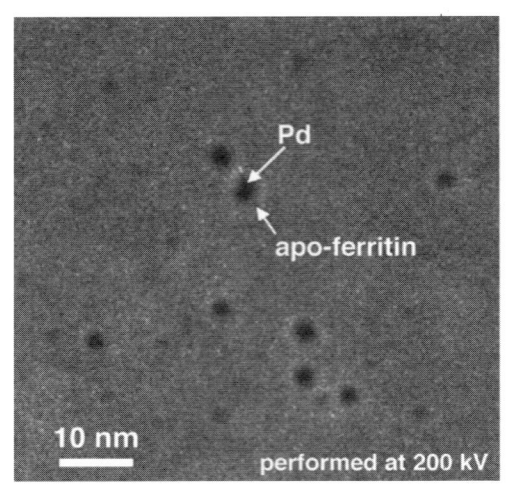

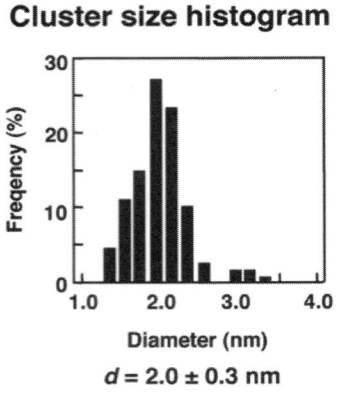

図4　Pd·Fr の電顕画像とクラスターサイズの分布

たり毎分350回程度のターンオーバー数で還元が進行した。

　apo-Fr に取り込まれる金属イオンは，3つのサブユニットの接合部分に形成される空間（三回軸チャネルと呼ばれる）を通って蛋白内部に取り込まれることが知られている。また，チャネルにはアスパラギン酸が数多く存在するが，有機分子もこのチャネルを通過すると考えられている。従って，基質のサイズが大きすぎるとチャネルを通過しづらくなり，還元反応活性が低くなる。また，基質にカルボン酸を導入すると，還元反応はほとんど進行しない。

　Pd^{2+} イオンの取り込み実験の過程で，取り込まれる Pd^{2+} イオンの量が一定値以上にならない事から，蛋白質の内部表面に Pd^{2+} イオンが配位する部位，例えばシステインやヒスチジンなどが配位子として作用している可能性が考えられた。

　Pd^{2+} イオンの代わりに Au^{3+} イオンを apo-Fr に導入したところ，導入可能なイオン数は約200個であり，結合サイトも Pd イオンと一部異なることがわかり[6]，Pd イオンと Au イオンの共存も可能であることが予測された。そこで，apo-Fr 内部での Au-Pd バイメタル粒子，すなわち，①Fr 内部に Au イオンを挿入後，さらに Pd イオンを挿入し，共還元による合金の作製，②Au ナノ粒子を最初に作り，次いで，Fr に Pd イオンを挿入，再度還元する「逐次還元」によってコアシェル構造を作製した（スキーム1）。共還元では Au/Pd の合金が生成するが，逐次還元の場合，Au と Pd を加える順番によって Au がコアになる［Au］(Pd) と Pd がコアを形成する［Pd］(Au) の作り分けが可能となる。

　TEM 測定から，apo-Fr 内部にそれぞれ 2.2±0.2 nm，2.4±0.3 nm の粒子形成が確認された。さらに，HRTEM，EDS 測定から，Fr に内包されている粒子は結晶性であり，Au，Pd によりバイメタル化していることが示された。また，それぞれを触媒とした場合の水素化反応性は，コアシェル型 Au-Pd 粒子内包 Fr は，モノメタルの Pd 粒子内包 Fr と比較して活性が向上した。一方，合金型では顕著な活性の向上は見られなかった。この違いは，コアシェル型では粒子表面

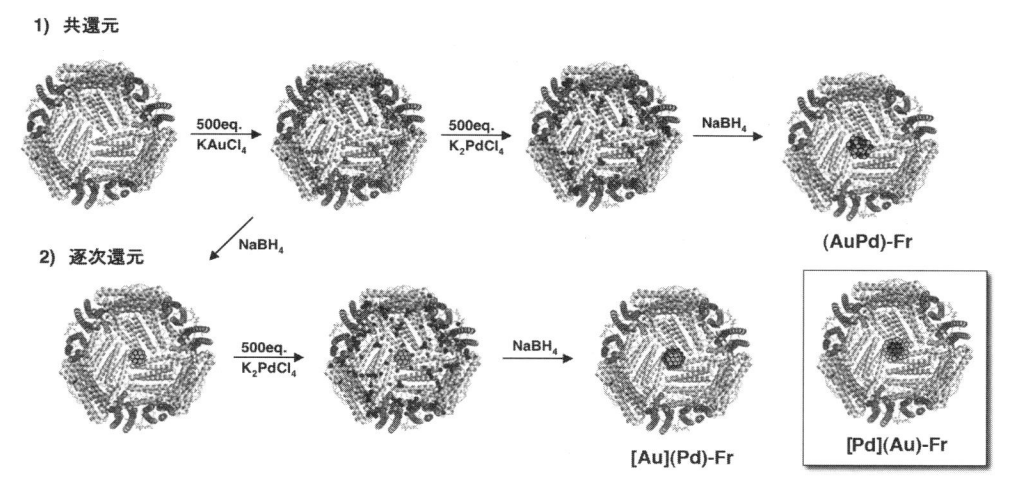

第1章 蛋白空間錯体 hybrid

スキーム1 apo-Fr に Au・Pd イオンを加えて還元する「共還元」による合金（AuPd）作製と，「逐次還元」によるコア・シェル（Au コア・Pd シェルおよび Pd コア・Au シェル）の作り分け

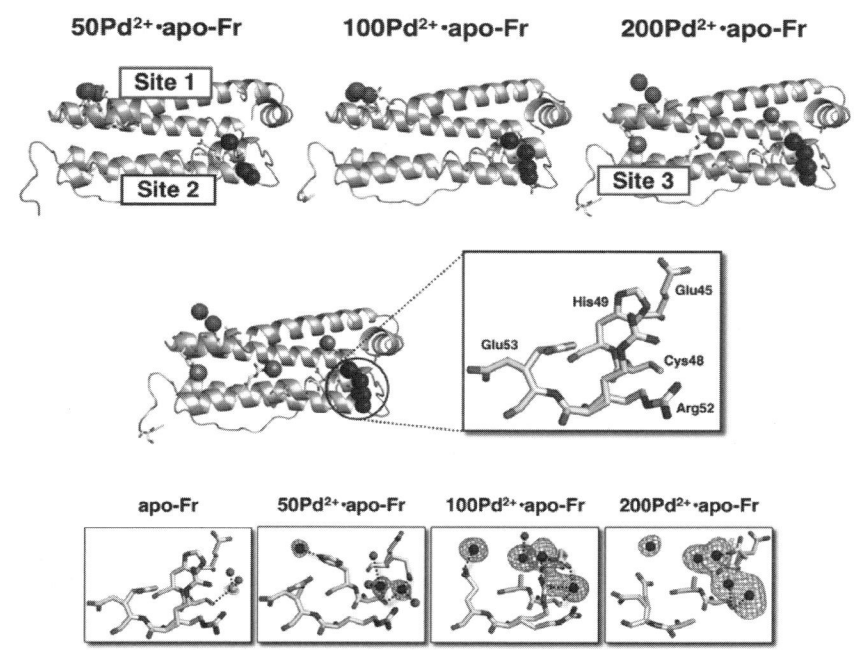

図5 Fr 内部空間に結合した Pd イオンの結晶構造

を Pd 原子が覆っているため，活性サイトが合金型に比べ多いためと考えられる[6]。

さらに，apo-Fr 当たり 50 当量の Pd^{2+} イオンを加えた Pd^{II}・Fr 複合体の X 線結晶構造解析から，Pd イオン集積初期段階の観察に成功した。その後，apo-Fr 内部表面への Pd イオン集積過程の解明を目指し，1分子の apo-Fr 当たり 100 当量，200 当量の Pd イオンを集積させた Pd^{II}・

Fr複合体のX線結晶構造解析を行った。図5に結果を示しているが、順次Pd^{2+}イオンの結合数がFr当たり144, 192, 264ヶ所と増加している様子がうかがわれる。また、初期過程では結合サイトは2ヶ所であったが、金属イオンの増加に伴って、第三の結合サイトが出現している。図5（中央）には、結合サイト2でPdイオンが結合するアミノ酸側鎖を示している[7]。

さて、50当量のPd^{2+}イオンを加えた場合、実際に蛋白質に取り込まれた金属イオン数は、金属イオン濃度（ICP測定）と蛋白定量から算出されるが、その数は36±3個であった。100当量、200当量のPdイオンで処理した蛋白では、それぞれ92±7, 239±3個となり、結晶構造から得られた結合数とは異なる結果となった。特に、結合する金属イオンが少ない時にその差が際だって大きい。これは、Frが24個のサブユニットから構成される対称性の良い球状構造を取っていることに起因する。

例えば、図6（上部）に示すように、蛋白全体で3個の金属イオンが異なる部位に配位したとする。この構造を解くと、得られるサブユニット上に、24個のサブユニット全てを重ね合わせた上でサブユニット当たりに平均された電子密度が得られ、結果として、3ヶ所の金属イオンの結合が一つのサブユニット上に現れることになる。もちろん、電子密度は極端に低い値となる。さらに、同一のアミノ酸側鎖が複数の配位構造を与える事になる。図5の結合サイト2を例に取り説明すると以下のようになる。

50当量で処理して得られたPd^{II}・Frからは、144の結合サイトが見つかり、サブユニット当たり6個のPdイオンが同時に結合している様なイメージが得られる。一方、金属定量から、Fr当たり36個のPdイオンが取り込まれ、サブユニット換算で、平均1.5個のPdイオンしか実際

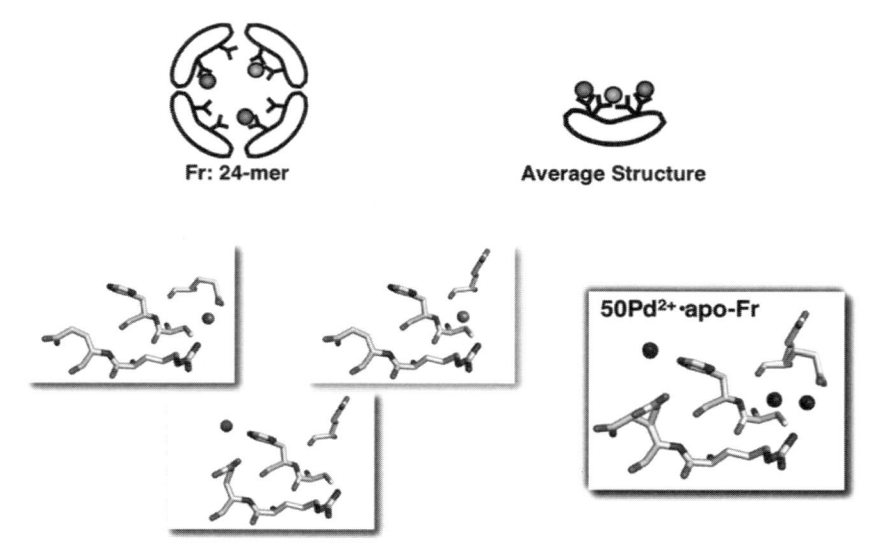

図6 Fr全体に結合したPdイオンが、サブユニット上に重ねられて解析されるイメージと、解析された個別の配位構造
（50当量処理Pd^{II}・Frの結合サイト2）

第1章 蛋白空間錯体 hybrid

には存在していないことになる。従って，結合サイト2には，最大1個のPdイオンしか実際には存在していないと結論される。すでに述べたように，結晶構造は24個のサブユニットの重ね合わせとして解析され，同一アミノ酸側鎖に対して複数の構造が得られる。こうした点を考慮して50当量で処理したPd^{II}・Frについて構造を解析すると，少なくとも図6下部に示すようなPdイオンの3種類の配位構造が推定される[5]。

特に，金属イオンの数の変化に対応して，配位するアミノ酸側鎖の位置が大きく変動しており，そうした柔軟な構造変化が，環境に応じた金属イオン取り込みを可能にしているのであろう。

4 フェリチン内部空間に有機金属化合物を導入

ここまでは，単純な金属イオンをフェリチン内部に導入した研究を紹介してきたが，有機金属化合物であるPd(allyl)イオンを導入した結果について紹介する[8]。

二量体である[Pd(allyl)Cl]$_2$をapo-Frに対して100当量加えて処理すると，ほぼ定量的にPd(allyl)・Fr複合体が得られる。結晶構造は1.70Å分解能で解析され，図7に示すように2ヶ所

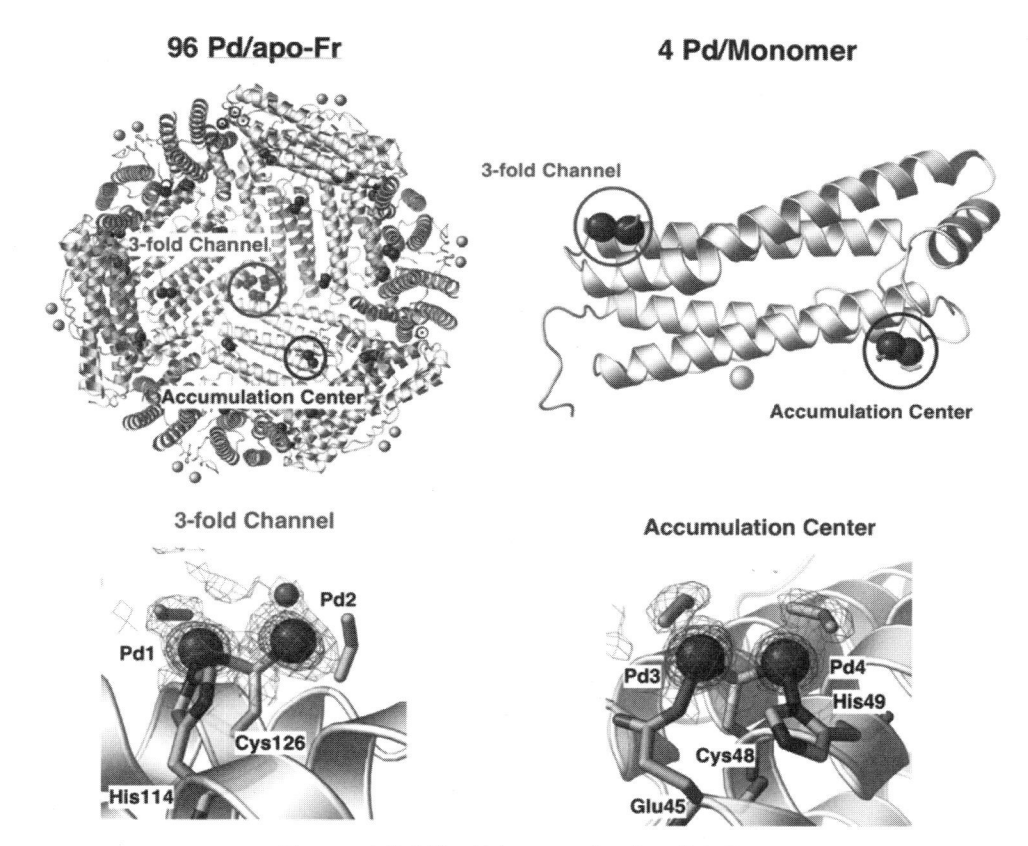

図7 Fr内部空間に結合したPd(allyl)の結晶構造

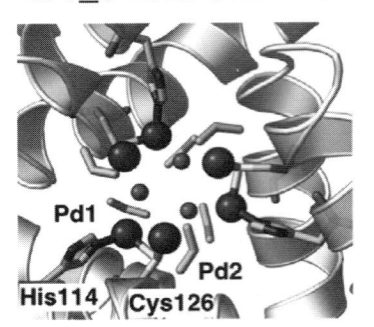

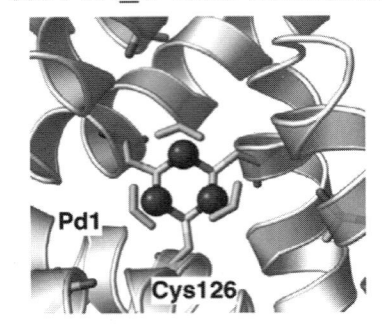

図8 三回軸チャネルの His 114 を削除して形成された Pd(allyl) クラスター構造

の結合部位が見つかった。サブユニット当たり4個のPd(allyl)イオンが配位し，Fr当たり総計 4×24＝96個のイオンが含まれている。3回軸チャネル部分の配位構造を詳しく見ると，システイン由来のSH基が2個のPdイオンを架橋しており，allyl基とHis 114（Pd 1）あるいはallyl基と水分子（Pd 2）による4配位平面構造を取っている。一方，蛋白質内部の比較的疎水的な環境部位でも，同様なシステインによる架橋構造が形成されている（図7）。フリー状態のPd^{2+}イオン（図5）と大きく異なる配位構造であることは，全く予想しなかった結果である。

なお，3回軸チャネルの配位子となっているHis 114をアラニンに置換したミュタントを作製したところ，3つのサブユニットのシステインが3個のPdイオンを架橋した3核クラスターが生成した（図8）。この構造は，電子伝達系でよく見かける鉄—硫黄クラスターのモデルと見なすこともでき，システインの配置を適切に設計できれば，より複雑なクラスター構造を作り上げることも可能と考えられる。

さて，Pd(allyl)イオンをapo-Fr内部に導入したのは，鈴木カップリングのようなC—C結合形成反応が蛋白質内部で可能かどうか検討するためであった。そこで，p-I-アニリンとフェニルホウ酸のカップリング反応を検討した。反応生成物は^{1}H NMR測定によって，p-アミノビフェニルのみである事を確認した。なお，Fr複合体当たりのTOFは約3,500である。

ここで紹介した含金属イオンFr複合体の構造解析や触媒反応の他にも，有機金属錯体の酸化還元反応制御も達成している[9]。今後さらに検討を重ね，どこまで有機金属が触媒する反応を蛋白内部で達成可能なのか，解決すべき課題は多い。

5　バクテリオファージT4の部品蛋白質の機能化

超分子蛋白質複合体は，化学的に興味深い構造や機能をもつものの，複雑すぎて人工的に合成することが不可能な多くの部品蛋白質によって構成されている。そこで，バクテリオファージT4の部品蛋白質の一つであるヘテロ蛋白質複合体（gp 27-gp 5）$_3$を利用し，その機能化を進めた例を紹介する。この複合体は，全く構造が異なる蛋白質 gene product 27 と gene product 5 が

第1章 蛋白空間錯体 hybrid

それぞれ三量体を形成し,さらにヘテロな複合化によってチューブ構造とカップ構造を形成する（図9）[10]。そこで,部品蛋白質の高次集積制御,および機能分子の導入を行った。

本来は Ni イオンとの高い親和性を利用して蛋白質精製に用いられるヒスチジン配列（His-tag）を,三量体として構成されるチューブ蛋白質（gp 5)$_3$ の C 末端に導入することによって,金属イオンへの集積物を構築した[11]。この（gp 5-His-tag)$_3$ に 300 等量の $KAuCl_4$ を加え,$NaBH_4$ で還元後,単離精製した生成物の TEM 像には,金微粒子に 4 つの（gp 5-His-tag)$_3$ が結合したテトラポッド状の構造体が観測された（図10）。従って,His-Tag が 3 つ集まった C 末端領域が金微粒子形成の土台となって（gp 5-His-tag)$_3$ の三次元的な集積体が形成されていると考えられる。

チューブ蛋白質（gp 5)$_3$ の上部に gp 27 が 3 つ自己集積することで形成される内径 3 nm のカップ状空間には,数 nm までの分子の取り込みや,固定化が期待できる（図11 a）。そこで,カップ内部へ鉄ポルフィリン（FePP）を固定化し,金属錯体反応場としての利用を試みた（図11 b）[12]。まず,gp 27 との複合化に影響せず,修飾反応が容易な N 末端付近の残基をシステインに

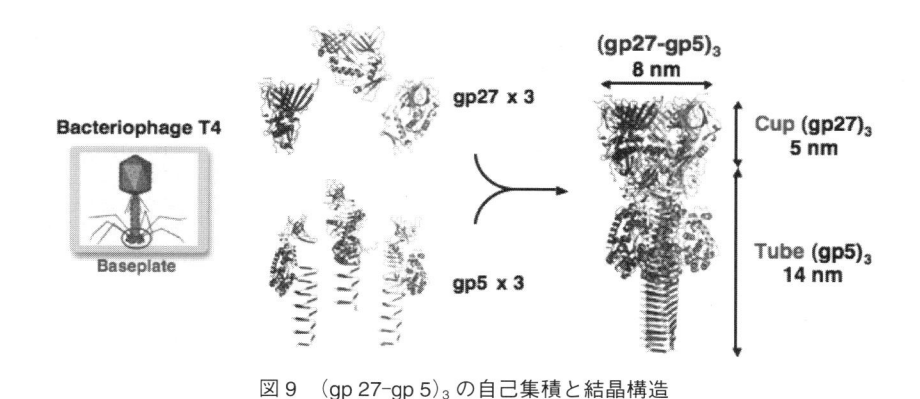

図9 （gp 27-gp 5)$_3$ の自己集積と結晶構造

図10 Au/[(gp 27-gp 5)$_3$]$_4$ の TEM 像(a)と推定構造(b)

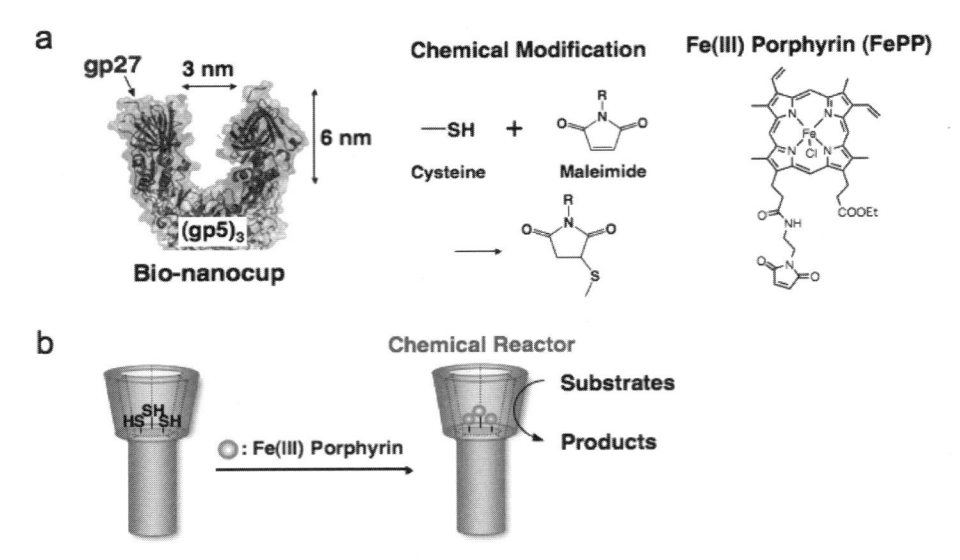

図 11 [(gp 27-gp 5)$_3$]$_4$ のカップ構造(a)と触媒固定化(b)

置換した（gp 27-gp 5_M 3 C)$_3$と（gp 27-gp 5_N 7 C)$_3$を作製した。それらの変異体とマレイミド基をもつ鉄ポルフィリン錯体を反応させ，FePP の固定化を行った。この複合体を触媒としてチオアニソールの酸化反応を行ったところ，水中の FePP に比べて 6〜10 倍程度高い触媒活性を示したことから，カップ構造内の疎水空間を用いた触媒活性の向上が示された。この結果は，様々な超分子蛋白質の部品構造に適応できることから，さらなる展開を期待したい。

6 おわりに

本章では，最近筆者らが行っている次世代に繋がる人工金属酵素の創製のための試みを紹介してきた。特に，フェリチンやバクテリオファージ T 4 という巨大蛋白質の空間を利用する反応設計は，従来の研究とは本質的に異なる独創的な研究と自負するものであるが，まだまだ努力不足であることは率直に認めざるを得ない。今後，有機化学や錯体化学分野の研究者が，蛋白質をあたかも試薬の一つであるかのように扱う時代が来ることを夢見て，本章を閉じたい。

文　献

1) T. Ueno, S. Abe, N. Yokoi and Y. Watanabe, *Coord. Chem. Rev.*, **251**, 2717-2731 (2007)
2) T. Ueno, T. Koshiyama, S. Abe, N. Yokoi, M. Ohashi, H. Nakajima and Y. Watanabe, *J. Organometal. Chem.*, **692**, 142-147 (2007)

第1章 蛋白空間錯体 hybrid

3) (a)M. Ohashi, T. Koshiyama, T. Ueno, M. Yanase, H. Fujii and Y. Watanabe, *Angew. Chem. Int. Ed.*, **42**, 1005–1008 (2003); (b)T. Ueno, M. Ohashi, M. Kono, K. Kondo, A. Suzuki, T. Yamane and Y. Watanabe, *Inorg. Chem.*, **43** 2852–2858 (2004); (c)T. Ueno, T. Koshiyama, M. Ohashi, K. Kondo, M. Kono, A. Suzuki, T. Yamane and Y. Watanabe, *J. Am. Chem. Soc.*, **127**, 6556–6562 (2005)
4) (a)S. Abe, T. Ueno, P. A. N. Reddy, S. Okazaki, T. Hikage, A. Suzuki, T. Yamane, H. Nakajima and Y. Watanabe, *Inorg. Chem.*, **46**, 5137–5139 (2007); (b)Y. Satake, S. Abe, S. Okazaki, N. Ban, T. Hikage, T. Ueno, H. Nakajima, A. Suzuki, T. Yamane, H. Nishiyama and Y. Watanabe, *Organometallics*, **26**, 4904–4908 (2007)
5) T. Ueno, M. Suzuki, T. Goto, T. Matsumoto, K. Nagayama and Y. Watanabe, *Angew. Chem. Int. Ed.*, **43**, 2527–2530 (2004)
6) T. Ueno and Y. Watanabe, unpublished results.
7) T. Ueno, M. Abe, K. Hirata, S. Abe, M. Suzuki, N. Shimizu, M. Yamamoto, M. Takata and Y. Watanabe, *J. Am. Chem. Soc.*, in press.
8) S. Abe, J. Niemeyer, A. Abe, Y. Takezawa, T. Ueno, T. Hikage, G. Erker and Y. Watanabe, *J. Am. Chem. Soc.*, **130**, 10512–10514 (2008)
9) J. Niemeyer, S. Abe, T. Hikage, T. Ueno, G. Erker and Y. Watanabe, *Chem. Commun.*, 6519–6521 (2008)
10) T. Ueno, *J. Mater. Chem.*, **18**, 3741–3745 (2008)
11) T. Ueno, T. Koshiyama, T. Tsuruga, T. Goto, S. Kanamaru, F. Arisaka and Y. Watanabe, *Angew. Chem. Int. Ed.*, **45**, 4508–4512 (2006)
12) T. Koshiyama, N. Yokoi, T. Ueno, S. Kanamaru, S. Nagano, Y. Shiro, F. Arisaka and Y. Watanabe, *Small*, **4**, 50–54 (2008)

第 2 章　生体高分子をモチーフとした精密分子組織

田中健太郎*

1　はじめに

　大小様々な分子，たくさんの分子コンポーネント，これらを自由自在に組織化して精密に構築した化学空間の中で，分子内や分子間の機能的なコミュニケーションを作り出していくことが高次のナノシステムの創製に必須である。そのためには，精密な化学空間をメゾ，マクロ領域にまで展開し，それに基づいた精密な化学システムを構築するための方法論の確立が必要である。化学システムという観点から生物を眺めると，その階層性は多くの示唆に富んでいる。基本的なビルディングブロック分子（アミノ酸，ヌクレオシド，糖，脂質など）が配列化し，タンパク質，DNA，RNA，多糖などの生体高分子が形づくられる。またこれらの化合物群が有機的に細胞膜の中でまとめられ，さらにその細胞が組織の一部分として機能を発現する。そこに登場する分子群は，まさに驚異的であり，人工的には合成し得ないような高分子量の化合物ながら，「数」，「組成」，「配列」，「方向」に分布を持たないファインな分子が，厳密な「選択性」の上で，正確な「空間配置」をとりながら集積化し，適切な「タイミング」で高度な機能を発現する。このような精緻な化学システムを構築するためには，個々の分子をデザインし合成する化学だけではなく，様々な分子コンポーネントを組織化して，高度な化学空間を機能的に作り出していくことが重要である。分子間の空間的な相対配置をデザインして分子組織を構築する方法として，逐次的な分子合成や分子間の自己組織化を有効に利用することが考えられるが，核酸やタンパク質などの生体高分子の厳密な配列構築に適した化学構造と特徴的なフォールディング構造だけをとってみても，とても魅力的な"ものづくり"のヒントを与えてくれる。よって，生体高分子のモチーフを分子デザインに取り入れることにより，巨大かつ複雑な分子システムを精密にプログラムできるかもしれない。

2　プログラム可能な分子組織としての DNA

　DNA の二重らせん構造は，分子組織化のためのナノスケールのツールとなりえるだろうか（図 1）。まず，DNA の構造的な特徴に着目しよう。直径約 2 nm の DNA 二重らせん構造は，その中心部で，核酸塩基対が 3.4 Å の間隔でらせん軸に沿ってスタッキングしている。典型的な B 型二重らせん構造では，3.4 nm のピッチで右巻きのらせん構造を形成する。それぞれの DNA 鎖

---

*　Kentaro Tanaka　名古屋大学　大学院理学研究科　物質理学専攻（化学系）　教授

第2章　生体高分子をモチーフとした精密分子組織

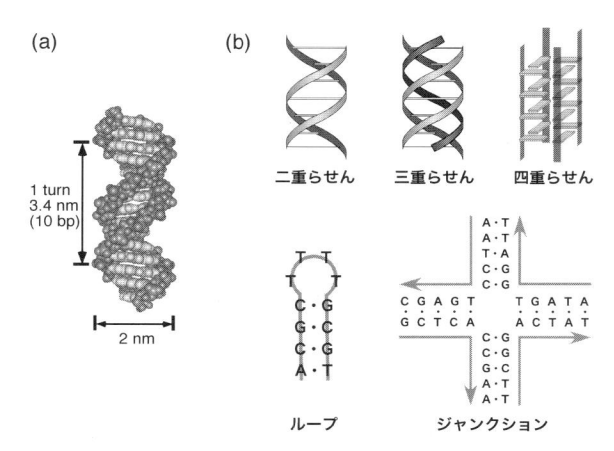

図1　DNAの構造(a)二重らせん構造(b)様々なフォールディング構造

は，核酸塩基とリボースからなるヌクレオシドという構成単位がリン酸ジエステル結合により繋がっている。DNAは，遺伝情報たるヌクレオシドの並び方が重要であるため，DNA鎖の効率的かつ洗練された化学合成法が開発されてきた。現在，自動合成機を用いて100塩基程度までのオリゴヌクレオチドを簡単かつ短時間で合成することができる。もちろん，デザインした配列の分子鎖として「数」および「配列」に分布がない単分散の分子として合成できる。さらに，バイオテクノロジーの発展により，DNAの核酸塩基配列による情報を酵素的に伸長したり，複製することも可能である。また，二重らせん構造だけでなく，三重らせん構造，四重らせん構造，ヘアピン構造，ジャンクション，分岐などなど，さまざまな空間配置を規定する構造をヌクレオシドの配列によりデザインすることが可能である（図1(b)）。

SeemanによるDNAナノ構造体の構築についての先駆的な研究[1,2]に続いて，DNAを用いたさまざまな精密分子組織についての研究が最近活発に行われている[3〜7]。Seemanは，DNAの塩基配列を遺伝情報の地図としてではなく，分子を組織化するためのプログラムとしてとらえた。らせん構造とジャンクションを組み合わせて，テープ（一次元），シート（二次元），キューブ（三次元）など，あらかじめデザインしたDNAのトポロジカルな構造体を作り出す方法を確立した。最近では，100 nm以上のディスクリートな3次元オブジェクトや[3(b)]，ふたの開閉を制御できる50 nmサイズのDNA分子箱など[7]，より複雑かつ大きな分子構造体や，外部刺激に応じた構造制御機能などへの展開が図られている。現在のところ，全ての化学構造を記述可能な，つまり化学構造に分布を持たない，数百ナノメートルに及ぶサイズの三次元的な分子（集合体）を構築する方法は，DNAをベースにしたこれらの研究が唯一のものである。DNAの構造的なプログラム性と厳密な分子認識に基づく自己組織化が，ストラテジーの鍵となっている。

Seemanは，当初，このようなナノ構造体をタンパク質などの精密集積化のテンプレートとして応用することを意図していた[2(a)]。最近，LaBeanらは，4×4の格子構造をDNAで編み上げ，格子の交差点に当たるシークエンスにタンパク質の基質となる分子を共有結合的に導入すること

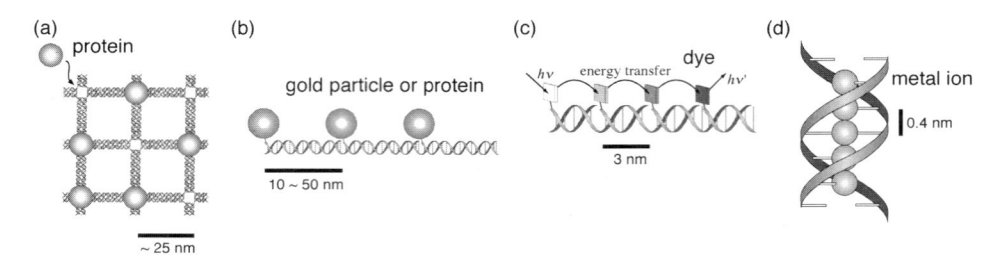

図2　DNAをテンプレートとした分子組織

で，DNA格子上にタンパク質をデザイン通りに空間配置する方法を見いだした（図2(a)）[8,9]。また，Niemeyerらは，タンパク質を連結した一本鎖DNAと，相補的なDNA鎖を組み合わせることで，一次元状にタンパク質を配置する方法を報告している（図2(b)）[10,11]。これらは，DNA自体の構造をプログラムするだけではなく，DNAの構造を設計図として，様々な分子の空間配置を一義的にデザインできることを示している。同様な手法を用いて，Mirkinら，Schultzらは，DNAを用いた金ナノ粒子の集積化を行った（図2(b)）[12,13]。これらの方法は，金属だけでなく，半導体，ポリマーなどの微粒子の集積化にも広げることが可能であり，バイオセンサーやナノデバイス，触媒などへの応用が考えられている[8,14]。DNAの二重らせん構造は，1ピッチが10ベースペアで3.4 nmの周期である。よって，10ベースペアごとに色素分子を配置した，多段階のFRET（蛍光エネルギー移動）によるフォトニックワイヤーも構築されてきた（図2(c)）[15]。このように，DNAはサブナノメートルから百ナノメートルのスケールにおける分子の精密集積テンプレートとして，極めて有用である[8,16,17]。

3　金属錯体型人工DNA

DNAの最小構成単位はヌクレオチドである。よって，ヌクレオチド自体を化学的に修飾することにより，サブナノメーターの分解能で分子を集積する場を構築できると考えられる（図2(d)）。DNAは，アデニン（A），チミン（T），グアニン（G），シトシン（C）という4つの核酸塩基（アルファベット）の配列によって遺伝情報を表している。たった4種類の分子の並び方だけで全ての遺伝情報を司っていることは驚きであるが，AとTの間の2本の水素結合と，GとCの間の3本の水素結合による分子認識が，DNAの遺伝子としての役割に重要な役割を演じている。水素結合は，室温程度の穏和な条件下で結合・解離をするため，二重らせん構造の形成などの熱力学的プロセスをとおして，遺伝子貯蔵や転写，複製といった生体内でのDNAの機能発現に最適である。天然の核酸塩基対の代わりに，遺伝アルファベットを拡張することは，DNAの化学構造の中に新しい機能を吹き込むことにつながるため，核酸塩基を修飾した人工DNAが数々報告されてきた[17]。金属配位結合は，水素結合と同様に穏和な条件での可逆的な結合形成が可能である。よって，新しい核酸アルファベットとして，金属配位子を核酸塩基の代わりに導入

第 2 章　生体高分子をモチーフとした精密分子組織

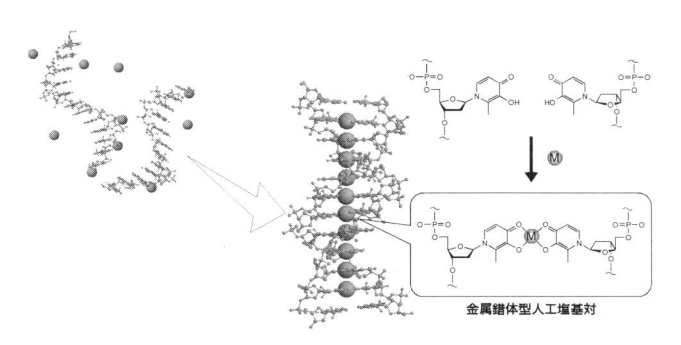

図 3　金属錯体型人工 DNA

した人工ヌクレオシドは，金属イオンとの配位結合により塩基対を形成することができる（図3)[16,18,19]。このような金属配位子型ヌクレオシドを DNA に導入すると，金属イオンと共存することにより，金属錯体型塩基対の形成をとおして二重鎖を形成する新しい結合様式を持つ人工 DNA が生まれる。さらに，金属イオンは DNA 二重鎖の中心に位置することとなり，複数の金属イオンをらせん軸に沿って並べることも可能であり，酸化還元性，磁性，光応答・反応性，放射活性，ルイス酸性など，金属錯体の多彩な物性・反応性を自在にプログラムする場として興味が持たれるとともに，新しい機能性分子としての人工 DNA を創出することができると考えられる。

4　人工 DNA をテンプレートとした定量的スピン集積[20]

今までの金属イオンの一次元集積化の方法は，ほとんどが結晶化を基本とするため，一次元鎖上の金属イオンの数や，複雑な配列構造をデザインすることは困難であった。先にも述べたが，DNA を機能性分子構築のための骨格として用いる利点は，「数」と「配列」を制御して機能性ユニットを配列化できるところにある。金属錯体型塩基対を形成するヒドロキシピリドン（**H**）型ヌクレオシド[21]を系統的に 1 から 5 個配列したシークエンス d(5′-G**H**$_n$C-3′)（n = 1〜5）を合成し，Cu^{2+} イオンの集積を行った。Cu^{2+} イオンの滴定実験やマススペクトル，CD スペクトルから Cu^{2+} イオンの添加によって d(5′-G**H**$_n$C-3′)$_2$・Cu^{2+} 右巻き二重らせん構造を形成し，**H**-**H** 塩基対の数 n に応じた Cu^{2+} イオンを定量的に二重鎖中へ集積できることが明らかとなった。さらに，配列化した Cu^{2+} イオン間のスピン-スピン相互作用を EPR スペクトルにより検討した結果，二重らせん構造の中で Cu^{2+} イオンは平面四配位型をとり，Cu^{2+}-Cu^{2+} 間約 3.7 Å の距離でスタッキングしていることが明らかとなった。また，Cu^{2+} イオン間には強磁性的な相互作用がみられ，Cu^{2+} イオンの数に応じてスピン量子数が系統的に変化した（図 4）。よって，金属錯体型人工 DNA を用いれば，あらかじめ決められた「数」の金属イオンを規則正しい空間配置で集積できること，さらに，その構造がスピンの配向集積場として機能することが示された。また，オクタヘドラル型の金属イオンである Fe^{3+} イオンを人工 DNA 三重鎖中に配列化することも見いださ

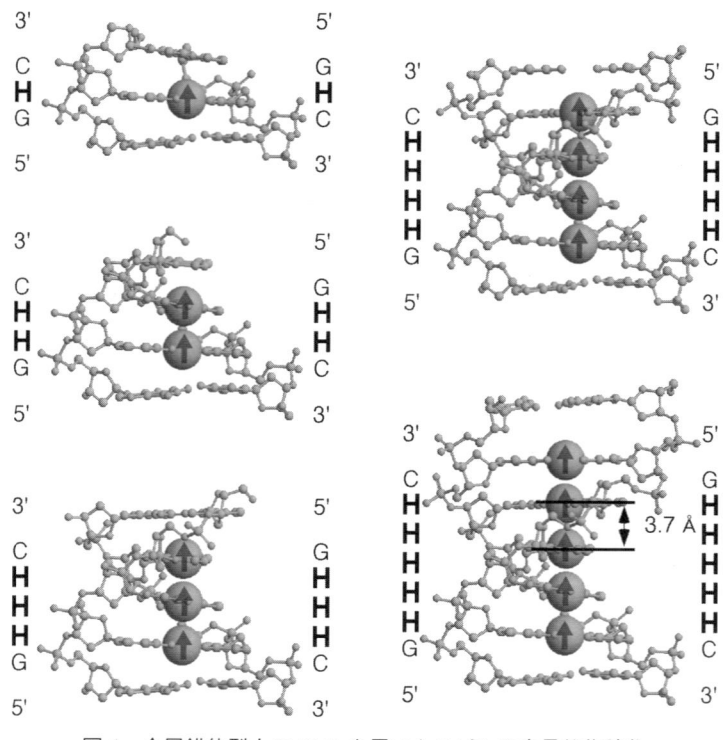

図4 金属錯体型人工DNAを用いたスピンの定量的集積化

れてきた[22]。原理的には鎖長を延ばすことは可能であり，高分子領域まで，スピンを配列化するためのモチーフとして興味が持たれる。

5 異種金属錯体の精密配列プログラミング[23]

DNAが分子集積化のテンプレートとして優れている点は，ビルディングブロックの配列を思い通りに合成できる点である。金属イオンのハード・ソフト，配位数，配位構造，電荷の違いを利用し，人工ヌクレオシドと金属イオンの結合特性を選択することができる。よって，金属イオンの選択性が異なる人工ヌクレオシドをDNA鎖中に配列することにより，DNA二重鎖内で，異種の金属イオンの配列をプログラムすることができると考えられる。Cu^{2+}イオンに親和性の高いヒドロキシピリドン型ヌクレオシド（**H**）と，Hg^{2+}イオンと親和性の高いピリジン型ヌクレオシド（**P**）[24]を配列化した人工DNA二重鎖，d(G**HPH**C)$_2$を合成し，金属イオンの集積化を行った（図5(a)）。

吸収スペクトルやCDスペクトルによる滴定実験，マススペクトル測定によって，**H**がCu^{2+}イオンと平面四配位型錯体**H**–Cu^{2+}–**H**塩基対を，また**P**がHg^{2+}イオンと直線二配位構造**P**–Hg^{2+}–**P**塩基対を形成し，定量的かつ位置選択的に金属イオンアレイ（Cu^{2+}–Hg^{2+}–Cu^{2+}）を形

第 2 章　生体高分子をモチーフとした精密分子組織

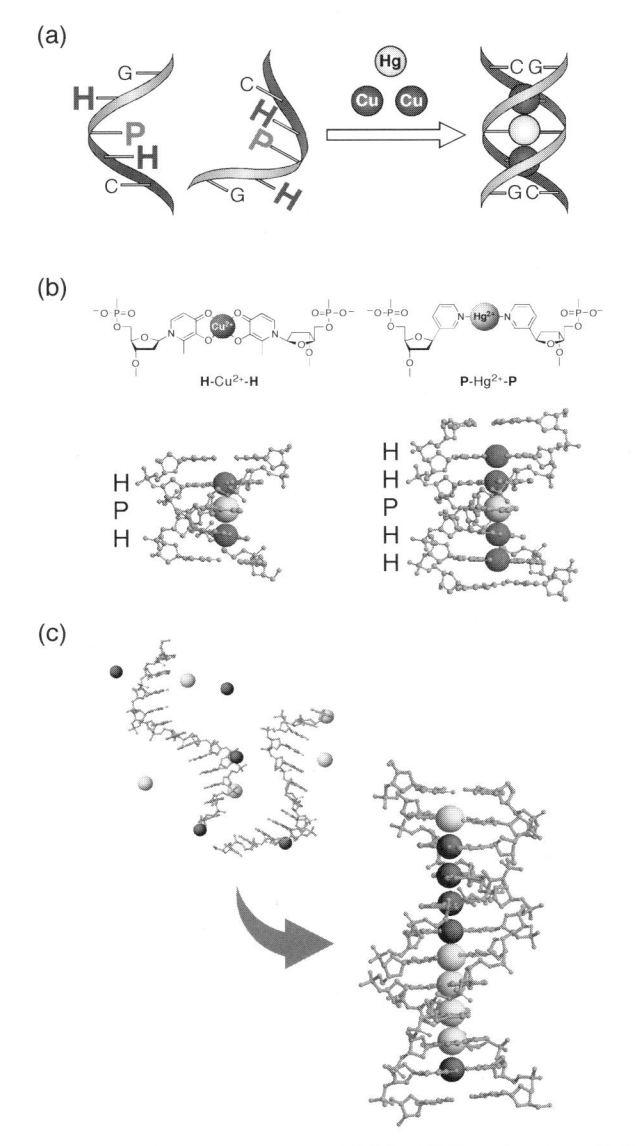

図 5　金属錯体型人工 DNA を用いた異種金属錯体のプログラム集積化

成できることが明らかとなった（図 5(b)）。同様に，金属配位子型ヌクレオシドのシークエンスを拡張した DNA，d(G**HHPHH**C)$_2$ を用いると，Cu^{2+}-Cu^{2+}-Hg^{2+}-Cu^{2+}-Cu^{2+} 配列が得られた。さらに，サレン型ヌクレオシドとデオキシチミジンを配列した DNA 鎖をテンプレートとして用いても，**S**-Cu^{2+}(en)-**S** および **T**-Hg^{2+}-**T** を形成しながら，5～10 個の金属イオンの配列を自在に構築することが可能である。

6 まとめ

以上のように,生体高分子のモチーフをテンプレートとして階層的な分子構築を行うことにより,金属錯体の緻密な組織化をプログラムすることができるようになった。この方法は人工DNA鎖と金属イオンを水溶液中で混合するだけで,分子量,配列に分布を持たない,ディスクリートな集積型金属錯体を構築することが特徴であるので,金属錯体間の機能コミュニケーションを制御する場として,将来的な応用に興味が持たれる。この方法論は,ペプチド鎖にも適用することができ,シークエンスプログラムしたハロゲン架橋白金錯体の合成に成功した[25]。

次のステップとして,生体高分子の高い特異性を持った自己組織化などを利用し,分子レベルでプログラムした情報をもとに,多数多種のコンポーネントからなる,メゾやマクロの領域に達する,より複雑な精密組織を構築し,適切なタイミングで構造や機能を制御しうる分子システムの構築に興味が持たれる。これらをもとに金属錯体を集積化することにより,分子電線や分子磁石のような分子素子,触媒などの反応素子,吸光や発光,酸化還元性,磁性を利用した分析試薬としての展開が期待できる。

文献

1) N. C. Seeman, *Mol. Biotech.*, **37**, 246 (2007)
2) (a) N. C. Seeman, *J. Theor. Biol.*, **99**, 237 (1982); (b) J. H. Chen and N. C. Seeman, *Nature*, **350**, 631 (1991); (c) N. C. Seeman, *Nature*, **421**, 427 (2003); (d) N. C. Seeman, *Int. J. of Nanotechnol.*, **2**, 348 (2005); (e) N. C. Seeman, *Methods in Mol. Biol.*, **303**, 143 (2005); (f) N. C. Seeman and P. S. Lukeman, *Rep. Prog. Phys.*, **68**, 237 (2005)
3) (a) W. M. Shih, J. D. Quispe and G. F. Joyce, *Nature*, **427**, 618 (2004); (b) S. M. Douglas, H. Dietz, T. Lied, B. Högberg, F. Graf and W. M. Shih, *Nature*, **459**, 414 (2009)
4) R. P. Goodman, I. A. T. Schaap, C. F. Tardin, C. M. Erben, R. M. Berry, C. F. Schmidt and A. J. Turberfield, *Science*, **310**, 1661 (2005)
5) Y. He, T. Ye, M. Su, C. Zhang, A. E. Ribbe, W. Jiang and C. Mao, *Nature*, **452**, 198 (2008)
6) (a) F. Aldaye and H. F. Sleiman, *J. Am. Chem. Soc.*, **129**, 13376 (2007); (b) F. A. Aldaye, P. K. Lo, P. Karam, C. K. McLaughlin, G. Cosa & H. F. Sleiman, *Nature Nanotech.*, doi. 10.1038/nnano. 72 (2009)
7) E. S. Andersen, M. Dong, M. M. Nielsen, K. Jahn, R. Subramani, W. Mamdouh, M. M. Golas, B. Sander, H. Stark, C. L. P. Oliveira, J. S. Pedersen, V. Birkedal, F. Besenbacher, K. V. Gothelf and J. Kjems, *Nature*, **459**, 73 (2009)
8) K. V. Gothelf and T. H. LaBean, *Org. Biomol. Chem.*, **3**, 4023 (2005)
9) (a) H. Yan, S.-H. Park, G. Finkelstein, J. H. Reif and T. H. LaBean, *Science*, **301**, 1882

第 2 章　生体高分子をモチーフとした精密分子組織

(2003)；(b) H. Li, S. -H. Park, J. H. Reif, T. H. LaBean and H. Yan, *J. Am. Chem. Soc.*, **126**, 418 (2004)；(c) S. -H. Park, P. Yin, Y. Liu, J. H. Reif, T. H. LaBean and H. Yan, *Nano Lett.*, **5**, 729 (2005)；(d) S. -H. Park, C. Pistol, S. -J. Ahn, J. H. Reif, A. R. Lebeck, C. Dwyer and T. H. LaBean, *Angew. Chem., Int. Edn.*, **45**, 735 (2006)

10) (a) C. M. Niemeyer, *Appl. Phys. A*, **68**, 119 (1999)；(b) C. M. Niemeyer, *Curr. Opin. Chem. Biol.*, **4**, 609 (2004)；(c) C. M. Niemeyer, *Angew. Chem., Int. Ed.*, **43**, 4128 (2004)；(d) C. M. Niemeyer, *Trends. Biotechnol.*, **20**, 395 (2002)

11) (a) C. M. Niemeyer, T. Sano, C. L. Smith and C. R. Cantor, *Nucleic Acids Res.*, **22**, 5530 (1994)；(b) C. M. Niemeyer, W. Bürger and J. Peplies, *Angew. Chem., Int. Edn.*, **37**, 2265 (1998)；(c) C. M. Niemeyer, M. Adler, B. Pignataro, S. Lenhert, S. Gao, L. Chi, H. Fuchs and D. Blohm, *Nucleic Acid Res.*, **27**, 4553 (1999)；(d) C. M. Niemeyer, M. Adler, S. Gao and L. Chi, *Angew. Chem., Int. Edn.*, **39**, 3055 (2000)；(e) C. M. Niemeyer, M. Adler, S. Lenhert, S. Gao, H. Fuchs and L. Chi, *Chem. Bio. Chem.*, **2**, 260 (2002)

12) C. A. Mirkin, R. L. Letsinger, R. C. Mucic and J. J. Storhoff, *Nature*, **382**, 607 (1996)

13) A. P. Alivisatos, K. P. Johnsson, X. Peng, T. E. Wilson, T. C. J. Loweth, M. P. Bruchez and P. G. Schultz, *Nature*, **382**, 609 (1996)

14) (a) F. Aldaye and H. F. Sleiman, *Angew. Chem., Int. Ed.*, **45**, 4204 (2006)；(b) F. Aldaye and H. F. Sleiman, *J. Am. Chem. Soc.*, **129**, 4130 (2007)

15) (a) S. Kawahara, T. Uchimaru and S. Murata, *Chem. Commun.*, **1999**, 563；(b) Y. Ohya, K. Yabuki, M. Komatsu and S. Murata, *Polym. Adv. Technol.*, **11**, 845 (2000)；(c) Y. Ohya, K. Yabuki, M. Hashimoto, A. Nakajima and T. Ouchi, *Bioconjugate Chem.*, **14**, 1057 (2003)；(d) I. Horsey, W. S. Furey, J. G. Harrision, M. A. Osborne and S. Balasubramanian, *Chem. Commun.*, **2000**, 1043；(e) A. K. Tong, S. Jackusch, Z. Li, H. -R. Zhu, D. L. Akins, N. J. Turro and J. Ju, *J. Am. Chem. Soc.*, **123**, 12923 (2001)；(f) J. Liu and Y. Lu, *J. Am. Chem. Soc.*, **124**, 15208 (2002)；(g) M. Heilemann, P Tinnefeld, G. S. Mosteiro, M. G. Parajo, N. F. Van Hulst and M. Sauer, *J. Am. Chem. Soc.*, **126**, 6514 (2004)

16) K. Tanaka and M. Shionoya, *Chem. Lett.* (*Highlight Review*), **35**, 694 (2006)

17) F. Aldaye, A. Palmer and H. F. Sleiman, *Science*, **312**, 1795 (2008)

18) K. Tanaka and M. Shionoya, *Coord. Chem. Rev.*, **251**, 1731 (2007)

19) G. H. Clever, C. Kaul and T. Carell, *Angew. Chem. Int. Ed.*, **46**, 6226 (2007)

20) K. Tanaka, A. Tengeiji, T. Kato, N. Toyama and M. Shionoya, *Science*, **299**, 1212 (2003)

21) K. Tanaka, A. Tengeiji, T. Kato, N. Toyama, M. Shiro and M. Shionoya, *J. Am. Chem. Soc.*, **124**, 12494 (2002)

22) Y. Takezawa, W. Maeda, K. Tanaka and M. Shionoya, *Angew. Chem. Int. Ed.*, **48**, 1081 (2009)

23) K. Tanaka, G. Clever, Y. Takezawa, Y. Yamada, C. Kaul, M. Shionoya and T. Carell, *Nature Nanotech.*, **1**, 190 (2006)

24) K. Tanaka, Y. Yamada and M. Shionoya, *J. Am. Chem. Soc.*, **124**, 8802 (2002)

25) K. Tanaka, K. Kaneko, Y. Watanabe and M. Shionoya, *Dalton Trans.*, **2007**, 5369

第3章　自己識別会合

荒谷直樹[*1]，大須賀篤弘[*2]

1　はじめに

　自己識別会合（Self-sorting）とは，分子自身が自己と非自己を認識し，特定のパートナーと選択的に会合するという現象[1]で，生体分子にとっては基本的な，ごく当たり前のふるまいである[2]。単体分子のほんの些細な構造的な違いによって，組み合わさってできあがる会合体に決定的に大きな違いを生じさせうる。その結果，DNAやたんぱく質などの多種多様な機能が得られることになる。このように超分子的な会合現象がわれわれ生命の基本をなしていることを考えれば，これは非常に優れたシステムであることに異論はない。

　近年，人工的な自己識別会合プロセスに関する研究が盛んに行われている[3,4]。幾つかの成分の混合体をフラスコに入れて溶媒に溶かすと，通常は無分別な会合により複雑な混合物を与えることが多いが，時として分子は自分自身と同じ形状の分子を求めて会合し，結果として自己・非自己の選択が行われることがある。本章では，このような自己識別会合によるディスクリートな（構造の明確な）構造体の形成と，その内部空孔の利用法の例などについて，とくにポルフィリン化合物を中心に述べる。

2　ポルフィリン

　天然の光合成系における光捕集アンテナや反応中心では，多数のクロロフィルやバクテリオクロロフィルがたんぱく質中で絶妙な位置関係に配列され，これが電子移動やエネルギー移動といった生命現象の方向性や効率を決定している。多くの化学者が，これらの仕組みを理解し機能発現に必要な要素を抽出・モデル化することで，光エネルギーを化学エネルギーに変換する人工光合成システムを構築することを目指している。

　実験室での合成ではクロロフィルはすぐに脱メタル化したり酸化されてしまうために扱いづらく，代わりにポルフィリン分子がよく用いられる。ポルフィリンは18π系の芳香族化合物であり，可視光領域に吸収帯を持つために着色しており，分子が剛直な構造であることから中心金属によっては溶液中での発光も観測される。このような性質を持つπ電子系化合物が超分子化することにより，大きな色彩の変化や発光の消失（あるいは回復）を伴うため，外部刺激に応答する

[*1] Naoki Aratani　京都大学　大学院理学研究科　助教
[*2] Atsuhiro Osuka　京都大学　大学院理学研究科　教授

第3章　自己識別会合

センサーなどに応用可能である．このような分子の性質に基づく高機能性分子素子を作製するためには，あらかじめデザインされた分子を望みの3次元構造体に組み上げる必要があり，効率的な手法の開発が強く望まれている．選択性と方向性を併せ持った分子間相互作用を利用して，自在に超分子会合体の構造をナノレベルで制御することができれば，現在の半導体デバイスに並ぶ新たな分子素子を構築できると期待できる．

現在では，長年蓄積されている豊富な研究成果と合成・分析手法の発展から，ポルフィリン単体の分子設計の自由度はかなり高い．環状に規則正しく配列したポルフィリンアレイの構築は，光合成アンテナモデルとして広く研究されており，その内部空間を利用した反応制御なども注目されている．なかでもポルフィリン亜鉛錯体とピリジル基などの窒素原子との間の配位結合によって生じる会合体は比較的高い会合定数をもつことから，様々な分子集合体が合成されてきた[5]．このように人工的に構築された分子集合体はしばしば剛直な構造をもっており，目的に応じて空間的な配列を自由に操ることによりその機能を制御できると考えられる．

3　ポルフィリン会合体

著者らは，共有結合によるポルフィリン多量体の構築法として銀塩酸化によるカップリング反応を確立し，これまでに様々なポルフィリン多量体を設計・合成・物性評価してきた[6]．メゾ-メゾ直接結合ポルフィリンは，メゾ位の隣にあるβ位水素の立体障害によりメゾ-メゾ結合軸まわりで回転ができないため，周辺のメゾ位に異なる置換基をもつポルフィリンの場合には光学異性体（軸不斉）が存在する[7]．また，近接した距離に色素分子が配置されているために大きな励起子相互作用を示す[8]．

側鎖に配位性の4-pyridyl基をもつポルフィリン M1 は，ピリジル基の孤立電子対が亜鉛イオンに配位し，溶液中で4量体 S1 を形成する（図1）[9]．これは，4-pyridyl基の窒素原子の配位する方向がポルフィリン面に対して90°となり，この窒素の位置によって会合体の形状が規制される．会合体を形成しているという事実は各種スペクトルから判断できるが，とくに^{1}H-NMR に

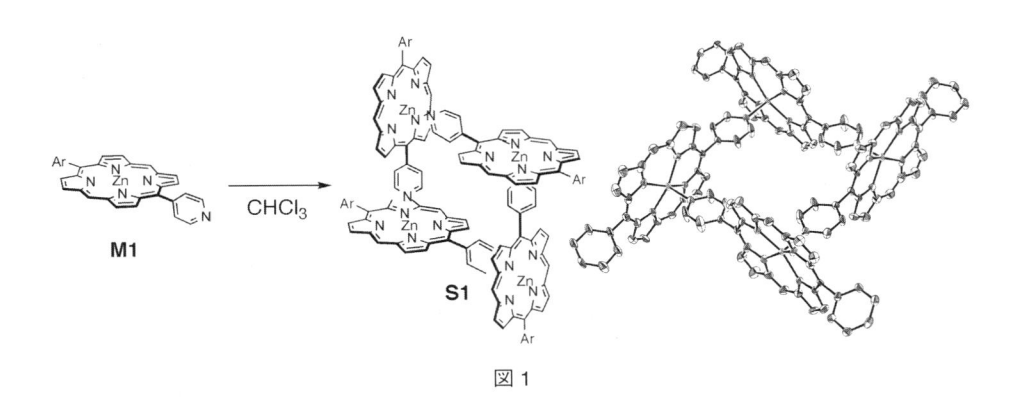

図1

図2

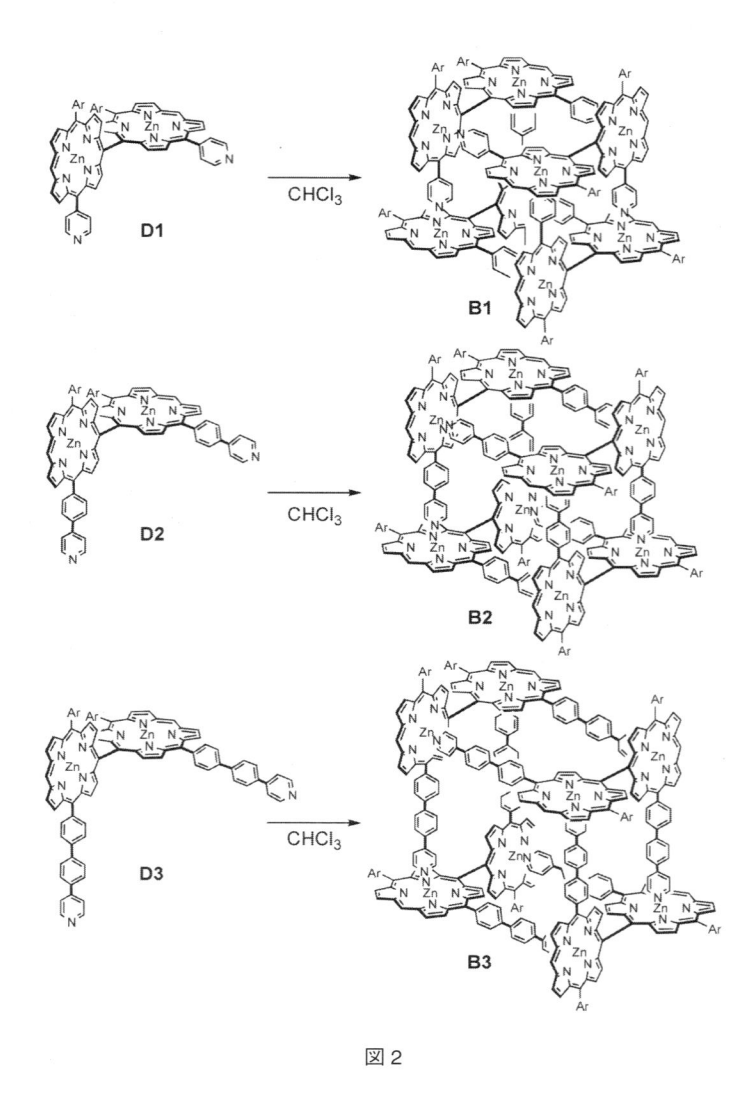

おいてピリジル基の化学シフトがポルフィリン環の環電流の影響で高磁場シフトして観測されることが特徴である。また4量体の結晶構造も得られている（図1）。これをふまえて，メゾ-メゾ結合ポルフィリン2量体亜鉛錯体 D1 を合成した（図2）。D1 はメゾ-メゾ結合軸まわりに軸不斉があるため S 体と R 体の混合物（ラセミ体）であり，原理的には S 体と R 体からなるヘテロな会合体を形成することも考えられるが，非常に興味深いことに，実際には溶液中でホモキラル箱形4量体 B1（ポルフィリンボックス）を形成する。すなわちここでは，その会合が自己識別プロセスで進行することを意味している。さらに8点配位で強固に会合することにより，メゾ-メゾ結合軸に対するポルフィリン2面角は 90° に固定され，蛍光スペクトルに顕著な振動バンドが観測された。また，ポルフィリンボックス内では，2量体ユニット間の高速の一重項励起エネルギー移動が観測された。以上の結果を応用して，側鎖のベンゼン環をのばし，より大きな内部空

第3章 自己識別会合

孔をもつ箱形4量体 B2 および B3 の構築にも成功し，物性変化についても検討を行なった[10]。ポルフィリン会合体内の超高速光物性を詳細に測定した結果，これら共有結合したポルフィリン2量体間の相互作用の大きさはピリジン側鎖の長さに依存して変化し，ポルフィリンボックスを光励起すると，励起子がボックス内を高速でホッピングすることが明らかになった。会合体 B1 と B2 については会合体形成後の光学分割にも成功している。一般的には会合体の大きさの見積もりには X 線小角散乱が用いられるが，我々は蛍光異方性減衰も有効であることを示した[11]。

メゾ-メゾ結合ポルフィリン3量体の自己集合により，巨大な構造を持ったポルフィリン12量体の構築にも成功している[12]。

前述の通り，メゾ-メゾ直接結合ポルフィリンは結合軸周りで回転できないことによって，ポルフィリンボックス自身のキラリティーを分割できる。一方，ポルフィリン間をエチニル基で結合すると，三重結合周りで自由に回転できるようになる。この大きな回転自由度を制御することで電子的性質を劇的に変化させられることは，エチニル架橋ポルフィリンの魅力のひとつである[13,14]。特に，ポルフィリン環が共平面化した時には効果的なπ電子共役が達成されるために非常に興味深い性質を示すことが明らかにされている。Anderson らはπ共役ポルフィリンオリゴマー（1-8量体）が 1,4-diazabicyclo[2,2,2]octane や 4,4′-bipyridine によって安定なはしご状の構造体を形成することを示した（図3）[15]。これらの集合過程は正の協同性を示し，配位子がポルフィリンの配位サイト数に満たない場合には，溶液中にはすべての亜鉛に配位した二本鎖と配位子の付いていない一本鎖しか存在しない。さらに，このはしご状二本鎖ポルフィリンは，ポルフィリン環の回転が押さえられて一本鎖中のポルフィリン環が共平面化するため，吸収スペクトルのピークが長波長シフトする。これに由来し，同様のポルフィリンポリマーを二本鎖にすることによって，一本鎖と比べて7倍もの非線形光学応答を観測している。最近彼らはこのポルフィリンワイヤを，精密にデザインされたポルフィリンテンプレートに巻き付けるようにたわませて，両末端をつないで環状にすることに成功した[16]。あらかじめ環を巻くようには設計されていない直線状のポルフィリンワイヤが意外なほど柔軟で，環状構造に誘導できることは大変興味深い。曲がった共役系を持つ分子の分子間相互作用や曲面状のπ共役系の電子的性質を明らかにし，

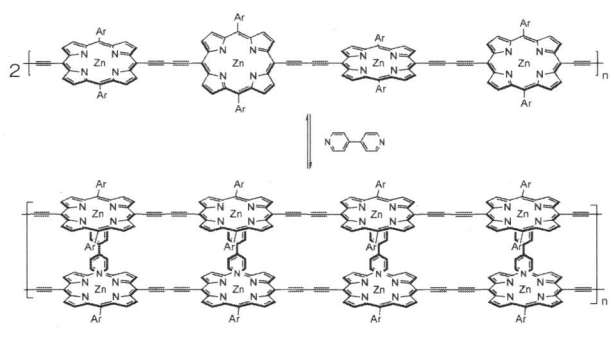

図3

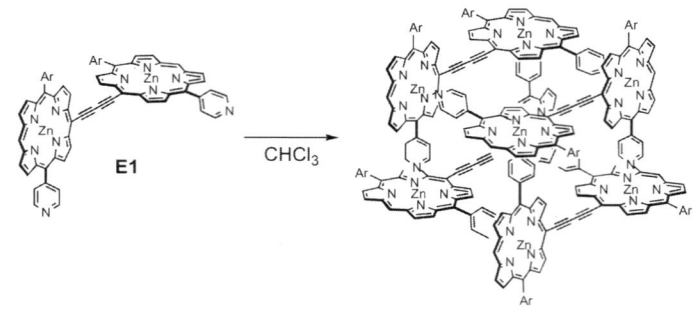

図4

理解を深めることができると期待される。

津田,相田らは側鎖にピリジン環を導入したエチニル架橋ポルフィリン2量体をもちいて,様々な興味深い系を構築している(図4)。ポルフィリン2量体 E1 も溶液中では4量化していることが NMR 等の解析から明らかにされている[17]。E1 の重クロロホルム中の ^{1}H-NMR では2種類の会合体の混合物であることがわかり,一つはエチニル架橋したポルフィリンが平行になっている4量体,他方は垂直になっている4量体であると帰属された。これら2種類の会合体はエチニル架橋を介した電子的相互作用の性質が異なるため,吸収スペクトルも2種類の会合体の重ね合わせとなり,^{1}H-NMR と吸収スペクトルを合わせて解析することで会合体の詳細な情報を引き出している。2量体中のポルフィリン環が直交する場合には,軸不斉が生じるためにキラルとなる。この直交型ポルフィリン会合体では,2量体中のポルフィリン間の電子相関が不利になるにもかかわらず,実際には溶液中で主生成物として存在する理由を,彼らはダイポールモーメントを理由に説明している。さらに彼らは,これら会合体間に①ダイナミックな平衡があること,②2種類の会合体間にエネルギー差が小さく,些細な環境の変化で平衡が偏ること,③その変化が円二色性スペクトルなどで追跡できることなどを有効に利用し,単純な不斉炭化水素の分子認識[18]や,溶媒の"極性"(誘電率)ではなく"形状"を認識するソルバトクロミズム[19]を達成している。会合体の内部空孔の性質を見事に活かした研究である。

Hupp と Nguyen らは3種類の異なるポルフィリン多量体を用いて,溶液中で積み木のように組上がる非常に凝った作りの(緻密にデザイン・プログラムされた)超分子18量体を構築し,その内部空孔のキラルな環境を利用して不斉エポキシ化を達成した[20]。

4 Narcissistic Self-sorting

Hupp らの構築したポルフィリン会合体はいわゆる「Social Self-sorting」であり,複数の構成要素が適当な割合で混ざった溶液の中で平衡を行き来するうちに,熱的に一番安定な状態へとすすみ,自発的に1種類の会合体が組上がる。これに対して「Narcissistic Self-sorting」とは,複数の構成要素が自己・非自己を認識して自己同士でのみ会合体を形成することを指す[1]。ポルフ

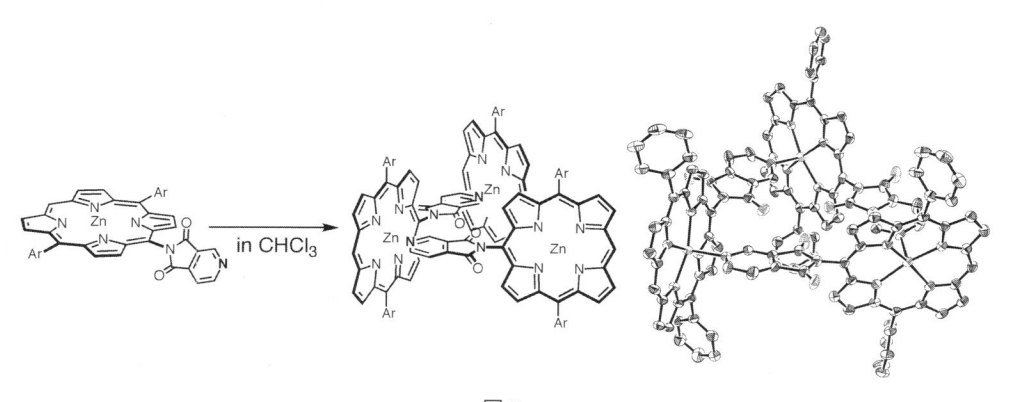

第3章 自己識別会合

図5

図6

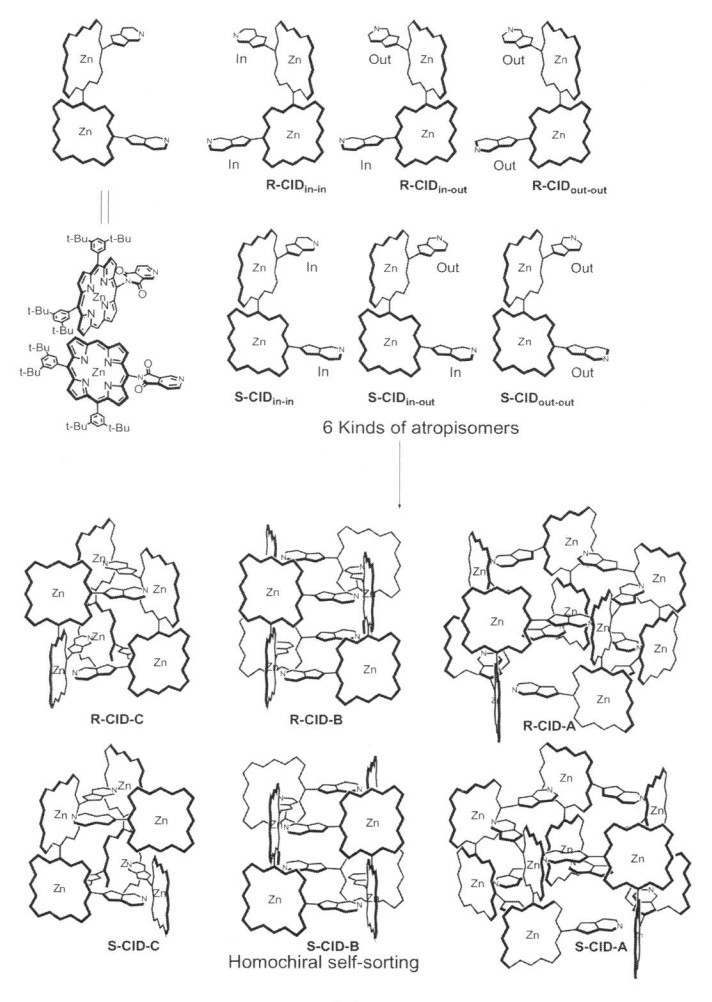

ィリンボックスはこの一例である。我々はさらにこれを応用して，より対称性の低い基質からの自己識別プロセスでサイズの異なるポルフィリン会合体が生成し，これらが GPC カラムクロマトグラフィで分離できるほど安定であることを明らかにした[21]。

側鎖にシンコメロンイミド（cinchomeronimide；3,4-pyridine dicarboximide）をもつポルフィリン CIM は，窒素の孤立電子対の向きがポルフィリン平面に対して 30°傾いている（図 5）。そのため，立体的な要請からは環状 3 量体，もしくは 6 量体を形成すると考えられる。しかしながら各種スペクトル測定および X 線結晶構造解析の結果から，ポルフィリン CIM の会合体は 3 量体であることが明らかとなった。これは，より小さい会合体の方がエントロピー的に有利であることが理由であると考えられる。メゾ位にシンコメロンイミドをもつメゾ-メゾ結合ポルフィリン亜鉛錯体 2 量体 CID の場合には，メゾ-メゾ結合軸およびポルフィリン-シンコメロンイミド間の回転障壁のために分子の対称性が低く，ピリジンの窒素の位置により out-out，in-out，in-in のアトロプ異性体があり，しかもそれぞれが光学活性であるためにラセミ体となり，合計 6 種類の異なる化合物の混合物である（図 6）。^{1}H-NMR 等の解析から，これらはクロロホルムや四塩化炭素のような非極性溶媒中では，それぞれがそれぞれを自己識別して自己会合することがわかった。また，会合定数が大きいためにあたかも共有結合で繋がった化合物のように GPC クロマトグラフィで単離できた（それぞれ分子量の大きい順に，CID-A，CID-B，CID-C と名付ける）。これらの構造を明らかにする目的で，光学分割した出発原料から CID を合成した。その結果，CID はそれぞれのエナンチオマーだけが集まって会合していることが明らかとなった。また，CID-A と CID-C については X 線結晶構造解析に成功し，それぞれポルフィリン 10 量体，6 量体であることを明らかにした（図 7）。これらの結果および ^{1}H-NMR と GPC の保持時間から，out-out 体からは環状 5 量体（ポルフィリン 10 量体），in-out 体からは環状 4 量体（ポルフィリン 8 量体），in-in 体からは環状 3 量体（ポルフィリン 6 量体）であると，全ての構造を同定している。非常に緻密な自己選抜型会合（Self-sorting aggregation）といえる。とくに，当初 CID-A

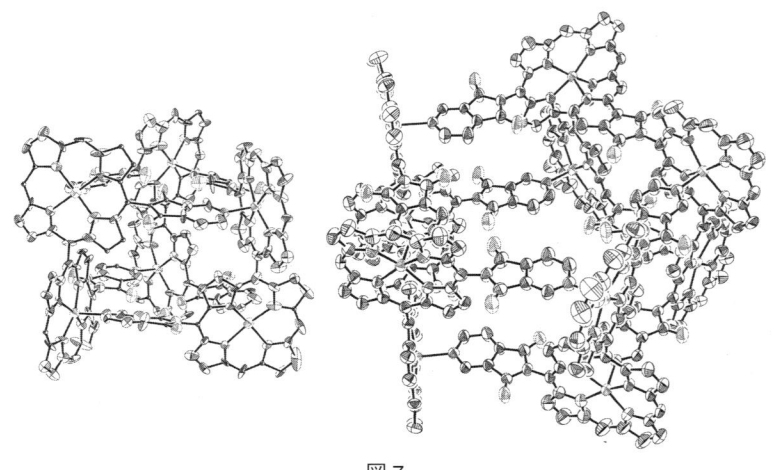

図 7

第3章 自己識別会合

の構造をピリジン環の角度（30°）から環状6量体（ポルフィリン12量体）であると予測していたが，この場合もエンタルピー的には不利になるにもかかわらず，エントロピー的に有利な，より小さな環を形成することが明らかになった。このように，側鎖のピリジンの角度をわずかに変化させるだけで，より多様な会合体を創製することができ，対称性の低い基質から自己識別プロセスを経てサイズの異なるポルフィリン会合体を一度に構築し，そのすべてを単離・解析することに成功した。

5 まとめと展望

サイズ選択的キラル自己識別会合を利用することによって，わずかな分子の形の差を区別して，同じもの同士が会合する。結果として構造の大きく異なる集合体ができる。ポルフィリン2量体のように，分子内の回転障壁などで立体制御が可能になると，自己識別会合によって得られる構造はさらに巨大なものとなる。また，通常，亜鉛ポルフィリンは配位によって消光せず，光化学プロセスを探索するには好適であり，天然の光捕集アンテナ系に匹敵するリング構造をうみ出すことが期待できる。このような大きな会合体の内部空間は，酵素が基質を取り込み反応を行う空間に似た不斉環境を提供し，分子認識点から離れた位置での反応制御も期待でき，将来の発展が見込まれる。

文　献

1) L. Isaacs *et al.*, *J. Am. Chem. Soc.*, **125**, 4831 (2003)
2) L. Stryer, "Biochemistry", 4th ed., W. H. Freeman, New York (1995)
3) J. -M. Lehn, *Science*, **295**, 2400 (2002)
4) M. D. Hollingsworth, *Science*, **295**, 2410 (2002)
5) L. Latos-Grazynski *et al.*, *Coord. Chem. Rev.*, **204**, 113 (2000)
6) A. Osuka *et al.*, *Angew. Chem., Int. Ed.*, **36**, 135 (1997)
7) N. Yoshida *et al.*, *Tetrahedron Lett.*, **41**, 9287 (2000)
8) N. Aratani *et al.*, *Angew. Chem., Int. Ed.*, **39**, 1458 (2000)
9) A. Tsuda *et al.*, *Angew. Chem., Int. Ed.*, **41**, 2817 (2002)
10) A. Osuka *et al.*, *J. Am. Chem. Soc.*, **126**, 16187 (2004)
11) N. Aratani *et al.*, *J. Chin. Chem. Soc.*, **53**, 41 (2006)
12) A. Osuka *et al.*, *J. Photochem. Photobio. A*, **178**, 130 (2006)
13) M. J. Therien *et al.*, *Science*, **264**, 1105 (1994)
14) H. L. Anderson, *Inorg. Chem.*, **33**, 972 (1994)
15) H. L. Anderson *et al.*, *J. Am. Chem. Soc.*, **128**, 12432 (2006)

16) H. L. Anderson *et al.*, *Angew. Chem. Int. Ed.*, **46**, 3122 (2007)
17) A. Tsuda *et al.*, *Angew. Chem. Int. Ed.*, **44**, 4884 (2005)
18) A. Tsuda *et al.*, *Angew. Chem. Int. Ed.*, **46**, 2031 (2007)
19) A. Tsuda *et al.*, *Angew. Chem. Int. Ed.*, **47**, 5153 (2008)
20) S. T. Nguyen *et al.*, *J. Am. Chem. Soc.*, **130**, 16828 (2008)
21) A. Osuka *et al.*, *J. Am. Chem. Soc.*, **128**, 7670 (2006)

第4章 ナノ粒子

寺西利治*

1 はじめに

　有機分子で安定化された粒径1～100 nm程度の無機ナノ粒子は，無機核が電子の閉じ込め，線形・非線形光学特性，磁性などの物性を示す一方，周囲の有機配位子殻はナノ粒子を粉末化させると同時に，溶媒に溶解させる役割を担っている（図1）。高品質無機ナノ粒子の化学合成法は近年急激な進歩を見せており[1～11]，一次構造（粒径，形状，結晶構造，組成，相構造）を極めて良く制御できるようになったおかげで，ナノ粒子の構造―物性間の相関が詳細に議論可能となった[12,13]。無機ナノ粒子自身の構造制御に関する研究は数多くあるが，ナノ粒子表面を機能性有機配位子で修飾し，新しい機能を創り出すという研究は非常に少ないのが現状である。無機ナノ粒子表面を開放空間と捉えると，真っ先に思い浮かぶ機能は触媒機能であろう。ナノ粒子表面の開放空間に機能性有機分子を配位させることにより，活性点を減少させてしまう欠点はあるものの，有機配位子による特異な反応場を構築することができる[14]。すなわち，ナノ粒子表面の有機配位子の機能として今後重要になってくるのは，有機配位子の機能を利用したナノ粒子核の機能増強と，もう一つは有機配位子間相互作用を利用したナノ粒子の空間配列制御であろう。本章では，Auナノ粒子表面の開放空間にπ電子雲を配置することによる電子物性の変化，ならびに，配列制御を例に挙げることで，ナノ粒子の展望としたい。

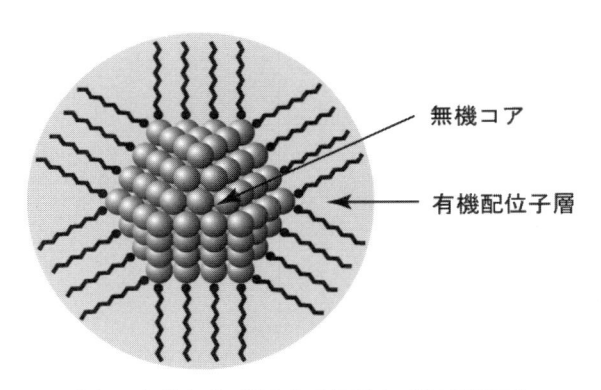

図1　化学合成で得られる無機ナノ粒子概略図

＊　Toshiharu Teranishi　筑波大学　大学院数理物質科学研究科　化学専攻　教授

2 C$_n$S-Au ナノ粒子の単一粒子電子物性

Auナノ粒子の電子物性においては，1996年のAndresらによる二重トンネル接合を介したクーロンステアケースの発見以来[15]，微細Auナノ粒子の単電子トンネルデバイス（単電子トランジスタ，フローティングゲートメモリ）への応用が注目されるようになった。すなわち，室温の熱エネルギーより大きな帯電エネルギーを有する粒径2 nm程度のAuナノ粒子では，室温でのクーロンブロッケード現象の発現が期待できるため，単電子トンネル効果を利用したデバイスへと展開できる。本節ではまず，σ結合でAuナノ粒子表面に結合する単純なアルカンチオールで保護されたAu(C$_n$S-Au)ナノ粒子の単一粒子電子物性について紹介する。

金ナノ粒子を単電子トンネルデバイスの単電子島として利用する場合，ナノ粒子のサイズに加えて，有機配位子のトンネル抵抗を考慮する必要がある（100 kΩ程度が理想）[16~20]。まず，アルキル鎖のトンネル抵抗を検討するため，1-オクタンチオール（C$_8$SH）および1-ヘキサンチオール（C$_6$SH）で保護された粒径2 nm程度の金ナノ粒子の走査トンネル分光を行った。いずれのチオールを用いた場合でも68 Kにてクーロン階段が観察され，さらに，アルカンチオール層のトンネル抵抗（Auナノ粒子—Au(111)基板間固定抵抗）が，アルキル基の長さにより7.6 GΩ±10%（C$_8$SH）から460 MΩ±10%（C$_6$SH）に劇的に変化することが確認された（図2）[21]。すなわ

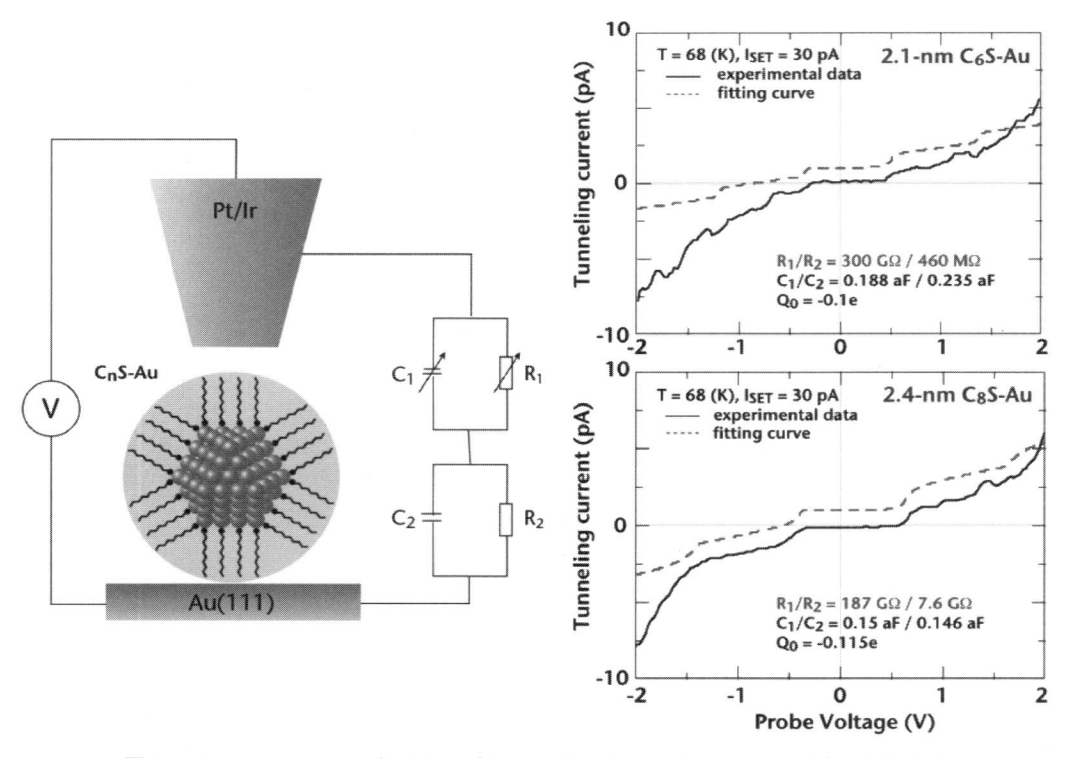

図2 2.1 nm C$_6$S-Auナノ粒子および2.4 nm C$_8$S-Auナノ粒子のSTS測定と解析結果

第4章　ナノ粒子

ち，鎖長の短い有機配位子がトンネル抵抗の低減に望ましいことが分かる。また，3.3±0.6 nm C_{10}S-Au ナノ粒子上に閉じ込められた電子の AFM による力測定から，微細 Au ナノ粒子に量子化された数の電子を閉じ込めることができることを明らかにした[22]。最近では，3.4±0.4 nm C_8S-Au ナノ粒子を経由した Au 被覆シリカ基板から STM プローブへの電子・正孔の逐次輸送（クーロンブロッケードシャトル）[23] が実現されている。これらの結果をふまえると，大環状π共役部位の有機配位子への導入が，トンネル抵抗低減等のデバイス特性向上に効果的であると考えられる。

3　大環状π共役部位の Au ナノ粒子への面配位によるトンネル抵抗低減

室温でクーロンブロッケード現象を示す Au ナノ粒子を用い，室温で稼働する単電子デバイスを実現するためには，帯電エネルギーの大きな微細ナノ粒子を利用することに加え，電極―粒子間を電子がトンネリングする際のトンネル抵抗が量子抵抗（25.8 kΩ）よりやや大きい有機配位子層が必要とされる。トンネル抵抗の低減には，配位子層を薄くすることや，配位子層自体に導電性を付与することが有効であると考えられる[24]。例えば，有機分子π軌道と Au ナノ粒子の軌道を直接オーバーラップさせることは，その導電性のみならず，これまでに報告例のないπ電子―ナノ粒子相互作用を誘起することが期待でき興味深い。そこで，ポルフィリン環を Au ナノ粒子表面に平行に多座配位させる系の構築，および，金属―π電子間の直接相互作用により発現する新奇物性の解明について検討した[25]。

ポルフィリン誘導体配位子として，図3a に示すアセチルチオ基を4つ有する 2-SC$_n$P（n = 0,

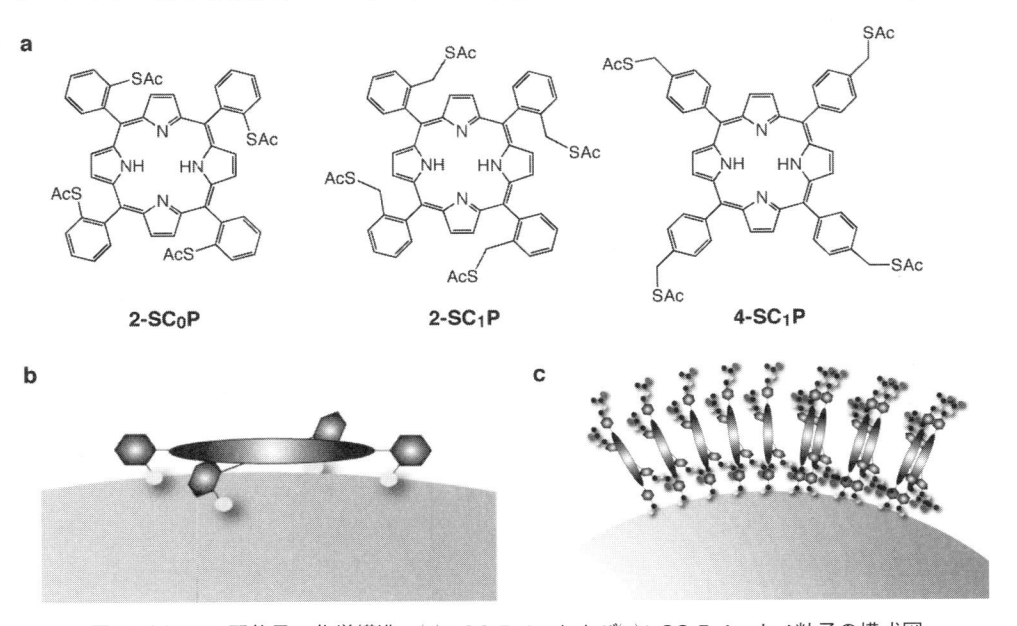

図3　(a)SC$_n$P 配位子の化学構造，(b)2-SC$_n$P-Au および(c)4-SC$_n$P-Au ナノ粒子の模式図

1) および 4-SC$_1$P を設計・合成した。2-SC$_n$P には 4 つのアトロプ異性体が存在するため,ゲル透過クロマトグラフィーにより,アセチルチオ基が同一方向を向いた $\alpha\alpha\alpha\alpha$ 体を単離した。同一の Au ナノ粒子に対する配位子のコンフォメーションについて議論するため,SC$_n$P 保護 Au (SC$_n$P-Au) ナノ粒子は,クエン酸保護 Au ナノ粒子(粒径 10.5 ± 1.0 nm)との配位子交換により合成した。Raman 測定および熱重量分析より,2-SC$_n$P 配位子はポルフィリン環を Au ナノ粒子表面に平行に最密充填パッキングで配位していることが明らかになった(図 3 b)。さらに,N 1s XPS スペクトル測定において,ポルフィリン環のイミンならびにピロールに帰属される二種類の N 1s ピークが,Au ナノ粒子に配位することによりシングルピークになっていることから,2-SC$_n$P 配位子のピロール部位が脱プロトン化し,等価な 4 つの窒素が Au ナノ粒子表面に配位していることが示唆された。すなわち,SC$_n$P 配位子は Au ナノ粒子表面で Au(0) ポルフィリンを形成しているものと考えられる。一方,4-SC$_1$P は一つあるいは二つの S-Au 結合を介し,Au ナノ粒子表面に対し立って配向しているため(図 3 c),4-SC$_1$P 分子と同様の N 1s スペクトルを示す。図 4 に,2-SC$_n$P-Au ナノ粒子の UV-vis スペクトルを示す。4-SC$_n$P-Au ナノ粒子では,ポルフィリン環の Soret 帯のモル吸光係数に大きな変化は見られなかったが,興味深いことに,2-SC$_n$P 配位子では Au ナノ粒子への配位により,ポルフィリン環の Soret 帯吸収強度が非常に弱くなり(モル吸光係数が配位子単独の 1/16(SC$_0$P),1/5.6(SC$_1$P)に減少),ピーク位置がわずかに長波長シフトすることが分かった。さらに,2-SC$_0$P-Au ナノ粒子の Soret 帯モル吸光係数が 2-SC$_1$P-Au ナノ粒子のものより小さいことから,2-SC$_n$P 配位子の Au ナノ粒子への配位により,ポルフィリン環 π 電子—Au ナノ粒子間に電子的な相互作用(新規分子軌道の形成など)が生じ,ポルフィリン環—Au ナノ粒子間距離が相互作用の度合いに影響を及ぼしていると示唆される。以上から,配位子殻厚さの劇的な減少および有機配位子トンネル抵抗の劇的な低減が達成されたと考えられる。

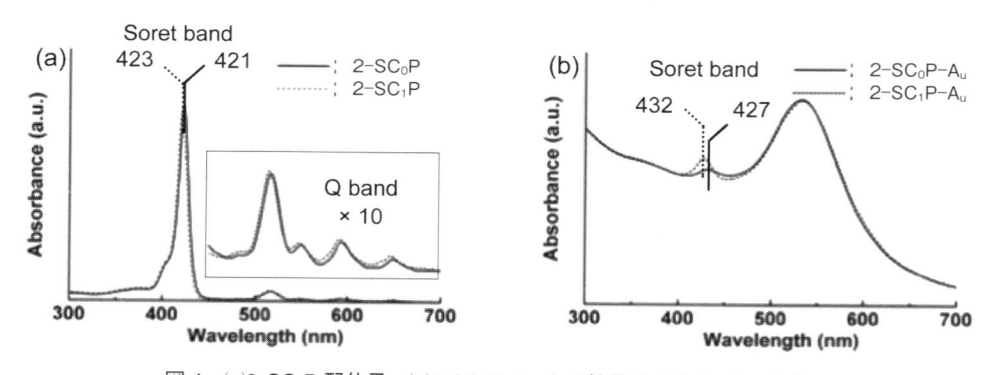

図 4 (a)2-SC$_n$P 配位子,(b)2-SC$_n$P-Au ナノ粒子の UV-vis スペクトル
(文献 25,M. Kanehara *et al.*, *Angew. Chem. Int. Ed.*, 47, 307 (2008), with permission from Wiley InterScience @ 2008)

第4章 ナノ粒子

4 配位子間相互作用によるAuナノ粒子の配列制御

ナノ粒子表面の開放空間の有機分子修飾によるもう一つの機能化として，有機分子間相互作用を用いたナノ粒子の配列制御が挙げられる。ナノ粒子の配列制御は，デバイス中の伝導パスの構築，表面プラズモン共鳴吸収を利用した表面増強ラマン散乱基板の構築，フラットバンド構造の創成など，応用範囲が極めて広範囲にわたる[26]。有機配位子間相互作用としては，アルキル鎖同士のvan der Waals相互作用の他に，π-π相互作用がなじみ深い[27]。π-π相互作用は，開裂・再構築を低エネルギーで引き起こすことができる点で有用である。配位子間π-π相互作用を利用したAuナノ粒子二次元六方晶構造構築のため，まず，有機配位子2,6-bis(1′-(n-thioalkyl)benzimidazol-2-yl)pyridine($TC_n BIP$, $n=3, 6, 8, 10, 12$；図5a, b挿入図）を合成した[28,29]。これらの配位子は，金ナノ粒子表面に配位するジスルフィド基，配位子間π-π相互作用を誘起する2,6-bis(benzimidazol-2-yl)pyridine(BIP)基，粒子間距離を制御するアルキル基から構成されている。$TC_n BIP$保護Au（$TC_n BIP$-Au）ナノ粒子の合成は，DMF／水混合溶媒中，種々

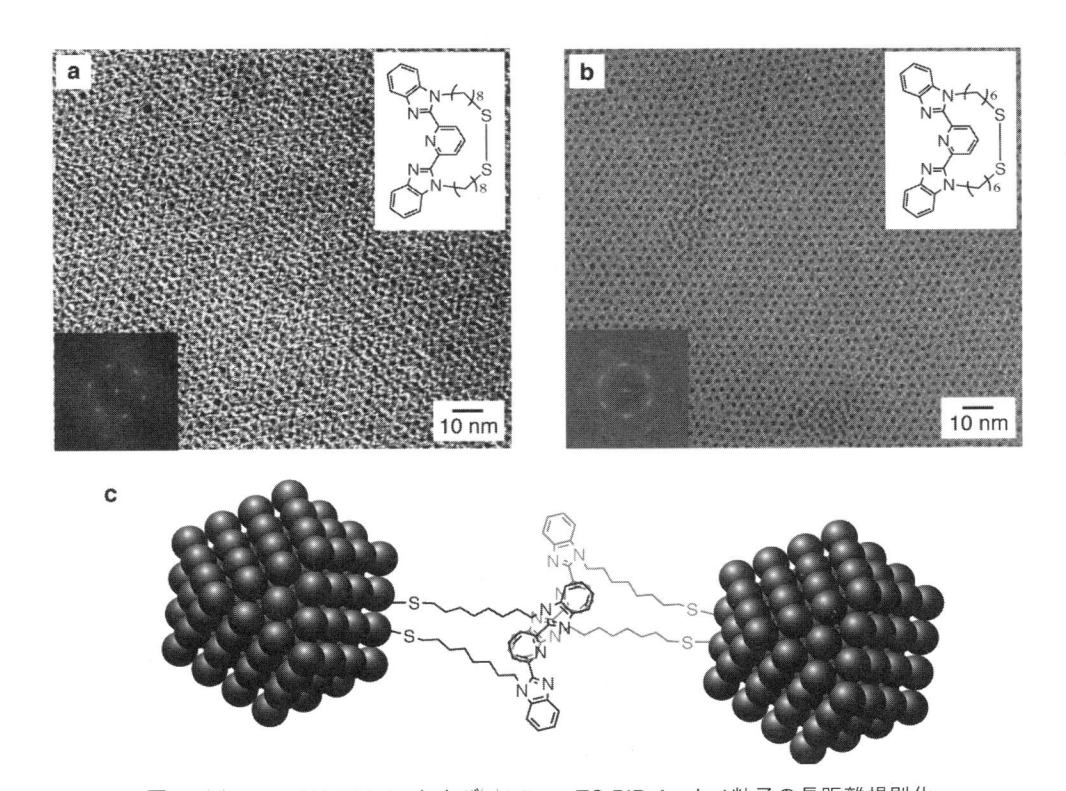

図5 (a)1.5 nm $TC_8 BIP$-Auおよび(b)1.6 nm $TC_6 BIP$-Auナノ粒子の長距離規則化六方晶二次元超格子のTEM像（挿入図は各超格子のFFTスポットを表す），(c)隣接する$TC_8 BIP$-Auナノ粒子間の配位子間π-π相互作用の模式図

（文献29，M. Kanehara et al., J. Am. Chem. Soc., **128**, 13084 (2006), with permission from the American Chemical Society ⓒ 2006）

の量の TC_nBIP 存在下，$HAuCl_4 \cdot 4H_2O$ の $NaBH_4$ 還元により行った。生成した TC_nBIP-Au ナノ粒子の UV-vis スペクトルには 520 nm 付近にほとんど表面プラズモン共鳴吸収が観測されないことから，生成した TC_nBIP-Au ナノ粒子は自由電子をほとんど持たない極めて微細な粒子であることが分かる。DMF／水混合溶媒中の一連の TC_nBIP-Au ナノ粒子は，大気下で少なくとも一年間は安定に分散しており，TC_nBIP 配位子が二座配位していることが安定性に寄与しているものと考えられる。FT-IR（KBr 法）を用い TC_nBIP 配位子のアルキル基の構造を検討したところ，すべての TC_nBIP-Au ナノ粒子において，メチレン C-H 結合の対称（d^+），非対称伸縮（d^-）バンドが結晶性ポリエチレン（all-trans zigzag 構造）の d^+（2920 cm^{-1}），d^- バンド（2850 cm^{-1}）位置に現れ，TC_nBIP 配位子のアルキル鎖が乾燥状態で all-trans 構造をとることが実証された。いずれの TC_nBIP-Au ナノ粒子においても，表面 Au 原子 2～3 個にひとつのチオラート基が結合していることが TGA 測定から明らかとなり，アルカンチオール保護 Au ナノ粒子と類似した結果となった[30,31]。

得られた TC_nBIP-Au ナノ粒子の長距離規則構造を構築するため，ナノ粒子が動きやすい気水界面での配位子間相互作用を利用した。具体的には，1.5 nm TC_8BIP-Au ナノ粒子クロロホルム溶液（Au 原子濃度で 0.5 mM）10 μL を 100 mL ビーカーの水面（18.2 MΩ）に展開し，ビーカーを密閉したオーブン中で 50℃ で 12 時間熱処理することで，TC_8BIP 配位子間 π-π 相互作用の開裂およびナノ粒子の再配列をうながした。水平付着法にてアモルファス炭素基板に転写した TC_8BIP-Au ナノ粒子膜の TEM 写真を図 5a に示す。得られた膜には少量の二粒子層部分が存在するが大部分が単粒子層からなっており，大きな空隙のない単粒子膜からなる長距離規則化二次元六方晶構造が形成していた。気水界面で形成したナノ粒子超格子には，ほぼ完全に規則化した部分がしばしば観察され，高速フーリエ変換（FFT）スポットがその高規則化度を実証している。本手法は，ナノ粒子外表面の TC_nBIP 配位子の芳香性官能基間の親和性のみを利用しており，これは結晶成長プロセスに類似したものである。1.6 nm TC_6BIP-Au ナノ粒子でも同様に，図 5b に示すような規則化二次六方晶構造が得られた。したがって，気水界面での熱処理による自己集合法は，末端に高結晶性官能基を有する配位子で保護された他のナノ粒子にも容易に応用可能であろう。高い規則性を持つナノ粒子配列構造を形成させるためには，芳香性 BIP 基が効果的に相互作用できるように，配位子の外部密度を最適化する必要がある[32]。例えば 1.5 nm TC_8BIP-Au ナノ粒子において，BIP 平面上のπ軌道の広がりを 0.35 nm と考えると，BIP 基の体積は約 0.3 nm^3 となり，BIP 殻に対する BIP 基体積はおおよそ 20% と見積もられる。すなわち，TC_nBIP-Au ナノ粒子系においては，粒子間の BIP 同士の相互作用を効果的に発現させるためには，20% 以上の BIP 外部密度が必要であるということになる。有機配位子に配位子間相互作用が可能な芳香性官能基を導入することは，ナノ粒子規則化構造の構築に極めて有効である。ちなみに，ナノ粒子エッジ間平均距離は，TC_nBIP 配位子長（n 値）を変化させることにより，それぞれ 1.2，1.6，1.9，2.3，2.5 nm とチューニングすることができる。いずれの場合も，粒子間距離は TC_nBIP 配位子二分子分より 1 nm 程度短く，隣接ナノ粒子上の BIP 基（約 0.8 nm）と

第4章 ナノ粒子

の重なりを考慮すると理解できる（図5c）。TC_8BIP 配位子のMM2計算では，二つのベンズイミダゾール基はピリジン環に対し同方向に20°以下の角度でねじれており，隣接する高結晶性 BIP 基間の π-π 相互作用が六方晶構造を安定化させていることが示唆された。この他にも，ナノ粒子表面開放空間に種々の有機配位子を導入し，配位子間静電反発，多点水素結合[33]，微小空間への閉じ込め効果[34,35]を利用することにより，対称性の異なる配列構造を得ることができる。

5 おわりに

本章では，Au ナノ粒子表面の開放空間を様々な有機配位子で修飾することにより，ナノ粒子の電子物性や配列構造を制御できることを示した。これからのナノ粒子の機能化には，有機化学や錯体化学を積極的に取り入れることが必要不可欠になってくるであろう。

最後に，微細 C_nS-Au ナノ粒子の単一粒子電子物性測定でお世話になった真島豊准教授（東工大院理工）および SC_nP-Au ナノ粒子のXPS測定でお世話になった杉村博之教授（京大院工）に感謝申し上げたい。本研究の一部は，科学技術研究費補助金特定領域研究「配位空間の化学」（No. 18033007），科学技術研究費補助金基盤研究(A)（No. 18033007），科学技術振興機構戦略的創造研究推進事業（JST-CREST）の助成により行われた。

文 献

1) T. Teranishi, "Encyclopedia of Surface and Colloid Science", p. 3314, Marcel Dekker (2002)
2) M. Brust, M. Walker, D. Bethell, D. J. Schiffrin and R. Whyman, *Chem. Commun.*, 801 (1994)
3) T. Teranishi, I. Kiyokawa and M. Miyake, *Adv. Mater.*, **10**, 596 (1998)
4) T. Teranishi, S. Hasegawa, T. Shimizu and M. Miyake, *Adv. Mater.*, **13**, 1699 (2001)
5) M. Kanehara, J. Sakurai, H. Sugimura and T. Teranishi, *J. Am. Chem. Soc.*, **131**, 1630 (2009)
6) L. Li, J. Walda, L. Manna and A. P. Alivisatos, *Nano Lett.*, **2**, 557 (2002)
7) V. F. Puntes, K. M. Krishnan and A. P. Alivisatos, *Science*, **291**, 2115 (2001)
8) C. B. Murray, D. J. Norris and M. G. Bawendi, *J. Am. Chem. Soc.*, **115**, 8706 (1993)
9) Y. Sun and Y. Xia, *Science*, **298**, 2176 (2002)
10) S. Sun, C. B. Murray, D. Weller, L. Folks and A. Moser, *Science*, **287**, 1989 (2000)
11) R. Jin, Y. C. Cao, E. Hao, G. S. Metraux, G. C. Schatz and C. A. Mirkin, *Nature*, **425**, 487 (2003)
12) Y. Yamamoto, T. Miura, M. Suzuki, N. Kawamura, H. Miyagawa, T. Nakamura, K. Kobay-

ashi, T. Teranishi and H. Hori, *Phys. Rev. Lett.*, **98**, 116801 (2004)
13) Y. Negishi, H. Tsunoyama, M. Suzuki, N. Kawamura, M. M. Matsushita, K. Maruyama, T. Sugawara, T. Yokoyama and T. Tsukuda, *J. Am. Chem. Soc.*, **128**, 12034 (2006)
14) K. Sawai, R. Tatumi, T. Nakahodo and H. Fujihara, *Angew. Chem. Int. Ed.*, **47**, 6728 (2008)
15) R. P. Andres, T. Bein, M. Dorogi, S. Feng, J. I. Henderson, C. P. Kubiak, W. Mahoney, R. G. Osifchin and R. Reifenberger, *Science*, **272**, 1323 (1996)
16) C. P. Collier, R. J. Saykally, J. J. Shiang, S. E. Henrichs and J. R. Heath, *Science*, **277**, 1978 (1997)
17) M. M. Maye, S. C. Chun, L. Han, D. Rabinovich and C. -J. Zhong, *J. Am. Chem. Soc.*, **124**, 4958 (2002)
18) M. M. Maye, J. Luo, I. -I. Lim, L. Han, N. N. Kariuki, D. Rabinovich, T. Liu and C. -J. Zhong, *J. Am. Chem. Soc.*, **125**, 9906 (2003)
19) B. L. Frankamp, A. K. Boal and V. M. Rotello, *J. Am. Chem. Soc.*, **124**, 15146 (2002)
20) C. T. Black, C. B. Murray, R. L. Sandstrom and S. Sun, *Science*, **290**, 1131 (2000)
21) H. Zhang, Y. Yasutake, Y. Shichibu, T. Teranishi and Y. Majima, *Phys. Rev. B*, **72**, 205441 (2005)
22) Y. Azuma, M. Kanehara, T. Teranishi and Y. Majima, *Phys. Rev. Lett.*, **96**, 016108 (2006)
23) Y. Azuma, T. Hatanaka, M. Kanehara, T. Teranishi, S. Chorley, J. Prance, C. G. Smith and Y. Majima, *Appl. Phys. Lett.*, **91**, 053120 (2007)
24) A. F. Takács, F. Witt, S. Schmaus, T. Balashov, M. Bowen, E. Beaurepaire and W. Wulfhekel, *Phys. Rev. B*, **78**, 233404 (2008)
25) M. Kanehara, H. Takahashi and T. Teranishi, *Angew. Chem. Int. Ed.*, **47**, 307 (2008)
26) M. Kanehara and T. Teranishi, "Bottom-up Nanofabrication : Supramolecules, Self-Assembly, and Organized Films", p. 1, American Scientific Publishers (2009)
27) Z. Shen, M. Yamada and M. Miyake, *J. Am. Chem. Soc.*, **129**, 14271 (2007)
28) T. Teranishi, M. Haga, Y. Shiozawa and M. Miyake, *J. Am. Chem. Soc.*, **122**, 4237 (2000)
29) M. Kanehara, E. Kodzuka and T. Teranishi, *J. Am. Chem. Soc.*, **128**, 13084 (2006)
30) M. J. Hostetler, J. E. Wingate, C. -J. Zhong, J. E. Harris, R. W. Vachet, M. R. Clark, J. D. Londono, S. J. Green, J. J. Stokes, G. D. Wignall, G. L. Glish, M. D. Porter, N. D. Evans and R. W. Murray, *Langmuir*, **14**, 17 (1998)
31) K. R. Gopidas, J. K. Whitesell and M. A. Fox, *J. Am. Chem. Soc.*, **125**, 6491 (2003)
32) J. R. Heath, C. M. Knobler and D. V. Leff, *J. Phys. Chem. B*, **101**, 189 (1997)
33) M. Kanehara, Y. Oumi, T. Sano and T. Teranishi, *J. Am. Chem. Soc.*, **125**, 8708 (2003)
34) B. H. Sohn, J. M. Choi, S. I. Yoo, S. H. Yun, W. C. Zin, J. C. Jung, M. Kanehara, T. Hirata and T. Teranishi, *J. Am. Chem. Soc.*, **125**, 6368 (2003)
35) T. Teranishi, A. Sugawara, T. Shimizu and M. Miyake, *J. Am. Chem. Soc.*, **124**, 4210 (2002)

第5章　配位高分子

堀毛悟史[*1]，北川　進[*2]

　配位高分子とは金属イオンと有機配位子からなり，それらの配位結合により組み上げられたネットワークを持つ物質全般と捉えることができ，極めて広範な化合物を指す。振り返ると配位結合を用いた結晶性ネットワークは1959年にはすでに合成され，そのX線構造解析による結晶構造が報告されており[1)]，配位高分子という言葉自体も1964年には提唱されている[2)]。このように配位高分子は以前から化学者の周りにあるものであった。例えば顔料として用いられてきたプルシアンブルーは興味深い配位空間を有する機能材料として昔からよく知られており，現在も磁性やガス吸着特性などの機能が精力的に研究されている。そしてここ十数年の間に飛躍的に配位高分子と呼ばれる化合物群の報告例が増え，広く認知されるようになった。特に結晶構造と構成素子の多様性を利用して得られる様々な空間，いわゆる配位空間は，固体中においてゲストとの特殊な相互作用部位や物理特性を提供できる（図1）[3)]。と同時に，毎年数多く報告されているこれら化合物において，我々は冷静に機能と構造について眺めなおす必要がある。原理的に金属イオ

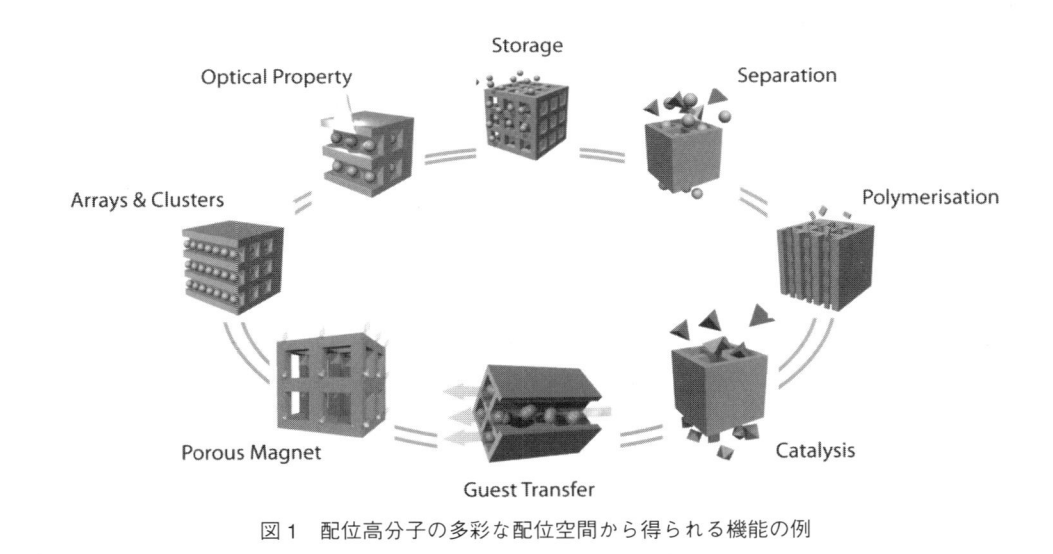

図1　配位高分子の多彩な配位空間から得られる機能の例

---

*1　Satoshi Horike　㈶科学技術振興機構（JST）　ERATO北川統合細孔プロジェクト　博士研究員

*2　Susumu Kitagawa　京都大学　物質―細胞統合システム拠点　副拠点長，工学研究科合成・生物化学専攻　教授

ンと有機配位子からなるネットワークは無限の構造を取りうるため，組み合わせを変えることによって配位高分子はこれからも多くの新規構造が見出され，何らかの配位空間を形作るであろう。ここで重要なのは，学問的，産業的にどれだけ興味深く，かつ新たな概念を生み出すような配位空間を持つ材料を作り出せるかという点である。おもしろい化合物を見つけ，機能発現を目指すには合成から解析，あるいは粒子形状の制御まで多角的なアプローチを同時に行っていかなければならない。本章では配位高分子，特に内部に機能性空間を持つ化合物である多孔性配位高分子において，新たな機能性材料を作るという視点に立って今後の展望を述べてみたい。

1 配位高分子の合成

　有用な配位空間を持つ多孔性配位高分子の多くは，いわゆる自己集合能を利用することによって合成されてきた。具体的には室温～160度付近で反応を行うことが多い。自己集積による合成は高い結晶性と構造の自由度を持たせることができ，配位結合のみならず水素結合や分子間力によって多彩な構造が見出されてきた。しかし固体材料として用いる場合はこれまでの高い設計性に加え，より高い熱的・化学的安定性が求められ，同時に高い反応性を有する細孔構造が求められることもある。多孔性配位高分子の利点を損なわず，様々なタフな環境で使用できる化合物の合成はどのように行う必要があるか？　これまで数多く多孔性配位高分子が合成，報告されてきたが，著者らはまだこれら化合物は配位高分子のごく一部であり，魅力的な化合物は合成法の最適化によってこれからいくつも見出されると感じている。配位高分子の合成においておもしろくもあり複雑でもあるのは，得られる結晶構造がわずかな反応条件で大きく異なることである。ざっと検討すべき項を挙げるだけでも，溶媒の種類・濃度・反応温度・反応時間・pHなど変えるべき要素は数多い。そして実際，いくつかの反応においては反応時間が5時間と10時間で全く異なるネットワークを構築することがわかっており，目的とする化合物を見逃す（あるいは見逃している）可能性は大きい。特にpHと反応時間に関しての合成的知見はまだほとんど得られておらず，反応性の高い細孔などの合成において検討しなければならない重要なパラメータである。またこれまで配位高分子の合成には第一遷移金属イオンが多く用いられてきたが，今後はさらに多様な金属元素のイオンの利用が期待される。アルカリ金属，アルカリ土類金属や後周期遷移金属イオンなどは一般的に多孔性配位高分子の合成は比較的難しいとされているが，最近は報告例も増えつつある。軽い金属イオンは1gあたりのガス吸着量を飛躍的に向上させ，リチウムなどは水素ガスとの相互作用も高いという理論的考察がある。また例えばジルコニウムイオンとテレフタル酸からなる化合物は強い結合を形成し，550度付近まで細孔が安定な化合物が見つかっており，300～400度が一般的な崩壊温度とされている配位高分子の中においても高い耐熱性を有している[4]。アルミニウムやマグネシウムを用いた配位高分子は水中で初めて合成できるものも多く，結果高い耐水性を示すものや低pH条件下における合成によって耐酸性を持つネットワークを作ることも可能となっている。ただこれらは反応条件が極端すぎると全く結晶性の配位高分

第5章 配位高分子

子が得られないため，系統的に条件を変化させながら最適な反応条件を見出す努力が必要である。最近は目的とする明確な構造を有する配位高分子の合成に積極的にスクリーニング手法を取り入れている例が見受けられる。ハイスループット合成（またはコンビナトリアル合成）は生理活性化合物や無機酸化物などの合成にこれまでも大きな貢献をしているが，配位高分子の分野においても非常に有用なツールであることが示されつつある[5]。この手法は合成のみならず，粉末X線測定やIR，TGAなども自動化が可能であり，総合的に得られた配位高分子の物性が効率良く評価できる。系統的に濃度やpHを変化させた反応条件で合成を行うことによって，これまでランダムに行われてきた自己集合反応をより合理的に進められるようになり，その結果有用な合成ライブラリを構築できるものと考えられる。

5年前は，自己集合によって3nmの細孔径を持つ配位高分子の合成が可能とは思われていなかった。自己集合過程で容易に相互貫入（インターペネトレーション）が起こり，細孔をふさいでしまうからである。しかし配位結合を基本とした高い設計性はこれらを克服し，現在では0.2～6nmの様々な細孔を系統的に合成できるようになっており[6]，その中には5,000 m^2g^{-1} 以上の

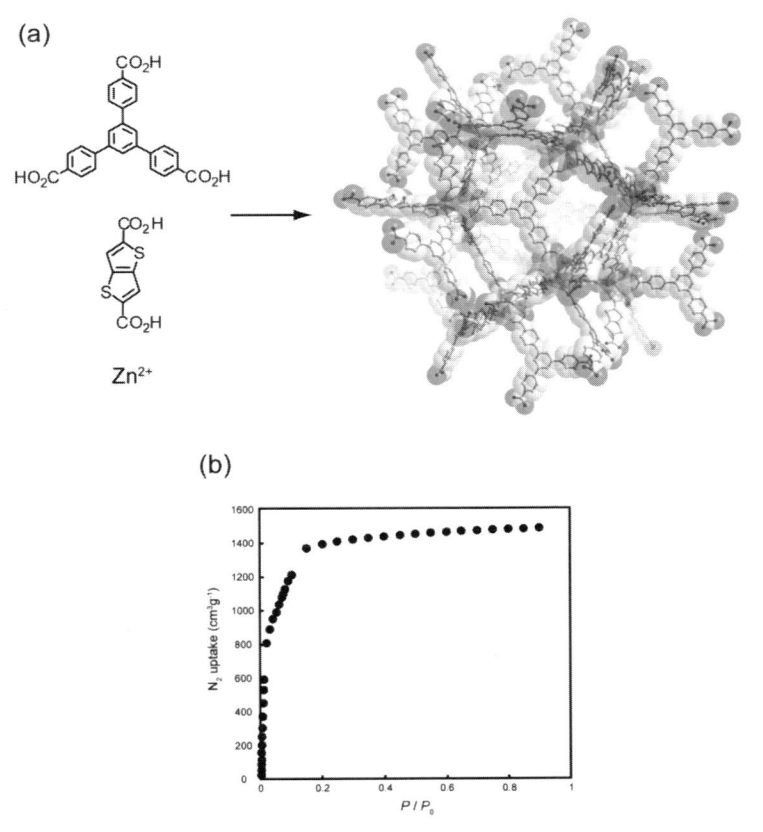

図2 二種類のカルボキシル配位子と亜鉛イオンから作られるBET表面積5,200 m^2g^{-1} の多孔性配位高分子の(a)結晶構造および(b)77Kにおける窒素ガス吸着等温線

BET 表面積を有する化合物も見つかっている（図2)[7]。今後より幅広い金属イオンの選定と合成条件の調整によって，全く新しいトポロジーを持つ多孔性構造を見出し，また工業的にも使用に耐えうる熱的・化学的安定性を持つ配位高分子の合成が期待される。

2 解析手法の発展

　合成のみならず，様々な最先端の解析手法を駆使することは配位高分子の機能発現に非常に重要な役割を担ってきた。配位高分子は特に単結晶X線解析手法とともに進歩してきた経緯が色濃く，多くの機能はその結晶構造から見出されている。高い空隙率を持つ結晶構造はガス吸着能，適当な金属イオンの分布を持つ構造は磁気的相互作用が検討されてきたのはその例である。その単結晶X線構造解析において，近年の進歩により，数ミクロンサイズの結晶でも単結晶としてX線解析できる技術が注目されている[8]。多孔性配位高分子はバルクで合成すると，得られる粉末は数ミクロン〜数十ミクロンのサイズであることが多く，この手法はこれまで多くの時間と努力が費やされていた大きなサイズの単結晶を作るという作業に大きな転換をもたらすと考えられる。

　一方で単結晶・粉末X線から得られる情報から少し距離を置くことによって，新たな特性を見出す可能性があることを述べてみたい。それにはダイナミック（時間依存的）な解析，結晶表面やナノ〜メソスコピックなものを対象とする解析などが挙げられる。ダイナミックな視点というのは，配位高分子の持つ機能や特性を逐次的に追う解析である。例えば先に述べたように多孔性配位高分子の結晶が反応中で形成する過程には準安定相が存在することが多く，その結果反応時間の違いのみで全く異なる化合物が得られる。結晶形成の過程を連続的に追うことにより，どのようなコンポーネントが集積してネットワークが構築するのか，どの過程で再配列が起こるのかといった情報は目的の化合物を得るためにも必要である。ゼオライトなどではいくつか成長過程を見た例はあるが，より複雑な配位高分子の結晶成長を分光学的手法で観察することが可能となれば，準安定相の抽出はもとより粒子サイズの制御などへの知見も得られる。一方で機能に関しても，ダイナミクスの解析は必須である。ガスの吸着速度の違いを利用した分離や，基質の固体内拡散が律速になりうる触媒反応を詳細に検討するためには，ゲストが表面からどのように内部に侵入するのか，タイムスケールを把握することが大切であり，吸着速度測定やNMRなどの多角的な手法で評価することが求められる。すなわち「時間」というキーワードを加味した解析によって配位高分子の新たな機能を見出すことができると考えられる。

　またメソサイズ（10〜100 nm）で制御された様々なモルフォロジーを持つ配位高分子の解析もさらに重要になるであろう。前にも述べたように配位高分子はこれまでほとんど3次元バルク結晶で扱われてきたが，近年，結晶の薄膜化やナノ結晶化，あるいは異なる結晶のエピタキシャル成長など形状の制御に関する研究が急激に進められている[9]。このような試料の評価にはそれぞれサンプルの特性に応じた解析法が求められる。電子顕微鏡やAFM，STMを利用した表面

第5章　配位高分子

構造解析，さらにはゲストの導入に代表されるような外部刺激下におけるその場観察の手法を発展させることにより，様々な形状を有する多孔性ネットワークの機能解明に大きな知見を与えるものとなる。

3　多孔性配位高分子の固有の機能の追求

多孔性配位高分子のほかに吸着材として活発に研究されている多孔性材料としては，ざっと挙げるだけでもゼオライトやメソポーラスシリカ，炭素材料（活性炭，メソポーラスカーボン，CNTなど），さらには有機ポリマー多孔体や層状無機化合物など非常に多彩である。いずれも固有の特徴を有し，ガス貯蔵や触媒能などの高い機能が見出されている。翻って，多孔性配位高分子はこれらの多孔性材料と何が異なるのか？　どのような点に多孔性材料として独自の機能があるのか？　と考えると，いくつかの興味深い特徴を改めて確認することができる。それはやはり多彩なフレームワークと，金属イオンと有機配位子が共存していることに由来するものが多い。

例えばユニークな特徴の一つとして，結晶性を維持しながら構造が大きく変化する結晶柔軟性が挙げられる。ガス貯蔵能に関連すると，初期状態では細孔が完全に閉じている化合物でも，外部のガス圧が高くなるにつれて突然細孔が開き，吸着を開始するといった現象が見つかっている[10]。この現象は可逆的であり，吸着し始める圧力はガスの種類に非常に敏感である。またサンプルによってはガスを吸着することで200%以上もの体積膨張を起こす構造も見つかっている。このメカニズムは実際ガス分離において有用であり，物理特性が非常に似通ったガスにおいて，それぞれ細孔が開く圧力が大きく異なることにより，細孔の開閉の違いを用いてこれまで困難だったガスの分離を可能にしている。この構造変化のメカニズムを用いたガス分離は吸着後のガス放出に大きなエネルギーを費やさないなどの利点があるが，これまでは数種類しかこの挙動を示す化合物は報告されていなかった。しかし最近では細孔のサイズや特性を系統的に変えた化合物の合成手段が見出されており[11]，この物質系を用いた大きな目標としては，コンポーネントの適切な選択によりガス分子の吸着等温線を自在に制御し，既存の材料では不可能な高い分離能を発現することを挙げておきたい。また外部刺激によって配位高分子の構造が変化する現象を利用すれば，ガス分離以外にも多くの機能が期待される。例えば細孔中に反応サイトを導入することにより，構造を柔軟に変化させながら基質を取り込み選択的に変換する，あたかも酵素のような働きをする配位高分子や，物理的外場（光，電場，磁場など）によって構造中のドメインが協同的に動き，結果固体のサイズや形状が変化するマニピュレータのようなデバイスなどへの展開も可能である。

一方金属イオンや有機配位子に着目すると，それらの豊かな物理特性を利用したゲストとのカップリング挙動も見出せる。たとえば既にスピンクロスオーバー挙動を示す多孔性配位高分子において，高スピン―低スピン状態の変換を特定のゲストの吸着によって可逆的に誘起する化合物が見つかっている（図3）[12]。これは配位高分子の持つ磁気的特性と吸着挙動がカップリングし

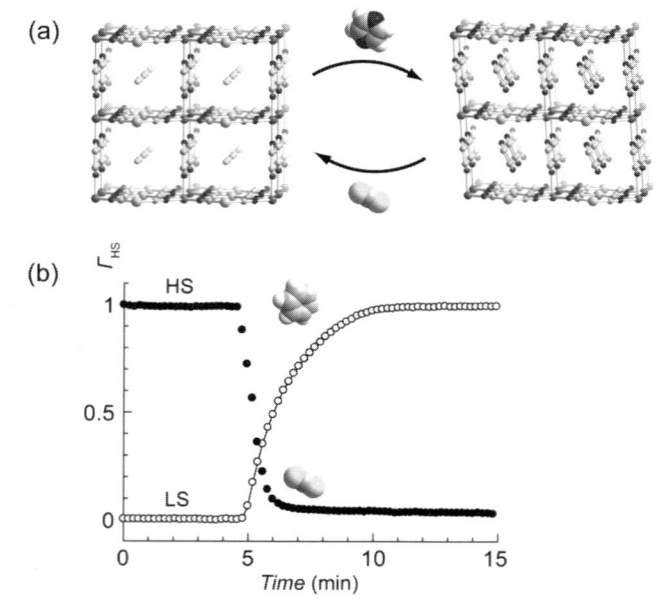

図3 (a)多孔性配位高分子 Fe(pyrazine) [Pt(CN)$_4$] のゲストに応じた吸着状態の結晶構造[12]
(b)ベンゼンおよび CS$_2$ ガスを導入することによる低スピン (LS) —高スピン (HS) 状態の変換制御

た例である。他にも誘電性や熱伝導性,電子伝導性,光物性といった特性を含有する配位高分子において,多孔性という構造特性を利用したゲスト吸脱着などの外場によりオン—オフするという試みは,高い設計指針が求められる挑戦的なテーマである。しかしそれらが実現するならば,配位高分子が分子を取り込む箱という役割だけではとどまらない,その骨格自身が機能性材料として働く新たな機能性多孔体としておもしろい展開を形作るであろう。

4　他の材料との複合化による機能発現

配位高分子を積極的に他の物質と複合化することも新たな機能材料を生み出す点で興味深いアプローチである。配位高分子自体が無機—有機複合材料であり,もともと有機や無機化学といった既存の化学分野では説明のつきにくい立場にある。これらをポリマーや無機物など他の材料と複合化することにより,機能をも複合化した新たな材料を合成できる可能性があることを述べたい。複合化を行う際に利用する配位高分子の特徴としては,構造的特性(高結晶性,高表面積,柔軟性)あるいは金属イオン・有機配位子による物理的性質(磁性,光物性,誘電性)が挙げられる。例えば構造的特性を利用した最近の例としては,複合化触媒の合成がある。高い表面積と規則的ミクロ孔を持つ多孔性配位高分子をポリ酸クラスター存在下で合成することにより,ポリ酸が細孔中に規則的に導入された複合化合物を調製できる(図4)[13]。多孔性骨格中に規則的に

第5章　配位高分子

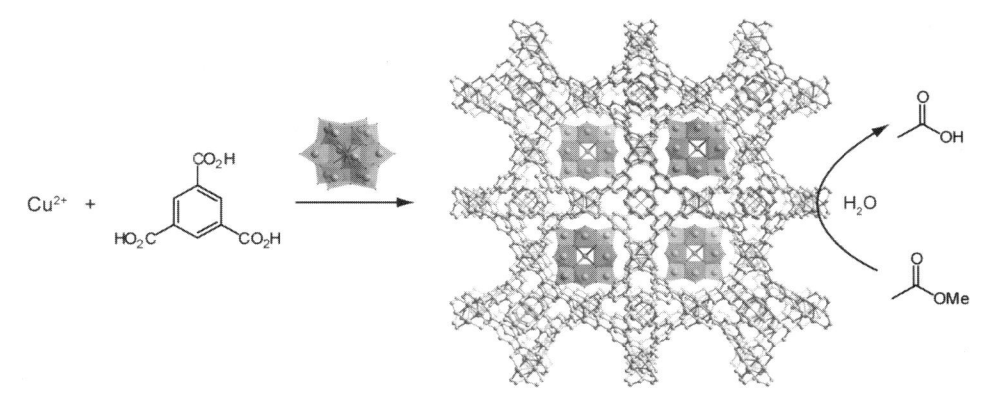

図4　単結晶によるX線構造解析結果
多孔性配位高分子を構成する銅イオンとトリメシン酸に、さらに酸性を有するポリオキソメタレート $[HPW_{12}O_{40}]^{2-}$ を合成時に導入することにより、1 nmの細孔に規則的に触媒活性点を分散させることができる[13]。

　クラスターを高分散させることにより、強い酸点を有しながらもゲストがアクセスできる空間が構築され、結果高い触媒能が発現する。気相・液相法を用いてパラジウムや銅の活性種を安定に担持させる手法など、多孔性配位高分子の高表面積とミクロ孔を利用した不均一触媒の合成はここ数年で大きく進歩すると期待できる。またミクロ空間の中に分子を孤立、担持させるというアイデアを用いると、例えばイオン伝導能を示す分子や電子伝導性のあるポリマーを柔軟な一次元細孔内で配列させ、チャンネル中で異方的な伝導性を発現する複合体を作ることもできる。これらは配位高分子が持つユニークな配位空間を利用した例であるが、一方で複合化することによって様々な環境下で配位高分子の機能を制御するという試みも重要である。ポリマーで結晶をコーティングすることにより水溶性を持たせ、生体中でドラッグデリバリーやガス供給、イオン輸送などの役割を持たせることも可能かもしれないし、また多孔性の無機結晶基盤上に配位高分子を集積させ、異なる多孔性材料を接合するといった複合化も、機能の複合化に直結するという期待が持てる。また複合化といっても他の物質との複合化ではなく、異なる配位高分子同士を組み合わせることによってそれぞれの機能を併せ持つ材料を創出する、という手法もある。例えば触媒能を持つ配位高分子の結晶の外側に、ミクロ孔を有し、かつ配位子に不斉部位を持つホモキラル配位高分子を成長させることにより、外部から来る分子はエナンチオ選択的に振り分けられ内部に侵入し、高い不斉触媒能を示すという複合機能も思い描くことができる。複合化という手法は評価法に困難を伴う場合や幅広い物質の知識が必要となるが、うまく組み合わせることにより両者の利点を飛躍的に高めることも考えられ、様々な分野の研究者と協力して進めてゆくことで、思わぬところで配位高分子が輝く可能性を秘めている。

　以上、多孔性配位高分子について今後の展望を述べてきた。このような物質が機能と共に見出されて10年を超え、より多彩なバックグラウンドを持つ研究者の参入と最先端の技術を駆使することにより、今まさに大きな転換期を迎えている。配位空間という概念は非常に緩やかな括り

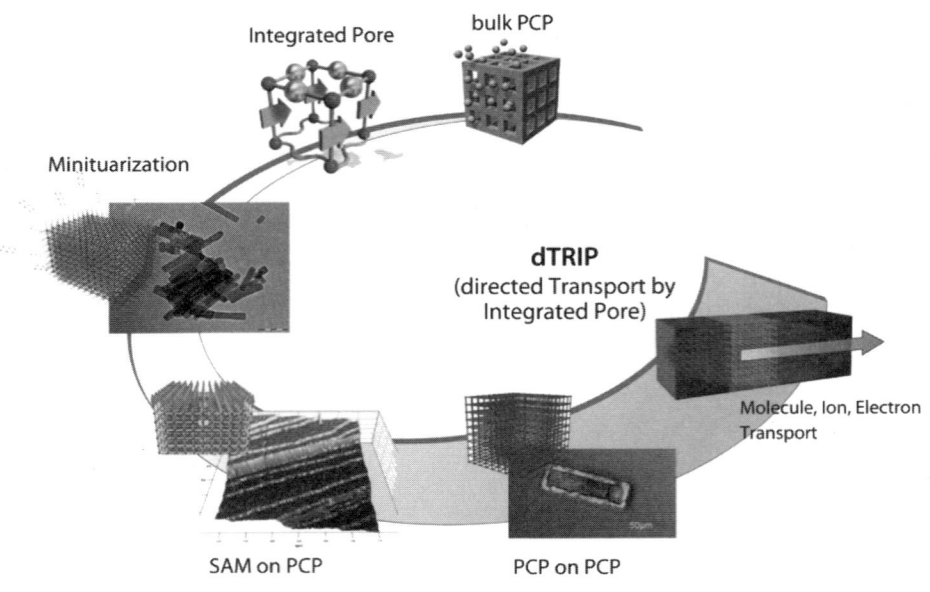

図5 多孔性配位高分子（porous coordination polymer；PCP）において，ミクロレベルの細孔デザイン（bulk PCP〜Integrated Pore）からメソスコピック領域における機能の制御・付与を介し，最終的にはいくつもの多機能性 PCP を自在にメソレベルで融合させる。このようなプロセスで得られた PCP 複合体および機能を dTRIP と呼んでおり，分離・反応・輸送など複数の機能を統合した新たな多孔性材料を様々なスケールで利用する試みも，配位空間を最大限に利用することで実現に近づく。

を持っており，本書を見るように研究者により解釈は多様である。その中で配位高分子は興味深い配位空間を提供する中核的な物質の一つとしてさらに深く知る必要があるが，上でも述べたように今後はミクロな視点に加えてメソスコピックやダイナミックな視点を併せ持って取り組むことが新たな一面を引き出す鍵だと感じている（図5）。機能材料として出口が明確なプロジェクトを推進する一方，純粋におもしろい配位高分子のものづくりという視点を大切にし，多くの知見と最新の合成／評価技術を導入しながら柔軟に考えて取り組むことこそ，これまでにないユニークな機能，そしてそこにある新たな概念に結びつくと確信している。

文　献

1) Kinoshita, Y., Matsubara, I., Higuchi, T., Saito, Y., *Bull. Chem. Soc. Jpn.*, **32** (11), 1221-1226 (1959)
2) Interrante, L. V., Bailar, J. C., *Inorg. Chem.*, **3** (10), 1339-1344 (1964)
3) (a) Kitagawa, S., Kitaura, R., Noro, S., *Angew. Chem. Int. Ed.*, **43** (18), 2334-2375

第 5 章　配位高分子

(2004); (b) Ockwig, N. W., Delgado-Friedrichs, O., O'Keeffe, M., Yaghi, O. M., *Acc. Chem. Res.*, **38** (3), 176-182 (2005); (c) Férey, G., *Chem. Soc. Rev.*, **37** (1), 191-214 (2008)

4) Cavka, J. H., Jakobsen, S., Olsbye, U., Guillou, N., Lamberti, C., Bordiga, S., Lillerud, K. P., *J. Am. Chem. Soc.*, **130** (42), 13850-13851 (2008)

5) Sonnauer, A., Hoffmann, F., Froba, M., Kienle, L., Duppel, V., Thommes, M., Serre, C., Férey, G., Stock, N., *Angew. Chem. Int. Ed.*, **48** (21), 3791-3794 (2009)

6) (a) Wang, B., Côté, A. P., Furukawa, H., O'Keeffe, M., Yaghi, O. M., *Nature*, **453** (7192), 207-211 (2008); (b) Férey, G., Mellot-Draznieks, C., Serre, C., Millange, F., Dutour, J., Surblé, S., Margiolaki, I., *Science*, **309** (5743), 2040-2042 (2005)

7) Koh, K., Wong-Foy, A. G., Matzger, A. J., *J. Am. Chem. Soc.*, **131** (12), 4184-4185 (2009)

8) Volkringer, C., Popov, D., Loiseau, T., Guillou, N., Férey, G., Haouas, M., Taulelle, F., Mellot-Draznieks, C., Burghammer, M., Riekel, C., *Nat. Mater.*, **6** (10), 760-764 (2007)

9) (a) Zacher, D., Shekhah, O., Woll, C., Fischer, R. A., *Chem. Soc. Rev.*, **38** (5), 1418-1429 (2009); (b) Furukawa, S., Hirai, K., Nakagawa, K., Takashima, Y., Matsuda, R., Tsuruoka, T., Kondo, M., Haruki, R., Tanaka, D., Sakamoto, H., Shimomura, S., Sakata, O., Kitagawa, S., *Angew. Chem. Int. Ed.*, **48** (10), 1766-1770 (2009)

10) (a) Kitaura, R., Seki, K., Akiyama, G., Kitagawa, S., *Angew. Chem. Int. Ed.*, **42** (4), 428-431 (2003); (b) Noguchi, H., Kondo, A., Hattori, Y., Kajiro, H., Kanoh, H., Kaneko, K., *J. Phys. Chem. C*, **111** (1), 248-254 (2007)

11) (a) Horike, S., Tanaka, D., Nakagawa, K., Kitagawa, S., *Chem. Commun.*, (32), 3395-3397 (2007); (b) Tanaka, D., Higuchi, M., Horike, S., Matsuda, R., Kinoshita, Y., Yanai, N., Kitagawa, S., *Chem.–Asian J.*, **3** (8-9), 1343-1349 (2008)

12) Ohba, M., Yoneda, K., Agustí, G., Muñoz, M. C., Gaspar, A. B., Real, J. A., Yamasaki, M., Ando, H., Nakao, Y., Sakaki, S., Kitagawa, S., *Angew. Chem. Int. Ed.*, **48**, 4767-4771 (2009)

13) Sun, C. Y., Liu, S. X., Liang, D. D., Shao, K. Z., Ren, Y. H., Su, Z. M., *J. Am. Chem. Soc.*, **131** (5), 1883-1888 (2009)

配位空間の化学 ―最新技術と応用―

2009年10月20日　第1刷発行

　　監　修　　北川　進　　　　　　　　　　　　　(B0893)
　　発行者　　辻　賢司
　　発行所　　株式会社シーエムシー出版
　　　　　　　東京都千代田区内神田1-13-1　（豊島屋ビル）
　　　　　　　電話　03(3293)2061
　　　　　　　大阪市中央区南新町1-2-4　（椿本ビル）
　　　　　　　電話　06(4794)8234
　　　　　　　http://www.cmcbooks.co.jp/
　カバーデザイン　　大塚　光

〔印刷　美研プリンティング株式会社〕　　　　　　　Ⓒ S. Kitagawa, 2009

定価はカバーに表示してあります。
落丁・乱丁本はお取替えいたします。

本書の内容の一部あるいは全部を無断で複写(コピー)することは，
法律で認められた場合を除き，著作者および出版社の権利の侵害
になります。

ISBN978-4-7813-0135-8　C3043　¥8000E